"十二五"国家重点图书出版规划项目

材料科学研究与工程技术系列

材料合成化学与合成实例

徐甲强 向 群 王焕新 编著

哈尔滨工业大学出版社

内 容 提 要

　　本书介绍了合成化学的理论基础、实验技术、合成原理与方法、先进手段、设计思想及其在典型化合物和新材料合成中的实例。本书综合介绍了无机材料合成、有机材料合成及高分子材料合成的原理与方法,并突出了合成化学在新材料合成中的应用。

　　本书可作为高等理工科院校材料类、化学类、化工类专业的本科生教材,研究生教学参考书,也可供其他学科及材料科学领域工程技术人员参考。

图书在版编目(CIP)数据

　　材料合成化学与合成实例/徐甲强,向群,王焕新编著. —哈尔滨:
哈尔滨工业大学出版社,2014.12(2024.3 重印)
　　ISBN 978-7-5603-4979-4

　　Ⅰ.①材…　Ⅱ.①徐…②向…③王…　Ⅲ.①合成材料–合成
化学–高等学校–教材　Ⅳ.①TB324　②TQ031.2

　　中国版本图书馆 CIP 数据核字(2014)第 257406 号

责任编辑　　张秀华
封面设计　　卞秉利
出版发行　　哈尔滨工业大学出版社
社　　　址　　哈尔滨市南岗区复华四道街 10 号　邮编 150006
传　　　真　　0451-86414749
网　　　址　　http://hitpress.hit.edu.cn
印　　　刷　　哈尔滨圣铂印刷有限公司
开　　　本　　787 mm×1092 mm　1/16　印张 17.5　字数 420 千字
版　　　次　　2015 年 2 月第 1 版　2024 年 3 月第 3 次印刷
书　　　号　　ISBN 978-7-5603-4979-4
定　　　价　　36.00 元

前　言

本书是根据国家教育部 1998 年调整的专业目录,结合第二届材料科学与工程系列教材编审会委员会会议精神,为适应"厚基础、宽专业、多方向、强能力"的新时期教育思想而编写的一本适合理工科院校材料类、化学类、化工类专业本科生(或研究生)教学使用的教材。

全书由 6 章组成,第 1 章为材料合成化学的理论基础;第 2 章为材料合成化学的条件与优化;第 3 章为材料合成的方法与设计;第 4 章为材料合成的技术与设计;第 5 章为无机化合物的合成实例;第 6 章为有机化合物与高分子化合物的合成实例。书中还对合成化学的最新进展与研究热点进行了概述。

本书具有如下特点:

1. 全面。内容全面,涉及无机材料合成、有机材料合成和高分子材料合成,包括合成理论、方法、条件、手段及工艺技术。

2. 广泛。适用面广,既可做材料类、化学类、化工类本科生(研究生)教材,也可供广大工程技术人员参考。

3. 新颖。结合国内外最新资料及编著人员的科研成果编写而成,内容新、体系新。依据最新专业目录,突出宽口径应用,突出合成条件、方法等对材料性能及应用的影响,填补了材料合成化学教材的空白。

4. 精炼。由于本书涉及的知识面较广、内容较多,作为宽口径专业的本科生教材,只能围绕"材料的合成、结构与性能"这一主线精选内容,在具体到某一内容时,尽量做到文字精炼删繁就简。

5. 规范。章节编写及书中文字、图表、符号、计量单位等均符合国家标准要求。

参加本书编写的人员有:上海大学徐甲强(绪论,第 2 章,附录,参考文献),郑州轻工业学院王焕新(第 1 章),上海大学向群(第 3 章 3.1),郑州轻工业学院尹志刚(第 3 章3.2,第 6 章 6.1),哈尔滨工业大学王玲(第 3 章 3.3),上海大学张源(第 4 章),上海大学程知萱(第 5 章),郑州轻工业学院李亚东(第 6 章 6.2 ~ 6.4)。本书由徐甲强负责统稿、定稿。中国科技大学陈春华教授,北京理工大学曹传宝、曹茂盛教授审阅本书并提出了许多宝贵的修改意见,在此作者表示衷心的感谢。

本书在编写过程中得到材料科学与工程系列教材编写委员会和作者所在单位的大力支持与协作,谨此一并致谢。

限于作者水平书中难免有不足与不妥之处,恳请提出宝贵意见,将不胜感谢!

作　者
2014 年 11 月

目　　录

绪论　材料合成化学的进展与研究热点 ……………………………………… 1

0.1　无机合成化学 ………………………………………………………… 1

0.1.1　无机合成化学的地位与作用 ……………………………… 1

0.1.2　无机合成化学的发展趋势 ………………………………… 1

0.1.3　无机材料合成化学的前沿课题 …………………………… 2

0.2　有机合成化学 ………………………………………………………… 4

0.2.1　有机合成化学的研究进展 ………………………………… 4

0.2.2　有机合成方法学研究进展 ………………………………… 6

0.2.3　有机合成化学今后的研究热点 …………………………… 7

0.3　高分子合成化学 ……………………………………………………… 9

0.3.1　高分子合成化学的发展史 ………………………………… 9

0.3.2　高分子化学的发展前景 …………………………………… 10

0.3.3　高分子合成化学研究的前沿领域 ………………………… 12

第1章　材料合成化学的理论基础 ………………………………………… 13

1.1　化学热力学与材料合成 …………………………………………… 13

1.1.1　化学反应方向的判断 ……………………………………… 14

1.1.2　反应的耦合 ………………………………………………… 18

1.1.3　反应条件的控制与选择 …………………………………… 20

1.2　化学动力学与材料合成 …………………………………………… 23

1.2.1　化学反应速率与材料合成 ………………………………… 24

1.2.2　化学反应机理与材料合成 ………………………………… 29

1.2.3　催化剂与材料合成 ………………………………………… 31

第2章　材料合成的条件与优化 …………………………………………… 36

2.1　溶剂的选择与提纯 ………………………………………………… 36

2.1.1　溶剂的作用与分类 ………………………………………… 36

2.1.2　溶剂的选择 ………………………………………………… 38

2.1.3　溶剂的提纯 ………………………………………………… 42

2.1.4　非水溶剂在合成化学上的应用 …………………………… 46

2.2　气体的分离与净化 ………………………………………………… 47

2.2.1　常用的气源 ………………………………………………… 48

2.2.2　气体的净化 ………………………………………………… 48

2.3　真空的获得与测量 ··· 51
　　2.3.1　真空的基本概念 ··· 51
　　2.3.2　真空的获得 ·· 51
　　2.3.3　真空的测量 ·· 55
2.4　高温的获得与测量 ··· 56
　　2.4.1　高温的获得 ·· 56
　　2.4.2　高温电阻炉 ·· 57
　　2.4.3　高温热浴 ·· 58
　　2.4.4　反应容器的选择 ·· 58
　　2.4.5　温度的测量 ·· 61
2.5　低温的获得与测量 ··· 65
　　2.5.1　低温的获得 ·· 65
　　2.5.2　低温测量与控制 ·· 67

第3章　材料合成的方法与设计 ··· 71
3.1　无机物的合成方法 ··· 71
　　3.1.1　固相反应 ·· 71
　　3.1.2　低温固相合成化学 ·· 77
　　3.1.3　化学气相沉积 ·· 84
　　3.1.4　水解反应 ·· 92
　　3.1.5　沉淀反应 ·· 96
3.2　有机化合物的合成方法 ··· 101
　　3.2.1　分子设计过程中的集束战略 ·· 101
　　3.2.2　尽可能使合成问题简化 ·· 103
　　3.2.3　基团保护 ·· 113
　　3.2.4　导向基运用 ·· 119
　　3.2.5　极性反转 ·· 126
3.3　高分子化合物的合成方法 ··· 130
　　3.3.1　高分子设计 ·· 130
　　3.3.2　逐步聚合反应 ·· 131
　　3.3.3　连锁聚合反应 ·· 139
　　3.3.4　高分子设计与合成方法 ·· 157

第4章　材料合成的技术与设计 ··· 168
4.1　等离子体合成 ··· 168
　　4.1.1　等离子体——物质的第四态 ·· 168
　　4.1.2　产生等离子体的常用方法和原理 ·· 169
　　4.1.3　等离子体化学的特点 ·· 170
　　4.1.4　等离子体在合成化学中的应用 ·· 171

4.2 激光合成 ································· 172
  4.1.1 激光的产生及特点 ················· 172
  4.1.2 激光合成精细陶瓷粉末 ············· 173
  4.2.3 激光化学气相沉积制备薄膜材料 ······· 174
  4.2.4 激光催化 ······················· 175
4.3 微波化学合成 ···························· 175
  4.3.1 微波及其特性 ··················· 175
  4.3.2 物质对微波的吸收 ················ 176
  4.3.3 微波的化学反应的影响 ············· 177
  4.3.4 微波化学反应系统 ················ 179
  4.3.5 微波与无机合成化学 ·············· 180
  4.3.6 微波与有机合成 ················· 182
  4.3.7 微波与高分子合成化学 ············· 185
  4.3.8 微波加速化学反应的机理 ··········· 187
4.4 光化学有机合成 ·························· 188
  4.4.1 概述 ························· 188
  4.4.2 有机光化学反应的基本原理 ·········· 189
  4.4.3 典型的有机光化学反应及其应用 ······· 190
  4.4.4 周环反应 ······················ 194
  4.4.5 烯烃的光氧化反应及其应用 ·········· 196

第5章 无机化合物合成实例 ···················· 201
5.1 氧化物材料的合成 ························· 201
  5.1.1 直接合成法 ···················· 201
  5.1.2 热分解法 ······················ 203
  5.1.3 碱沉淀法 ······················ 206
  5.1.4 水解法 ························ 206
  5.1.5 硝酸氧化法 ···················· 207
5.2 非氧化物材料的合成 ······················ 207
  5.2.1 无水金属卤化物的合成 ············· 207
  5.2.2 氮化物的合成 ··················· 212
  5.2.3 碳化物陶瓷 ···················· 218
  5.2.4 硼化物 ························ 223
  5.2.5 硅化物 ························ 224

第6章 有机化合物合成实例 ···················· 226
6.1 合成染料 ······························ 226
  6.1.1 偶氮染料 ······················ 226
  6.1.2 蒽醌染料 ······················ 229

  6.1.3 三苯二噁嗪染料 ……………………………………… 231

 6.2 物理功能高分子 ……………………………………………… 234

  6.2.1 感光性高分子 …………………………………………… 234

  6.2.2 高分子半导体与光致导电高分子 …………………… 241

  6.2.3 本征型导电高分子的典型合成方法 ………………… 246

  6.2.4 导电高分子的掺杂反掺杂性能及应用 ……………… 250

 6.3 生物降解高分子 ……………………………………………… 250

 6.4 支化和交联高分子 …………………………………………… 258

附录 ……………………………………………………………………… 261

 表Ⅰ 某些物质的标准摩尔生成焓($\Delta_f H_m^{\ominus}$)、标准摩尔生成吉布斯函数($\Delta_f G_m^{\ominus}$)和
   标准摩尔熵($S_m^{\ominus}$)(298.15K) ……………………………… 261

 表Ⅱ 某些有机化合物的标准燃烧焓(298.15K) …………………… 265

 表Ⅲ 某些气体的恒压热容与温度的关系 ………………………… 266

 表Ⅳ 一些反应的标准吉布斯函数与温度的关系 ………………… 267

参考文献 ………………………………………………………………… 271

绪论　材料合成化学的进展与研究热点

0.1　无机合成化学

0.1.1　无机合成化学的地位与作用

无机合成化学是无机化学学科的一个重要分支,是 20 世纪 50 年代之后无机化学复兴时代活跃的前沿阵地,是开发利用自然资源,改善人类生活条件、环境、质量,推动科技和社会进步的有力手段。无机合成化学的最重要的目的是合成不同用途的无机材料,而无机材料的使用则是人类文明的进步和时代划分的标志。古代社会石器、铜器、铁器的使用是人类文明进步的见证,而采用化学方法合成的新型无机材料的使用又标志着近代文明的发展。也就是说,不论是最早的炼丹术,古代的火药、陶瓷发明、金属的冶炼,还是现代的纳米材料,高温超导材料,生物陶瓷,超硬材料,信息与能源转换材料的合成应用都可以认为是无机合成化学的重要成就。

近年来,各种合成产物大量问世,既有自然界存在的金刚石、水晶、宝石,也有自然界没有的各种功能陶瓷材料和高性能结构陶瓷材料。无机合成化学已成为推动无机化学及有关学科发展的重要基础,成为发展新型无机材料及现代高新技术的重要基础之一。可以说,没有高纯度的半导体,就没有今天的计算机;没有高强度、耐高温结构材料的合成,就没有今天的航空航天工业……同时,一种新的化合物的合成,新方法的应用及新特性的发现往往会导致一个新的科技领域的产生,或一个崭新工业的兴起,而它们反过来又促进化学理论及科学技术的发展。例如,在无机固体材料的发展过程中,InP 的合成开始了Ⅲ～Ⅴ族化合物半导体的应用;$LiNbO_3$ 晶体的制得促进了非线性光学的发展;UF_6 的合成促进了原子能的发展;SnO_2、ZnO 半导体气敏材料的合成,开辟了气体传感器研究的新天地;石墨烯的合成推进了新能源材料及柔性微制造工业的发展;金属有机框架(MOFS)的合成使温室气体 H_2 等的吸附和分离成为可能。

0.1.2　无机合成化学的发展趋势

无机合成化学发展的趋势主要体现在三个方面。

(1)设计和合成系列化合物,研究它们特定的物性,筛选出具有最佳性能的物种。例如,在固体电解质的研究中,已知锂离子半径小,易于在固相中迁移;硫的电负性低于氧,硫离子可以弱化传导阳离子与阴离子之间的化学键,玻璃态组成可调,并具有三维无序结构。因此,人们为了探索硫化物玻璃作为锂离子导体的可能性,而合成出各种含锂的硫化物玻璃体系。

(2)制备具有非正常价态和非正常键合方式的新化合物,探索其结构和性质。同一元素的不同价态化合物往往具有完全不同的性质。由于采用新的反应和新的合成技术,发现越来越多的元素具有异常价态,如 Fe^{4+}、Nd^{4+}、Dy^{4+}、Cu^{3+} 等。固体材料中,离子价态改变或产生混合价态,可使固体的电学、磁学和化学性质发生明显改变。例如,可使绝缘体转变为半导体以至导体,可使逆磁体和顺磁体,反铁磁体和铁磁体之间发生相互转变。利用电荷补偿和不等价取代反应,合成 d 或 f 元素变价或混合价化合物,并研究其价态和自旋状态的变化,有可能发现一些新型电学和磁学材料,如 Fe_2O_3 是高电阻材料,而 Fe_3O_4 则是低电阻材料;再如,以 C_{60}、C_{70} 为代表的碳多面体原子簇,其中每个碳原子均与近邻的三个碳原子以 σ 键连接,并各自贡献一个剩余的价电子形成离域的球面大 π 键。这类碳原子簇具有独特的结构和不同寻常的物理和化学性质。可以把某些金属离子嵌入其球体中,形成高温超导体,还可能生成许多衍生物。对这类新型固态物质的研究将深化人们对固态体系的结构、化学键和物性的理解。

(3)制备已知化合物的指定形态或指定结构的产物,以备作为材料或制成功能器件。功能材料都是结构敏感的,对材料的形态、形貌、单相性、纯度、掺杂成分及含量、缺陷种类及浓度、单晶的品质、多晶的晶粒尺寸、陶瓷体的结构与晶界等都有特定的要求。例如,将 Y_2O_3 或 CaO 掺入 ZrO_2,使 ZrO_2 转变为在高、低温度下均可稳定的耐热冲击的立方晶型结构 YSZ,从而可以作为固体电解质用于高温测氧传感器中;$\alpha\text{-}Fe_2O_3$ 具有较高的物理和化学稳定性,通常不具有气敏性能,但利用掺杂或化学方法制成超细粉或薄膜材料后,则具有良好的气敏性能,可用作测定可燃气体的敏感材料。再如,将 $\gamma\text{-}Fe_2O_3$ 磁粉做成微细的针状,即可大大提高磁记录信息量。

为了获得特定形态,特殊结构以及特殊要求的材料,通常利用新的化学反应步骤,在特殊条件下(超高温、超低温、超高压、强超声、辐射等离子体、强激光、微波、超高真空及厌氧、无水等),或者在非常缓和的条件下(如通过溶胶-凝胶过程制备高温陶瓷,利用室温固相反应合成配合物和纳米材料等)合成目标化合物。

0.1.3 无机材料合成化学的前沿课题

1. 低温固相合成化学

室温或近室温(<40℃)条件下的固-固相化学反应是近几年刚刚发展起来的一个新的研究领域。相对于传统的高温固相反应而言,低温固相反应可以合成一些热力学不稳定产物或动力学控制的化合物,这对人们了解固相反应机理,尽早实现利用固相化学反应进行定向合成和分子装配大有益处。此外,从能量学和环境学的角度考虑,低温固相反应可大大节约能耗,减少三废排放,是绿色化工发展的一个主要趋势。

目前,低温固相合成化学可以合成出数百种簇合物,其中有些是利用液相不易得到的新型簇合物,如鸟巢状结构的 $[MoOS_3Cu_3(py)SX]$($X = Br$,I),双鸟巢状结构的 $(Et_4N)_2$ $[Mo_2Cu_6S_6O_2Br_2I_4]$ 及半开口的类立方烷结构的 $(Et_4N)_3[MoOS_3Cu_3Br_3(\mu\text{-}Br)]_2 \cdot$ $2H_2O$ 等。这些材料可望在催化剂、生物活性材料及非线性光学方面取得应用。

利用低温固相反应合成的新的多酸化合物,如 $(n\text{-}Bu_4N)_2[Mo_2O_2(OH)_2Cl_4(C_2O_4)]$ 及 $(n\text{-}Bu_4N)_6(H_3O)_2[Mo_{13}O_{40}]$ 等,因具有抗病毒、抗癌和抗艾滋病等生物活性作用和催

化性能而受到人们的关注。

利用低温固相反应方法可以方便地合成单核和多核配合物,如$[C_5H_4N(C_{16}H_{33})]_4$ $[Cu_4Br_8]$,$[Cu(HOC_6H_4CHNNHCSNH_2)(PPh_3)_2X](X=Br,I)$等;还可以合成高温固相反应及液相反应无法合成的固配化合物,如$Cu(HQ)Cl_2$(HQ为8-羟基喹啉)等。

利用低温固相反应可以合成各种功能材料,如非线性光学材料$Mo(W,V)-Cu(Ag)-S(Se)$等,气敏材料ZnS、ZnO、CdS、SnO_2、In_2O_3、$LaFeO_3$、$ZnSnO_3$、$CdSnO_3$、$ZnFe_2O_4$等,还有化学防伪材料、电极材料、生物活性材料、铁电材料、无机抗菌剂及荧光材料等。

利用低温固相反应合成各种纳米材料是近年的研究热点,用该方法合成的氧化物、金属及合金等已在许多方面取得了应用。

2. 溶胶-凝胶合成法

溶胶-凝胶合成法是制备材料的湿化学方法中的一种崭新的方法,由于其具有工艺过程温度低,制品纯度高,均匀性好等优点,在新材料的合成上备受人们关注。但由于该法所用的原料多为金属有机化合物,而使其成本变高。为此研究的热点是用廉价的无机盐取代金属有机化合物降低成本,及通过溶胶-凝胶过程的控制,合成结构均匀的纳米材料、无裂纹的膜材料及复合材料等。

利用溶胶-凝胶法合成的$Pb(ZrO_{0.5}Ti_{0.5})O_3(PZT)$铁电陶瓷与薄膜,可降低预烧温度200℃,使制得的陶瓷致密,晶粒均匀,具有较好的介电性能。

利用该工艺在SiC晶须上涂覆Al_2O_3而制得的增韧陶瓷复合材料的力学性能得到了明显的提高。

利用该工艺合成的各种纳米材料颗粒小,纯度高,是结构陶瓷及功能陶瓷材料研究的热点课题。

3. 无机合成材料的颗粒尺寸及形貌控制

无机材料尤其是功能材料的性能在很大程度上取决于材料的颗粒大小和形貌。例如,无机材料的粒子尺寸进入纳米级后,本身就具有量子尺寸效应、小尺寸效应、表面效应和宏观量子隧道效应等,因而会展现出许多特有的性质,在催化、滤光、光吸收、医药、磁介质及新材料等方面有广阔的应用前景。

为了制得纳米微粒,一般都采用化学方法。颗粒尺寸的控制可通过选择合适的制备方法(一般情况下用气相法制备的颗粒尺寸小于液相法,而用液相法制备的小于固相法)和热处理工艺、后处理工艺。但纳米微粒属热力学不稳定体系,久放及加热容易团聚和生长。要克服这些问题可采用水热生长法、气相沉积法制备纳米粉,也可用表面活性剂及助剂包裹法抑制晶粒团聚和生长。

无机材料的外形可采用模板限制和工艺条件控制,如晶种诱导,添加剂诱导及乳液调节等方法实现。不同均匀性及外形的材料应用性能不同。除了用化学方法及模板剂控制产物外形、均匀性外,物理场的应用,如微波、超声波、激光、辐射、等离子体等,也会对产物外形、均匀性产生一定的影响。利用物理化学方法控制纳米微粒的生长和组装,从而得到一维纳米线、纳米管、纳米棒、纳米带及三维薄膜、三维结构材料是材料制备的研究热点。

0.2 有机合成化学

0.2.1 有机合成化学的研究进展

有机合成化学是利用现有的已知物质(单质或化合物),采用合成手段或技术,根据一定的反应原理,合成人们所期望的目标分子的一门科学。人们在了解自然,认识自然并改造自然的过程中,首先遇到了许多对人类有利的天然化合物,并通过已有方法阐明了这些天然化合物的结构。然后,有机合成化学家用人工方法来合成这些天然产物,用以证明它们的结构。这种证明往往是最直接、最严格、最有效的,也是最后的证明。在这种验证过程中,既不能单凭勤恳,也不能凭灵机一动。它要求有机合成化学家必须具有丰富而又扎实的基础知识,利用理性思维按"计划"进行工作,这里的"计划"包含了对已知反应原理的归纳总结,对现有合成手段的评价,对目标分子的系统分析以及对目标分子的合成设计。合成化学家的目的不仅于此,他们还可以根据人类社会的需要来改造天然产物的结构,甚至创造出一种全新的结构。在此必须强调的是,有机合成化学家在合成"复杂"天然化合物的过程中,所运用的方法与理论往往会给后人留下一种宝贵的经验,从而出现了有机合成方法学。例如,罗宾逊(Robert Robinson)在合成环状化合物过程中,对于化学结构和反应性以及反应过程之间关系的深刻思考,对于将机理分析应用于有机合成等都对上一世纪产生了深远的影响,也使有机合成化学第一次成为一门课程。他发展的一些巧妙的有机合成方法,更是启发了后人发现一些新的有机合成手段与反应规律。因此,有机合成是改造物质世界的有机合成,正如,有机化学家伍德沃德(R. B. Woodward)所说的那样:"有机合成在现有的自然界旁边建立了一个新的自然界",从而给人类繁复的大千世界增添了更加丰富多彩的内容。

有机合成包括复杂天然化合物的合成与具有结构兴趣的非天然产物的合成。谈到复杂天然产物的合成,自然会想到伍德沃德与他领导的研究小组所合成的复杂天然产物。伍德沃德先后合成了喹宁、胆甾醇、羊毛甾醇、马钱子碱、利血平、四环素、维生素 B_{12} 和红霉素。在此特别值得一提的是红霉素与维生素 B_{12} 的合成。红霉素分子(见图0.1)中含有 18 个手性中心,理论上应有 262 144 个异构体,对如此复杂的对象,若不能对它的立体化学、构象分析、有机合成等有极为精确的了解,

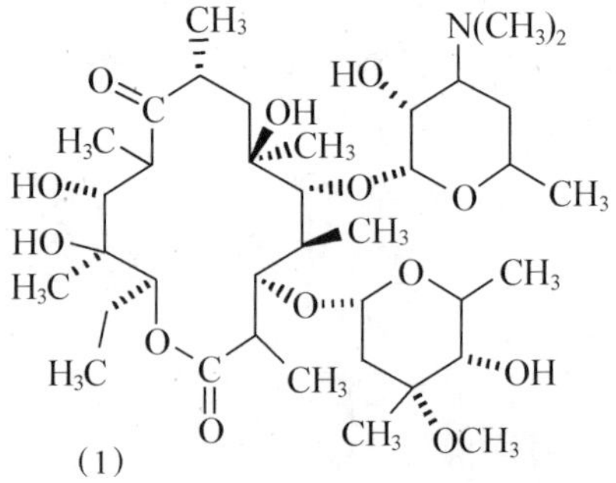

(1)

图 0.1 红霉素的结构

要立体专一地完成它的全合成工作是难以想象的。维生物 B_{12}(见图 0.2)的合成使有机合成更多地从艺术走向理性,因为这十分艰巨的合成工作中,伍德沃德及其合作者(瑞士的 Eschenmoser)不仅提出了一些新的合成方法,而且还发现了周环反应的分子轨道对称性守恒原则。近年来,又出现了具有 17 个手性中心的莫能霉素,博来霉素,银杏内酯等的全合成工作。特别值得一提的是海葵毒素(见图0.3)的全合成。海葵毒素的分子式为

$C_{129}H_{223}N_3O_{54}$

分子中具有 64 个手性中心和 7 个骨架内双键,因此具有 2^{71} 个异构体(近于天文数字),要立体专一地合成该分子,其艰巨性是可想而知的,如果说有机合成也有珠穆朗玛峰的话,海葵毒素的合成就是其珠穆朗玛峰。然而,对有机合成来说,这决不是顶峰,随着有机合成手段的不断增多,有机合成理论的不断完善,还会有更困难的问题有待解决。

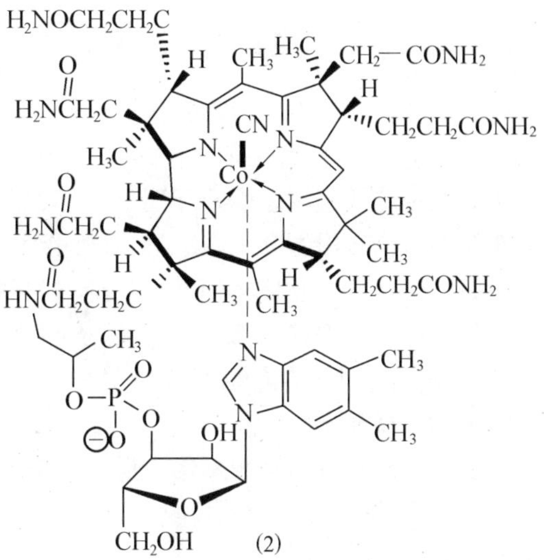

在复杂天然产物合成之外,另一类显示有机合成创造力工作的是高张力非天然产物的合成。它主要包括三类物质:第一类为"类平面"环烷烃,典

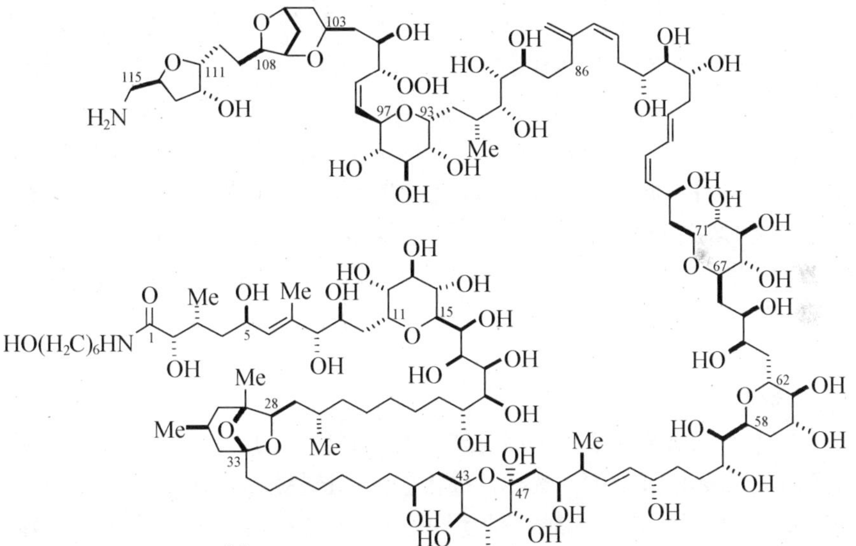

图 0.2　维生素 B_{12} 的结构

图 0.3　海葵毒素的结构

型代表有:二苯骈[2,2]对环蕃、十四字烯、窗烷和二萜类化合物;第二类为具有 $(CH)x$ 通式的化合物 $x=4,8,12\cdots$,其典型代表为:四面体烷、立方烷和十二面体烷;第三类为足球碳,即 C_{60},该化合物因其球形结构被称为足球碳。这些合成工作既发展了众多合成方法,又为物理有机化学提供了经验,同时,亦为有机合成方法学研究提供了必要的内涵。有机化学家 Corey 正是从这些众多合成法中离析了"反合成理论",提出了"合成子"概念,使合成化学几乎完全从艺术走向逻辑与理性,这也正是 Corey 1990 年获得诺贝尔化学奖的主要功绩之一。

0.2.2　有机合成方法学研究进展

前述有关复杂天然产物及高张力非天然产物的合成,都是建立在一定的合成手段基础之上。上世纪50年代之前,许多合成方法来自于对天然产物降解的深入研究。如今,有机化学家则能从逻辑思维的理性角度分析设计出目标分子的合成策略及具体的合成手段。在发展一个有用的合成方法时,有机合成化学家常要考虑产率、反应条件、反应选择性(包括化学、区域及立体选择性)、反应起始原料来源、使化学计量反应尽可能向催化循环发展和环境友好。其中,温和的反应条件、优异的选择性及催化循环反应往往是有机合成的焦点,因为这些问题的解决意味着高产率与低污染。

1. 化学选择性

在多步合成或对多官能团化合物的反应中,往往要进行特定官能团的转换、引入或脱除,这就要求所进行的合成反应具有高的化学选择性。因此,化学选择性主要指试剂对不同官能团的选择性反应,它主要包括选择性还原反应、选择性氧化与高度选择性的保护基团。有关选择性还原反应研究得比较成熟,相比之下,有关选择性氧化反应的研究则远不及还原反应那样透彻。选择性氧化仍主要集中于不同醇类的氧化及氧化程度控制。例如,人们将氧化剂附着于硅胶之上,可选择性地将仲醇及苄醇氧化为酮与苯甲醛,而对分子中的伯醇则无任何影响。相反地,氧化伯醇而仲醇完全不受影响的试剂则较少。控制氧化程度最主要的是由醇或醛或酮。在有机合成(尤其在复杂的多官能团化合物的合成)中高度选择性的保护基团十分重要。例如,前述海葵毒素(图0.3)的合成中,Kishi合成小组共选用了8种不同的保护基团,合成完带保护基的海葵毒素后,依次又脱去这些基团,最后以35%的高产率脱除了8种42个保护基团。又如,羟基保护常用烯基醚(如乙烯基乙醚)比较方便,但脱保护基条件较为苛刻,改用二甲基叔丁基硅醚后,可解决这一问题,而且对水中氧化、氢解及其他温和还原均十分稳定,保护完后可用氟离子在室温下脱去。

2. 区域选择性

区域选择性是指试剂对于一个反应体系的不同部位的进攻,也可以是对两个处于不同位置的两个完全相同官能团的选择性进攻。区域选择性最常见的实例包括:π-烯丙基体系的区域选择性进攻;亲核试剂对不饱和酮体系的选择性进攻;环氧醇的区域选择性开环和远程区域控制反应(Scheme 1),如图0.4所示。

值得注意的是,羰基钼与叔丁基过氧化氢只对烯丙醇体系发生烯烃的环氧化反应,因此,对甾族化合物(4)来说,$Mo(CO)_6/t\text{-}BuOOH$ 不能将分子中双键环氧化,但将(4)装上末端有羟基的模板成为(5)后,在空间上烯烃与该羟基构成类似于烯丙醇的系统,因而能顺利将分子中双键环氧化。显然,末端模板的大小、方向必须恰好满足使其末端羟基与原分子中末端双键在空间上构成"烯丙醇结构"。所以(5)中 $n=2$ 变为(5b)时,或(5a)中模板上两个基团不在对位时,则远程区域控制反应都不会发生。这种远程区域控制反应也可以推广到有机合成的其他领域。

3. 立体选择性

立体选择性主要包括顺反异构选择性和对映面选择性。在形成双键的反应(如炔烃

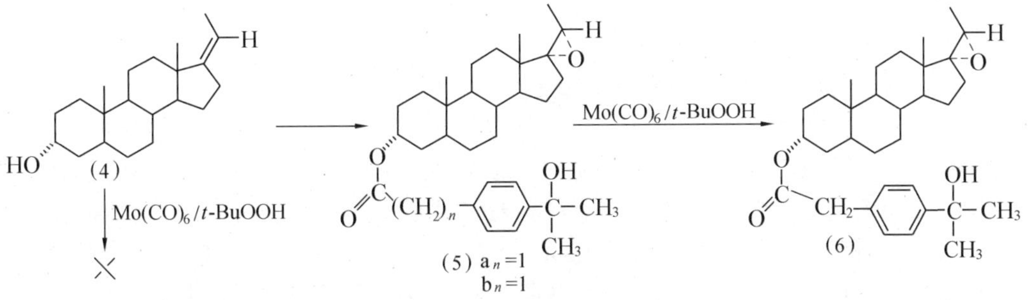

图 0.4　远程区域控制反应实例

还原,羰基化合物的 Wittig 反应,以及其他多重键的进攻或加成等反应)中,只要形成的双键碳上所带的基团不同,必然涉及产物的 Z 式或 E 式结构,近 30 年来,这方面的研究十分活跃。相比之下,对映面的选择性是极富挑战性的问题,近 10 年来,多种不对称合成反应已经取得了相当出色的成果,应用不对称合成的工业装置已经建立。如不对称氧化的 L-Dopa 的手性合成,不对称氢转移反应的 1-薄荷醇的大规模生产,特别是新、特医药的工业合成等。可以预测,对映面选择性仍然是今后有机合成化学的发展方向之一,因为人体本身就是一个不对称物质的综合体,如人体中葡萄糖均为 D 型,人体中的乳酸均为左旋,许多治疗人体疾病的药物也都为手性化合物等。

4. 反应条件力求温和

在近几十年的有机合成研究中,除满足选择性外,对反应条件的要求越来越趋向温和,温度最好是室温,介质最好是中性水介质,压力最好是常压,也就是说尽可能与生化过程相贴近。例如,过去利用钴催化剂的氢甲酰化剂方法,因正异比不理想,出现了在过量膦存在下的铑催化方法,但铑的回收是必须解决的。于是德国 Hoechst 公司发展了一种利用水溶性膦配体的两相工艺。利用该工艺,鲁尔化工公司建立了一座年产 10 万吨,由丙烯制丁醛的工厂,其中丁醛的正异比大于 95∶5。

5. 由化学计量向催化循环反应转换

在大宗化工产品的生产中,必须实现催化循环,否则催化反应将失去工业意义。钯催化的乙烯氧化制乙醛,若没有实现铜促进的循环反应,是不可能成为 Wacker 流程的。对精细化工产品也要力求实现催化循环反应,这对于降低成本或减少污染是必不可少的。当然,在精细有机合成中,化学计量反应很多,人们的努力方向则要力求实现催化循环反应。

0.2.3　有机合成化学今后的研究热点

1. 借助于物理手段进行有机合成反应

这里的物理方法主要指光、电、声、热和微波等对有机合成反应所起的特殊作用,例如,化合物五环 $[6,2,1,0^{4,10},0^{5,9}]$ 十一烷 3,6-二酮是一个具有结构兴趣的非天然化合物,若不借助物理方法是很难获得的。实际上它的合成十分简单,先让对苯醌与环五二烯进行 Diels-Alder 反应,所得产物进行光照即可,由此可见物理方法的奇特作用。近几十年来,利用物理方法进行有机合成的研究十分活跃,特别值得一提的是,随着微波加热技术的广泛应用,20 世纪 80 年代开始,人们开始利用微波炉进行有机合成反应,获得越来越引人注目的成果,从而出现了微波化学。

2. 借助催化循环实现有机合成工业化

在催化反应中,特别是金属催化反应中,实现催化循环是降低成本的主要途径。因为过渡金属(尤其稀有过渡金属)催化剂,往往制备困难,成本较高,若能实现催化循环(如钯催化乙烯氧化制乙醛工艺中的 Wacker 流程),则催化剂仅需要催化量,就能使反应顺利进行。例如,我国合成工作者首次将 Wittig 型反应实现催化循环。随着人类对大自然认识过程的不断深化,那些对人类社会有利的反应,对它们实现催化循环,仍然是摆在广大有机合成工作者面前的热点问题。

3. 借助生物酶实现有机合成

生物酶在有机合成中的独特作用,一直是近十几年来合成工作的热点。特别是酶在一些手性合成子的制备上显示出其无与伦比的重要性。在过去已有的研究中,酶以其高选择性实现了用其他物理或化学方法根本无法实现的反应。例如,直链淀粉链上的 2-、3-与 6-位羟基的定向反应正是借助酶来实现的。众所周知,一个酶体系一般仅催化一种类型的有机合成反应,在其优异的化学选择性之外,其区域、立体等选择性亦是极好的。例如,酶可以只和一对外消旋体中的一个异构体(左旋体或右旋体)进行反应。酶还能以极好的对映面选择性同一个手性的化合物进行反应。显然,利用酶来实现有机合成,仍旧是新世纪有机合成化学的热点之一。

4. 选择生命科学中重要的物质作为合成对象

科学发展不仅使人们对生命现象的秘密有所了解,而且在实验室合成出许多具有生理活性的物质。但人们对生命现象的认识还有待进一步发展,选择生命科学中的重要物质作为合成对象,对人类进一步揭示生命现象有一定的指导意义。近十几年来,随着人类回归大自然的要求呼声增高,由自然界中最丰富的糖类物质合成人类社会的必需品亦将成为新世纪的另一个研究热点。

5. 催化性抗体酶

酶的位置专一性的诱变已是人的能动性的很好表现,而催化性抗体酶则是这一能动性的更好表现,催化性抗体酶实际上是酶学、免疫学与有机合成化学密切结合的产物。合成具有预定专一性的催化剂抗体酶,一直是对有机合成工作者最富挑战性的课题。因为酶与抗体酶的差别在于:酶选择性地与反应过渡态相结合,而抗体酶则是与基态分子相结合。合成催化性抗体酶显然需要很好的生物技术与有机合成手段,这必将是新世纪研究的热点之一。特别是单克隆技术的发展,对抗体酶制备、筛选优化起到一定的促进作用。

6. 与有机导体有关的有机合成

聚乙炔类物质作为有机导体的研究受到很大重视,人们发现环辛四烯聚合后,可得到聚乙炔。通过控制聚合度,和磺掺杂等手段可以得到不同的导电率的有机材料。这必在以信息产业为主导的 21 世纪得到独特的发展。

7. 与微电子技术有关的有机合成

在微电子学进入分子器件水平之后,出现了一种对被称为纳米技术或纳米材料的要求。有机合成化学家通过一系列的专一性反应,合成了在纳米尺度上的分子线或分子尺以及"分子马达",特别是"分子马达"的出现,有可能与人类延长寿命有关。因此,它也将成为新世纪研究的热点。

8. 利用超临界 CO_2 技术进行有机合成

自美国北卡大学 Joe·Desimone 在 1992 年利用超临界 CO_2 技术合成了含氧聚合物后,超临界 CO_2 技术成为近十几年合成化学家关注的焦点之一。因为这一技术最大的优势就在于用该技术合成的产物纯净,没有环境污染,因此怎样使该技术规模化也将成为本世纪研究的焦点之一。

9. 有机合成化学将更加紧密地与物理有机化学相结合

有机合成化学从来就是与物理有机化学紧密相连的,无论是早期的罗宾逊还是后来的伍德沃德,亦还是近几年来诺贝尔奖的获得者 Corey,他们都在研究有机合成的同时,又发展了合成理论,在某种程度上,可以说第一流的有机合成化学家也必然是第一流物理有机化学家。过去的有机合成的许多技术如基团选择、软硬酸碱应用、反应条件、介质、极性反转等概念的出现,都与物理有机化学有关。因此,本世纪内,有机合成的发展也必将与物理有机化学的研究更为密切地相结合。

综上所述,有机合成化学不论在天然产物或非天然产物合成中都获得了十分辉煌的成就,但是自然界与人类本身认识的发展必然会不断地向有机合成化学家提出更新的、更严峻的挑战。从日益发展的精细化工产品的需求来看,对有机合成化学的必然要求是更加理想的高选择性反应,更加温和的反应条件,同时又是环境友好的有机合成。

0.3 高分子合成化学

0.3.1 高分子合成化学的发展史

高分子合成化学始于有机化学,由于对大分子化合物特殊性质的兴趣,运用有机化学的知识探讨高分子化合物的合成及合成方法,逐渐形成了一门新的学科——高分子合成化学,简称高分子化学。高分子化学是研究高分子化合物的合成原理、聚合反应与聚合物的相对分子质量和相对分子质量分布,以及聚合物性质与结构之间关系的一门学科。

自古以来,人类就与高分子密切相关,食物中的蛋白质和淀粉就是高分子。远在几千年以前,人类就使用天然的高分子材料,如用植物中的棉、麻、树木、植物纤维做衣服、鞋、帽、住房、工具等,用动物的皮革、毛、丝等做成各类革制品。纤维造纸、皮革鞣制、天然胶和油漆的应用是天然高分子早期的化学加工。

高分子化学的开始是在 19 世纪中期,1838 年利用光化学第一次使氯乙烯聚合。1839 年合成聚苯乙烯,同年英国 Montosh、Hancock 和美国 Goodyear 发明了天然橡胶的硫化,用于制作轮胎和防雨布。1868 年,Hyatt 发明了硝基纤维素,1870 年进行了商业化生产,出现了各种赛璐珞制品,推动了塑料工业的发展。1893 年到 1898 年英国开始了人造丝生产。20 世纪初合成了苯乙烯和双烯类共聚物。1907 年德国开发出第一种合成树脂——酚醛树脂,1909 年工业化。第一次世界大战期间,出现了丁钠橡胶。20 年代,醇酸树脂、醋酸纤维、脲醛树脂相继投入生产。

由于高分子工业的蓬勃发展,刺激了高分子化学的研究工作。1890 年到 1919 年间,Email 和 Fisher 研究蛋白质的结构时,开始提出了高分子结构的论据。这个概念得到公认是在 1920 年以后。Studinger 提出了高分子的概念,如聚苯乙烯是由苯乙烯结构单元通过共价键连接的大分子。这个概念经过 10 年的争论到 1930 年才被普遍接受。1929 年,Dupont 公司的 Carothers 开始从特定结构的低分子化合物进行高分子合成,尤其对缩聚反应进行了系统研究,他的研究成果进一步验证和发展了大分子理论,同时开发了聚酯和聚酰胺的合成,1938 年尼龙-66 工业化生产。30 年代,相继工业化了一系列烯类低聚物,如 1931 年出现了聚甲基丙烯酸甲酯,1936 年用醋酸乙烯酯做安全玻璃的夹层,1937 年法国开始生产聚苯乙烯,1939 年开始生产聚氯乙烯和聚乙烯等。这些聚合物都是通过自由基聚合制成的。自由基聚合已经突破了经典的有机化学范围,成为这一时期的重点。此时,高分子合成反应及方法已建立起一定的理论基础,由此形成了高分子链式自由基聚合反应理论,这一理论极大地推动了高分子合成工业的发展。与此同时,缩聚反应理论也在研究聚酰胺和聚酯的合成反应中建立起来。因此,缩聚反应理论和自由聚合理论奠定了高分子化学学科发展的基础。而高分子溶液理论和相对分子质量测定帮助了高分子化学的发展。

在缩聚和自由基聚合等高分子化学基本原理指导下,20 世纪 40 年代到 60 年代,合成高分子化学和工程得到了快速发展。相继开发了丁苯橡胶、丁腈橡胶、氟树脂。1947 年和 1948 年出现了环氧树脂和 ABS 树脂(丙烯腈-丁二烯-苯乙烯共聚物),同时发展了乳液聚合和共聚合的基本理论。陆续出现其他各种类型的缩聚物(如不饱和聚酯树脂、有机硅树脂及聚氨酯等)的合成反应及新的缩聚反应方法(如环化缩聚反应、脱氢缩聚反应等)的理论研究及应用。1950 年生产了聚酯和聚丙烯腈纤维。50 年代由于 Ziegler-Natta 催化剂的发明,开发了高密度线型聚乙烯、等规立构聚丙烯,发展了离子聚合和配位聚合的合成方法,建立了有规的定向聚合理论、计量的离子聚合反应。同期,Swarc 对活性阴离子聚合做了深入研究,又相继开发了聚甲醛、聚碳酸酯、聚氨酯。60 年代出现了一大批主链含有芳环、杂环结构的高分子和梯形高分子,如聚苯醚、聚砜、聚酰亚胺、聚苯并咪唑、聚吡咯烷酮,合成橡胶又出现了顺式聚异戊二烯、顺式聚丁二烯、乙丙橡胶以及 SBS(苯乙烯-丁二烯-苯乙烯)嵌段共聚热塑性弹性体。70 年代发展了液晶高分子,许多耐高温和高强度的合成材料层出不穷,这给缩聚反应开辟了新的方向。

60 年代是聚烯烃、合成橡胶、工程塑料,以及溶液聚合、配位聚合、离子聚合蓬勃发展的时期,与以前开发的聚合物品种、聚合方法、生产工艺配合在一起,形成了合成高分子全面繁荣的局面。

从 19 世纪到现在,经过了 100 多年的奋斗,不少学者和科学家在高分子化学研究方面作出了贡献,Staudinger,Natta,Zieglar,Flory 等人荣获诺贝尔奖。

0.3.2　高分子化学的发展前景

高分子合成化学的发展是随着高分子合成材料的发展而发展,并已经形成了比较完善的学科体系。近年来,随着新的高分子材料、新的聚合反应的深入研究,高分子合成化学有了更大的发展。

（1）扩大通用、重要的高分子的生产规模

量大面广的通用高分子与国民经济的发展密切相关,通用大规模的生产品种如塑料中的聚乙烯、聚丙烯、聚苯乙烯、聚氯乙烯,合成纤维中的聚酯、尼龙、聚丙烯腈、维尼纶,合成橡胶中的氯丁、丁苯、丁腈、顺丁、乙丙胶、异戊橡胶等,应扩大生产规模。一方面对单体的生产技术要作进一步改进、降低成本;另一方面对聚合的方法、生产工艺,也要作进一步改进,提高生产效率和设备利用率,提高产品的综合性能,降低消耗定额,研究新的活性催化剂。特别是高效催化剂的使用,简化了生产过程。再就是对通用高分子的改性。通过共聚、接枝共聚、交联改性,利用分子设计原理,在大分子链上引入有反应性能的官能团制得新的品种,改变原有品种的分子结构及组成,从而改变高聚物聚集态及综合性能;也可利用物理方法共混、填充、互穿网络制得复合材料,或在加工中加入不同高分子材料或其他增强材料使通用高分子改性。

（2）对工程塑料及特种橡胶领域进行开发使材料获得新性能

现有的工程塑料及特种橡胶,所用单体的成本高,所以必须改进单体的生产技术和方法,降低成本。高分子合成有不少需进一步改善的问题,如工程塑料中聚苯醚、聚砜、聚酯、聚酰胺、含硅及含氟高分子材料的改性以及新品种的开发都是十分重要的。特种橡胶在航空、航天、交通、电子、信息、日用电气等部门有广阔的市场,如氟橡胶、硅橡胶、丙烯酸酯橡胶、聚氨酯橡胶等类产品是高新技术的重要原材料。对特种橡胶密封制品要求具有耐高温、耐寒、耐油、耐紫外线、耐辐射等性能。随着国防工业的现代化,对材料的性能要求越来越高,有的品种不适应要求,所以在这方面需继续进行研究。

（3）发展高强、耐热和具有功能的高分子材料

对碳纤维、刚玉晶需要的增强材料等所要求的高强度结构材料,耐热的杂环高分子和碳化高分子材料等都进行了许多研究工作。"功能高分子"是指具有光、电、磁等优异性能以及某些生物性能的高分子材料。利用分子设计原理,把具有不同功能的官能团引入大分子主链或侧链,使其成为光敏高分子材料、高分子磁性材料、高分子导电材料;在大分子中引入反应型的基团,可制成各种高分子试剂、高分子催化剂、高分子生物酶。高分子离子交换树脂已是众所周知的重要材料,用途广泛,品种多,高分子膜材料已是生产中的重要材料。高分子液晶是一种新型材料,具有生命力,用作高性能工程材料、高吸水材料。医学上用的人工心脏、人工肺、人工牙、人造乳房、人造皮肤等也是新的功能高分子材料,这方面的研究大有作为。生物高分子材料是各国积极开发的热门领域,特别是农业科学上所需的各类功能高分子,如生长剂、除草剂、除害虫的药物、食品添加剂等方面的研究刚起步,有大量科研工作等待人们去做。

（4）对智能高分子复合材料的开发具有重要意义

智能材料是指对环境具有可感知、可响应,并具有生物赋予高级功能发现能力(如预知与预告能力,自修复与自增殖能力,认识与鉴别能力等)的新材料,若此新材料是用高分子制成即称智能高分子材料。智能高分子材料主要具有智能化性能,是当前工程学发展的国际前沿,也是21世纪的先进材料。用现有材料组合,并引入多重功能,特别是软件功能是智能高分子材料的设计思路,如从分子设计考虑,可利用光化学异构化反应,模拟植物色素的光变换模式设计和制造光能量变换及贮存用的高分子材料、刺激响应高分

子凝胶、智能的高分子药物膜与微球。智能高分子复合材料是各国学者正在进行研究的课题。

（5）高分子精细化工产品是今后高分子材料开发的重要领域

各种高性能涂料，包括船舶、汽车、火车、摩托车、自行车、家具、家电设备所用各类油漆涂料；建筑行业所需内外装修的高分子材料；日用化工中的包装材料、衣服、皮革、皮衣、高档印刷纸等也需各种高分子涂饰材料；纺织印染工业的发展也需要特殊性能的高分子材料。

（6）研究保护环境和防止污染的方法

聚合物生产中大量使用了各种化工原料，不可避免地要产生某些有害气体、污水和废渣；又由于聚合物材料的产量日益增大，废弃的聚合物材料日益增多。为防止污染、减少公害，研究处理"三废"和废弃的聚合物材料的方法，已成为当务之急。另外，又要致力于研究新的无污染的聚合物，如光裂解高分子，即用时稳定，不用时可用阳光分解的高分子材料以及聚合物的生物降解材料。

0.3.3　高分子合成化学研究的前沿领域

在高分子化学领域，新的有用的高分子化合物的分子设计及合成，新的聚合反应及聚合方法，始终是高分子化学研究的前沿领域。首先，在这个发展前景的推动下，可控制反应物的空间立构及其相对分子质量、相对分子质量分布的可控聚合、活性聚合、生物酶催化聚合，微生物合成，新功能化合物的分子设计及合成，高性能（耐高温、高强度、高模量）化合物的分子设计及合成，纳米粒子的合成方法，各种有机-无机分子内杂化材料的合成，聚合物加工成型过程中的化学反应（反应加工），聚合物材料的化学改性方法（表面改性、分子改性），基于分子识别和着眼于各种新功能材料探索而出现的分子有序组装体系的设计及组装合成方法而形成的超分子体系组装化学等，已成为当今高分子化学的前沿领域。其次，对已有的聚合新技术还应从聚合理论、合成方法及改性与应用方面做深入研究，已报导的聚合新技术不少是有理论和经济价值的，诸如模板聚合、等离子体聚合、基团转移聚合反应、大分子单体的合成和聚合、大分子引发剂的合成和聚合、管道聚合、旋光活性聚合、固态聚合等，这些研究将为今后开发新材料奠定理论基础。

第 1 章　材料合成化学的理论基础

目前,人类已知的化学元素虽只有 117 种,但由它们组成的无机物却有几万种之多。由于人们正在不断地掌握人工合成技术,成千上万种自然界本来不存在的物质,也越来越多地被人们合成出来;自然界存在的一些特殊物质,也由人们不断地合成复制出来,现在全世界每年要合成出 30 多万种新的化合物。

化学变化的一个显著特点就是在变化进行时伴随有物理现象的发生,如化学变化时常伴有热量、光能或电能等能量的变化。吸热反应在反应过程中需吸收外部环境的热量,否则就很难进行或进行得非常慢;放热反应在反应进行过程中要向环境放出热量;有机物、磷、氢气、一氧化碳等的燃烧反应既要向环境放出热量又要发光;而有些反应需在光照下才能完成,如石蜡的氯化、植物的光合作用等,有人早就做过实验,在黑暗的条件下叶绿素是不会进行光合作用而将 CO_2 和 H_2O 转化为葡萄糖和淀粉的;电解、电镀等反应要消耗电能,化学电源则又是利用化学反应产生电能。正是这些现象奠定了化学热力学研究的基础。

对于任一未知的合成化学反应,首先必须考虑的问题是要通过热力学计算其推动力,只有那些净推动力大于零的化学反应在理论上才能够进行;其次还必须考虑该反应的速率甚至反应的机理等问题。前者属于化学热力学问题,后者则属于化学动力学问题,两者是相辅相成的,如某一化学反应在热力学上虽是可能的,而反应速率过慢也无法实现工业化生产,还必须通过动力学的研究来降低反应阻力,加快其反应速率;而对那些在热力学上是不可能的过程就没有必要再花力气去进行动力学方面的研究了,除非是先通过条件的改变来使其在热力学上成为可能的过程。

1.1　化学热力学与材料合成

对于合成化学工作者来讲,具有运用自如的热力学基础知识是非常必要的。如稀有气体化合物的成功合成是化学发展过程中的重要里程碑,也是应用化学热力学原理指导无机合成的一次重大胜利。1962 年,英国青年化学家巴特利特(N. Bartlett)在研究铂和氟的反应时,发现在玻璃或石英容器中,Pt 与 F_2 反应生成的化合物之一是深红色固体,在 100℃下可以升华;后又发现氧气同 PtF_6 蒸气在室温下反应也可得到此化合物,经 X 射线衍射实验分析和其他实验确定该化合物是 $O_2^+PtF_6^-$。巴特利特注意到 O_2 和 Xe 的第一电离能相当接近,$I_{O_2} = 1\ 164\ kJ \cdot mol^{-1}$,$I_{Xe} = 1\ 170\ kJ \cdot mol^{-1}$,$PtF_6$ 既然可以氧化 O_2,能否氧化 Xe 呢? 他利用 Bron-Haber 循环对两个反应进行比较

$$O_2(g)\left[\,Xe(g)\,\right]+PtF_6(g)\xrightarrow{\Delta_rH_m^{\ominus}}O_2{}^+PtF_6{}^-\left[\,Xe^+PtF_6{}^-\,\right]$$

$$\downarrow I \qquad\qquad \downarrow A \qquad\qquad \uparrow L$$

$$O_2{}^+(g)\left[\,Xe^+(g)\,\right]+PtF_6{}^-(g)\underline{\qquad\qquad\qquad}$$

因为 $I_{O_2}\approx I_{Xe}$，$O_2{}^+$ 的半径与 Xe^+ 半径相近，两者所形成的化合物 $O_2{}^+PtF_6{}^-$ 与 $Xe^+PtF_6{}^-$ 的晶格能（L）也相近，从而反应的 $\Delta_rH_m^{\ominus}$ 也相近。于是巴特利特在室温下将等量的 Xe 和 PtF_6 蒸气进行混合，立即得到桔黄色晶体，该化合物为 $Xe^+PtF_6{}^-$。正是利用了热力学原理指导了无机合成，打破了"惰性禁区"。追随巴特利特的结果，克拉森（Classen）等合成化学家，以 Ni 为容器，将 Xe 与 F_2 的混合物加热至 $400\,℃$，成功合成了无色晶体 XeF_4。这两个结果给予 20 世纪 30 年代以来长期停滞不前的这个领域的研究带来了生机，许多稀有气体化合物相继被合成出来，人们不得不重新将惰性元素命名为稀有元素。从这个例子可以看到热力学原理对合成化学的指导意义，同时还可以认识到，并非所需的热力学数据都能查到，多数是查不到的，那么应该学会灵活运用有关原理和可以利用的间接数据进行估计和推算。

1.1.1　化学反应方向的判断

1. 自发过程

人们很容易观察到，自然界存在着许多能够自动发生的过程，就是不需要人为干预而自行发生的过程。例如，放在桌上的一杯沸水，会自动地把热量传递给周围的环境，直至系统（杯内的水）与环境的温度相等为止。

再如，硝酸铵等盐类，晶体中正离子 $NH_4{}^+$ 和负离子 $NO_3{}^-$ 整齐而有序地排列，当盐溶解于水中时正负离子向水中扩散而自由运动；与此同时，水分子也扩散到正负离子之间形成水合离子，最终形成均匀的溶液。和溶解前相比，溶液温度降低，将向环境吸收热量，同时溶液中粒子的运动状态要比溶质和纯溶剂的更为混乱。

又如，理想气体的扩散，如图 1.1 所示。图 1.1（a）为两玻璃容器分别装有温度、压力相同的 A、B 两种气体，中间用活塞相连接；图 1.1（b）为当活塞打开后，两个容器中的气体就互相扩散，最后就形成均匀的混合物。整个过程中系统温度、压力都没有发生变化，变化的只是从单纯的 A、B 两种气体变成了混合气体，即整个系统的混乱度增加了。

(a)　　　　　　　　　　　　　　　　　(b)

图 1.1　理想气体的扩散

上述三个例子都是自发过程，而其相反过程即逆过程则决不会自动发生。第一例表明自发过程将趋向于能量降低的过程；第二例的溶解过程，既有热量交换因素（吸热），又有混乱度增加的因素；第三例中自发过程是向混乱度增加的方向进行。

可见，影响热力学过程自发进行方向的因素有两个：一是热量因素，另一个则是系统的混乱度因素。任何自发过程都是倾向于：①降低系统的能量；②增加系统的混乱度。

2. 系统的熵及熵判据

熵(S)是系统的一个状态函数，一定条件下系统有一固定的熵值，系统发生变化时，其过程的熵变等于过程的可逆热与温度的商值，即热温商(这也是熵名称的由来)，即

$$dS \stackrel{\text{def}}{=\!=\!=} dQ_r/T \tag{1.1}$$

式中　dQ_r——系统发生微小变化时过程的可逆热；

　　　T——系统可逆换热为 dQ_r 时的热力学温度。

从物理意义上讲，熵是量度系统无序度的函数，也可以说是系统混乱度的宏观量度。系统的混乱度小或者处在较有序的状态，其熵值就小；混乱度大或者处在较无秩序的状态，对应的熵值就大。

热力学上规定气态物质的标准态是在标准压力($p^{\ominus} = 100$ kPa)下表现出理想气体性质的纯气体状态；液、固态物质的标准态是标准压力下的纯液体或纯固体状态。那么在标准状态下，298 K 时 1 mol 物质的熵值称为该物质的标准摩尔熵，以 $S_m^{\ominus}$ 表示。本书附录 I 中列出了若干常用物质的标准熵。

因为熵是系统的状态函数，所以根据状态函数的性质，一个化学反应前后的熵变，就等于生成物质(末态)熵的总和减去反应物质(始态)熵的总和，即

$$\Delta_r S = \sum S_{生成物} - \sum S_{反应物} \tag{1.2}$$

如在热力学标准态下，298 K 时进行的化学反应

$$a\text{A} + b\text{B} = l\text{L} + m\text{M}$$

其标准摩尔熵变为

$$\Delta_r S_m^{\ominus} = [lS_m^{\ominus}(\text{L}) + mS_m^{\ominus}(\text{M})] - [aS_m^{\ominus}(\text{A}) + bS_m^{\ominus}(\text{B})] \tag{1.3}$$

根据附录 I 所列各物质的标准摩尔熵 $S_m^{\ominus}$，即可计算出该化学反应的总的标准摩尔熵变。

若系统从状态 I 到状态 II 有多种变化过程的话，则可逆过程吸收的热量 Q_r 为一最大值；不可逆过程吸收的热量 Q 必小于 Q_r；若某一过程中出现 $Q > Q_r$ 的情况，只有在外界对系统做功时才有发生的可能，即这一过程为一非自发过程。与非自发过程相对应，自发过程是一种不可逆过程，而在热力学的可逆过程中系统始终处于平衡状态。

熵是一状态函数，从状态 I 到状态 II 的变化过程中，熵变 $\Delta S = S_{\text{II}} - S_{\text{I}}$ 是一定值，与变化的可逆与否无关。因此，以 Q/T 与 ΔS 相比较，就可了解到过程进行的情况，即

$Q/T = \Delta S$——可逆过程，系统处于平衡状态；

$Q/T < \Delta S$——不可逆过程，系统为自发过程；

$Q/T > \Delta S$——非自发过程。

由此可根据某一化学反应的恒温反应热与温度的比值同反应的熵变进行比较，判断该条件下此反应能否自发进行。假如该条件下反应正向不能自发进行，其逆向反应必能自发进行。

对于隔离系统来讲，过程的 $Q = 0$，则自发进行的过程必然有 $\Delta S > 0$，即隔离系统总是自发地向着熵值增加的方向进行，此即热力学熵增原理。

3. 系统的内能、焓、亥姆霍兹函数、吉布斯函数

任何物体都有一定数量的能量,如系统内部各种分子的动能、分子间的势能、电子运动能、核能等。热力学上将系统内部的这些能量的总和称为系统的内能,以符号 U 表示,它只取决于系统的状态,所以为一状态函数。对于一个确定系统来讲,我们还无法准确知道其内能的数值,但这并不影响这一状态函数在热力学上的应用,因为我们所关心的并不是内能的本身,而是系统从始态变到末态时内能的变化值,即 ΔU。

系统的状态函数焓以符号 H 表示,它的物理意义虽不如内能、熵等状态函数那么直观、明显,但它却是热力学中一个十分重要的物理量,其定义式为

$$H \stackrel{\text{def}}{=\!=\!=} U + pV \tag{1.4}$$

式中　p,V——代表系统的压力和体积。

由定义式可见,系统在某一状态下的焓值同样无法准确知道。

任一化学反应的内能的变化($\Delta_r U_m$)及焓的变化($\Delta_r H_m$)分别等于该反应的恒容反应热和恒压反应热。

对于 298 K 标准态下的化学反应 $a\text{A}+b\text{B}=l\text{L}+m\text{M}$ 其标准摩尔反应焓变 $\Delta_r H_m^{\ominus}$ 可用参加反应各物质的标准摩尔生成焓 $\Delta_f H_m^{\ominus}$ 和标准摩尔燃烧焓 $\Delta_c H_m^{\ominus}$ 来计算

$$\Delta_r H_m^{\ominus} = \left[l\Delta_f H_m^{\ominus}(\text{L})+m\Delta_f H_m^{\ominus}(\text{M}) \right] - \left[a\Delta_f H_m^{\ominus}(\text{A})+ \right.$$
$$\left. b\Delta_f H_m^{\ominus}(\text{B}) \right] = \sum_i \nu_i \Delta_f H_m^{\ominus}(\text{i}) \tag{1.5}$$

$$\Delta_r H_m^{\ominus} = \left[l\Delta_c H_m^{\ominus}(\text{A})+b\Delta_c H_m^{\ominus}(\text{B}) \right] - \left[l\Delta_c H_m^{\ominus}(\text{L})+ \right.$$
$$\left. m\Delta_c H_m^{\ominus}(\text{M}) \right] = \sum_i \nu_i \Delta_c H_m^{\ominus}(\text{i}) \tag{1.6}$$

式中　ν_i——参加反应各物质的化学计量数。

本书附录Ⅰ中列出了一些常见物质 298 K 标准态下的标准摩尔生成焓 $\Delta_f H_m^{\ominus}$,附录Ⅱ中列出了一些常见有机化合物 298K 标准态下的标准摩尔燃烧焓 $\Delta_c H_m^{\ominus}$。

化学热力学非常有价值的成就,是定义了亥姆霍兹函数 A 和吉布斯函数 G,并可以由物质的标准摩尔生成吉布斯函数 $\Delta_f G_m^{\ominus}$ 及 $S_m^{\ominus}$,$\Delta_f H_m^{\ominus}$、定压摩尔热容 C_{pm} 等求得一个化学反应的平衡常数和判断反应的方向性。

$$A \stackrel{\text{def}}{=\!=\!=} U-TS \qquad G \stackrel{\text{def}}{=\!=\!=} H-TS \tag{1.7}$$

对于 298 K 标准态下的化学反应

$$a\text{A}+b\text{B}=l\text{L}+m\text{M}$$

$$\Delta_r G_m^{\ominus} = \left[l\Delta_f G_m^{\ominus}(\text{L})+m\Delta_f G_m^{\ominus}(\text{M}) \right] - \left[a\Delta_f G_m^{\ominus}(\text{A})+ \right.$$
$$\left. b\Delta_f G_m^{\ominus}(\text{B}) \right] = \sum_i v_i \Delta_f G_m^{\ominus}(\text{i}) \tag{1.8}$$

$$\Delta_r G_m^{\ominus} = \Delta_r H_m^{\ominus} - T\Delta_r S_m^{\ominus} \tag{1.9}$$

$$\Delta_r G_m^{\ominus} = -RT\ln K^{\ominus} \tag{1.10}$$

式中　$\Delta_r G_m^{\ominus}$——标准摩尔反应吉布斯函数变;

　　　$K^{\ominus}$——化学反应标准平衡常数。

如参加反应各物质并非全部处于标准态,反应的吉布斯函数变为

$$\Delta_r G_m = \Delta_r G_m^\ominus + RT\ln Q_a \tag{1.11}$$

式中，Q_a 为活度商，当 $\Delta_r G_m = 0$，$Q_a = K^\ominus$，可求反应的平衡常数。在手册中，一般化合物在 298 K 时 $\Delta_f G_m^\ominus$、$S_m^\ominus$、$\Delta_f H_m^\ominus$ 及 C_{pm} 等均能查到。在附录 I 中同样列出了一些常见物质的标准摩尔生成吉布斯函数变 $\Delta_r G_m^\ominus$，附录 III 中列出了某些气体的恒压热容 C_{pm} 与温度的关系，但是对于不常见的化合物，数据则难以在手册中获得，我们还不得不根据物质的价键结构、原子数目、官能团、电离能、晶格能等来估计上述标准数据，如用键焓估算 $\Delta_r H_m^\ominus$。

不过，化学合成的很多反应并非在室温下进行，尤其是高温反应在材料合成中十分常见。由于物质的等压热容是温度的函数，即

$$C_{pm} = a + bT + cT^2 + dT^3 \tag{1.12}$$

且有

$$\Delta_r H_m^\ominus(T) = \Delta_r H_m^\ominus(298) + \int_{298}^{T} \Delta_r C_{pm} dT \tag{1.13}$$

$$\Delta_r S_m^\ominus(T) = \Delta_r S_m^\ominus(298) + \int_{298}^{T} \Delta_r C_{pm} dT \tag{1.14}$$

$$\Delta_r G_m^\ominus(T) = \Delta_r H_m^\ominus(298) - T\Delta_r S_m^\ominus(298) + \int_{298}^{T} \Delta_r C_{pm} dT - T\int_{298}^{T} TdT \tag{1.15}$$

上述式中，$\Delta_r C_{pm}$ 为参加反应各物质定压摩尔热容的代数和，即

$$\Delta_r C_{pm} = [lC_{pm}(L) + mC_{pm}(M)] - [aC_{pm}(A) + bC_{pm}(B)] = \sum_i \nu_i C_{pm}(i) \tag{1.16}$$

当热力学数据齐全时，就可用上述公式计算某一反应在不同温度下的 $\Delta_r G_m^\ominus(T)$。不少手册中为了方便，已将常见的 $\Delta_r G_m^\ominus(T)$ 用通式表示出来，即

$$\Delta_r G_m^\ominus(T) = \Delta H_0 + 2.303aT\lg T + b\times10^{-3}T^2 + c\times10^5 T^{-1} + IT \tag{1.17}$$

式中，ΔH_0，a，b，c，I 均为常数，可直接查得。

当数据不齐全或无必要精确计算时，往往作近似计算，可有两种方法。

(1) 如果反应的 $\Delta_r C_{pm} \approx 0$，则可视 $\Delta_r H_m^\ominus$，$\Delta_r S_m^\ominus$ 为常数。

$$\Delta_r G_m^\ominus(T) = \Delta_r H_m^\ominus(298) - T\Delta_r S_m^\ominus(298) = A + BT \tag{1.18}$$

A，B 为常数，附录 IV 中列出了一些反应的 A，B 值，可供参考。

(2) 如果反应的 $\Delta_r C_{pm}$ 为常数，则 $\Delta_r G_m^\ominus(T)$ 可简化为

$$\Delta_r G_m^\ominus(T) = \Delta_r H_m^\ominus(298) - T\Delta_r S_m^\ominus(298) + \Delta_r C_{pm}(\ln 298/T + 1 - 298/T)$$

即

$$\Delta_r G_m^\ominus(T) = I + A'T + B'T\ln T \tag{1.19}$$

其中，I，A' 及 B' 均为常数。

任何系统都有自发倾向于混乱度增加（即熵增）、降低能量的趋势，这是自然界的普遍规律，对于材料合成的化学反应系统也不例外。所以系统的熵变或焓变都是讨论反应自发性问题时必须考虑的因素，但并不是说所有的自发反应都是熵增加或放热的反应，如乙烯单体聚合为聚乙烯的自发反应却是系统熵减而放热的过程，由此可见只是简单地根据系统的熵变或焓变不能对反应的自发性作出准确判断。

对于工业生产中较常遇到的恒温、恒压或恒温、恒容过程，可使用吉布斯函数或亥姆霍兹函数来准确判断其过程方向性。这两个函数可理解为系统恒温、恒压或恒温、恒容下向环

境提供最大有用功的能力,而所有系统都有自发降低其做功能力的趋势,即恒温、恒压下

$$\Delta_r G_m = \Delta_r H_m - T\Delta_r S_m < 0 \quad 自发过程$$

$$\Delta_r G_m = \Delta_r H_m - T\Delta_r S_m = 0 \quad 平衡状态$$

$$\Delta_r G_m = \Delta_r H_m - T\Delta_r S_m > 0 \quad 非自发过程$$

恒温、恒容下

$$\Delta_r A_m = \Delta_r U_m - T\Delta_r S_m < 0 \quad 自发过程$$

$$\Delta_r A_m = \Delta_r U_m - T\Delta_r S_m = 0 \quad 平衡状态$$

$$\Delta_r A_m = \Delta_r U_m - T\Delta_r S_m > 0 \quad 非自发过程$$

以 $\Delta_r G_m$ 判据为例,对于一个化学反应来说,反应过程的 $\Delta_r H_m$ 和 $\Delta_r S_m$ 随温度的变化往往不是很大,因此 $\Delta_r G_m$,$\Delta_r H_m$ 及 $\Delta_r S_m$ 间可能有下列几种情况。

①如 $\Delta_r H_m < 0$,而 $\Delta_r S_m > 0$,则 $\Delta_r G_m$ 必小于零,该类反应可在任意温度下发生。

②如 $\Delta_r H_m < 0$,$\Delta_r S_m < 0$,则要使 $\Delta_r G_m$ 小于零,$T\Delta_r S_m$ 值不能太大。对于给定的反应,其 $\Delta_r S_m$ 基本固定,T 值就应较小,即该类反应可在较低温度下进行,T 超过一定值后可能进行其逆反应。

③如 $\Delta_r H_m > 0$,$\Delta_r S_m > 0$,则要使 $\Delta_r G_m$ 小于零,T 必须足够大,即该类反应在高温下能进行。

④如 $\Delta_r H_m > 0$,而 $\Delta_r S_m < 0$,则 $\Delta_r G_m$ 必大于零,即该类反应在任何温度下都不能自发进行,要想使该类反应进行必须向系统做电功等非体积功,使 $W' \geq \Delta G$。但该类反应的逆反应则可在任何温度下都能自发进行。

可见,$\Delta_r G_m$ 综合了系统的热量因素 $\Delta_r H_m$ 及混乱度因素 $\Delta_r S_m$ 对过程自发进行方向的影响,是一判断过程方向性非常可靠的函数。

有时为了方便,也可以用反应的 $K^\ominus$ 来粗略判断反应的方向。$K^\ominus$ 越小则 $\Delta_r G_m$ 越大,通常当 $K^\ominus < 10^{-7}$ 时,正反应倾向小到不可察觉,此时 $\Delta_r G_m^\ominus \gg 0$,$Q_a$ 一般不能再小于 $K^\ominus$,即 $RT\ln Q_a$ 的数值不至影响 $-RT\ln K^\ominus$,故按式(1.11)$\Delta_r G_m$ 与 $\Delta_r G_m^\ominus$ 均为正值,反应难于正向进行,但可逆向进行。将 $K^\ominus = 10^{-7}$,$T = 298.15K$ 代入式(1.10)得

$$\Delta_r G_m^\ominus = -(8.314 \times 298.15 \ln 10^{-7}) kJ \cdot mol^{-1} = 40 \ kJ \cdot mol^{-1}$$

即当 $\Delta_r G_m^\ominus \geq 40 \ kJ \cdot mol^{-1}$ 时,可用 $\Delta_r G_m^\ominus$ 代替 $\Delta_r G_m$ 判断反应方向。

反之,$K^\ominus$ 越大,$\Delta_r G_m^\ominus$ 越小,即负值越大,正反应可进行得越完全,如 $K^\ominus \geq 10^7$,则此时 Q_a 一般不会超过 $K^\ominus$,$RT\ln Q_a$ 的数值不至影响 $-RT\ln K^\ominus$,按式(1.11)$\Delta_r G_m$ 与 $\Delta_r G_m^\ominus$ 均为负值,故可用 $\Delta_r G_m^\ominus$ 代替 $\Delta_r G_m$ 判断反应方向。

假如 $10^{-7} < K^\ominus < 10^7$,此时 $\Delta_r G_m^\ominus < 40 \ kJ \cdot mol^{-1}$,再用 $\Delta_r G_m^\ominus$ 或 $K^\ominus$ 判断反应方向已不可靠,而必须用 $\Delta_r G_m$。

1.1.2 反应的耦合

当某化学反应 $\Delta_r G_m^\ominus \gg 0$,$K^\ominus \ll 1$ 时,反应不能自发进行。这种情况下,只要与一个 $\Delta_r G_m^\ominus \ll 0$,$K^\ominus \gg 1$ 的反应进行耦合,使不能自发进行的反应中某产物成为 $\Delta_r G_m^\ominus \ll 0$ 反应中的反应物,这样就能把不能进行的反应带动起来。$TiCl_4$ 的制备,常将金红石或高钛渣

（$w(TiO_2)>92\%$）在碳存在下,于 1 000 ℃左右氯化,得到产物,然后进行分馏提纯,除去 $FeCl_3$ 及 $SiCl_4$。如果反应不加碳直接氯化,即

$$TiO_2(s)+2Cl_2(g) \longrightarrow TiCl_4(l)+O_2(g)$$

$$\Delta_r G_m^{\ominus}(298)=161.94 \text{ kJ} \cdot \text{mol}^{-1}$$

上述反应宏观上是不可能进行的,虽然升高温度有利于向右进行,但也不会有明显改观,加入碳后,由于

$$C(s)+O_2(g) \longrightarrow CO_2(g) \quad \Delta_r G_m^{\ominus}(298)=-394.38 \text{ kJ} \cdot \text{mol}^{-1}$$

反应发生耦合

$$TiO_2(s)+2Cl_2(g)+C(s) \longrightarrow TiCl_4(l)+CO_2(g)$$

$$\Delta_r G_m^{\ominus}(298)=-394.38+161.94=-232.44 \text{ kJ} \cdot \text{mol}^{-1}$$

反应得以自发进行。当然这种计算仅提供一种反应可能性,具体的反应条件,反应速率还与动力学有关。实际上,上述反应于 1 000 ℃左右进行,工业上 $TiCl_4$ 的生产方法就是根据这个原理。

常见的 $\Delta_r G_m^{\ominus} \ll 0$ 反应很多,可以进行适当的耦合反应,例如:

（1）铜不溶于稀 H_2SO_4

铜不溶于稀 H_2SO_4,但如果充足供给 O_2,则反应可以进行

$$Cu+2H^+(aq)=Cu^{2+}(aq)+H_2(g) \quad \Delta_r G_m^{\ominus}(298)=65.5 \text{ kJ} \cdot \text{mol}^{-1}$$

$$H_2(g)+\frac{1}{2}O_2(g)=H_2O(l) \quad \Delta_r G_m^{\ominus}(298)=-237.2 \text{ kJ} \cdot \text{mol}^{-1}$$

将上面两反应耦合,则

$$Cu+2H^+(aq)+\frac{1}{2}O_2(g)=Cu^{2+}(aq)+H_2O(l) \quad \Delta_r G_m^{\ominus}(298)=-171.7 \text{ kJ} \cdot \text{mol}^{-1}$$

（2）配合物的生成

配合物的生成往往也能促进反应的进行

$$Au(s)+4H^+(aq)+NO_3^- = Au^{3+}(aq)+NO(g)+2H_2O(l)$$

上述反应不可能进行,但若加入盐酸（HCl）形成王水,则金发生溶解。

$$Au^{3+}+4Cl^- = [AuCl_4]^-$$

反应得以进行,就是因为 Au^{3+} 与 Cl^- 发生配位反应,与上一反应发生了耦合。

（3）强酸与弱碱反应

$$H^+(aq)+OH^-(aq)=H_2O(l)$$

$$\Delta_r G_m^{\ominus}=-79.9 \text{ kJ} \cdot \text{mol}^{-1}$$

也是常常作为耦合反应的考虑对象。强酸与弱碱反应事实上就是弱碱离解反应与上述反应的耦合。

（4）难溶盐的溶解

对于难溶盐的溶解,一般弱酸盐可与强酸反应,一部分难溶盐如某些硫化物可用有具氧化性的酸溶解,或生成配合物。而碳酸盐往往由于

$$2H^+(aq)+CO_3^{2-}(aq)=H_2O(l)+CO_2(g) \quad \Delta_r G_m^{\ominus}=-103.7 \text{ kJ} \cdot \text{mol}^{-1}$$

使它易溶于强酸中。

难溶的金属硫化物,可用硝酸氧化溶解,其实也是利用反应耦合,即

$$3H_2S(g) + 2NO_3^-(aq) + 2H^+(aq) = 3S(s) + 2NO(g) + 4H_2O(l)$$

$$\Delta_r G_m^{\ominus}(298) = -457.9 \text{ kJ} \cdot \text{mol}^{-1}$$

由上述例子可见,无机化学中反应的耦合,是极其普遍的,利用这一原理,可以寻求新的无机合成途径。

值得指出的是,有时两个自发的反应耦合在一起也能提供一个新的合成方法,如

$$(a) CF_3SH + CF_3SCl \longrightarrow CF_3SSCF_3 + HCl$$

$$(b) CF_3SSCF_3 + 2HCl + Hg \longrightarrow 2CF_3SH + HgCl_2$$

上述两个合成反应均证明是自发可行的,Dhaliwal 认为将

(a)×2+(b)得

$$2CF_3SCl + Hg \Longrightarrow CF_3SSCF_3 + HgCl_2$$

(a)+(b)得

$$CF_3SCl + Hg + HCl \Longrightarrow CF_3SH + HgCl_2$$

根据这一事实提出了 CF_3SSCF_3 及 CF_3SH 的新的有效的合成方法。

1.1.3　反应条件的控制与选择

对于合成反应来说,往往希望反应能尽可能地进行彻底,即达平衡时反应的转化率尽可能地高,但是一个化学反应所能达到的平衡状态除受反应自身的限制以外,还和反应发生时所处的条件有关。假如改变平衡系统的条件之一,如浓度、压力或温度等,平衡就向能减弱这个改变的方向移动,这是 1884 年吕·查得里(Le Chartelier)从实验中总结出的原理。据此原理,要想使某一反应能最大限度地向右进行,可根据反应自身的特点适当地调整、控制反应条件,如反应

$$CaCO_3(s) \Longrightarrow CaO(s) + CO_2(g)$$

要想使反应进行得较彻底,可在反应过程中不断地将生成的 CO_2 气体引出,使平衡不断地向右移动。而对该类有气体参加的反应,系统的压力也是决定反应进行程度的一个主要因素,即

$$K^{\ominus} = K_P^{\ominus} = \prod_i (p_i/p^{\ominus})^{\nu_i} = Kp(p^{\ominus})^{\Sigma\nu_i} \tag{1.20}$$

$$K^{\ominus} = (p_i/p^{\ominus})^{\Sigma\nu_i} \cdot K_y \qquad K_y = \prod_i y_i^{\nu_i} \tag{1.21}$$

由式(1.20)、(1.21)可知,当反应前后气体的物质的量增大,即 $\Sigma\nu_i > 0$ 时,则一定温度下 $K^{\ominus}$ 一定,增大系统的压力将减小 K_y,即平衡向反应物方向移动,如上述的石灰石分解反应。所以该类反应往往控制在较低压力下进行,而对反应前后 $\Sigma\nu_i < 0$ 的反应则应控制在较高的压力下进行。

由式(1.22)、(1.23)可以看出,对于反应前后气体物质的量 $\Sigma\nu_i \neq 0$ 的反应在一定温度和压力下,惰性组分的存在也同样影响反应的平衡位置。

$$K^{\ominus} = \prod_i (p_i/p^{\ominus})^{\nu_i} = \{p/(p^{\ominus}\Sigma n_i)\}^{\Sigma\nu_i} K_n \tag{1.22}$$

$$K_n = \prod_i n_{B\nu_i}, \quad p_B = p^{n_i/\Sigma n_i} \tag{1.23}$$

例如,乙苯脱氢制苯乙烯的反应

$$C_6H_5C_2H_5(g) \longrightarrow C_6H_5C_2H_3(g) + H_2(g)$$

$\sum \nu_i > 0$,故在生产中为提高转化率,要向反应系统中通入大量惰性组分水蒸气以增大系统的 $\sum n_i$,从而增大 K_n 值。另一方面,对于合成氨反应

$$N_2(g) + 3H_2(g) \longrightarrow 2NH_3(g)$$

$\sum \nu_i < 0$,惰性组分增大,则 K_n 将减小,对反应不利。在生产实际中,未反应完全的原料气 N_2 和 H_2 混合物要循环使用,在循环中,不断加入新的原料气,其中随原料气所带入的惰性组分 Ar、CH_4 等不断发生积累,使系统的 $\sum n_i$ 加大,为了维持一定的转化率,则必须要定期放空一部分旧的原料气,以减少惰性组分的含量。

对于气体反应

$$a\mathrm{A}(g) + b\mathrm{B}(g) = l\mathrm{L}(g) + m\mathrm{M}(g)$$

若原料气中只有反应物而无产物,令反应物配比 $r = n_B/n_A$。在维持总压力相同的情况下,随着 r 的增加气体 A 的转化率增加,而气体 B 的转化率减少。若两原料气中,B 气体较 A 气体便宜,而 B 气体又容易从反应混合物中分离出,那么根据平衡移动原理,为了充分利用 A 气体,可以使 B 气体大大过量,以尽量提高 A 气体的转化率。如果获得 A、B 气体的难易程度相当,且它们的价格相差不大,则在原料配比上最好保持 $r = a/b$,因为在该原料配比下,反应达到平衡时混合气中产物所占的比例是最高的,为以后所进行的产品分离提供了好的基础。

以上所讨论的只是在反应温度不变的前提下如何控制反应物浓度、系统压力、原料配比等条件,以期达到较高的转化率的目的,而反应系统的温度则是另一控制系统平衡位置的重要条件,这主要是因为对于同一化学反应而言,温度不同,该反应的平衡常数就将不同。一般来讲,温度 T 和平衡常数 $K^{\ominus}$ 间的关系符合如下所示的范特霍夫(Van't Hoff)方程

$$\mathrm{d}\ln K^{\ominus}/\mathrm{d}T = \Delta_r H_m^{\ominus}/(RT^2) \tag{1.24}$$

在 T_1,T_2 两温度间反应的 $\Delta_r H_m^{\ominus}$ 变化不大,对上式进行积分可得

$$\ln K_2^{\ominus}/K_1^{\ominus} = -(\Delta_r H_m^{\ominus}/R) \cdot (1/T_2 - 1/T_1) \tag{1.25}$$

对于放热反应 $\Delta_r H_m^{\ominus} < 0$,如果 $T_2 < T_1$ 则 $K_2^{\ominus} > K_1^{\ominus}$,即放热反应低温下的平衡常数较高温下的平衡常数要大,所以反应控制在较低温度下进行更为有利,而对于吸热反应,$\Delta_r H_m^{\ominus} > 0$,则反应控制在较高温度下进行能得到更高的转化率。

生产实际中化学反应条件的控制与选择往往要复杂得多,以上只是从反应平衡转化率即化学热力学方面阐述了控制反应条件的一些基本原则。在实际生产过程中还要考虑反应特点、工艺过程等,下面以几个实际例子加以具体说明。

为准确获得某种价态的氧化物,如过渡金属氧化物的获得,需要准确的氧气分压 p_{O_2},按配气法往往需要高纯氧气及惰性气体(Ar、N_2 等)来配成混合气,这就需要有精确的气体流量计及稳定的气源,所以为控制准确的氧气分压,还是采用化学平衡法更方便,常用的化学平衡有

(a)　　　$2H_2(g) + O_2(g) = 2H_2O(g)$

$$\Delta_r G_m^{\ominus}(T) = -47\ 900 + 16.28T\ln T - 18.5T(J \cdot mol^{-1})$$

（b）　　　　$$2CO(g) + O_2(g) = 2CO_2(g)$$

$$\Delta_r G_m^{\ominus}(T) = -5\ 659\ 800 + 173.57T(J \cdot mol^{-1})$$

假定高温反应中 $T = 2\ 000$ K，所需的 $p_{O_2} = 10^{-5}$ Pa，以反应（a）为例

$$\Delta_r G_m^{\ominus}(T) = -47\ 900 + 16.28 \times 2\ 000\ \ln 2\ 000 - 18.5 \times 2\ 000(J \cdot mol^{-1}) =$$
$$-268\ 510(J \cdot mol^{-1})$$

由式(1.9)得

$$\ln K^{\ominus} = (268\ 510/8.314 \times 2\ 000) = 16.148, K^{\ominus} = 1.030\ 4 \times 10^7$$

而

$$K^{\ominus} = (p_{H_2O}(g)/p^{\ominus})/[(p_{H_2}/p^{\ominus})^2(p_{O_2}/p^{\ominus})]$$

则

$$p_{H_2O}(g)/p_{H_2} = 3.189 \times 10^{-2}$$

相当于在常压下通过 25.3 ℃恒温水浴饱和水蒸气后，就可以配成所需的 H_2-O_2-H_2O 体系。

　　世界上海绵钛产量以 $TiCl_4$ 还原法获得的占相当大的比例，反应后副产物 $MgCl_2$ 及未反应的 Mg 于 $10^{-2} \sim 10^{-4}$ Pa，1 000 ℃下被分离出来。

$$TiCl_4 + 2Mg = Ti + 2MgCl_2$$

$$\Delta_r H_m^{\ominus} = -519.65\ kJ \cdot mol^{-1}(T > 409\ K)$$

在氩气氛中先将 $TiCl_4$ 和 Mg 均预热到 1 000 K，再使它们接触反应，通过热力学数据计算，若不排除余热，这反应温度将达到 1 600 ~ 1 700K，大大超过 Mg 的沸点（1 378K），导致 Mg 大量蒸发，这一温度也接近了 $MgCl_2$ 的沸点（1 691K），同时因温度的升高促使 Fe-Ti 合金的生成，严重影响海绵钛的质量，该反应排除余热是极为重要的工艺条件之一。有的反应通过计算恰恰相反，应通过外部提供大量能量。

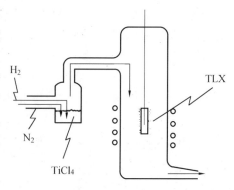

　　化学气相沉积（CVD）是当前合成无机材料的一种新技术，单质或化合物能否经气相反应沉积下来，主要依赖反应在该温度、压力条件下是

图 1.2　化学相沉积法装置示意图

否自发进行，TiN 是一种高硬度仿金色涂层，能大大提高工具的耐磨性和硬度，以 $TiCl_4$ 与 N_2 为主要原料，通过图 1.2 所示装置，加热基底使其发生化学反应，产生的 TiN 薄层沉积在基材上形成镀层，即

$$TiCl_4(l) + 1/2N_2(g) + 2H_2(g) \longrightarrow TiN(s) + 4HCl(g)$$

$$\Delta_r G_m^{\ominus}(T) = 51\ 284 - 53.8T(J \cdot mol^{-1})$$

当 T > 680℃时，就可以调整温度使 $\Delta_r G_m < 0$，实现 TiN 的沉积，实际上操作温度通常提

高到 1 000～1 200 ℃,这样更有利于 TiN 的沉积。

气相沉积 Zr 时,由 $ZrI_4(g)$ 热分解,能得到十分纯净的镀层。

$$ZrI_4(g) \longrightarrow Zr(s) + 2I_2(g)$$

$$\Delta_r G_m^{\ominus}(T) = 488\ 398 - 112.8T\ (J \cdot mol^{-1})$$

这样就需高达 4 330 K 以上的温度才能使 $\Delta_r G_m < 0$ 而发生沉积反应,但在较高的温度下, $I_2 \rightarrow 2I(g)$,那么实际上,上面的沉积反应应该改为

$$ZrI_4(g) \longrightarrow Zr(s) + 4I(g)$$

$$\Delta_r G_m^{\ominus}(T) = 790\ 299 - 315T\ (J \cdot mol^{-1})$$

该反应仍需很高温度,但实际上反应并不是在标准状态下进行的,假设系统的压力为 125 Pa,且控制 $p_I(g) = 25$ Pa,则

$$\Delta_r G_m(T) = \Delta_r G_m^{\ominus}(T) + RT \ln \left[(p_I(g)/p^{\ominus})^4 / (p_{ZrI_4(g)}/p^{\ominus}) \right] =$$
$$790\ 299 - 533.7T\ (J \cdot mol^{-1})$$

则为使 $\Delta_r G_m(T)$ 小于零,只需 T 大于 1 208 ℃,实际生产中通常使用的沉积条件是系统的压力为 100 Pa,这时只需要 1 200 ℃ 即可完成沉积反应,所以气相沉积反应往往要在高真空和高温条件下进行。

对于一反应过程而言,反应发生的可能性及平衡转化率固然是一很重要的因素,但有时反应速率的控制等也是不能不考虑的,如金刚石的密度为 3.515 g·cm^{-3},石墨的密度为 2.260 g·cm^{-3},由石墨转化为金刚石时体积缩小,所以增加反应系统的压力对提高转化率有利。由热力学数据可以算出,在 298 K 时,将石墨转化为金刚石须加 15×10^8 Pa 压力才行。但在 298 K 时转化速率太慢,在工业生产上并无价值。人造金刚石常采用的条件是 1 700 K 和 6×10^8 Pa,并以 FeS、Ni、Cr、Fe、Mn 等金属催化,在耐压反应器中进行。有关决定简单反应速率的因素将在反应动力学一节中介绍。而对复杂反应来讲,反应条件的选择与控制将要复杂得多,只有具体反应具体对待了。

1.2　化学动力学与材料合成

化学动力学与化学热力学不同,热力学只考虑反应的始态、终态,不管反应的过程,只能告诉我们反应的可能性和反应的限度,而无法告诉我们反应的速度及反应的机理。而化学动力学就是研究参加反应各物质的浓度、反应温度、压力及催化剂等因素对化学反应速率的影响,以及反应进行时要经过哪些具体的步骤即反应机理的一门学科。所以通过动力学方面的研究能够很好地解决一个 $\Delta_r G_m(T)$ 小于零的反应在什么样的条件下才能实现反应,如丁二烯是合成橡胶的重要原料,可通过下述反应获得

$$CH_3CH = CHCH_3(g) + 1/2 O_2(g) \longrightarrow CH_2 = CH - CH = CH_2(g) + H_2O(g)$$
$$（丁烯）\qquad\qquad\qquad\qquad\qquad（丁二烯）$$

该反应　　　$\Delta_r H_m^{\ominus} = -77$ kJ·mol^{-1}　　　　　$\Delta_r S_m^{\ominus} = 72$ J·mol^{-1}·K^{-1}

所以　　　　$\Delta_r G_m^{\ominus} = \Delta_r H_m^{\ominus} - T\Delta_r S_m^{\ominus} = -(77 - 0.072T)$ kJ·mol^{-1}

这是一个典型的焓降、熵增反应,即在任意温度下 $\Delta_r G_m^{\ominus}$ 都小于零,说明该反应在标

准状态下任何温度时都可以自发地进行,但事实上在常温下将氧气与丁二烯混合并不能真的生成丁二烯,因为在常温下反应速率太低。要想实现工业化生产,必须要选择合适的催化剂和最佳的工艺条件来进行。所有这些都属化学动力学的范畴,可见化学动力学在材料合成等化学过程中的重要性。现代材料多数都是通过人工合成的办法来获得的,所以材料尤其是材料合成科学家具有一定的化学动力学方面的知识是十分必要的。

相对化学热力学而言,科学家对化学动力学的研究不如对化学热力学的研究那么深入,事实上,周期表上所有元素都可以进行化学反应,目前还不可能对这千变万化的反应的动力学现象都作出满意的解释,确切知道反应机理的反应也为数不多。但是某些有普遍意义的影响因素将有助于我们的材料合成研究。

1.2.1　化学反应速率与材料合成

一个可逆的化学反应在一定条件下只要经过足够长的时间,总是能够达到化学平衡的。但是就一个有价值的合成反应而言,究竟需要多长时间才能达到平衡状态,是人们必须考虑的问题,因为化学反应速率千差万别,有的瞬间即可完成,而有的经过数年甚至数十年也只是进行了一小部分。

一个化学反应的速率首先决定于参加反应各物质的化学性质,如氢气、甲烷气及其他一些有机气体等与氧气进行的氧化反应在一定条件下就进行得相当快,甚至发生爆炸。相对而言,NO 与氧气混合生成 NO_2 的反应,速率则要慢许多。酸、碱中和反应进行得非常迅速,沉淀反应就比较缓慢,大部分氧化还原反应可能进行得更缓慢些,而许多有机反应、生物体内的生物化学反应速率则更慢。同时一个化学反应的速率还要受到参加反应各物质浓度、反应温度、压力、催化剂等许多因素的影响。可见,影响一个化学反应速率的因素很多,要根据具体情况来选择反应条件,控制最佳反应速率。

1. 化学反应的速率方程

根据我国法定计量单位规定,以反应进度(ξ)来表示化学反应进行的程度,以单位时间内反应进度的变化来表示反应速率(v),如果反应是在体积(V)恒定的容器内进行,也可以单位体积中反应物浓度随时间的变化来定义反应速率

$$v=\frac{\mathrm{d}\xi}{\mathrm{d}t} \qquad v=\frac{\mathrm{d}c}{V\mathrm{d}t} \tag{1.26}$$

对于 $aA+bB \rightarrow lL+mM$ 这样一个化学反应而言,反应的速率还可以表示成反应物质的消耗速率或生成物质的生成速率等,即

$$v_A=-\mathrm{d}C_A/\mathrm{d}t \quad v_B=-\mathrm{d}C_B/\mathrm{d}t \quad v_L=\mathrm{d}C_L/\mathrm{d}t \quad v_M=\mathrm{d}C_M/\mathrm{d}t \tag{1.27}$$

式中　v_A,v_B——代表 A、B 两种物质的消耗速率;

v_L,v_M——代表 L,M 两种物质的生成速率;

C_A——代表着各自的浓度。

反应物经过一步反应就直接转化为生成物的反应称为基元反应,这类反应的速率方程按质量作用定律可表示为

$$v_A=kC_A{}^aC_B{}^b \tag{1.28}$$

式中　a,b——分别为 A,B 的化学计量数;

k——该反应的速率常数。

若知道某一非基元反应的反应历程,即该反应是由几个基元反应所组成,则可以进行理论推导,求出其速率方程。对一些复杂反应,影响反应速率的物质除了反应物,还可以是反应的产物或不在化学计量式中的催化剂。如液相反应

$$Cr^{3+}+3Ce^{4+}\longrightarrow Cr^{6+}+3Ce^{3+}$$

实验测得其速率方程为 $v=k(C_{Ce^{4+}})^2 \cdot (C_{Cr^{3+}}) \cdot (C_{Ce^{3+}})^{-1}$。还有一类反应,其速率方程在形式上就与上述的一些形式不同,如反应

$$CrCl^{2+}\longrightarrow Cr^{3+}+Cl^-$$

其速率方程为
$$v=-dC_{CrCl^{2+}}/dt=(K_1+K_2/C_{H^+})C_{CrCl^{2+}}$$

但通常情况下,对于非基元反应其速率方程可以写成

$$v_A=-dC_A/dt=kC_A^\alpha C_B^\beta \tag{1.29}$$

式中,各浓度的方次 α 和 β 等分别为反应组分 A 和 B 的分级数,反应的总级数 n 为各组分分级数的代数和,即

$$n=\alpha+\beta+\cdots \tag{1.30}$$

反应级数的大小表示浓度对反应速率影响的程度,级数越大,则速率受浓度的影响越大。

2. 浓度对反应速率的影响

一个化学反应,如果反应生成物中有气体或沉淀,那么,通常认为这种反应是能够进行到底的,这里假设有气体生成的反应其气体是及时被引出的,否则如果反应是在封闭系统中进行,即使有气体产生,由于不能导出,反应仍然是不能进行到底的。这种能够进行到底的反应,可以认为是不可逆的或是单向的,也可称为完全反应。

不难理解,一个反应在进行的时候,一方面是反应物不断被消耗,反应物浓度不断降低;另一方面,生成物不断产生,它们的浓度越来越大,在条件不变的情况下,生成物之间也会发生反应,实际上就是正反应的逆反应,其生成物就是正反应的反应物。

因此,所谓单向反应,实际上就是在该条件下逆反应进行得十分缓慢,正、逆反应速率相差太大,以至于逆反应可以忽略不计。人们总是希望一个合成化学反应不发生逆反应,这样可以获得最高的收率。然而,许多反应都存在着不可忽略的逆反应,因此合成化学工作者必须采取各种手段避免或降低逆反应及其他副反应的影响。

对于一个可逆反应

$$A+B \rightleftharpoons L+M$$

增加 A 或 B 的浓度可以使平衡向右移动,增加 L 或 M 的浓度则使平衡向左移动;同样降低某一反应物(生成物)的浓度,也能改变平衡点。实际上,产生气体或沉淀的反应之所以是单向反应,就是因为由于气体或沉淀的生成,避免了逆反应的发生。

提高反应物的浓度是提高转化率的一个办法,但如果这种反应物比较贵重,则这种办法就不可取了,这一点在工业上尤为重要。

将反应产物之一在生成后立即分离出去或转移到另一相中去,也是提高转化率的一个办法,只要不造成工艺上的太大麻烦,工业生产上最好采用这种办法。此外,对于有气体参加的反应,如果反应前后气体物质的化学计量数不相等,则增加压力会有利于反应向

气体计量数小的方向进行,例如合成氨的反应

$$N_2 + 3H_2 = 2NH_3$$

增加压力就有利于氨的生成,所以工业上合成氨的反应是在较高压力下进行的。

　　另外,对有多个反应同时进行的化学反应,则应按主反应的情况来控制反应物的浓度配比。例如,在大环化合物的成环合成过程中,成环与成链式多聚反应同时进行,往往成环反应为一级反应,成链反应则级数较高,按浓度对不同级数的反应影响程度不同,这种情况下,反应物浓度越稀对成环反应越有利,这已成为成环反应的一条普遍规则。Busch等人把二硫醇和二溴化物在乙醇中用 Na 使之闭环缩合,不按高度稀释法制备,收率仅为7.5%,而用高度稀释法闭环收率可提高到55%以上。闭环反应的方程式如下

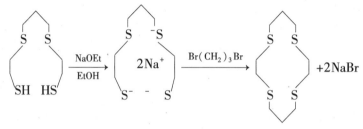

3. 温度对反应速率的影响

　　有些反应是吸热的,有些反应是放热的,对于一个平衡反应,如果正反应是吸热的,则其逆反应就是放热的。相反,如果正反应是放热的,则其逆反应必是吸热的,而且正、逆反应放出的热量与吸收的热量在数值上是相等的。这是 Lavosier-Laplace 的热化学基本定律。

　　升高反应温度有利于吸热反应的进行,能使反应速率增加;若反应是放热的,显然,升高温度对反应是不利的。因此,升高温度使反应的平衡向吸热的一方移动,温度越高,反应的转化率就越高。

　　对于放热反应,用冷水浴或冰浴使之降温的办法把反应系统放出的热量不断地排出,则有利于反应的进行。同样,因其逆反应是吸热反应,降低温度就会抑制逆反应。这样,虽然降低温度能使反应的平衡有利于正反应,能提高产物的收率,但是因温度降低了,反应的速率也跟着降低了,反应时间延长,影响单位时间内的产量。

　　合成化学工作者追求的目标是,既要提高反应的速率,又要提高反应的转化率。在放热反应中这两方面是相矛盾的,若单纯为提高反应的速率而不断升高反应的温度,则转化率必然降低。若产物易于分离提取,即使产率低也不会大量增加生产成本;如果产物不易分离,则会给分离提纯带来很多麻烦,要延长工艺流程,增加设备和投资,提高成本,甚至无法分离。事实上,若不是为制取某种特殊的产物,转化率不高、产物又不易分离提纯的反应是不可取的。

　　绝大多数的化学反应,都是反应温度越高,反应速率越快。范特霍夫归纳出一个近似的规律,即通常的反应,温度每升高10℃,反应速率大约增加1倍,也有的要增加2～4倍,甚至更高。例如,蛋白质的变性作用,温度升高10℃,速率增加近50倍。还有一些反应,温度升高其反应速率反而降低。一般来说,温度对反应速率的影响是很复杂的,大致有如下五种情况,如图1.3所示。

　　(a)通常的一种类型;

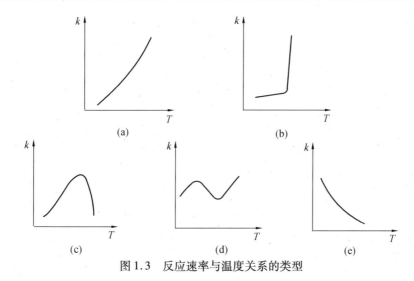

图 1.3　反应速率与温度关系的类型

（b）爆炸反应类型，当反应温度升高至燃点时，速率瞬间增大；

（c）接触氢化反应和酶反应类型；

（d）某些烃类气相氧化反应；

（e）$2NO + O_2 \rightarrow 2NO_2$ 等为数甚少的气相三级反应。

4. 溶剂等对反应速率的影响

使用溶剂进行溶液反应，比气相或固相反应容易进行得多，因此大多数反应是在溶液中进行的，人们对液相反应的研究比对气相和固相反应的研究也要透彻。考虑到操作方便，设备简单，反应均匀稳定等因素，所以无论是在实验室里还是在工业生产中，都应使反应尽可能地在溶液中进行，合成反应也不例外，溶剂是设计合成反应时所必须认真考虑的因素。

溶剂对化学反应速率的影响是液相反应动力学的主要内容。一般来讲，溶剂在反应中的作用主要有两个：一是提供反应的场所，二是发生溶剂效应，即因溶剂的存在而使化学平衡或化学反应的速率发生改变的效应。

溶剂与反应物分子没有特殊的显著作用时，溶剂只是提供反应的场所，并没有其他的特殊作用。如对于许多在气相中能进行，在液相中也能进行的反应，都基本符合上述规律。特别对于单分子反应或速控步骤（r·d·s）为单分子的反应，它们的速率常数与反应介质几乎无关。如 N_2O_5 在不同介质中的分解反应速率常数相当接近，见表 1.1。

$$N_2O_5 \longrightarrow 2NO_2 + \frac{1}{2}O_2$$

表 1.1　在不同介质中 N_2O_5 分解反应的速率常数（298K）

介质	气相	CCl_4	$CHCl_3$	CH_2Cl_2	CH_3NO_2	$Br_2(l)$
速率常数 k/s^{-1}	3.4×10^{-5}	4.1×10^{-5}	3.7×10^{-5}	4.8×10^{-5}	3.1×10^{-5}	4.3×10^{-5}

对于只能在溶剂中进行的反应，溶剂的影响十分显著。如 Menschutkin 型反应 $Et_3N + EtI = Et_4N^+I^-$，由于溶剂的介电常数 ε 不同，生成 $Et_4N^+I^-$ 的反应速率就有很大的差别，具

体见表1.2。

表1.2　不同溶剂中季胺盐形成的速率常数

溶　　剂	n-己烷	甲　苯	苯	丙　酮	硝基苯
介电常数 ε	1.9	2.4	2.23	21.4	36.1
$k \times 10^5/(\text{mol}^{-1} \cdot \text{dm}^3 \cdot \text{s}^{-1})$	0.5	25.3	39.8	265	138.0

又如，$\text{trans-Pt(Py)}_2\text{Cl}_2$ 与同位素 $^{36}\text{Cl}^-$ 间的取代反应

$$\text{trans-Pt(Py)}_2\text{Cl}_2 + {}^{36}\text{Cl}^- \rightarrow \text{trans-Pt(Py)}_2{}^{36}\text{ClCl} + \text{Cl}^-$$

表1.3　不同溶剂中 $\text{trans-Pt(Py)}_2\text{Cl}_2$ 取代反应的速率常数

溶　　剂	二甲基亚砜	水	乙　醇
速率常数 k/s^{-1}	3.8×10^7	3.5×10^5	1.4×10^5
溶　　剂	苯	叔丁醇	丙　酮
速率常数 $k/(\text{mol}^{-1} \cdot \text{dm}^3 \cdot \text{s}^{-1})$	10^2	10^{-1}	10^{-2}

在不同的溶剂中交换速率不同，具体见表1.3。这些溶剂具有不同的配位能力，前三个是很好的配体，而后三个则是弱配体，经历的历程不同，反应速率相差也十分明显。

在一些平行反应中，溶剂对反应速率的影响尤为显著，常可借助溶剂的选择而使得其中一种反应的速率加快，例如乙酰氯与苯酚的反应，可生成对位和邻位的产物

若以硝基苯为溶剂，主要是对位产物；若以二硫化碳为溶剂，主要是邻位产物。

溶剂对反应的这些影响可以是物理的也可以是化学的。最重要的物理效应即溶剂化作用，一般除在极性表面或很高温度下，气相反应中出现离子的很少见，但在溶剂中则是常见的，这时溶剂化往往起了重要作用。其次，溶剂的粘度等动力性质，直接影响反应的传能传质速率，还有溶剂的介电性质对离子反应的相互作用影响。而溶剂的化学效应主要有溶剂分子的催化作用和溶剂分子作为反应物或产物参与了化学反应。一般说来，反应物与生成物在溶液中都能够或多或少地形成溶剂化物。如果溶剂分子与反应物的任何一种分子生成不稳定的溶剂化物，则能使反应的活化能降低，加快反应的速率。反之，如果生成稳定的溶剂化物，则一般使反应的活化能升高，从而使反应速率减慢。至于生成物如果与溶剂分子形成溶剂化物，则无论它是否稳定，对于反应的进行总是有利的。

对于多相反应，反应速率还取决于接触界面的大小。增加反应物表面积，可使反应速率大大加快，如固相反应可使固相成多孔状物，液液、液固反应可持续进行搅拌等。对于液液多相反应，包括水溶性无机试剂对某些疏水性有机原料的反应，通常可以制成胶束或乳胶等在界面上反应，也可以使用相转移催化剂等。

对于由几个基元反应所组成的一个非基元反应,其速率方程不一定符合式(1.29)的形式,有时甚至还相当复杂。影响该类反应速率的因素可能会更多,而对有些特殊的化学反应,光、超声波、激光、放射线、电磁波等都是影响反应速率的重要因素,遇到这些情况要具体情况具体对待。

1.2.2　化学反应机理与材料合成

动力学研究的直接结果是得到一个速率方程,而最终的目的是要正确地说明速率方程并确定该反应的机理。所谓反应机理,从唯象的意义来说,是指一总反应所包含的各个基元反应的集合,换句话说,就是指一个化学反应究竟是由哪些基元反应所组成的,也就是对反应历程的一种描述。对于那些从事材料合成的科学工作者来说,了解并掌握化学反应过程的机理是十分重要的,这样就可以准确掌握决定反应速率的关键步骤,以便能够主动地控制反应速率,达到事半功倍的效果,更快更好地制造产品。

如反应 $H_2+I_2=2HI$,长期以来人们一直认为是一元反应,按质量作用定律写出的速率方程也与实测结果基本一致,但近几十年,人们发现它并不是基元反应,其真实反应机理如下

$$（1）I_2=2I\cdot$$
$$（2）2I\cdot+H_2\longrightarrow2HI\quad（慢）$$

此反应的速率是由较慢的一步来控制的。

而反应 $H_2+Br_2\longrightarrow2HBr$ 则有所不同,实验测得该反应速率方程为

$$v=kC(H_2)\cdot C(Br_2)^{1/2}$$

属一级半反应,研究认为其反应机理为

$$（1）Br_2\longrightarrow2Br\cdot（快）$$
$$（2）Br\cdot+H_2\longrightarrow HBr+H\cdot（慢）$$
$$（3）H\cdot+2Br_2\longrightarrow HBr+Br\cdot（快）$$

反应速率是由较慢的反应(2)控制的。

再如反应 $H_2+Cl_2=2HCl$ 则又有所不同,H_2 和 Cl_2 混合置于室温暗处,反应速率极慢,一旦对其加热并进行光照,反应十分剧烈,瞬间即可完成,其反应机理为

$$（1）Cl_2\longrightarrow2Cl\cdot\quad\cdots\cdots（链引发）$$
$$（2）Cl\cdot+H_2\longrightarrow HCl+H\cdot\quad\cdots\cdots（链增长）$$
$$（3）H\cdot+2Cl_2\longrightarrow HCl+Cl\cdot\quad\cdots\cdots（链增长）$$
$$（4）Cl\cdot+Cl\cdot\longrightarrow Cl_2\quad\cdots\cdots（链终止）$$
$$（5）H\cdot+H\cdot\longrightarrow H_2\quad\cdots\cdots（链终止）$$
$$（6）H\cdot+Cl\cdot\longrightarrow HCl\quad\cdots\cdots（链终止）$$

在室温暗处,上述的链引发反应很难进行,但是在热和光的条件下则瞬间即可完成上述全部的反应过程,可见该反应是由链引发步骤所控制的。这也是一些含氯有机材料在合成过程中需要光照等的主要原因。

同时从上述三个实例也可以看出,虽然它们同属卤族元素与 H_2 化合成卤化氢的反

应,但反应的机理及主要控制步骤却各不相同。而 Diels-Alder 反应

$$CH_2 = CH-CH = CH_2 + CH_2 = CH_2 \longrightarrow CH_2 \underset{CH = CH}{\overset{CH = CH}{\bigcirc}} CH_2$$

虽然在形式上与上述三个反应基本相似,但其反应机理却是只包含一个与上述反应一致的基元反应。这就说明对一定的反应来说,其反应机理是不随人的主观意识为转移的,只有通过大量系统的实验,测定速率常数、反应级数、反应活化能、中间产物等,并结合理论才能确定。好在近 30 年来由于分子束、激光、闪光光解等新技术的发展,又为这些实验提供了现代化的手段。

近年来配位催化的迅速发展及对生物化学中微量元素特殊作用的研究,使人们越来越重视配合物反应动力学和反应机理的研究,目前已积累了相当多的资料。

配合物的反应类型虽然很多,但以取代反应最多,其中亲核取代亦称配位取代反应(S_N)最常见,是制备许多配合物的重要途径。这类反应通常认为有两种极限机理(Limiting mechenism),第一种为离解机理(S_{N1}),第二种为缔合机理(S_{N2})。

离解机理包括两个步骤,第一步是 M—L 键的断裂,生成低配位数的中间化合物,通常这步反应的速率较慢,即

$$ML_n = ML_{n-1} + L(慢)$$

第二步是配位不饱和的中间化合物 ML_{n-1} 与其他配体 X 形成新键,这一步反应的速率较快,即

$$ML_{n-1} + X = ML_{n-1}X(快)$$

由于第一步反应速率较慢,是整个取代反应的速控步骤,决定了总反应的速率,这类反应往往是一级反应 $v = kC_{MLn}$。即该类反应的速率只取决于配合物 ML_n 的浓度,而与配体 X 的浓度无关。

缔合反应的机理也是由两步组成的,即

$$ML_n + X = ML_nX \qquad\qquad (慢)$$
$$ML_nX = ML_{n-1}X + L \qquad\qquad (快)$$

第一步为 M—X 键的形成,第二步为 M—L 键的断裂。中间配合物 ML_nX 的配位数增大了,第一步较慢决定了总反应的速率,这时反应往往是二级反应 $v = kC_{MLn}C_X$。即该类取代反应的速率与配合物 ML_n 及配体 X 的浓度都有关。

配合物离解机理和缔合机理的共同特点是都发生一个旧键的断裂和一个新键的形成,但先后顺序不同,S_{N1} 机理是先破后立,S_{N2} 机理是先立后破。在实际的取代反应中,旧键的断裂和新键的形成几乎是同时发生的,即反应介于 S_{N1} 和 S_{N2} 之间。了解了这些配合物的取代反应的机理和反应速率的规律,对合成化学家选择反应路线和反应条件具有指导意义。

此外,按自由基反应历程进行的有机化合物的加聚反应在生产上的应用也比较多,对这类反应机理的研究也比较充分。主要是引发剂在外界因素如光、热等的影响下形成自由基,这些自由基再与单体作用生成单体的自由基,使链引发后,便立即开始了链的增长而聚合。常用的引发剂有过氧化二苯甲酰、过硫酸铵等。以过氧化二苯甲酰为例,它在受

热的条件下会裂解为两个自由基,各带有一个未成对的电子,其过程为

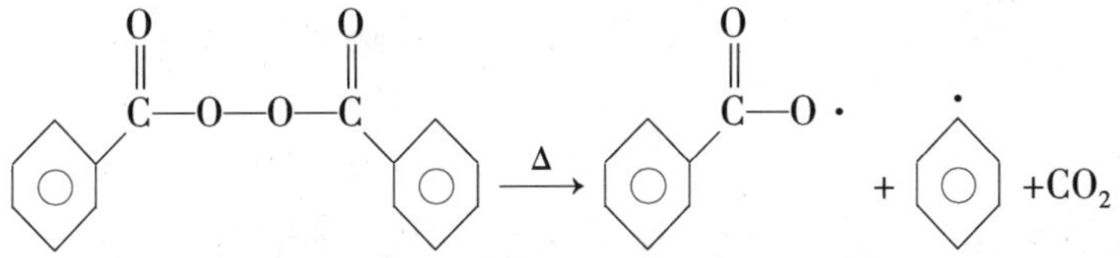

如由 2-甲基丙烯酸甲酯合成有机玻璃原料聚 2-甲基丙烯酸甲酯的过程

及由单体丁二烯与苯乙烯按 1∶1 聚合为聚丁二烯-苯乙烯(丁苯橡胶)的过程

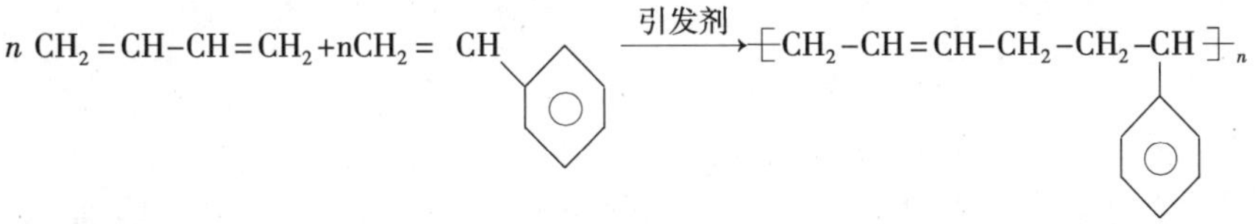

都属于这类过程。

有关化学反应过程的研究以气相反应居多,由此得到的一些概念如分子碰撞、活化能等也可用于溶液反应。然而,溶质分子不像气态分子那样可在三维空间自由运动,所以相互之间发生碰撞的机会就相对少得多,不过由于溶液中会有"笼效应"的产生,会明显加快反应速率,使得误差变小。

在现代材料科学中固相反应是很重要的一类反应。由于固相反应只能在接触的表界面上进行,固态物质颗粒之间发生碰撞的机会很少,所以固相反应常采用压片、烧结、研磨、加温、加压等多种强制性手段。即使这样,反应速率往往还是很慢的。现在人们正在研究能否在温和的条件下使某些金属有机配合物之间发生化学反应而生成各种新型化合物等,这与以往常用的固态物质之间的反应条件有所不同。

1.2.3　催化剂与材料合成

1. 催化剂及其在化学反应中的作用

众所周知,催化剂是一种可以显著改变化学反应速率,反应前后其自身的质量、组成和化学性质等却不改变的物质,而且催化剂的存在并不影响反应的平衡位置。多数固体催化剂经回收再生后还可循环多次使用,既不影响产品质量,又可减少或避免因排放而造成的经济损失和环境污染等问题。

催化作用仍属迅速发展中的研究领域,虽然人们对催化剂及催化作用了解得很少,但用得却很多,可以说当代化学工业的巨大成就是与催化剂的广泛使用分不开的。一个新的催化剂的出现将使某一工业领域发生巨大变革。许多无机化工材料、有机化工材料、高分子材料的合成等都是随着工业催化剂的研制成功才得到大量生产和应用的。目前,大约有 85% 以上的化工过程要采用催化剂,而新型催化剂和催化工艺的研究,更是化工研究中的一大领域。新型催化剂的应用和新催化工艺的出现,不但能大大简化化工工艺过

程,使一些原来难以实现的化工过程得以实现,而且还可以大大节约生产费用和能源消耗,减少排污等。就拿环氧乙烷这一基本化工原料的制备来说,过去的方法是先用 Cl_2 与 $CH_2 = CH_2$ 反应,生成的中间产品再与 $Ca(OH)_2$ 作用而得,即

$$CH_2 = CH_2 + Cl_2 + H_2O \longrightarrow \underset{\substack{| \\ Cl}}{CH_2} \underset{\substack{| \\ OH}}{-CH_2} + HCl$$

$$\underset{\substack{| \\ Cl}}{CH_2} \underset{\substack{| \\ OH}}{-CH_2} + \frac{1}{2}Ca(OH)_2 \longrightarrow CH_2 \underset{O}{\diagdown} CH_2 + \frac{1}{2}CaCl_2 + H_2O$$

这种方法生产的产品成本高且又不利于提高产品的质量和收率,同时存在着严重的环境污染等问题。而以 Al_2O_3 为载体的金属银催化剂的使用则使得环氧乙烷可经下述一步反应直接实现,解决了上述所有的问题,即

$$CH_2 = CH_2 + \frac{1}{2}O_2 \xrightarrow{Ag-Al_2O_3} CH_2 \underset{O}{\diagdown} CH_2$$

除了有些化学反应需要光、电等物理催化或酶等生物催化外,多数的工业化生产都使用化学催化,这类催化反应包括单相催化反应(均相催化反应)及多相催化反应(非均相催化反应)。前者中的催化剂与反应物属同一相态,能够均匀混合,如用 NO 作催化剂的气体氧化反应、液相中的酸、碱催化反应、络合催化反应及酶催化反应或模拟酶催化反应等。而多相催化反应中催化剂主体是固体的过渡金属、金属氧化物或金属含氧酸盐等,反应物多为气体或液体,即催化剂与反应物属于不同的相,该类催化反应主要是在相界面上进行,因此也常称为表面催化反应。在工业生产中,人们总是尽量选择固体催化剂,或设法将催化剂到固体载体上,因为这样的好处是便于催化剂与产物的分离与回收,从 20 世纪 60 年代开始,酶这一原本是生物体内的催化剂的固定化技术发展很快。所谓固定化就是把酶引到一种固体载体上,做成固定化酶,这样可实现连续化生产,并延长酶的使用寿命。

归纳起来,催化剂在化学反应中的作用大致有如下几个特点。

(1)少量催化剂能加速反应

一般情况下只需少量的催化剂,就能极大地加快化学反应的速率。如乙醛分解为甲烷和一氧化碳的反应,加入极少量的碘蒸气为催化剂,反应速率增加了近万倍。而二氧化硫氧化为三氧化硫的反应在 434℃ 温度下,若没有催化剂,反应达到平衡需数年的时间,要是使用了催化剂,同样是达到转化率为 99% 的平衡位置,反应时间却缩短到几个小时;但有些反应的速率却与催化剂的浓度成正比,而反应前后催化剂的量没有改变,化学性质也没有改变,估计这种现象是由于催化剂参与了反应形成中间产物,这样催化剂的浓度自然就会对反应有影响,同时那些在催化剂表面上进行的反应,由于催化剂的增多,表面积增大,催化活性点增多,自然也就加快了反应的进行。

(2)反应前后催化剂的性质不变

但有些催化反应进行后,催化剂的物理形状可能会发生一些变化,如粉状变成块状、晶体的大小发生了变化、有的金属催化剂的表面变粗糙等。

（3）催化剂有很强的选择性

某一类的反应只能用某些催化剂来催化。对于同一反应物能同时进行两个以上的平行反应，一种催化剂可能只会增加其中某一反应的速率而对其他反应不发生显著作用。例如，乙醇的脱水反应，用氧化铝作催化剂，可生成乙烯，即

$$C_2H_5OH \xrightarrow{Al_2O_3} CH_2 =\!=\!= CH_2 + H_2O$$

若用特制的矾作催化剂，就可生成乙醚，即

$$2C_2H_5OH \xrightarrow{\text{矾}} C_2H_5OC_2H_5 + H_2O$$

20 世纪 50 年代发展起来的 K. Ziegler-G. Natta 催化剂，非但对反应有专一的选择性，而且能使单分子发生定向聚合，生成有规律的立体聚合物。

生物体内的酶更是一种有奇妙选择性的催化剂，每一种生物化学反应里的每一个环节，都有一种特定的酶来催化。生物化学反应的专一性，就是通过酶来控制的。所以研究催化剂的工作者总是想方设法要制造出人工酶用于化学反应。

（4）催化剂不是万能的

催化剂不是万能的，它只能使慢反应加快，而不能使那些不能反应的物质发生反应。

（5）自催化反应

自催化反应，有时某些反应物中的一些杂质对反应也会有催化作用，而有些反应的生成物就是该反应的催化剂。这类反应的特点是最初几乎不发生反应，过一段时间（诱导期）后反应开始了，并且越来越快，然后再慢下来（图 1.4），常称这类反应为自催化反应。

催化剂之所以能够大幅度提高反应速率的原因，主要在于催化剂部分或全部地参与了化学反应过程，从而大大地降低了原反应过程的活化能，增加了单位体积内反应物分子中活化分子的百分数。图 1.5 示意地说明了 A+B→AB 这一化学反应在使用催化剂和不使用催化剂两种情况下反应物分子变成生成物分子所需要翻跃能峰的情况。

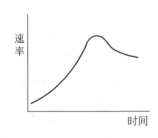

图 1.4　自催化反应速率

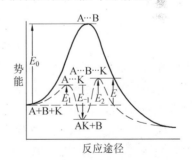

图 1.5　催化剂与反应活化能的关系

如工业上用 $FeSO_4$ 生产聚合硫酸铁时首先要将 Fe^{2+} 氧化成 Fe^{3+}，单从氧化还原电位考虑完全可以用氧气作为氧化剂来进行氧化，但事实证明这一反应很难直接进行，必须使用 $NaNO_2$ 等作为催化剂。其催化反应过程如下

$$NaNO_2 + H^+ \longrightarrow Na^+ + HNO_2$$

$$FeSO_4 + HNO_2 \longrightarrow Fe(OH)SO_4 + NO \uparrow$$

$$NO + \frac{1}{2}O_2 \rightarrow NO_2 \uparrow$$

$$2FeSO_4 + NO_2 + H_2O \rightarrow 2Fe(OH)SO_4 + NO \uparrow$$

$$2mFe(OH)SO_4 + (1-\frac{n}{2})mH_2SO_4 \rightarrow [Fe_2(OH)_n(SO_4)_{3-\frac{n}{2}}]_m + (2-n)mH_2O$$

该过程显示,催化剂本身参与了化学反应,改变反应路线,从而大大降低了原反应的活化能,加快了反应速率。有报导称完全可以用另外一种催化剂来替代 $NaNO_2$,使得原来需要十几个小时的氧化时间缩短至两小时以内。可见合适的催化剂的选择对工业生产是多么重要。此外,按照阿仑尼乌斯方程

$$k = k_0 e^{-Ea/RT} \tag{1.31}$$

使用不同催化剂进行催化反应时在活化能 Ea 大致相同的情况下,具有大的表观频率因子(指前因子)k_0 的催化剂对提高反应速率更为有利,如甲酸的分解反应,在玻璃和铑上进行时反应的活化能相差不多,但在铑上进行时反应速率却是前者的 10^4 倍左右,原因就在于铑的单位表面上的活化中心远较玻璃上的为多,造成两者的 k_0 相差悬殊。

2. 配位催化在合成反应中的应用

许多有机材料的合成都是以天然气或石油为原料的。通常的生产过程是先将天然气或石油中的烷烃转化为烯烃(如乙烯、丙烯及丁二烯等),然后再进行化学加工。20 世纪 60 年代以来,以过渡金属配合物或过渡金属盐为催化剂,使烯烃转化为醇、醛、酮、羧酸及聚合物的研究进行得广泛而深入。

上述过渡金属配合物及过渡金属盐都属配位催化剂,其作用就是在催化反应中由于催化剂与反应物生成了某种配合物,使反应物得到活化,因而导致该类反应容易发生。

乙醛是有机合成中的重要原料,传统的以乙烯为原料的生产方法是先将乙烯合成为乙醇再脱氢而得,即

$$CH_2=CH_2 + H_2O \xrightarrow{\text{液相硫酸}} C_2H_5OH \xrightarrow{Cu} CH_3CHO + H_2$$

这种方法因成本较高而很难用于工业化生产中。

1960 年,西德的斯密特(Smidt)等人开发了著名的瓦克法(Wacker),即以 $PdCl_2$ 为催化剂,以 $CuCl_2$ 为助催化剂,由乙烯直接制得乙醛。该过程是将乙烯与空气的混合气体通入温度仅为 $20 \sim 60 ℃$ 的 $PdCl_2$–$CuCl_2$ 水溶液中,乙烯就可几乎完全转化为乙醛,最后将产物乙烯从液相中蒸出,与催化液分离即得乙醛产品。此法已用于工业化生产中。

这一过程公认的机理大致如下:

①乙烯的取代配位,因催化剂的水溶液中有大量的 Cl^- 离子,Pd^{2+} 以 dsp^2 杂化形成平面正方形的 $[PdCl_4]^{2-}$ 而与四个 Cl^- 离子配位,乙烯又取代其中的一个配体 Cl^- 离子而配位,生成烯烃配合物。这时乙烯中的 π 电子与 Pd^{2+} 形成三中心的 σ 键,与此同时,Pd^{2+} 中的

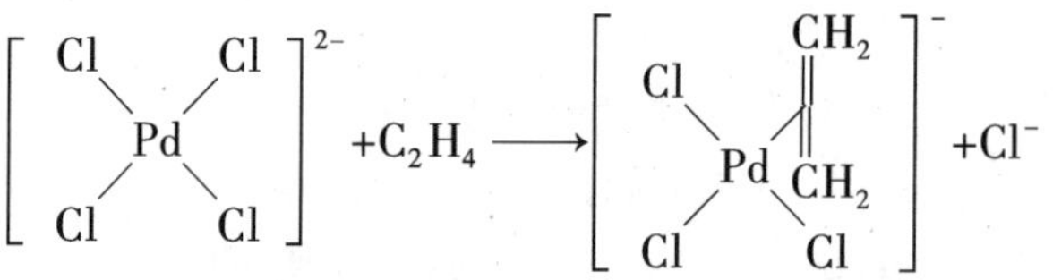

$$\begin{bmatrix} Cl & Cl \\ & Pd & \\ Cl & Cl \end{bmatrix}^{2-} + C_2H_4 \longrightarrow \begin{bmatrix} Cl & CH_2 \\ & Pd \parallel & \\ Cl & CH_2 \\ Cl & \end{bmatrix}^- + Cl^-$$

d 轨道上的 d 电子又反馈到乙烯的反键轨道上去,所以乙烯与金属钯离子靠 $\sigma-\pi$ 键结合。

②溶剂水分子取代被乙烯分子的反位效应而活化的 Cl^- 离子,即

$$\left[\begin{array}{c} CH_2 \\ Cl \\ Pd \\ \|\\ CH_2 \\ Cl \quad Cl \end{array}\right]^- + H_2O \rightleftharpoons \left[\begin{array}{c} CH_2 \\ Cl \\ Pd \\ \| \\ CH_2 \\ H_2O \quad Cl \end{array}\right] + Cl^-$$

③水分子配位后被活化,离解出 H^+,生成羟基配合物,即

$$\left[\begin{array}{c} CH_2 \\ Cl \\ Pd \\ \| \\ CH_2 \\ H_2O \quad Cl \end{array}\right] \rightleftharpoons \left[\begin{array}{c} CH_2 \\ Cl \\ Pd \\ \| \\ CH_2 \\ HO \quad Cl \end{array}\right]^- + H^+$$

④羟基配合物异构化,由反式变成顺式,即

$$\left[\begin{array}{c} CH_2 \\ Cl \\ Pd \\ \| \\ CH_2 \\ HO \quad Cl \end{array}\right]^- \rightleftharpoons \left[\begin{array}{c} CH_2 \\ Cl \\ Pd \\ \| \\ CH_2 \\ Cl \quad OH \end{array}\right]^-$$

⑤配位的乙烯插入到 Pd—OH 键中,烯烃配合物中由于存在反馈 π 键,势必削弱了配体乙烯中的双键而使其活化。双键断裂,打开一个 π 键,形成两个新的 σ 键,配位的乙烯插到 Pd—OH 键中去,生成具有空位中心的中间活化配合物,这步是该催化反应的速控步骤。

$$\left[\begin{array}{c} CH_2 \\ Cl \\ Pd \\ \| \\ CH_2 \\ Cl \quad OH \end{array}\right]^- \longrightarrow \left[\begin{array}{c} Cl \\ Pd \\ Cl \quad CH_2 - CH_2 - OH \end{array}\right]^-$$

⑥快速重排并分解,H 原子从连接 Pd 的 β 碳原子上转向与 Pd 连接的 α 碳原子上,然后分解为乙醛,即

$$\left[\begin{array}{c} Cl \\ Pd \\ Cl \quad CH_2 - CH_2 - OH \end{array}\right]^- \longrightarrow CH_3CHO + Pd + 2Cl^- + H^+$$

上面讨论的机理可以归纳为乙烯同 $PdCl_2$ 生成配合物后,改变了乙烯的反应活性,使乙烯分子活化,再通过插入反应,乙烯同金属间的键从 π 键转化为 σ 键,形成一个中间活化配合物,使氢原子发生转移并立即分解而产生乙醛。反应方程式可写为

$$C_2H_4 + PdCl_2 + H_2O \longrightarrow CH_3CHO + Pd + 2HCl$$

反应若能继续进行,需加入 $CuCl_2$ 将 Pd 氧化为 $PdCl_2$,被还原出的 CuCl 再经空气氧化成 $CuCl_2$,使反应循环往复地进行。

以上只是配位催化剂在实际生产中的一个例子,除此之外,还有许多配位催化过程,如加氢、脱氢、聚合、羰基合成、碳骨架的改变等反应都已广泛应用于工业生产中。

第2章 材料合成的条件与优化

2.1 溶剂的选择与提纯

2.1.1 溶剂的作用与分类

溶剂在化学反应中的作用是显而易见的,因为许多的合成反应都是在溶液中进行的。这是因为:①在溶液中,能使反应物充分混合,紧密接触;②在溶液中进行反应,可以避免反应的剧烈性,使之按可以控制的速率进行;③在溶液中可利用溶解度的差异分离副产物。因此,一个合成化学工作者,在合成目标产物之前应该熟悉溶剂方面的基本知识,通过选择合适的溶剂,高效率地合成目标产物。

溶剂对化学反应的影响主要表现为溶剂效应,即因溶剂而使化学平衡和化学反应的速度发生改变的一种效应。因此,溶剂在化学反应中不仅具有提供反应场所的功能,还具有某种意义上的催化作用。通过选择溶剂可使反应朝着人们所希望的方向进行。

水是最重要,应用最广泛的溶剂,大多数无机化学反应都是在水溶液中进行的,但有些反应在水溶液中不能发生,而在非水溶液中却可以发生。这给非水溶剂的应用开辟了崭新的研究领域,并已成为现代合成化学的重要课题。

至今研究过的溶剂在500种以上,其液态范围为$-100 \sim 1\,000\ ℃$(或更高)。溶剂可从不同的角度来分类,如按溶剂分子中所含的化学基团分类,溶剂可分为水系溶剂(羟基化合物或其他含氧溶剂,如醇、醛、酮、醚等),氨系溶剂(含氮化合物,如液氨、胺类、联氨、吡啶等)。这类分类方法的优点是能够从组成结构特征来估计同一类溶剂分子的极性大小,从而估计它们对有机物和无机物的溶解能力。例如,比较水和醇,由于醇被看作是水分子中的一个氢原子被有机基因所取代,其分子极性必定比水弱,因而醇对无机物的溶解能力一般比水弱,而对有机物的溶解能力一般比水强。通常含氮化合物较易溶于氨系溶剂,含氧化合物较易溶于水系溶剂。

根据溶剂亲质子的性能,溶剂又可分为碱性溶剂,酸性溶剂,两性溶剂和非质子溶剂。

根据溶剂对典型电解质所表现的性质可将溶剂分为拉平溶剂和分辨溶剂。

虽然溶剂有上述不同的分类方法,但都不全面。一般来说,溶剂主要可分为质子溶剂,惰性溶剂和熔盐三大类,这种分类法和酸碱质子理论有紧密的联系。下面进行详细介绍。

1. 质子溶剂

质子溶剂一般都能自身电离,这种电离是通过溶剂的一个分子把一个质子转移到另一个分子上面而进行的,其结果形成一个溶剂化的质子和一个去质子的阴离子。如

$$H_2O + H_2O \xrightleftharpoons{\quad} H_3O^+ + OH^- \qquad K^{\ominus} \approx 10^{-14}(25℃)$$

$$NH_3 + NH_3 \xrightleftharpoons{\quad} NH_4^+ + NH_2^- \qquad K^{\ominus} \approx 10^{-30}(-33℃)$$

$$RCOOH + RCOOH \xrightleftharpoons{\quad} RCOOH_2^+ + RCOO^-$$

按照酸碱质子理论及其共轭关系,上例中的 NH_4^+ 可看成是酸类,NH_2^- 可看成是碱类。那么就可以定义:当一种物质溶解在液 NH_3 中时,增强 NH_4^+ 离子浓度的就是酸类,而增强 NH_2^- 离子浓度的就是碱类。

同理,可推出酸碱的溶剂理论:当一种溶质溶解于某一溶剂中时,若电离出来的阳离子与该溶剂本身电离出来的阳离子相同时,这种溶质是酸;若电离出来的阴离子与该溶剂本身电离出来的阴离子相同,则这种溶质是碱。这个理论将酸碱的概念推广到了非水溶剂的溶液体系。

质子溶剂主要是一些酸碱,由于它们的酸碱性不同,所以它们使溶质质子化和去质子化的能力也不同。

2. 非质子溶剂(惰性溶剂)

非质子溶剂是既不给出质子又不接受质子的溶剂。通常非质子溶剂又可分为以下三小类。

(1)惰性溶剂

惰性溶剂是非极性的或呈弱极性,其介电常数小,不发生自偶电离,基本上不溶剂化,它们是非极性化合物的良好溶剂,极性化合物和离子化合物的不良溶剂,如 CCl_4、环己烷、苯,CS_2,$CHCl_3$ 等。

(2)极性非质子溶剂

这类溶剂本身不显著电离,但大多数极性高,介电常数一般在 20 以上。属于这一小类的溶剂一般为有机溶剂,如乙腈(CH_3CN),二甲基亚砜[$(CH_3)_2SO$],丙酮,吡啶等,它们都是良好的溶剂化和离子化介质,因此,一般来说,它们是对电解质中等良好的溶剂。

(3)两性溶剂

这类溶剂与前两类非质子溶剂的不同之处在于它的极性极高,且能发生自偶电离,其盐溶液可以导电。例如

$$2POCl_3 \xrightleftharpoons{\quad} POCl_2^+ + POCl_4^-$$

$$2BrF_3 \xrightleftharpoons{\quad} BrF_2^+ + BrF_4^-$$

在这样的自电离过程中,有一种阴离子从该溶剂的一个分子转移到另一个分子上,按照酸碱溶剂理论,上例自电离反应产生的阳离子和阴离子分别体现酸碱性,因此称其为两性溶剂。

这类溶剂还有 $NOCl$,AsF_3,$AsCl_3$,$AsBr_3$,$SbCl_3$,SO_2 等。它们通常是高度活泼的,易与其他物质反应,因而难以保持纯净状态。

BrF_3 是其中最活泼的一种,许多金属单质以及金属氧化物、碳酸盐、硝酸盐、卤化物

等都能被 BrF_3 氟化。如

$$SbF_5 \xrightarrow{BrF_3} [BrF_2^+][SbF_6^-]$$

$$3SiO_2 + 4BrF_3 \longrightarrow 2SiF_4 + 2Br_2 + 3O_2$$

BrF_3 能将与它接触的几乎所有物质氟化,这限制了它作为溶剂的作用,它是金属氟化物的良好溶剂。它是卤素互化物中最广泛应用的一种实验室试剂,主要用于制备氟合化合物(过量的 BrF_3 可用蒸发的方法去除)。

与此类似,$POCl_3$ 则常可起氯化剂的作用,如

$$SbCl_5 + POCl_3 = POCl_2^+ + SbCl_6^-$$

$$3ROH + POCl_3 = PO(OH)_3 + 3RCl$$

3. 熔　盐

从液体结构看,熔盐可以分为两类,但它们之间没有严格的分界线。

(1)离子键化合物的熔盐

离子键化合物的熔盐如碱金属卤化物,熔融时原来束缚在晶体中的阴、阳离子变得能够自由移动,因此它们的导电性能都很好。

(2)以共价键为主的化合物的熔盐

这类化合物熔融后生成单个的分子,但这些分子可部分地发生自偶电离过程。例如,熔融的氯化汞(Ⅱ)部分地按如下方式电离

$$2HgCl_2 \Longleftrightarrow HgCl^+ + HgCl_3^-$$

电离程度很小,但习惯上仍将熔融的 $HgCl_2$ 称为熔"盐"。

2.1.2 溶剂的选择

利用溶剂参与化学合成反应时,溶剂的选择必须同时考虑反应物的性质,生成物的性质和溶剂的性质。具体地说选择溶剂应遵循下述 4 个原则。

1. 使反应物充分溶解形成均相溶液

一种溶剂应使反应物充分溶解,而它自己不参加反应,这就要求参加反应的物质必须充分溶解在溶剂里而形成一个均相溶液。由于是液相,还会有利于流动和换料,加热和冷却过程中也容易达到热量的均匀分散。对于某一反应,要选择什么样的溶剂,才能使其全部溶解而达到溶液状态呢?

化学家曾对物质溶解度的定量预测工作做过许多试验,但限于理论水平,至今连最简单的固体在常见溶剂中的溶解度也无法很好地预测。然而,可运用结构理论所得到的一般原理来估计同一种溶剂中不同溶质的相对溶解度,或某种溶质在不同溶剂中的相对溶解度。

(1)"相似相溶"原理

对于溶液溶于溶液来说,具有相似结构,即分子间力的类型和大小也差不多相同的液体可以按任何比例彼此相溶,或者说"相似者相溶";对于固体溶于液体来说,固体的熔点离熔剂的熔点越近,其分子间力应越接近液体的分子间力,因而也越易溶于液体,即在指定温度下,低熔点的固体将比高熔点固体更易溶解。表 2.1 列出了四种烃类溶质在苯中的溶解度。

表 2.1　固体烃类在苯中的溶解度(25 ℃,苯熔点 5.4 ℃)

溶质	蒽	菲	萘	联二苯
熔点/℃	218	100	80	69
溶解度/摩尔分数	0.008	0.21	0.26	0.39

(2)规则溶液理论

理论化学家对溶解度的系统化和定量预测试验,最成功的是规则溶液理论。假如两种液体的混合热为零,混合物中的分子处于完全无序的状态,并遵守 Raoult 定理,则称该溶液为理想溶液,如苯和甲苯组成的溶液。所谓规则溶液理论是指一种溶液它偏离理想溶液有一个有限的混合热,但它的熵值与理想溶液相同。在规则溶液中像化学作用、缔合作用、氢键、偶极-偶极相互作用等都可忽略不计。当一个纯溶液冲稀形成规则溶液时,所吸收的热量为

$$\Delta H = V_2 \varphi_1^2 \left[\left(\frac{E_1}{V_1} \right)^{1/2} - \left(\frac{E_2}{V_2} \right)^{1/2} \right]^2 = V_2 \varphi_1^2 (\delta_1 - \delta_2)^2 \qquad (2.1)$$

式中　V——摩尔体积;

　　　φ——体积分数;

　　　E——摩尔蒸发热;

　　　δ——溶解度参数,下脚标 1 和 2 分别表示溶剂和溶质。

那么一个液体的溶解度可由下式计算

$$\ln S = -\frac{V_2 \varphi_1^2}{RT} (\delta_1 - \delta_2)^2 \qquad (2.2)$$

对于固体,则

$$\ln S = -\frac{V_2 \varphi_1^2}{RT} (\delta_1 - \delta_2)^2 - \frac{\Delta H_{fus}}{RT} + \frac{\Delta H_{fus}}{RT_{mp}} \qquad (2.3)$$

由式(2.1),(2.2)看到,两种物质的溶解度参数值越接近,它们的溶液越理想化,它们的相互溶解度就越大。表 2.2 给出了不同溶剂的溶解度参数值。

表 2.2　溶解度参数表

溶剂 δ	溶剂 δ	溶剂 δ	溶剂 δ	溶剂 δ	溶剂 δ
水 23.4	乙醇 12.7	叔丁醇 10.6	二口恶醇 9.9	苯 9.2	苯晴 8.4
N-甲基酸胺 16.1	二甲基甲酰胺 12.1	醋酸酐 10.3	二氯乙烯 9.8	四氢呋喃 9.1	环己烷 8.2
碳酸乙烯 14.7	正丙醇 11.9	二硫化碳 10.0	1,1,2,2,四	乙酸乙酯 9.1	正辛烷 7.6
甲醇 14.5	乙腈 11.9	丙酮 10.0	氯乙烷 9.7	甲苯 8.9	正庚烷 7.4
乙二醇 14.2	异丙醇 11.5	异戊醇 10.0	二氯甲烷 9.7	二甲苯 8.8	乙醚 7.4
碳酸丙烯酯 13.3	硝基苯 10.9	二甲基碳酸酯 9.9	氯苯 9.5	四氯化碳 8.5	正己烷 7.3
二甲基亚砜 12.8	吡啶 10.7		氯仿 9.3		四甲基硅烷 6.2
					全氟代庚烷 5.8
					硅酮 5.5

当用溶解度参数估计溶解度时,重要的是记住该理论只适用于这样的混合物,在这个混合物中不存在化学反应和溶剂效应。例如,水和吡啶有非常不同的溶解度参数,但它们能无限互溶。另一方面对于饱和碳氢化物(对大多数溶剂来说是化学惰性的)的溶解度可从溶解度参数预测到。如环己烷($\delta = 8.2$)与水($\delta = 23.4$)、乙二醇($\delta = 14.2$)是不互溶的,但它与乙腈表现($\delta = 11.9$)可部分互溶,而与异戊醇($\delta = 10.0$)和 $6 < \delta < 10$ 的所有液体都可互溶,很明显在液-液萃取中,溶解度参数可帮我们进行溶剂的选择。

(3)溶剂化能和 Born 方程

当溶解于溶剂的溶质以离子状态存在时,必须克服离子晶体中正负离子间的作用力,而对于共价化合物来说,则必须使其中价键发生断裂作用。这两种作用都必须消耗很大的能量,因此,溶质和溶剂的作用能必须是很大时才能使溶质溶解于溶剂中,这种溶质和溶剂的相互作用能称为溶剂化能。

1920 年,Born 提出了只考虑离子-溶剂间静电作用的简单物理模型,导出了 Bron 方程

$$\Delta G = -\frac{Z^2 e^2}{8 \pi \varepsilon_0 r_i} (1 - \frac{1}{\varepsilon_r}) \tag{2.4}$$

式(2.4)中,ΔG 表示一个离子从真空迁移到溶剂中的自由能变化-溶剂化能。如迁移 1 mol离子,则溶剂化能为

$$\Delta G = -\frac{N_A Z^2 e^2}{8 \pi \varepsilon_0 r_i} (1 - \frac{1}{\varepsilon_r}) \tag{2.5}$$

式中　　N_A——阿佛加德罗常数。

Born 的理论提供了一个估计离子的溶剂化能的粗略方法。表 2.3 是根据 Born 方程计算得到的不同半径 r_i 的一价离子,在不同介电常数的溶剂中的溶剂化能。

由表 2.3 可见,离子半径越小,溶剂化能越大。因此,含有小半径阳离子的盐(特别是当阴离子半径较大时)可溶于介电常数较小的溶剂。介电常数增大,溶剂化能增大,但当 ε_r 超过某一程度(如 $\varepsilon_r > 30$)时,溶剂化能的变化就不显著了。可以推断,介电常数较大的溶剂,是离子化合物的较好溶剂,然而某些 ε_r 较小的溶剂,也能溶解离子化合物,这说明不能把介电常数看做是估计溶解度的惟一因素。

表 2.3　介电常数对溶剂化能的影响

$r_i/\text{pm}, \Delta G/(\text{kJ} \cdot \text{mol}^{-1})$

ΔG ╲ ε_r ／ r_i	2	4	8	16	32	64	128	∞
50	694	1 041	1 216	1 300	1 346	1 363	1 375	1 388
100	347	518	606	652	673	681	690	694
200	176	259	305	326	334	343	343	347
300	117	176	201	217	226	226	230	230
400	88	130	151	163	167	171	171	171
500	71	104	121	130	134	134	138	168
1 000	33	50	63	67	67	67	71	71

此外,溶剂的熔点、沸点等物理性质对选择溶剂也有很大的帮助。溶剂的熔点和沸点决定了它的液态的温度范围,因而也决定了能进行化学操作的范围。

2. 反应产物不能与溶剂作用

有些反应在缺少溶剂时是一个猛烈的反应,若能选择不与产物作用的溶剂,不但可以使反应速率得到控制,而且也能得到预期的产物。由于水的反应活性较高,有些反应不能在水溶液中进行,而可在其他介质中进行。例如,以 $NaCl$ 为原料制氯气或从 KHF_2 制氟气,只能采取熔融盐电解才可得到较纯产物,即

$$NaCl \xrightarrow{\text{熔盐电解}} \frac{1}{2}Cl_2 + Na$$

$$KHF_2 \xrightarrow{\text{熔盐电解}} \frac{1}{2}F_2 + \frac{1}{2}H_2 + KF$$

格林试剂(Grignard)的制备反应为

$$RX + Mg \xrightarrow{\text{无水乙醚}} RMgX$$

其中,RX 代表有机卤化物;RMgX 代表格林试剂,上述反应绝不能选用水为溶剂,因为格林试剂一接触水就发生下列反应。

$$RMgX + H_2O \longrightarrow RH + HOMgX$$

这是因为 RMgX 是一种强碱,其中一个碳原子带有负电荷($R^- Mg^{2+} X^-$),它很易从 H_2O 中接受质子,形成 RH,同时生成碱式镁盐。

若选用醚作溶剂,就能防止试剂分解,且产率较高。常用的醚是乙醚,价格便宜,易于蒸除($bp = 345K$)。此外,也可用正丁醚、四氢呋喃等。

3. 使副反应最少

副反应的发生会带来产物不纯和产率不高的效果,应尽量避免副反应的发生。下面仍以格林试剂的制备反应为例来说明。如上所述,为了避免格林试剂与水的反应,采用乙醚来作溶剂。除此之外,用乙醚作溶剂还有其他优点。格林试剂能与空气中的 O_2,CO_2 等发生副反应

$$2RMgX + O_2 \longrightarrow 2ROMgX$$

$$RMgX + CO_2 \longrightarrow RCO_2MgX$$

如在惰性气氛(N_2 或 He)下进行就可防止格林试剂与 O_2 和 CO_2 的接触。但当对产物的规格要求不高时,用乙醚作溶剂,由于其蒸气压高(沸点低),可以排除反应器中的一部分空气,无惰性气体也行。

4. 溶剂与产物易于分离

所选择溶剂要使产物和副产物在其中的溶解度不同,从而使产物和副产物达到分离的目的。很多无机化合物通过结晶沉淀或在有机溶剂相和水相的分配不同而制备就是根据这一原理。例如

$$BaCl_2 + K_2SO_4 \longrightarrow BaSO_4 \downarrow + KCl$$

$$KCl + AgNO_3 \longrightarrow AgCl \downarrow + KNO_3$$

以上反应是以水为溶剂的情况,如果溶剂不是水,那就是另外一种情况了。

总之,选择溶剂是十分重要的,除了上述几点外,溶剂还应有一定的纯度,粘度要小,

挥发性要低,易于回收,价廉,安全等。

2.1.3　溶剂的提纯

在合成中,为了避免由于溶剂的不纯所产生的有害反应,在应用溶剂之前必须对溶剂进行纯化。无机溶剂中应用最多的是水,可采用蒸馏、离子交换、电渗析等方法净化;熔盐溶剂的提纯,主要是无机盐的提纯,在此就不详加阐述了。本节重点讨论的是有机溶剂的提纯。有机溶剂的提纯主要是除水、除杂质。由于有机溶剂的种类很多,提纯方法各异,不可能一一讨论。下面着重讨论一些共性的东西。

1. 有机溶剂的干燥

有机溶剂中含有杂质水时有很多害处,例如,在蒸馏时溶剂可能和水发生反应或者混杂在馏出液中,因此,水往往是有机溶剂的主要杂质。

从有机溶剂中除水的方法主要是用干燥剂。符合用作干燥剂的两个较为重要的条件是:干燥剂及其吸水后的产物都不能与被干燥的溶剂发生化学反应,并且能够容易地与干燥后的溶剂分离;另一条是干燥剂的干燥效率高,能使大部分甚至全部的水除去。

较常用的干燥剂及其性质列于表2.4中。

干燥剂以可逆吸附方式或不可逆水合方式与水发生作用。在平衡相中残留的水分越少,则称干燥效率越高。以不可逆反应将水全部除去的干燥剂效率最高,但费用一般比其他类型的高。

生成水合物的干燥剂,在溶剂蒸馏前,必须将干燥剂过滤或倾注干净,因为大多数水合物在 $30 \sim 40 ℃$ 以上失水。

CaH_2,Na,P_2O_5 等干燥剂与水反应激烈,而 $CaSO_4$ 等干燥剂的脱水量较少。所以常常需要用一种较不活泼的,效率较差的而脱水量较大的干燥剂,先进行脱水,然后再用高效干燥剂脱除溶剂中少量的水分。

此外,在干燥时,使用大量的干燥剂是不可取的。因为干燥剂在吸附水的同时,也吸附有机溶剂,使分离时的有机物损失也会增多。干燥剂的需要量取决于所含水分多少,以及干燥剂的脱水容量。一般来说能将盛有溶剂的容器底部遮住,干燥剂的用量就足够了。

表 2.4　某些干燥剂及其性质

干燥剂	酸碱性	与水作用产物	说　明
$CaCl_2$	中性	$CaCl_2 \cdot H_2O$ $CaCl_2 \cdot 2H_2O$ $CaCl_2 \cdot 6H_2O$	脱水量大而快,效率不高,是良好的初步干燥剂。因颗粒大易与干燥后的溶剂分离。$CaCl_2 \cdot 6H_2O$ 在 30℃ 以上脱水。不能用来干燥醇、胺、酚、酯和酸类
Na_2SO_4	中性	$Na_2SO_4 \cdot 7H_2O$ $Na_2SO_4 \cdot 10H_2O$	脱水量大,速度慢且效率低,可作初步干燥剂。价格便宜。$Na_2SO_4 \cdot 10H_2O$ 可与溶剂过滤分离,33℃ 以上脱水
$MgSO_4$	中性	$MgSO_4 \cdot H_2O$ $MgSO_4 \cdot 7H_2O$	比 Na_2SO_4 作用效率高,为一般良好的干燥剂,$MgSO_4 \cdot 7H_2O$ 在 48℃ 以上脱水

续表 2.4

干燥剂	酸碱性	与水作用产物	说　明
$CaSO_4$	中性	$CaSO_4 \cdot \frac{1}{2}H_2O$	脱水量小,但作用快,效率高,经初步脱水的溶剂可用它再干燥。$CaSO_4 \cdot \frac{1}{2}H_2O$ 加热 2~3 小时可脱水
K_2CO_3	碱性	$K_2CO_3 \cdot H_2O$ $K_2CO_3 \cdot 2H_2O$	脱水量及效率一般,适用于酯、腈、酮类,不能用于酸性溶剂的干燥
H_2SO_4	酸性	$H_3^+OHSO_4^-$	适用于烷基卤化物和脂肪烃,但不可用于包括烯类及醚类的弱碱性有机溶剂,脱水效率高
P_2O_5	酸性	HPO_3 $H_4P_2O_7$ H_3PO_4	适用于醚类、芳香卤化物及其芳香烃类,脱水效率极高,溶剂预干后可用它。干燥后的溶剂可通过蒸馏与干燥剂分开
CaH_2	碱性	$H_2+Ca(OH)_2$	效率高但作用慢些,适用于碱性、中性或弱酸性化合物。不能用于对碱性敏感的物质,溶剂初步干燥后用它,干燥后的溶剂通过蒸馏可与干燥剂分开
Na	碱性	H_2+NaOH	效率高但作用慢,不可用于对碱土金属或碱敏感的物质,溶剂可预干燥后再用它,干燥后的溶剂通过蒸馏可与干燥剂分开
BaO 或 CaO	碱性	$Ba(OH)_2$ 或 $Ca(OH)_2$	作用慢但效率高,适用于烃类、胺类,干燥后溶剂用蒸馏同干燥剂分开
KOH 或 NaOH	碱性	溶液	快速有效,应用范围只限于胺类
3A 或 4A 分 子筛	中性	能牢固吸收水分	快速高效。需将溶剂初干燥后用它,干燥后把溶剂蒸馏与干燥剂分开。分子筛为硅铝酸盐的商品名称,具有一定直径小孔的结晶形结构,3A、4A 分子筛的孔径大小仅允许水或其他小分子(如氨分子)进入,水由于被牢牢吸着,而达到干燥目的。水化后的分子筛可在常压或减压下 300~320℃加热活化

2. 有机溶剂中过氧化物的除去

　　由于醚类如乙醚,二氧杂环己烷$(CH_2)_4O_2$,四氢呋喃放置在空气或日光中时,能形成一种过氧化物,此过氧化物在受热时会爆炸,所以醚类是非常危险的溶剂。过氧化物比醚类有较小的挥发性,因此它们在蒸馏时被浓缩,在蒸馏的末期发生的过热足以引起它爆炸,所以重要的是检验醚类是否有过氧化物存在,如果发现,必须设法除去。

　　检查水溶性醚中是否有过氧化物存在的方法是:将一小份醚加到酸化了的碘化物溶液中(如 KI),若出现棕色表明有过氧化物存在。

　　从水溶性醚中除去过氧化物的简便方法是:将醚与质量分数(以下用 w 表示)为 0.5%的氯化亚铜一起回流,再进行蒸馏。这种过氧化物的去除应先于任何其他干燥操作。

不溶于水的醚可以检验是否有过氧化物存在。在装有 1 mL 水的试管中溶解 1g $K_2Cr_2O_7$，滴加 1 滴稀 H_2SO_4 和约 10 mL 醚，振荡，醚层呈蓝色表明存在过氧化物。将有过氧化物存在的醚与用硫酸稍微酸化了的 $w5\%$ 的 $FeSO_4$ 溶液一起振荡，可以除去过氧化物。

3. 分馏除杂质

分馏法不仅能除去有机溶剂中的杂质，也能除去无机化合物中的杂质，当无机化合物的沸点不很高，且无机物之间有 2~3℃ 的沸点差时，用 100 塔板都能分离出来，显然比离子交换和萃取法好。

分馏柱如何设计呢？我们知道分馏效果如何是与分馏柱的结构相关的，即柱子的长度、粗细、塔板数、填料种类和均匀性等因素。由于分馏时是在减压低温条件下进行，故设计分馏柱时其结构和外界条件都要考虑。

一次简单的蒸馏（即在塔板里面回流）称为一个理论塔板数，而分馏过程往往是多次回流的，如果理论塔板数 $n = 100$，意思说在里面回流蒸馏 100 次后才提纯出来。为此，设 n 为理论塔板数，ΔT 为两个组分（即两种化合物）沸点之间的温度差，则它们之间的关系见表 2.5。

表 2.5　理论塔板数与沸点差的关系表

n	1	2	3	4	5	10	15	20	30	50	100
$\Delta T/℃$	105	72	54	43	36	20	13	10	7	4	2
$m/$蒸馏次数	1	2	3	4	5	10	15	20	30	50	100

由表 2.5 可知，若两个化合物的沸点差为 2℃，用 100 塔板分馏柱就可进行分离。例如，从钛铁矿制备 $TiCl_4$，除产品 $TiCl_4$ 外，还有 $SiCl_4$，$FeCl_3$，$FeCl_2$，$AlCl_3$，$VOCl_3$，$CaCl_2$ 等杂质存在，然而这些杂质是容易发生水解的，用化学方法一般难以进行分离。

如果用分馏法就可除去这些杂质，可在 93.1kPa 减压到 79.8kPa 条件下进行分馏。从表 2.6 的数据可以看出，$TiCl_4$ 和 $VOCl_3$ 的沸点差值只有 9℃ 左右，只要用 50 塔板分馏柱在减压条件下进行分馏，就能把 $TiCl_4$ 与 $VOCl_3$ 分离，其他沸点差值更大的杂质的分离就更不成问题了。

表 2.6　由钛铁矿制取 $TiCl_4$ 时挥发物的沸点值

挥发物	$TiCl_4$	$SiCl_4$	$FeCl_3$	$AlCl_3$	$VOCl_3$	$FeCl_2$	$CaCl_2$
沸点/℃（93.1kPa）	136	56.8	310	180	270	—	—
沸点/℃（79.8kPa）	58	−4.8	263.7	145.4	49.8	—	—

4. 常用有机溶剂的纯化

（1）无水乙醚

普通乙醚中常有一定量的水，乙醇及少量过氧化物，这对于要求以无水乙醚为溶剂的反应（如 Grignard 反应），不仅影响反应进行，且易发生危险。即使买到的是试剂级无水乙醚，但也可能含有 1‰ 以下的水。为此，首先要检查是否含有过氧化物并作出相应处理。为了除去少量的水和乙醇，可通过与 CaH_2，$LiAlH_4$ 或钠铅合金一起回流，然后进行蒸馏(沸点 34.51 ℃),将蒸馏出的乙醚收集在一个干燥的锥形瓶中并用金属钠干燥。

(2)无水乙醇

由于乙醇和水形成共沸物,蒸馏时,工业乙醇的最高含量为 95.5%。若要得到含量较高的乙醇,可采用在工业乙醇中加 CaO 回流的方法,水与 CaO 作用生成 Ca(OH)$_2$ 可除去水分,这样制得的无水乙醇纯度可达 99.5%,能满足一般实验使用。如要得到纯度更高的绝对乙醇,可用金属镁或金属钠进行处理,即

$$2C_2H_5OH+Mg \longrightarrow (C_2H_5O)_2Mg+H_2\uparrow$$

$$(C_2H_5O)_2Mg+H_2O \longrightarrow 2C_2H_5OH+MgO\downarrow$$

这样制得的乙醇可以达到极高的纯度。

具体操作一般是先回流,再蒸馏。整个操作必须在无水条件下进行。

(3)甲醇

甲醇与水不形成共沸物,因此可借高效精馏柱精馏除去水即可使用。若要制得无水甲醇,可加入镁处理(同无水乙醇)。甲醇有毒,尤其是对眼睛有强烈的损伤作用,严重时会导致失明。为此,处理时应戴上防护眼镜,在通风橱中进行,避免吸入其蒸气。

(4)丙酮

普通丙酮中含有少量水及甲醇、乙醛等还原性物质,可用下列方法精制。

①于 1 000 mL 丙酮中,加入 40 mL 10% AgNO$_3$ 溶液及 35 mL 0.1 mol·L^{-1} NaOH 溶液,振荡 10 min,除去还原性杂质过滤,滤液用无水 CaSO$_4$ 干燥后,蒸馏收集 55~56.5 ℃ 的馏分。

②于 1 000 mL 丙酮中加入 5 g KMnO$_4$ 回流,以除去还原性杂质。若 KMnO$_4$ 紫色很快消失,需补加少量 KMnO$_4$ 继续回流,直至紫色不再消失为止。蒸出丙酮,用无水碳酸钾或无水 CaSO$_4$ 干燥过滤,蒸馏收集 55~56.5 ℃ 的馏分。

(5)乙酸乙酯

乙酸乙酯在 76~77℃ 部分的含量为 99%,已可使用。普通乙酸乙酯含量为 95%~98%,含有少量水、乙醇及乙酸,可用下列方法精制。

1 000 mL 乙酸乙酯中加入 100 mL 乙酸酐,10 滴浓 H$_2$SO$_4$ 加热回流 4 h,除去乙醇及水等杂质,然后进行分馏。分馏液用 20~30 g 无水 K$_2$CO$_3$ 振荡,再蒸馏。最后产物的沸点为 77 ℃,纯度可高达 99.7%。

(6)二硫化碳

CS$_2$ 是恶臭剧毒化合物,易挥发,易燃。使用时必须注意避免接触其蒸气。蒸馏 CS$_2$ 只能在通风橱内置于水浴上进行。一般的合成实验中对 CS$_2$ 要求不高,在普通 CS$_2$ 中加入少量磨碎的 CaCl$_2$ 干燥数小时,然后在水浴上(55~56 ℃)蒸馏收集 46~48 ℃ 的馏分。

如果要制备较纯的 CS$_2$,则需将试剂级的 CS$_2$ 用 0.5% 的 KMnO$_4$ 水溶液洗涤 3 次,除去 H$_2$S,再用汞不断将它振荡除硫。最后用 2.5% 的 HgSO$_4$ 溶液洗涤,除去所有恶臭(剩余的 H$_2$S)再经 CaCl$_2$ 干燥,蒸馏收集之。

(7)氯仿

普通的氯仿含有 1% 的乙醇,这是为了防止氯仿分解为有毒的光气,作为稳定剂加进去的。为了除去乙醇,可以将氯仿用一半体积的水振荡数次,之后分出下层氯仿,用无水

CaCl$_2$ 干燥数小时后蒸馏。

另一种精制方法是将氯仿与少量浓 H$_2$SO$_4$ 一起振荡两三次,每 1 000 mL CHCl$_3$,用 50 mL 浓 H$_2$SO$_4$。分去酸后,用水洗涤氯仿,干燥,然后蒸馏。除去乙醇后的 CHCl$_3$,应保存在棕色瓶子里避光,以免分解。

(8)吡啶(C$_5$H$_5$N)

分析纯吡啶含有少量水分,但已可供一般应用。如要制得无水吡啶,可与粒状 KOH 或 NaOH 一同回流,然后隔绝潮气蒸出备用。干燥的吡啶吸水性很强,保存时应将容器口用石蜡封好。

(9)N,N–二甲基甲酰胺

N,N–二甲基甲酰胺含有少量水分,在常压蒸馏时有些分解,产生二甲胺与 CO。若有酸或碱存在时,分解加快。因此,最好用 CaSO$_4$,MgSO$_4$,BaO,硅胶或分子筛干燥,再后减压蒸馏,收集 76℃(4.8kPa)的馏分。如其中含水较多时,可加入 1/10 体积的苯,在常压及 80℃ 以下蒸去水和苯,然后用 MgSO$_4$ 或 BaO 干燥,再进行减压蒸馏。N,N–二甲基甲酰胺中,如有游离胺存在,可用 2.4–二硝基氟苯产生颜色来检查。

(10)四氢呋喃

四氢呋喃系具乙醚气味的无色透明液体,市售的四氢呋喃常含有少量水分及过氧化物。如要制得无水四氢呋喃,首先要把过氧化物除去,然后将其与氢化铝锂在隔绝潮气下回流(通常 1 000 ml 约加 2 ~ 4g 氢化铝锂),以除去其中的水,然后在常压下蒸馏,收集 66℃的馏分。精制后的液体应在氮气中保存,如需较久放置,应加0.025% 2,6–二叔丁基–4–甲基苯酚作抗氧剂。处理四氢呋喃时,应先用少量进行试验,以确定只有少量水和过氧化物作用不至于过猛时,方可进行。四氢呋喃中的过氧化物可用酸化的 KI 溶液来检验。如过氧化物很多,应以另外处理为宜。

2.1.4 非水溶剂在合成化学上的应用

由于非水溶剂具有一些水所没有的特性,因此非水溶剂的应用对于在水中难以生成的化合物的制备,改进工艺,提高产率等都具有重要的意义。加上非水溶剂的多样性,使得非水溶剂化学的研究和应用具有极为广阔的前途。

1. 使某些在水中不能发生的反应得以进行

改变溶剂可以使某些在水中不能发生的反应得以进行,或者向相反方向进行。例如 SnI$_4$ 及尿素钠盐(H$_2$N–CO—NHNa)遇水均会立即水解,所以不能在水溶液中制备和分离。然而,制备 SnI$_4$ 时若用无水醋酸或二硫化碳为溶剂,让碘与金属锡直接反应,就可成功。而用液氨为溶剂由尿素与氨基钠反应则可制得尿素钠盐,反应式分别为

$$Sn+2I_2 \xrightarrow{\text{无水 HAc 或 CS}_2} SnI_4$$

$$H_2N-CO-NH_2+NaNH_2 \xrightarrow{\text{液氨}} H_2N-CO-NHNa+NH_3$$

又如 AgNO$_3$ 和 BaCl$_2$ 的水溶液反应即生成 AgCl 白色沉淀,但在液氨中反应却向相反方向进行,即

$$2AgCl+Ba(NO_3)_2 \xrightarrow{\text{液氨}} BaCl_2+2AgNO_3$$

2. 无水盐的制备

常用非水溶液来制备无水盐。在采用融盐电解制备活泼金属时,常需用无水氯化物。可以用氯化亚硫酰($SOCl_2$)作溶剂,制得无水氯化物,并根据下面的反应除去水,即

$$SOCl_2 + H_2O \longrightarrow SO_2 \uparrow + 2HCl$$

无水硝酸盐的制备更为困难,在水溶液中制备的硝酸盐除了碱金属和银的硝酸盐是无水晶体外,几乎所有的硝酸盐都带有结晶水,然而过渡金属的硝酸盐几乎不能用加热脱水法来获得无水盐。若利用非水溶剂,则可较为方便地制备一些无水硝酸盐。如将金属铜与液态 N_2O_4(既是溶剂又是反应物,为增加反应速度,可在 N_2O_4 中加一些无水乙醚或乙酸乙酯)反应可制得无水硝酸铜,即

$$Cu + 3N_2O_4 \xrightarrow{\text{无水乙醚}} Cu(NO_3)_2 \cdot N_2O_4 + 2NO \uparrow$$

$$Cu(NO_3)_2 \cdot N_2O_4 \xrightarrow{85℃以上} Cu(NO_3)_2 + N_2O_4 \uparrow$$

也可用类似的方法制得其他的无水硝酸盐。

3. 制备某些异常价态的特殊配合物

利用非水溶剂,可方便地制得某些异常价态的特殊配合物。如在液氨介质中利用钠或钾的强还原性发生下列反应,即

$$[Ni(CN)_4]^{2-} \xrightarrow{\text{液氨,Na 或 K}} [Ni(CN)_4]^{4-}$$

$$[Pt(NH_3)_4]^{2+} \xrightarrow{\text{液氨,Na 或 K}} [Pt(NH_3)_4]$$

式中,反应产物中的 Ni 和 Pt 均为 0 价态。

4. 改变某些反应的速度

例如反应 $C_2H_5I + (C_2H_5)_3N \longrightarrow (C_2H_5)_4NI$,在二氧杂环己烷中以一定速度进行,如果在苯中进行速度可增大 80 倍,在丙酮中可以加快 500 倍,在硝基苯中则可加快 2 800 倍。

可见选择不同的溶剂,可以改变某些反应的反应速度。

5. 提高某些反应的产率

例如制硅烷,由于溶剂和条件不同,所得产率不同,即

$$Mg_2Si + HCl \xrightarrow{\text{水}} 硅烷(产率 25\%,其中 SiH_4 占 40\%)$$

$$Mg_2Si + NH_4Br \xrightarrow{\text{液氨}} 硅烷(产率 80\%,主要为 SiH_4 和 Si_2H_6)$$

$$SiCl_4 + LiAlH_4 \xrightarrow{\text{乙醚}} SiH_4(产率 100\%)$$

$$SiCl_4 + LiH \xrightarrow[360℃]{HCl-LiCl} SiH_4(产率 100\%)$$

2.2　气体的分离与净化

许多合成反应是以气体为原料的,而市面上提供的气体或由实验室制得的气体往往含有一定杂质,一般不能直接用于合成反应,需要经过净化提纯才能使用。

2.2.1　常用的气源

常用的气源可以从钢瓶或气体发生器两方面得到。

市面上提供的钢瓶气源一般在出厂时都经过质量检查并有合格证标签,我们可以从中了解气源的纯度及杂质情况,但为了保证质量,特别是对气源要求严格的合成反应,仍需要用低温蒸馏和低温吸附等方法进一步提纯为好。钢瓶气源的种类及指标见表2.7。

表 2.7　钢瓶气源的种类及某些指标

种类	纯度/%	主　要　杂　质	我国统一规定气瓶颜色
H_2	99.9	少量水蒸气,O_2,CO,CO_2,N_2	深绿
N_2	99.6	少量水蒸气,O_2,CO,CO_2,H_2,Ne,He,Ar	黑
O_2	>99	少量水蒸气,CO_2,N_2,H_2	浅蓝
Cl_2	>99.9	少量水蒸气,O_2,CO,CO_2,N_2	绿色
He	99.9	少量水蒸气,O_2,N_2,He,Ar	棕
Ne	99	少量水蒸气,O_2,CO,CO_2,N_2,Ne,He	
Ar	>99.95	少量水蒸气,O_2,CO,CO_2,N_2,Ne,He	粗 Ar 黑 纯 Ar 灰
NH_3	99.98	少量水蒸气,N_2	黄
CO	99	少量水蒸气,O_2,CO_2,N_2	
SO_2	99.5	少量水蒸气,O_2,N_2	黑
CO_2	99	少量水蒸气,O_2,CO,N_2	黑

气体发生器制备气体优点在于较为方便,一些特殊气源如 H_2S,HCN 等亦能用此法制备。但此法缺点在于制气量少,质量差,不能满足气源用量较多的反应。

2.2.2　气体的净化

气体的净化主要包括液雾与固体微粒除去、干燥和去除杂质三个方面。

1. 液雾与固体微粒的除去

把气体装入钢瓶时,往往带入一些固体微粒和水雾,形成液雾。液雾是一种细微粒,在气体净化中首先要把这些微粒除掉,可在气源出来的一头套上装有玻璃毛的干燥塔以便滤去。但由于这些玻璃毛会妨碍气体的流速,且不大易于滤掉液雾,国外常用一种叫除雾冷陷阱的装置,效果更好些,如图 2.1 所示。将带有液雾的气体通入一条弯形管里,经已加热到 200 ℃的管子的上部加热,然后进入装有液 N_2 的下部管冷却,一冷一热反复数次,沸点高的液雾和固体微粒就会被冷却下来,使最后出来的气体比较纯净。

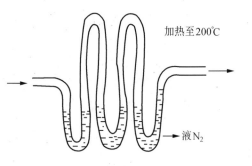

加热至200℃

液N_2

图 2.1　除液雾与固体微粒装置

2. 气体的干燥

由于在恒温下饱和水蒸气是随着总压力的增加而减少,因此用压缩方法来干燥气体是可能的,但它需要 100 ~ 200 标准压力,而且会液化许多气体,所以,实际上较少使用压缩方法来干燥气体。另外也可用降温的方法来干燥气体(在-78 ℃时,水的饱和蒸气压为1.33×10^{-7}Pa),但它不能计算出气体通过冷陷阱时所给出的干燥程度。因此,最常用的干燥气体的方法是使用如硫酸吸附或者化学吸附剂(如P_2O_5等)进行干燥。

选择干燥剂种类时,要从如下四个方面考虑。

(1)干燥剂吸水性

干燥剂吸附水的容量越大越好(简称吸附容量),如$Mg(ClO_4)_2$、硅胶、Al_2O_3等都具有较大的吸附容量。

(2)干燥剂吸附速率

干燥剂吸附速率越快越好,如P_2O_5、$Mg(ClO_4)_2$都具有较快的吸附速率,对干燥气体而言,可称为脱水速率。脱水速率可以用费克(Fick)定律表示,即

$$\frac{a_t - a_0}{a_\infty - a_0} = K\sqrt{t} \tag{2.6}$$

式中　a_0——吸附前($t=0$)气体含量;

　　　a_t——在t时刻时吸附量;

　　　a_∞——平衡时($t=\infty$)吸附量;

　　　K——吸附速度常数(取决于内部扩散速度和颗粒大小)。

(3)干燥剂的吸附平衡

吸附达平衡后,气体中残留水蒸气压越小越好,如P_2O_5,$Mg(ClO_4)_2$,Al_2O_3等。

(4)干燥剂的再生

干燥剂的再生能力强和容易处理。如果有些干燥剂价格便宜,也不一定强调再生能力问题,因为有些干燥剂的再生并不经济。

比较常用的干燥剂列于表2.8中。

表2.8　常用的气体干燥剂

干燥剂	吸附容量/%（按相对湿度5%计）	残留水蒸气压/Pa	露点/℃	脱水速度	再生能力	附　注
无水 $CaCl_2$	8	26.6	-33	中等	不	不适用于NH_3,HF,乙醇
无水 $CaSO_4$	6	0.67	-63	快	不	中性
无水 CaO	小	0.40	-67	快	不	不适于易与碱反应的气体和CO_2
浓 H_2SO_4	小	0.40	-70	快	不	不适用于H_2S,NH_3,HBr,C_2H_2,HCN
KOH	小	0.27	-65	快	不	不适用于与它反应的气体及CO_2
硅胶	25	0.27	-70	较慢	350℃	
Al_2O_3(活性)	20	0.11	-75	快	<800℃	
$Mg(ClO_4)_2$	>25	0.07	-78	快	250℃	干燥有机物质要当心
P_2O_5	小	0.03	-96	极快	不	不适用于NH_3,HX(卤化氢)

注:露点-恒压下,将水蒸气从温度T下降到T_0时,气相刚好达饱和,若温度低于T_0时就会有液体凝聚,温度T_0称为压力为P的水蒸气的露点。

比较以上干燥剂，P_2O_5 的干燥效果最好，在允许条件下，使用 P_2O_5 作干燥剂的较多，而硅胶因为易于再生和对许多气体都适用，所以是最常用的干燥剂，但注意不同方法制备的硅胶，其吸附量是不一样的。

气体的干燥大致分为三个步骤进行。

（1）粗脱水

此步一般选用吸附容量大，脱水速率快，残留水蒸气压稍大，便宜的干燥剂，如表 2.8 中的前五种干燥剂。

（2）精细脱水

此步要选择残留水蒸气压低的干燥剂，如低于 0.133 Pa。

（3）冷却

冷却最后经冷陷阱进行低温冷却。

3. 几种主要杂质的除去

（1）脱氧

氧的除去主要分三步进行。

①粗脱氧。在 Cu 屑中加入饱和 NH_4Cl 的氨水溶液，使气体通过，即

$$Cu+NH_3+O_2 \xrightarrow{NH_4Cl} Cu(NH_3)_4^{2+}$$

或者把铜屑放在管式炉中在 300～400℃与气体中的 O_2 反应，形成氧化铜，即

$$2Cu+O_2 \xrightarrow{300-400℃} 2CuO$$

②细脱氧。把 Cu^{2+} 放在载体（如硅藻土或分子筛）上制成小球，然后通 H_2 还原为活性铜，再与气体中的 O_2 反应生成氧化铜。若再遇 H_2 又可将 CuO 还原成 Cu，恢复活性，即

$$Cu^{2+}+载体 \xrightarrow{通 H_2} Cu(活性)$$

$$Cu(活性)+O_2 \longrightarrow CuO$$

③更精细除 O_2。让气体通过 900℃下的铬蒸气型分子筛除氧亦可，即

$$Cr+3O_2 \xrightarrow{900℃} 2Cr_2O_3+2115.1 \text{ kJ}$$
$$\underset{(棕色)}{}$$

（2）除 N_2

向混合气体中加过量的氧，并在湿的苛性钠上进行火花放电，则 N_2 可以被吸收。各种碱金属、碱土金属及其合金也可作直接吸收剂。但它们在常温下也能吸收氧，因此少量的氧对氮的吸收有妨碍，故通常是将其加热至熔点（180 ℃）以上使用。

钙（熔点 800 ℃）在 440～500 ℃及在 800 ℃下吸收 N_2 的能力很强，钙和钾、钠、钡或锶的合金在比较低的温度下就能吸收氮，即

$$3Ca(Mg)+N_2 \xrightarrow{600-700℃} Ca_3N_2(Mg_3N_2)$$

（3）除 CO_2

将气体通过含30%～50%苛性钾或苛性钠的水溶液即可，即

$$CO_2+2NaOH \longrightarrow Na_2CO_3+H_2O$$

2.3　真空的获得与测量

2.3.1　真空的基本概念

真空并不是一无所有的意思,而是指低于大气压力的状态。真空度的高低用气体压强表示,单位按国际单位制(SI)为帕(Pa)。以前习惯上使用的某些单位(现已废除)与帕的换算关系是:1 mmHg=1/760 atm=133.322 Pa。

根据压强的大小可将真空度划分为:

粗真空　1.013×10⁵ ~ 1.3×10³ Pa

低真空　1.33×10³ ~ 1.3×10⁻¹ Pa

高真空　1.33×10⁻² ~ 1.33×10⁻⁵ Pa

超高真空　1.33×10⁻⁶ ~ 1.33×10⁻⁹ Pa

极高真空　<1.33×10⁻⁹ Pa

可以看出,所谓真空度高,指的是体系压强低。由计算可知,即使在 1.33×10^{-6} Pa 的超高真空下,每立方米内仍有约 3×10^{8} 个气体分子,每秒钟对单位面积($1\mathrm{cm}^2$)的碰撞次数为 3.84×10^{12} 次,但比常压下的气体稀薄多了。在这种情况下,气体的行为与常压下有重要的区别,致使真空技术在高纯金属和非金属材料的真空熔炼、区域提纯及研究等方面都得到了广泛的应用。

2.3.2　真空的获得

产生真空的过程称为抽真空、排气或抽气。通常用于产生真空的工具称为真空泵,常用的有水泵、机械泵和油扩散泵等。此外也采用多种特殊的吸气剂和冷凝捕集器等。

1. 真空泵的基本参量

①起始压强。即真空泵开始工作时的压强。

②临界反压强。保持真空泵正常工作排气口外侧允许的最大压强,即当此压强再升高时,泵即停止工作。

③极限压强(p_s)。在真空系统中不漏气和不放气的条件下,长时间抽气后,给定的真空所能达到的最小压强称为极限压强。

④抽气速率(s)。在一定的温度和压强下,单位时间内泵从容器中抽除气体的体积,称为泵的抽气速率。当入口处某一瞬间的压力 p 为一定值时,则

$$s = -\frac{\mathrm{d}v}{\mathrm{d}t}(\mathrm{L/s}) \tag{2.7}$$

负号表示 v 随时间 t 递减(抽气)时为正值。抽气速率随压强的降低而减小,但 p 不可能达到无限小,而具有极限真空 p_s。当 $p=p_s$ 时,$s=0$。

上述四个参量是真空泵工作特性的表征。如机械泵的临界反压强为 1.013×10^5 Pa,而扩散泵的临界反压强一般为 1.33×10 Pa。因此,我们常把机械泵作为前级泵,把扩散泵叫做次级泵。各种常用的获得真空方法的最佳适用压强范围如图 2.2。

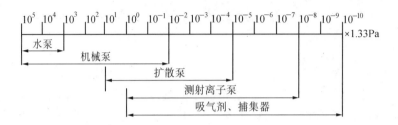

图 2.2　各种常用获得真空方法的最佳适用压强范围

由于大气中的氦通过玻璃壁渗入容器的速度为 6.65×10^{-11} Pa/s，目前还没有用人工的办法获得比 1.33×10^{-10} 更高的真空度。

2.旋片式机械泵

它是一种使用机械转子使抽气空间不断膨胀，从而获得低气压的真空泵。工作的起始压强为大气，极限真空可达 1.33×10^{-2} Pa。

（1）结构

如图 2.3 所示，旋片式机械泵主要由泵腔、转子、旋片、排气阀、进气口等几部分组成，这些部件全部浸在泵壳所盛的机械泵油中，以保持体系的密封和润滑。

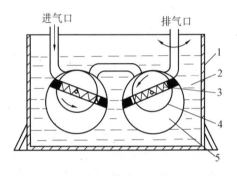

图 2.3　双级泵的结构示意图

1—泵体；2—油；3—旋片；4—转子；5—泵腔

机械泵抽气原理是基于变容作用即工作室体积周期性的扩大和缩小来实现抽气目的。图 2.4 表示旋片转动半周时的四个典型位置。

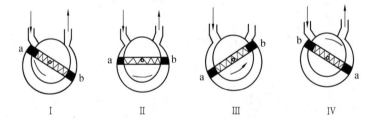

图 2.4　机械泵工作原理示意图

这样在旋转半周时旋片 a 吸入一部分气体，旋片 b 排出一部分气体，继续旋转半周时，b 吸入一部分气体，a 将前半周 b 吸入的气体压缩而排出。因此，在一周中旋片 a、b 各吸入一部分气体，同时各排出一部分气体。如此周而复始，被抽容器的压强逐渐降低。

（2）机械泵的极限压强

如果被抽容器的体积为 V，压强为 p_0，旋片转动半周第一次形成的吸气空间体积为 ΔV，则被抽容器的压强降低为

$$p_1 = p_0 \frac{V}{V + \Delta V} \qquad (2.8)$$

吸气空间第一次膨胀后,压强降低到

$$p_2 = p_1 \frac{V}{V + \Delta V} = p_0 \left(\frac{V}{V + \Delta V} \right)^2 \qquad (2.9)$$

n 次膨胀后压强降低到

$$p_n = p_0 \left(\frac{V}{V + \Delta V} \right)^n \qquad (2.10)$$

转子的转速为定值 m(通常为 $200 \sim 450$ r/min),膨胀次数与时间 t 成正比。则 $n = mt$,经过一段时间后,被抽容器的压强降低到

$$p_t = p_0 (V/V + \Delta V)^{mt} \qquad (2.11)$$

由式(2.11)可知,t 增至很大时,p_t 将趋近于 0。但机械泵并不能无限制地提高被抽容器的真空度,而是获得具有一定极限压强(p_s)的真空,即极限真空,其原因是受下列条件限制。

①由于泵的结构上存在有害空间,有害空间的气体无法排出泵外,必然被旋片压到进气口一边,使它重新返回被抽容器。改进结构减小有害空间只可以减小其影响,但不能完全消除它。

②排气空间和吸气空间存在着一定的压强差,气体会通过各滑动间隙返流到吸气空间。

③泵油在排气空间、吸气空间和大气空间循环,在大气和排气空间,泵油中溶解了大量气体,在吸气空间由于压强较低而释放出来。

将两个单级泵串联为双级泵(图2.3),则上述三个因素对靠近被抽容器的第二级泵的影响将大为减少,一般单级泵极限真空为 1.33 Pa,而双级泵可达 1.33×10^{-2} Pa。

(3)气镇

在化学实验中,所抽除的气体常常含有相当数量的水蒸气和有机物蒸气。这些蒸气在排气空间一经压缩(压缩比通常为 700∶1)便凝结为液体并混入油内,随着油的循环进入吸气空间,在低压下又变成蒸气,不仅严重影响极限真空,而且还破坏油的密封润滑性能,腐蚀泵体。而采用气镇的方法可以解决这一问题。

所谓气镇是在靠近排气孔处的泵腔壁上开一个小孔,在排气空间尚未开始压缩时,适量的空气可通过小孔渗入泵内,大大提高了气体蒸气混合物的气体分压。这样,压缩空气开始压缩后,在较小的压缩比上(例如10∶1),混合气体的压强就已超过常压,于是在蒸气尚未凝结以前就顶开阀片排出泵外。

但是由于渗入空气,使排气时间延长,增加了气体突破的机会,而使极限真空和抽速下降。为了充分发挥泵的效率,可先按气镇工作程序抽气,待蒸气抽除后,关闭气镇阀,再按无气镇程序抽气。这既可抽除蒸气,又可获得应有的极限真空。

(4)机械泵使用注意事项

①马达运转方向必须符合机械转子规定的方向;泵油必须充满至标度。

②不允许有异物落入泵腔,以免损坏密封。有大量水蒸气和有机蒸气时,在泵和被抽容器间最好加装干燥、捕集装置。

③停泵时应用三通活塞对泵腔放气,防止泵油因大气压力返流至被抽系统中。如果

带有电磁阀自动放气装置,则此步可以免去。

3. 油扩散泵

油扩散泵是目前获得高真空的主要工具,广泛用于多种科学实验和生产中。

(1)工作原理

扩散泵的工作原理是基于被抽气体分子向定向蒸气流中扩散并被蒸气流压缩到前置空间,而最后被前级机械泵抽走。扩散泵的结构及工作原理见图 2.5。

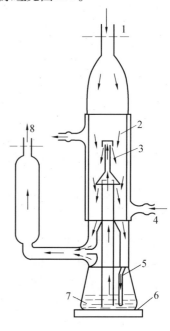

在前级泵不断抽气的情况下,油被加热蒸发,沿导管上升至喷嘴处,由于喷嘴处的环形截面突然变小而受到压缩,形成密集的蒸气流,以接近音速的速度(200 ~ 300 m/s),从喷嘴向下喷出。显然,在蒸气流上部空间被抽气体的压强大于蒸气流中该气体的分压强,气体分子便迅速向蒸气流中扩散,由于油蒸气相对分子质量为 450 ~ 550,比空气相对分子质量大 15 ~ 18 倍,故动能较大,与气体分子碰撞时,本身的运动方向基本不受影响,而气体分子则被约束于蒸气射流内,且速度越来越高地顺蒸气流喷射方向飞行。这样,被抽气体分子就被蒸气流不断压缩至扩散泵出气口,密度变大,压强变高,借助前级机械泵将它们抽走。完成传输任务的油蒸气分子受到泵壁的冷却,又重新凝结为液体返回蒸发器,如此循环不已。由于扩散作用一直存在,故被抽容器真空度得以不断提高。

(2)临界反压强 p_K

如前所述,扩散泵只有在前级泵提供的预备真空下才能工作。

当前级泵提供的极限压强大于临界反压强 p_K 时,扩散泵的极限压强迅速上升,以至使扩散泵停止作用。因为密集在出口端的气体,不但不能抽除,反而会大量突破蒸气流的约束,反扩散回到扩散泵进气口一端。

图 2.5　扩散泵的结构及
工作原理图

1—通待抽真空部分;2—被抽气体;
3—油蒸气;4—冷却水;
5—冷凝油回入;6—电炉;
7—硅油;8—接机械泵

临界反压强的大小主要决定于蒸气流的动压,后者又决定于泵的结构和加热功率。临界反压强越高,则对前级泵的要求越低。一般扩散泵的临界反压强为 13.3 Pa 左右。

(3)使用注意事项

①必须充分做好清洁处理工作(金属泵用乙醇、丙酮,玻璃泵用洗液、水洗及有机溶剂去油)。烘干,否则将大大影响极限真空。

②泵油加入量应遵守规定用量,以浸没导流管的小孔为宜。

③使用时,必须先开前级泵,等真空上升到 13.3 Pa 且不漏气(可用火花检漏器检测)时,方可通冷却水,再开加热电源,反之,停泵时,应先关加热电源,待油冷却到 50 ℃以下

时,才能关闭冷却水,停止前级泵。

④扩散泵工作时,切勿漏入大气,否则泵油将严重氧化裂化。

2.3.3　真空的测量

测量真空的量具称为真空计或真空规,可分为绝对规和相对规两大类。前者直接测量压强;后者是测量与压强有关的物理量,它的压强刻度是用绝对真空计进行校正而得。

Mcleod 真空计的结构如图 2.6。它既能测量低真空,又能测量高真空,是迄今还广泛使用的真空计。A 和 B 是两根直径相同的毛细管,分别作为测量毛细管和比较毛细管。A 管顶是用磨平的玻璃片熔接而成的,连通管 C 下端与玻璃泡 D 相连于 N,上端接入真空系统,D 下端插入汞贮器 E 中,利用三通活塞使其分别与大气和汞瓶相通,用以控制汞面的升降。

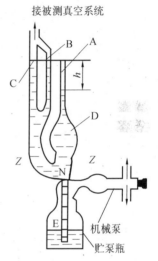

图 2.6　Mcleod 真空计

测量时由三通活塞向贮汞瓶缓缓放入大气,使液面升高。当上升至 Z-Z 平面时,真空系统的残余气体即被封闭。继续提高汞面,使毛细管 B 的汞面与毛细管 A 顶端相齐。这时玻璃泡 D 内的气体受到压缩,压强按波义尔定律增大,若真空系统的体积远比玻璃泡体积为大,则系统压强可以认为基本上不变,于是 A 管和 B 管的汞面将产生高度差 h。

令压缩前玻璃泡(即真空系统)内的气体压强为 p,其体积为 V(玻璃泡 D 的体积),压缩后气体压强为 p+h,体积为 V_c,则根据玻义尔定律得

$$pV = (p + h)V_c \quad 或 \quad p = \frac{V_c}{V} - V_c h \qquad (2.12)$$

由于 $V \gg V_c$,且 $V_c = \pi d^2 h/4$(d 为毛细管直径),故

$$p = \frac{V_c}{V}h = \frac{\pi d^2}{4V}h^2 = Ch^2 \quad (C = \pi d^2/4V) \qquad (2.13)$$

式(2.13)中 C 为真空计常数,可以由 d 和 V 玻璃泡的事先测定而求得,故读出 h 值,即可求得被测系统的压强。其测量范围为 $1.33 \times 10 \sim 1.33 \times 10^{-4}$ Pa。

Mcleod 真空计的优点是能直接测量压强 p,并与气体种类无关。它的缺点是不能测量蒸气的压强,因蒸气不服从玻意耳定律。另外,不能连续读出压强值。因为读一次压强值至少需 1 min 时间来使液面升降,因而对压强快速变化的系统不灵敏。最后,汞有毒,对人体有害。因此,一般而言,Mcleod 真空计是在校准相对真空计时才用到。

实际气体测量时,常用的真空计是热偶真空计,它是热传导真空计的一种,它是测量低真空($1.33 \times 10^2 \sim 1.33 \times 10^{-2}$ Pa)的常用工具,其原理是利用低压强下气体的热传导与压强有关的特性来间接测量的。这种相对真空计叫热偶规。测量 $1.33 \times 10 \sim 1.33 \times 10^{-5}$ Pa 压强的另一种相对规,通常是热阴极电离真空规,简称电离规。在实际测量时,是将热偶规和电离规组装在一起,而构成复合真空计。这样就可测量从 $1.33 \times 10 \sim 1.33 \times 10^{-5}$ Pa

的真空,测量原理及使用方法的详细说明,可查阅有关资料及仪器说明书。

真空的检漏可用真空火花检漏器,它有两根金属丝,可感应产生一万伏以上的高压,使空气电离,从而发出弧光。通过检漏器金属丝触及真空系统外壳所发出的不同颜色则可判断体系的真空度,见表2.9。

表 2.9 真空度与对应的火花颜色

真空度/Pa	$-1.33×10^2$	$1.33×10$	1.33	$1.33×10^{-1}$	$1.33×10^{-2}$	$<1.33×10^{-2}$
火花颜色	红色	紫	淡粉红	白	微白	无色

2.4 高温的获得与测量

许多化学反应都必须在高温下才能进行,特别在合成新型高温材料时,要求达到的温度越来越高。高熔点金属粉末的烧结,难熔化合物的熔化和再结晶,陶瓷体的烧成等都需要很高的温度。某些无机合成中,为了避免氧化,同时还需要特殊的惰性气氛和真空。为了进行高温下的合成,需要一些符合要求的产生高温的设备和手段。为了进行高温无机合成,就要熟悉一些能产生各种高温的设备及其测温、控温的方法,并在实践中加以灵活运用。

2.4.1 高温的获得

实验室中,加热设备是煤气灯、酒精灯、酒精喷灯,它们是通过煤气和酒精的燃烧来产生高温,此外还常用电炉、半球形的电热套来作为加热设备,它们利用电阻丝通电发热来获得高温。电热套通常配有温度控制器,控制器的作用是基于周期性地切断电流或用调压变压器来控制温度。电热套主要用来加热圆底烧瓶中的反应物。

上述几种加热设备,通常只能获得几百度的高温,难以满足无机合成中对温度的更高的要求。表2.10列出其他一些产生高温的方法及其所能达到的温度。

表 2.10 获得高温的各种方法及达到的温度

获得高温的方法	温度
各种高温电阻炉	$1\ 000 \sim 3\ 000\ ℃$
聚 焦 炉	$4\ 000 \sim 6\ 000\ ℃$
闪 光 放 电 炉	$4\ 000\ ℃$ 以上
等 离 子 体 电 炉	$20\ 000\ K$ 以上
激 光	$10^5 \sim 10^6\ K$
原子核分裂和聚变	$10^6 \sim 10^9\ K$
高 温 粒 子	$10^{10} \sim 10^{14}\ K$

上面这些获得高温的手段中,最常用的是高温电阻炉。

2.4.2 高温电阻炉

电阻炉是实验室和工业中最常用的加热炉,它的优点是设备简单,使用方便,可以精确地控制温度,应用不同的电阻材料可以达到不同的高温限度。表 2.11 列出了不同电阻材料的最高工作温度。

表 2.11 电阻材料的最高工作温度

电阻材料名称	最高工作温度/℃	备　　注
镍铬丝(80% Ni,20% Cr)	1 060	
镍铬铁丝(60% Ni,16% Cr,24% Fe)	950	
堪塔耳(25% Cr,6.2% Al,19% Co,余 Fe)	1250 ~ 1 300	
第 10 号合金(37% Cr,7.5% Al,55.5% Fe)	1250 ~ 1 300	
硅　碳　棒	1 400	
铂　　　丝	1 400	
铂(90%)铑(10%)合金丝	1 540	
铂　　　丝	1 650	真空 0.67 Pa
硅化钼棒	1 700	
钨　　　丝	1 700	真空 0.013 ~ 0.001 3 Pa
85% $ThO_2$15% CeO_2	1 850	
95% $ThO_2$5% La_2O_3	1 950	
钽　　　丝	2 000	真空
氧化锆(ZrO_2)	2 400	
石　墨　棒	2 000	真空
碳　　　管	2 500	
钨　　　管	3 000	

应该注意的是一般使用温度应该低于最高工作温度,这样可以大大延长电阻材料的使用寿命。在 1 100 ℃以下,通常可用的电阻线是 Ni-Cr 合金,它电阻率高,而且抗氧化能力很强,如果不过热的话,寿命很长。这类电阻线应尽量避免接触损害它的表面氧化膜的物质,如硅藻土,可以在 Ni-Cr 线上涂一层铝土水泥作保护。在 700 ~ 1 500 ℃范围内,可以用硅碳棒作电阻材料,一般采用低电压大电流。

在高真空及还原气氛下,金属发热材料如钽、钨、钼等,已被证明是较为适用的。在氧化气氛中,氧化物的电阻发热体则是最为理想的材料。石墨作电阻材料在真空中可达到较高的温度,但在氧化或还原气氛下,石墨本身在使用过程中将逐渐损耗,与硅碳棒相同,也采用低电压大电流加热方式。

用于研究高温反应的电炉主要有三种:马福炉、管式电炉和坩埚炉。马福炉是一种简单的高温炉,它主要用于不需要控制气氛的高温反应,它装有自己的温度控制器和热电偶高温计。管式电炉通常用于控制气氛下加热物质,它们往往没有自己的温度控制器,通常通过自耦变压器来控制输入电压,从而控制它的温度,这三种电炉的结构如图 2.7 和图 2.8 所示。

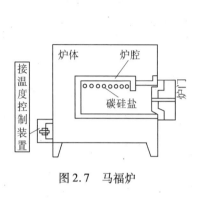

图 2.7　马福炉

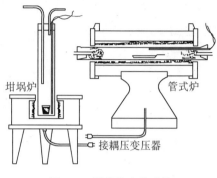

图 2.8　坩埚炉和管式炉

2.4.3　高温热浴

当需要将容器加热到某一均匀温度时,就应该把它浸入作为传热介质的液体中。例如,对 200 ℃ 左右的温度可使用矿物油或石蜡油;250 ℃ 左右的温度可使用有机硅油。Wood 合金浴(Bi-Pb-Sn-Cd 合金)可以从它的熔点(约 70 ℃)开始到 400 ℃ 左右。也可以使用各种盐(如 $PbCl_2$,熔点 510 ℃)或者盐的低熔混合物(如 $KNO_3/NaNO_3$)。常用热浴及它们所能达到的极限温度列于表 2.12。

表 2.12　常用热浴

热浴名称	所用热载体	在浴上加热的极限温度/℃	备　　注
水　浴	水	98	
油　浴	石蜡油	300	
	甘　油	220	
	DC300 硅油	280	
	DC500 硅油	250	
硫酸浴	浓硫酸	300	
石蜡浴	石　蜡	300	熔点 30～60 ℃
空气浴	空　气	300	
盐　浴	55% KNO_3 + 45% $NaNO_2$	550	熔点 137 ℃
	55% KNO_3 + 45% $NaNO_3$	600	熔点 218 ℃
合金浴	伍德合金	>600	

注:①DC 为 Dow Corning 的缩写;②伍德合金成分为:50% Bi,25% Pb,12.5% Sn 及 12.5% Cd。

2.4.4　反应容器的选择

适用于高温反应容器的材料主要有硬质玻璃、瓷器、石英、金属、刚玉、石墨、聚四氟乙烯塑料等。

1. 玻璃容器

玻璃容器可分为软质玻璃和硬质玻璃两种。

(1)软质玻璃(又称普通玻璃)

软质玻璃(又称普通玻璃)由二氧化硅(SiO_2)、氧化钙(CaO)、氧化钾(K_2O)、三氧化二硼(B_2O_3)、氧化钠(Na_2O)等原料制成,有一定的化学稳定性、热稳定性和机械强度,透明性好,易于灯焰加工焊接,但热膨胀系数较大,易炸裂破碎,因此多制成不需加热的仪器,如试剂瓶、漏斗、干燥器、量筒、玻璃管等等。

(2)硬质玻璃(即硬料)

硬质玻璃(即硬料)的主要原料是二氧化硅(SiO_2)、碳酸钾(K_2CO_3)、碳酸钠(Na_2CO_3)、碳酸镁($MgCO_3$)、硼砂($Na_2B_4O_7 \cdot 10H_2O$)、氧化锌(ZnO)、三氧化二铝(Al_2O_3)等,也称硼硅玻璃。硬质玻璃的耐温、耐腐蚀、耐电压及抗击性能好,热膨胀系数小,可耐较大的温差(一般在 300 ℃左右)。可制作成需加热的玻璃仪器,如烧杯、各种烧瓶、试管、蒸馏器、冷凝器等等。

此外,根据某些特殊要求,还有用高硅氧玻璃、石英玻璃、无硼玻璃、无碱玻璃等等制作的玻璃仪器。

2. 瓷器皿

实验室所用瓷器皿实际上是上釉的陶瓷,因此,瓷的许多性质主要由釉的性质所决定。它的熔点较高(1 410 ℃),可耐高温灼烧,如瓷坩埚可以加热至 1 200 ℃,灼烧后质量变化很小,它的热膨胀系数为$(3 \sim 4) \times 10^{-6}$,厚壁瓷器皿在蒸发和高温灼烧操作中,应避免温度的骤然变化和加热不均匀现象,以防破裂。瓷器皿对酸碱等化学试剂的稳定性较玻璃器皿为好,然而同样不能和氢氟酸接触,过氧化钠及其他碱性熔剂也不能在瓷皿或瓷坩埚中熔融。瓷器的机械性能较玻璃强,而且价廉易得,故应用也较广,可制成坩埚、燃烧管、瓷舟、蒸发皿等等。

3. 石英器皿

石英器皿的主要化学成分是二氧化硅,一般工作温度不高于 1 100 ℃,长时间工作应在 1 000 ℃左右或以下。除氢氟酸外,不与其他酸作用,在高温时,能与磷酸形成磷酸硅,易与苛性碱及碱金属碳酸盐作用,尤其在高温下,侵蚀更快,然而可以进行焦硫酸钾熔融。在石英器皿中加热镁,会损坏石英器皿,故应将镁放在氧化铝舟中加热。石英器皿对热的稳定性好,在约 1 700 ℃以下不变软,但在 1 100 ℃~1 200 ℃开始失去玻璃光泽,由于其热膨胀系数小,只有玻璃的十五分之一,故耐热冲击性好。不透气,电绝缘,可以任何速率加热而不致破裂。

4. 金属容器

(1)镍坩埚

镍的熔点 1 450 ℃,在空气中灼烧易被氧化。它具有良好的抗碱性,可用于碱性物质的高温反应(一般不超过 700 ℃),但酸性或含硫化物的物质,不能用镍坩埚。

(2)铁坩埚

铁坩埚的使用与镍坩埚相似。虽然它没有镍坩埚耐用,但价格便宜,较适于 Na_2O_2 熔融。对于 NaH_2PO_4 脱水为 $(NaPO_3)_n$ 的反应,会烧坏铁坩埚,所以要使用瓷坩埚或铂坩埚。铁坩埚中常含有硅及其他杂质,故可用低硅钢坩埚代替。

铁坩埚或低硅钢坩埚在使用前应进行钝化处理。先用稀盐酸稍洗,然后用细砂纸仔细擦净,并用热水冲洗,放入 5% 的硫酸与 1% 的硝酸混合溶液中浸泡数分钟,再用水洗净、干燥,于 300 ~ 400 ℃ 灼烧 10 min。

5. 铂器皿

铂的熔点高(1 774 ℃),耐高温可达 1 200 ℃,化学性质稳定,在空气中灼烧后不起化学变化,也不吸收水分,大多数化学试剂对它无侵蚀作用,耐氢氟酸性能好,因而常用作沉淀灼烧称重、氢氟酸溶样和处理以及 Na_2CO_3,$K_2S_2O_7$ 等熔融处理。铂的导热性好,但质软,价格昂贵。实验室常用的铂制品有铂坩埚、铂蒸发皿、铂舟、铂电极和铂铑热电偶等等。

(1)铂器皿的使用规则

①因铂质软,即使含有少量铱、铑的合金也较软,所以拿取铂器皿时,勿太用力,以免变形。不能用玻璃棒等尖头物件从铂器皿中刮出物体,以免损伤内壁,也不得将很热的铂器骤然放入冷水中冷却。

②铂器皿在加热时不能与任何其他的金属接触。因为在高温时铂易与其他金属形成合金,所以,铂坩埚必须放在铂三角或陶瓷、粘土、石英等材料的支持物上灼烧,也可放在垫有石棉板的电炉或电热板上加热,但不得直接与铁板或电炉丝接触,所有的钳子应该包有铂头,镍的或不锈钢的钳子只能在低温时使用。

③下列物质能直接侵蚀或在其他物质存在下侵蚀铂,在使用铂器皿时,应避免与这些物质接触。

(a)易还原的金属和非金属及其化合物。如银、汞、铅、铋、锑、锡和铜的盐类,在高温下被还原的金属与铂形成合金。硫化物和砷及磷的化合物,它们可被滤纸、有机物或还原性气体还原,生成脆性的磷化铂及硫化铂等。

(b)固体碱金属氧化物和氢氧化物、氧化钡、碱金属的硝酸盐、亚硝酸盐、氰化物等,在加热或熔融时对铂有强的侵蚀性。碳酸钠或碳酸钾可以在铂器皿中熔解(但碳酸锂不行),硼酸钠也可以熔融。

(c)卤素及可能产生卤素的混合物的溶液。如王水、盐酸与氧化剂(高锰酸盐、铬酸盐、二氧化锰等等)的混合物。三氯化铁溶液也与铂发生作用。

(d)碳在高温时与铂作用形成碳化铂。铂器皿用灯焰加热时,只能用不发光的氧化焰,不能与带烟或发亮的火焰及焰内锥体部分接触,以免形成碳化铂而变脆。

④成分和性质不明的物质不能在铂器皿中加热或处理。

⑤铂器皿应保持内外清洁和光亮。经长久灼烧后,由于结晶的关系,外表可能变灰,必须及时注意清洗,否则日久会深入内部使铂器皿变脆。

(2)铂器皿的清洗

铂器皿有了斑点,可先用盐酸单独处理。如果无效,可用焦硫酸钾于铂器皿中在较低温下熔融 5 ~ 10 min,把熔融物倒掉,再将铂器皿在盐酸溶液中浸煮。若仍无效,可再试用碳酸钠熔融处理,也可用潮湿的细海沙轻轻摩擦处理。

6. 刚玉器皿

天然的刚玉几乎是纯的 Al_2O_3。人造刚玉由纯的 Al_2O_3 经高温烧结制成,它耐高温(熔点 2 045 ℃),硬度大,对酸、碱有相当的抗腐蚀能力。刚玉坩埚可用于某些碱性熔剂的熔融和烧结,但温度不应过高,时间要尽量短。在某些情况下,可以代替镍、铂坩埚。

7. 石墨器皿

石墨是一种耐高温材料,在还原气氛中,即使达到 2 500 ℃ 左右,也不熔化,只在 3 700 ℃(常压)升华为气体,同时在高温时强度不会降低。石墨制品加热至 2 000 ℃ 时,其强度较常温时增高一倍。石墨有很好的耐腐蚀性。无论有机溶剂或无机溶剂都不能溶解它。在常温下不与各种酸、碱发生化学反应,只是在 500 ℃ 以上才与硝酸、强氧化剂等反应。

石墨还具有良好的导电性,虽然不能和铜、铝等金属比,但与许多非金属材料相比,导电性高,它的导电性甚至超过铁、钢、铅等金属材料。此外,石墨的热膨胀系数小,骤冷骤热也不致破裂,而且容易加工。

石墨的缺点是耐氧化性能差。随温度的升高,氧化速度逐渐加剧,因此高温下必须在真空或惰性气体中工作。如果某种金属能形成碳化物,就不能用石墨作坩埚。对于不形成碳化物者,则石墨坩埚有不沾连金属的长处。在铂舟中熔融金属铝时,铂舟将受损坏,石墨容器则很理想,但需在氮气氛中熔融。

8. 聚四氟乙烯

聚四氟乙烯的化学稳定性和热稳定性好,是已知耐热性最好的有机材料,使用温度可达 250 ℃。当温度超过 250 ℃ 时会分解出少量的四氟乙烯,对人体有害。温度超过 415 ℃ 时急剧分解。聚四氟乙烯耐腐蚀性好,对浓酸(包括氢氟酸)、浓碱或强氧化剂,皆不发生作用,也不受氧气和紫外线的影响。同时具有优良的绝缘和介电性能,可用于制造烧杯、蒸发皿、坩埚。

2.4.5　温度的测量

1. 温度

温度是表征物体冷热程度的物理量。温度不能直接测量,只能借助于冷热不同的物体之间的热交换以及物体的某些物理性质随冷热程度不同而变化的特性来加以间接的测量。

希望用于测量的物体的物理性质,是单值、连续地随着温度而变化,即与其他因素无关,而且复现性要好,便于精确测量等。因此,物理性质的选择是一件复杂而又困难的工作。目前比较常用的有下列几种。

①热膨胀。

②电阻变化。导体或半导体受热后电阻值发生变化。

③热电效应。两种不同的导体相接触,当其两接点温度不同时回路内就产生热电势。

④热辐射。物体的热辐射随温度的变化而变化。利用这种性质已制成了各种测量仪表。

随着科学技术的发展,又应用了一些新的测温原理如射流测温,涡流测温,激光测温,利用卫星测温等。

2. 测温仪表的分类

测温仪表可以分为接触式和非接触式两大类。这两类测温方法相比较,接触式可以直接测得被测对象的真实温度,非接触式只能获得被检测对象的表观温度,一般地,非接触式测温精度低于接触式。接触式温度计主要有膨胀式温度计、热电阻温度计和热电偶三种;非接触式温度计有光学高温计(亮度高温计)、辐射高温计、比色高温计等。

常用温度计分类如下:

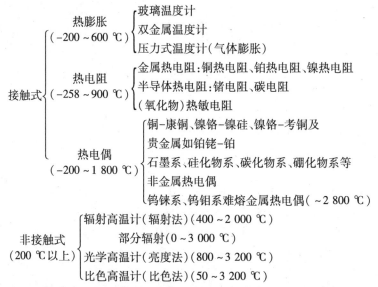

玻璃温度计结构简单,使用方便,测量准确,价格便宜,有不同等级,可作为工业温度计,也可作为实验室精密测量用。主要缺点是热惯性大,测量上限和测量精度受玻璃质量限制,测量结果只能读出,不能自动记录和远传,易损坏。

双金属温度计一般用于工业仪表,精度较低。压力式温度计,机械强度高,不怕震动,显示仪表可以安装在离测量点较远(20 m 左右)处,输出信号可以自动记录和控制,缺点是热惯性大。一般只适用于测量对铜和铜合金不起腐蚀作用的液体、气体和蒸气的温度。

热电阻测量精度高,其中铂热电阻经标定合格的,可作为(13.81 ~ 903.89 K)国际实用温标的标准仪器,可远传记录,同一台显示仪表上可实现多点测量,缺点除热敏电阻外,热惯性大,需外接电源。这类温度计广泛用于生产过程中测量各种液体、气体和蒸气介质的温度,还可以与显示仪表配合,作为敏感元件进行温度测量和控制。

热电偶不易破损,测温范围广,也具有较高测量精确度,其中铂铑(10% Rh)铂(903.89 ~ 1337.58K),可以作为传递国际实用温标的标准仪器;输出信号可远传、自动记录,同时可用于报警和自动控制。主要缺点是下限灵敏度较低,输出信号和温度示值成非线性关系。广泛应用于测量<1 600 ℃的液体、气体、蒸气等介质温度。还可制成耐磨热电偶,适用于核反应堆、石油催化裂化过程测温。

光学高温计,使用方便,主要用于金属熔炼,价廉、不需外电源,可作自动记录,但测量误差大。辐射温度计可用于测量移动、转动或不宜安装热电偶的高中温对象表面温度。

比色温度计,主要应用于测量表面发射率较低或测量精确度要求较高的表面温度,在有粉尘、烟雾等非选择性吸收介质中,仍可正常工作,但结构复杂、价高。

实验室和工业上最常用的是膨胀式温度计中的玻璃液体温度计和热电偶。

3. 热电偶高温计

(1)测温原理

金属中存在许多自由电子,它们在金属原子及离子构成的晶体点阵里自由移动而作不规则的热运动。通常温度下,电子虽作热运动,却不会从金属中逸出。如要电子从金属中逸出,就得消耗一定的逸出功。

当两种金属 A,B 相互接触时,作不规则运动的电子将从一种金属转移到另一种金属中去。若电子从金属 A 中逸出的功大于从金属 B 中逸出的功,电子就会从金属 B 中逸出而转移到 A 中。这样就使金属 A 中有过多的电子,而金属 B 中的电子减少,结果使金属 A 带负电,而金属 B 带正电,在两金属间产生电位差,即

$$V'_{AB} = V_B - V_A \tag{2.14}$$

金属 A 和金属 B 中的电子流即达到动态平衡。

除逸出功的因素外,两种金属中的自由电子数目是不相等的,假定 $N_A > N_B$,则从金属 A 中逸出的电子将多于从金属 B 中逸出的电子,因此,金属 A 和金属 B 之间还存在另一个电位差 V''_{AB},由物理学计算证明,即

$$V''_{AB} = \frac{kT}{e} \cdot \ln \frac{N_A}{N_B} \tag{2.15}$$

式中　k——波尔兹曼常数;

　　　T——金属的绝对温度;

　　　e——电子的电荷。

因此,金属 A 和 B 之间总的接触电势差 V_{AB} 应为 V'_{AB} 与 V''_{AB} 的代数和,即

$$V_{AB} = V'_{AB} + V''_{AB} = V_B - V_A + \frac{kT}{e} \cdot \ln \frac{N_A}{N_B} \tag{2.16}$$

两种金属 A 和 B 焊接在一起可组成一个闭合电路,如图 2.9 所示。图中两接点的温度分别为 t 和 t_0,而且 $t \neq t_0$,在闭合电路内就有电动势产生。其电动势 E_{AB} 为全部电动势之和,即

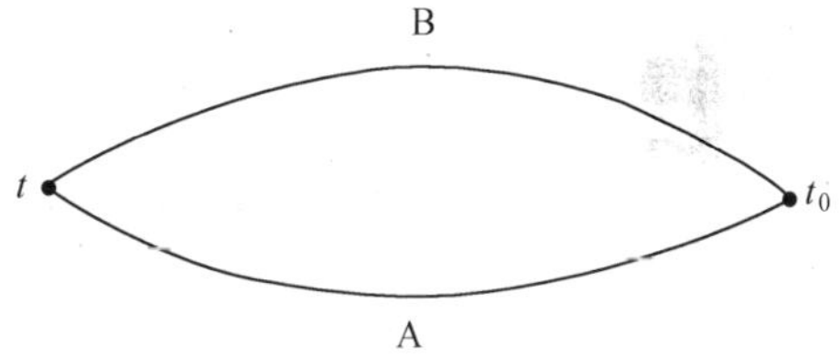

$$E_{AB} = V_{AB} + V_{BA} = V_B - V_A + \frac{k \cdot t}{e} \cdot$$

图 2.9　热电偶闭合回路

$$\ln \frac{N_A}{N_B} - \left(V_A - V_B + \frac{k \cdot t_0}{e} \cdot \ln \frac{N_B}{N_A} \right) =$$

$$(t - t_0) \cdot \frac{k}{e} \cdot \ln \frac{N_A}{N_B} \tag{2.17}$$

由上式可见,温差电动势是热电偶两端温度差的函数,当接点 t_0 的温度保持不变时,则

$$E_{AB}(t, t_0) = f(t) - C \tag{2.18}$$

即温差电动势是两种金属连接点温度差值的函数,当两个接点的温度相同时,则温差电动势 $E_{AB} = 0$;如果使一个接点的温度不变,则温差电动势就是另一个接点温度的函数。这个原理被用于不同金属热电偶测量温度。

将两种不同金属丝的一个连接端点置于冰水中(冷端),使它的温度固定于 0 ℃,当

另一个端点受热时(热端),在这一系统中就会产生温差电动势,这个系统称"热电偶",随着热端温度的改变,热电势也随着相应变化,反之,根据该系统的热电势就可以推算出热端的相应温度。因此热电偶方便地用于温度测量。

如上所述,在热电偶回路中,仅在两个接点存在温差时才产生温差电动势,如果两个接点的温度相同,则回路不显示电势,因此从这个温差现象可以引出下述的中间金属定律:在温差热电偶内,可以接入任意数目的中间金属导体,只要它们连接点的温度相同,就不会影响该热电偶的温差电动势。

由于热电偶的这条基本性质,才有可能在冷端连接导线和各种仪表,而不会对温差电动势有任何影响。

(2)高温热电偶

理想的温差电偶必须具备性质稳定和温差电动势率高的性质,在1 500 ℃以下,最佳的热电偶是铂和铂铑合金,铂铑合金中 Rh 的质量分数有 10%、13% 两种,以后者温差电动势最大,而且性质稳定可靠,其余的热电偶通常由下列金属或合金配对做成:镍铬合金(90% Ni,10% Cr)和镍铝合金(95% Ni,2% Al,2% Mn,1% Si),铁和康铜(39% ~41% Ni,1% ~2% Mn,其余为铜)以及铜和康铜。常用热电偶的使用温度范围列于表2.13,校正热电偶的标准物质列于表2.14。

表 2.13 热电偶的种类及使用的温度范围

热电偶种类	连续工作的温度范围/℃	短时工作的最高温度/℃	电动势(冷接头 0 ℃)
铜-康铜	−190 ~350	600	100 ℃ 4.28mV
镍铬-康铜	0 ~900	1 100	100 ℃ 6.3mV
铁-康铜	−40 ~750	400(在空气中) 800(在还原气中)	100 ℃ 5.28mV
镍铬-镍铝	0 ~1 100	1 350	100 ℃ 4.10mV
铂-铂铑 (13% Rh)	0 ~1 450	1 700	1 000 ℃ 10.50mV
钨-钼	1 000 ~2 500	2 500	1 000 ℃ 0.8mV

表 2.14 校正热电偶的标准物质

标准物质	转变点	转变温度/℃	标准物质	转变点	转变温度/℃
干冰	升华点	−78.48	锌	熔点	419.58
水	冰点	0.00	硫	沸点	444.67
硬脂酸	熔点	69.40	碘化银	熔点	558.00
水	沸点	100.00	锑	熔点	630.50
苯甲酸	三相点	122.37	硫酸银	熔点	652.00
铟	熔点	156.61	钼酸钠	熔点	687.00
锡	熔点	231.97	氯化钠	熔点	801.00
铋	熔点	271.30	硫酸钠	熔点	884.00
硝酸钠	熔点	306.80	银	熔点	960.80
铬	熔点	320.90	金	熔点	1 064.43
铅	熔点	327.50	铁	熔点	1 536.00

注:热电偶校正时,其冷端应置于冰-水平衡的体系中,而热端或工作端应置于恒定的标准体系中。标准体系实际上是一些转变温度恒定的物质,故又称标准物质。

校正温度定点的标准物质,在 0℃ 以下定点主要以干冰、纯水的熔点,Hg 的熔点 (−38.87℃)。室温以上到 1 063 ℃的定点主要以纯 H_2O 的沸点、硫的沸点、Ag、Au 的熔点。其余的一些纯金属或化合物可作为副定点。1 063 ℃以上定点较难,国际温度标准是根据普朗克辐射公式来规定的,比较准确定点的标准物质有 Au、Pt(1 769 ℃)、Ni (1 453 ℃)。

使用热电偶时,将冷端用导线连接至电势检测仪表,如电位差计、毫伏计或自动记录电子电位差计等,由仪表上显示的热电势值,便可测计热端及其周围或热端所接触的物质的温度。一种简单的热电偶线路如图 2.10 所示。

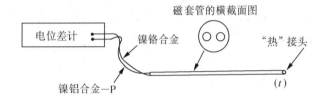

图 2.10　简单的热电偶线路

一般与热电偶配用的显示仪表或记录仪表中,标有冷端温度自动补偿装置者,则冷端在 0 ~ 50 ℃的范围内变动时,其热电势值可由仪表内的热敏电阻自动补偿调整,因此,可以使冷端在室温下测量,而不需要保持 0 ℃恒温。另外,在测量高温的温度时,如果没有必要精确到±5 ℃,即使没有冷端温度校正装置,也可以不用冷水浴,而使冷端在室温下测量即可。

高温热电偶有以下优点。

①体积小,重量轻,结构简单,易于装配,使用方便。

②测温范围较大,一般可在室温至 2 000 ℃左右之间应用,有的甚至可达 3 000 ℃。

③可远距离传送,测量信号由仪表迅速显示或自动记录,便于集中管理。

④能直接与被测物体相接触,不受环境介质(如烟雾、尘埃、二氧化碳、水蒸气等)影响而引起误差,具有较高的准确度。

2.5　低温的获得与测量

有些化学反应只能在低温条件下才能完成,这就涉及到低温技术,低温技术主要包括低温的获得,低温的控制和测量以及低温的应用。下面分别予以介绍。

2.5.1　低温的获得

1. 低温冷浴

如果某一反应要求在低温下进行,而且温度要求在±3 ℃或更高一些的时候,有如下几种途径可获得这种可变温度的冷浴。

(1)自来水冷却

若反应要求的低温在室温到 12 ℃之间时,流动的自来水浴是恰当的。从 12 ℃至

0 ℃,可利用偶尔加入碎冰块的、搅动的水浴。

（2）冰-盐体系

冰-盐体系冷浴是实验中最普通而又最常用的低温源。许多盐在溶解时要吸热,又由于形成的溶液的蒸气压下降,故使得冰点下降,因此可将冰盐按不同比例混合,获得不同冰点的低温源。这类低温源适用于 0 ~ -25 ℃ 的范围。几种常用的冰-盐冷浴体系如表 2.15 所示。

表 2.15　几种常用的冰-盐冷浴体系

盐的种类	在 100 g 冰中加入盐的克数	冰点/℃
NaCl	33（即冰:盐=3:1）	-21.2
$(NH_4)_2SO_4$	62	-19.0
NH_4Cl	25	-15.8
KCl	30	-11.1
$ZnCl_2$	51	-62.0
$NaNO_3$	59	-18.5
NH_4NO_3	45	-17.3
$CaCl_2 \cdot 6H_2O$	143	-55.0

（3）冰-酸体系

对于 0 ~ -25 ℃ 的反应,也可采用冰和酸的混合物,如:

1 份浓盐酸　+1 份冰　可达低温-37.5 ℃

1 份浓盐酸　+2 份冰　可达低温-56 ℃

1 份浓盐酸　+3 份冰　可达低温-43 ℃

冰-盐、冰-酸体系所得的上述温度是理论温度。实际工作中一般得不到其理论值,除非把冰和盐磨得很细,而且混合得相当均匀时,才有可能接近。同时,其温度是会随环境温度而变化的,若要维持一定的低温时间,必须随时不断取走部分溶液,加入新的冰和盐或冰和酸。

（4）非水冷浴

①干冰（固体 CO_2）。干冰的升华点为-78.3 ℃。由于干冰的导热性不好,常常用多量的干冰和一些溶剂混和,增加其导热性,在常压下可以获得表 2.16 所列的低温。

表 2.16　干冰与某些有机溶剂组成的冷浴

溶　剂	冷浴温度/℃	溶　剂	冷浴温度/℃
四氯化碳	-23	无水乙醇	-72
乙　腈	-42	乙　醚	-77
环己烷	-46	丙　酮	-78
氯乙烷	-60	乙酸戊酯	-78
三氯甲烷	-61	一氯甲烷	-82

注:①配制方法:一小块干冰加入有机溶剂中至干冰稍过量;

②干冰加入无水乙醇,因乙醇的量不同可配制-78 ~ -50 ℃ 或更高一点温度的冷浴。而干冰加入不同浓度的 $CaCl_2-H_2O$ 溶液中,可配制-50 ~ 0 ℃ 的冷浴。

这种冷浴较冰-盐或冰-酸冷浴的优越之处在于不需要移去溶液以维持低温。

②液态空气。液态空气随其存放时间长短,温度变化在 $-193 \sim -186$ ℃之间,若蒸发时温度更为降低。在适当的液体(如戊烷)中滴入或通过液态空气可以得到给定的低温。

③低沸点液体。用低沸点液体作冷浴,也是很理想的,如表 2.17 所示。

表 2.17　用低沸点液体的冷浴

液　体	液 NH_3	SO_2	液 CH_3Cl	液 O_2	液 N_2
沸点/℃	-33.4	-10.0	-24.2	-183.0	-196.0

以上几种冷浴,若把反应器浸入其中时,用加入冷冻剂如液 N_2 等来维持低温是很麻烦的,而且会引起温度梯度的很大变化,所以还不能用作恒温低温冷浴。

2. 相变致冷浴

这种低温浴可以恒定温度,如用 CS_2 可达 -111.53 ℃,这个温度是标准气压下二硫化碳的固液平衡点。经常用的固定相变冷浴如表 2.18。

表 2.18　一些常用的低温浴的相变温度

低温浴	温度/℃
冰 + 水	0.00
四氯化碳	-22.80
液　氨	-33.35
氯　苯	-45.60
三氯甲烷	-63.50
干　冰	-78.50
乙酸乙酯	-83.60
甲　苯	-95.00
二硫化碳	-111.53
甲基环己烷	-126.30
正 戊 烷	-130.00
异 戊 烷	-160.00
液　氧	-183.00
液　氮	-195.80

除此之外,液氨也是经常用的一种冷浴,它的正常沸点是 -33.35 ℃,一般说来它的温度远低于它的沸点,用到 -45 ℃时没有问题。需要注意的是它必须在一个具有良好通风设备的房间或装置内使用。

2.5.2　低温测量与控制

1. 低温的测量

(1)蒸气压温度计的测温原理

液体的蒸气压随温度而改变,因此,通过测量蒸气压可以知道其温度。理论上液体的蒸气压可以从克劳修斯-克拉伯龙方程积分得出

$$\frac{\mathrm{d}p}{\mathrm{d}T} = \frac{\Delta_{vap}S}{\Delta_{vap}V} = \frac{\Delta_{vap}H_m}{T\Delta_{vap}V} \tag{2.19}$$

此处 $\Delta_{vap}V$ 是蒸发时体积的变化，$\Delta_{vap}H_m$ 为气化热，一般 $\Delta_{vap}H_m$ 可以看做常数，因为是气液平衡，液体的体积 V_l 和气体的体积 V_g 相比可以忽略不计，再假定蒸气是理想气体，则上式可进一步简化为

$$\frac{dp}{dT} = \frac{\Delta_{vap}H_m}{T(V_g - V_1)} = \frac{\Delta_{vap}H_m}{TV_g} = \frac{\Delta_{vap}H_m}{T \cdot RT/p} =$$

$$\frac{\Delta_{vap}H_m}{RT^2} \cdot p \qquad (2.20)$$

积分式　　$\lg p = \dfrac{\Delta_{vap}H_m}{2.303RT} + C \qquad (2.21)$

式(2.21)最初是经验公式，现已得到了理论证明。这个方程式与蒸气压的实验数据很接近。但更方便的还是将 p 和 T 列成了对照表，用表可以从蒸气压的测量值直接得出 T。表2.19列出一些气体的蒸气压温度数据。

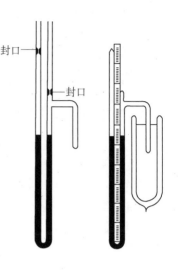

图 2.11　蒸气压温度计

(2)蒸气压温度计的结构

测定正常的压强可用水银柱或精确的指针压强计，测低压可用油压强计或麦克劳斯压强计、热丝压强计。图2.11就是一个蒸气压温度计。它的制法是这样的，把温度计中的水银先在真空中加热以除去一些发挥性杂质，然后让其冷凝在温度计的末端，最后把两端封死并在 U 形管之间配上标尺以供读数之用。

表 2.19　蒸气压温度计数据/kPa

/℃	$p(SO_2)$	/℃	$p(NH_3)$	/℃	$p(CO_2)$	/℃	$p(C_2H_4)$	/℃	$p(O_2)$
-10	101.3	-33	103.2	-77	114.7	-103	105.6	-183	101.0
-11	96.9	-34	98.1	-78	105.7	-104	99.7	-184	90.8
-12	92.6	-35	93.3	-79	97.4	-105	94.0	-185	81.5
-13	89.0	-36	88.6	-80	89.7	-106	88.6	-186	71.6
-14	84.5	-37	84.1	-81	82.5	-107	83.4	-187	65.1
-15	80.7	-38	79.8	-82	75.8	-108	78.4	-188	57.9
-16	77.0	-39	75.8	-83	69.6	-109	73.7	-189	51.4
-17	73.5	-40	71.8	-84	63.8	-110	69.2	-190	45.4
-18	70.0	-41	68.1	-85	58.5	-111	64.8	-191	40.0
-19	66.7	-42	64.5	-86	53.5	-112	60.7	-192	35.1
-20	63.6	-43	61.0	-87	49.0	-113	56.8	-193	30.7
-21	60.5	-44	57.8	-88	44.8	-114	53.1	-194	26.8
-22	57.6	-45	54.6	-89	40.9	-115	49.6	-195	23.3
-23	54.8	-46	51.6	-90	37.3	-116	46.3	-196	20.1
-24	52.1	-47	48.8	-91	33.9	-117	43.1	-197	17.3
-25	49.5	-48	46.0	-92	30.9	-118	40.2	-198	14.8
-26	47.0	-49	43.4	-93	28.1	-119	37.4	-199	12.7
-27	44.6	-50	40.9	-94	25.5	-120	34.7	-200	10.8
-28	42.4	-51	38.6	-95	23.2	-121	32.3		

续表 2.19

/℃	$p(SO_2)$	/℃	$p(NH_3)$	/℃	$p(CO_2)$	/℃	$p(C_2H_4)$	/℃	$p(O_2)$
−29	40.2	−52	36.3	−96	21.0	−122	29.9		
−30	38.1	−53	34.2	−97	19.0	−123	27.7		
−31	36.1	−54	32.2	−98	17.2	−124	25.7		
−32	34.2	−55	30.2	−99	15.5	−125	23.7		
−33	32.4	−56	28.4	−100	14.0	−126	21.9		
−34	30.6	−57	26.7	−101	12.6	−127	20.2		
−35	29.0	−58	25.0	−102	11.3	−128	18.5		
−36	27.3	−59	23.4	−103	10.2	−129	17.0		
		−60	22.0	−104	9.1	−130	15.6		
		−61	20.5	−105	8.2	−131	14.3		
		−62	19.2	−106	7.3	−132	13.1		
		−63	18.0	−107	6.5	−133	11.9		
		−64	16.8	−108	5.8				
		−65	15.7						

2. 低温的控制

低温的控制有两种办法,一是使用恒温冷浴,二是使用低温恒温器控制。

(1)恒温冷浴

简单的恒温冷浴有两种类型:纯物质在液体和其固相中的平衡混合物(糊状冷浴);也可用沸腾的纯液体。最常见的恒温冷浴已列在表 2.18 中。

除冰-水冷浴之外,干冰浴也是经常用的冷浴。通过缓慢地向杜瓦瓶中加入碎干冰和液体(例如 95% 乙醇)便可制得干冰浴。如果干冰加得过快或瓶里液体太多,由于 CO_2 激烈释放,则液体可能被猛烈挥发的 CO_2 冲出杜瓦瓶。制好的干冰浴应是由干冰块和漫过干冰 1~2 cm 的液体组成。干冰浴准备好之后,再将反应器放在里面是困难的。所以最好是在制浴之前就将反应容器放入杜瓦瓶里。随着干冰的升华,干冰块将逐渐减少,应不断地将干冰块加到杜瓦瓶中以维持该恒温冷浴。液体仅是用作热的传导介质,另一些低沸点的液体,如丙酮、异丙醇等,也像乙醇一样可以使用,在一个真正好的冷浴中,温度是与所用的热传导液体无关的。一个平衡的干冰浴可用 CO_2 的鼓泡来鉴定。因为 CO_2 不断释放。

欲制温度更低的恒温冷浴,可以在杜瓦瓶里先放入传热介质液体,并在不断搅拌下于通风厨中慢慢将液氮(不能用液态空气或液氧)加到杜瓦瓶中。直到形成一种粘稠的牛奶状时,表明已形成了液-固平衡物。这样便制成了氮的糊状冷浴。注意不要加过量的液氮,否则会形成难以熔化的固体。开始时如果液氮加入太快,被冷却的物质有时会从杜瓦瓶中溅出来。

用液氧是非常危险的,因为很多物质,像有机物、磨细的金属同它可发生爆炸性的反应。还原剂与液氧的混合物遇电火花、摩擦和震动也能引起爆炸。因此,液氧不应该用来冷却装有可氧化物质的制冷玻璃瓶,当然更不能用来制造泥浴。

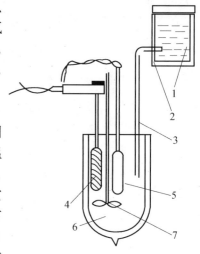

（2）低温恒温器

低温恒温器是一种能够在指定的低温下自动控制并保持该温度一定时间的装置。简单的一种液体低温器如图 2.12 所示,它可以用于-70 ℃以下保持温度,它的制冷是通过一根铜棒来进行的,铜棒作为冷源,它的一端同液氮接触,可借铜棒侵入液氮的深度来调节温度,目的是使冷浴温度比我们所要求的温度低 5 ℃左右,另外有一个控制加热器的开关,经冷热调节可使温度保持在恒定温度的±0.1 ℃。

图 2.12　低温恒温器
1—液氮;2—聚乙烯容顺;3—铜棒;
4—双金属片继电器;5—加热棒;6—
乙醇;7—搅拌器

以上简要介绍了一些合成化学方面的基础知识,在以后各章的讲授中将择其所需,综合运用,不断地把这些知识与实践结合起来;也望读者能带着问题查阅某些专门技术资料,以丰富自己的知识,拓宽视野,逐步地把问题引向深入。

第3章 材料合成的方法与设计

3.1 无机物的合成方法

3.1.1 固相反应

固相反应是一个普遍的化学反应,狭义地说,只有固体与固体的反应、单一固体热分解反应才是固相反应,但是固体以各种形式与液体或气体的反应非常普遍,广义地讲,凡是有固体参加的反应都可称为固相反应,例如,固体分解、熔化、相变、氧化、还原、固体与固体、固体与液体、固体与气体的反应等等都包括在固相反应的范围内。

固相反应是化学中的一个重要领域,研究固相反应的目的是希望认识反应机理,掌握影响反应速度的因素,控制反应过程,以满足实际需要。本节以广义固相反应概念讨论其与无机合成相关的领域。

1. 固相反应的分类

固相反应的分类按参加反应的物质状态来划分,可分为:

(1)纯固相反应

纯固相反应即反应物和生成物都是固体,反应式可写为

$$A(s)+B(s)\longrightarrow AB(s)$$

(2)有液相参加的反应

有液相参加的反应如反应物的熔化 $A(s)\longrightarrow A(l)$,反应物与反应物生成低共熔物 $A(s)+B(s)\longrightarrow(A+B)(l)$,$A(s)+B(s)\longrightarrow(A+AB)(l)$或$(A+B+AB)(l)$。

(3)有气体参加的反应

有气体参加的反应是在固相反应中,如有一个反应物升华 $A(s)\longrightarrow A(g)$或分解 $AB(s)\longrightarrow A(g)+B(s)$或反应物与第三组分反应都可能出现气体 $A(s)+C(g)\longrightarrow AC(g)$,例如碳化硅的形成途径可表示为

$$SiO(s)\longrightarrow SiO(g)$$
$$SiO(g)+2C\longrightarrow SiC+CO$$

一氧化硅可由 SiO_2 的分解得到

$$2SiO_2\longrightarrow 2SiO+O_2$$

在实际的固相反应中,通常是以上三种形式的各种组合。

固相反应的分类按反应的性质可划分为:氧化反应、还原反应、加成反应、置换反应和分解反应,见表3.1。

表 3.1　固相反应的分类

名　称	反　应　式	例　子
氧化反应	$A(s)+B(g) \longrightarrow AB(s)$	$Zn+\dfrac{1}{2}O_2 \longrightarrow ZnO$
还原反应	$AB(s)+C(g) \longrightarrow A(s)+BC(g)$	$Cr_2O_3+3H_2 \longrightarrow 2Cr+3H_2O$
加成反应	$A(s)+B(s) \longrightarrow AB(s)$	$MgO+Al_2O_3 \longrightarrow MgAl_2O_4$
置换反应	$A(s)+BC(s) \longrightarrow AC(s)+B(s)$	$Cu+AgCl \longrightarrow CuCl+Ag$
	$AC(s)+BD(s) \longrightarrow AD(s)+BC(s)$	$AgCl+NaI \longrightarrow AgI+NaCl$
分解反应	$AB(s) \longrightarrow A(s)+B(g)$	$MgCO_3 \longrightarrow MgO+CO_2(g)$

　　固相反应的分类按反应机理可划分为:扩散控制过程,化学反应成核速率控制过程,晶核生长速率控制过程和升华控制过程等。

　　固相反应温度可粗分为三个区域:低热固相反应,反应温度在 100 ℃ 以下;中热固相反应,反应温度在 100～600 ℃,高热固相反应,反应温度在 600 ℃ 以上。

2. 固体结构与反应性能的关系

　　影响固相化学反应的因素很多,而反应能否进行依赖于热力学函数。反应物的结构和热力学函数决定反应能否进行。所有固相化学反应体系,都必须遵循这一规律,也就是说固相反应能进行的热力学条件是其反应自由能变化值小于零。在满足热力学条件下,反应物的结构决定了反应进行的速率。

　　晶体结构研究表明,固体中原子或分子的排列方式是有限的。根据固体中连续的化学键作用的分布范围,固体可以分为延伸固体和分子固体物。分子晶体是由物质的分子靠比化学键弱得多的分子间力结合而成,其化学键只在局部范围内(分子范围内)是连续的。绝大多数有机化合物、无机分子形成的固体物质以及许多固态配合物属于分子固体。在有大阴离子或大阳离子存在的配合物中,由于电荷被分散且被配体分开,因此离子之间的相互作用被大大地削弱,也就是说,离子之间的键被削弱,因而其性质表现得如同分子固体一样,故也把它划分到分子固体的范畴内。

　　延伸固体按连续的化学键作用的范围或维数分为一维,二维和三维固体。一维和二维固体合称低维固体。分子固体中,由于化学键只在分子内部是连续的,固体中分子之间靠弱得多的分子间力联系,故可看作零维固体。以碳元素的几种单质和化合物的结构为例,金刚石是三维晶体,石墨为二维晶体,聚乙炔为一维晶体,C_{60} 具有与上述所有结构不同的结构,其中每 60 个碳原子连接形成一个球体,然后这些球体用 Van der Warls 力连接形成面心立方晶格,这是零维晶体。

　　固体在结构上的此种差异对其化学性质产生了巨大的影响。由于三维固体具有致密的结构,所有的原子被强烈的化学键作用紧紧地束缚,导致晶格成分很难移动,外界物质也很难扩散进去,所以它们的化学反应性最弱。另一方面,低维固体中链间或层间距较大,使得链间和层间的相互作用变得十分弱,晶格容易变形,这使一些分子很容易地插入链间和层间,因此与三维固体相比,低维固体反应性要强得多。分子固体比所有的延伸固体作用都弱,分子的可移动性很强,这在物理性质上表现为低硬度和低熔点,因此反应性最强。

　　以同样由碳元素组成的四种骨架结构为例来说明固体结构与反应性的关系。金刚石属于三维晶体,它在一定的温度范围内几乎对所有试剂都是稳定的;石墨具有层状结构,

很容易生成层状嵌入化合物,其反应温度范围从室温到 200℃左右,即

$$石墨 \longrightarrow 石墨氟化物,C_{3.6}F \sim C_{4.0}F$$

$$石墨 + FeCl_3 \longrightarrow 石墨/FeCl_3 嵌入化合物$$

聚乙炔是一维的,很容易被掺杂(类似于嵌入反应)而具有良好导电性,例如

$$[CH]_{2x} + xI_2 \longrightarrow [CHI_n]_{2x}$$

在室温时,聚乙炔很容易吸收空气中的氧,首先生成嵌入化合物之后氧攻击聚乙炔链并使之降解,这是限制聚乙炔获得广泛应用的主要原因,聚乙炔在 300℃ 即分解,其主要产物为苯。

C_{60} 是分子固体,其化学反应性是近几年广泛研究的课题,在固相中,它也和碘发生反应,生成加和物。其固相的电化学性质是近来研究的一个热点。

比较这四种同样以碳元素组成的四种骨架结构化合物的反应性,我们可以得到固体反应性与结构的关系

$$零维结构 > 一维结构 > 二维结构 > 三维结构$$

即分子固体具有最大的化学反应性。

通常固体结构与反应活性的关系可用图 3.1 表示。

图 3.1　固体结构与反应活性的关系

3. 固相反应的反应机理

固相化学反应第一步必然是二个反应物体的接触,接着旧键断裂新键生成,发生化学反应。当生成个别产物分子分散在母体中时,只能看做是一种杂质或缺陷。只有当产物分子集积到一定大小时,才能显示产物相,称为成核。随着核的增大,达到一定的大小后出现新的晶相。

高热固相化学反应由于反应温度很高,化学反应速度极快,因此普遍认为反应的决定步骤是扩散和成核生长。在低热固相化学反应的反应温度接近室温的某些情况下,反应也可能是速率的控制步骤。

4. 固相反应特征

固相反应是"表面"反应,因为反应物质只有在它们的接触界面上才能发生反应。所以应考虑反应物质的不均匀性、反应物质的晶体结构、晶体缺陷、形貌以及组分的能量状态等有关的因素。

(1)固体的点阵缺陷

晶体越是完整,反应性越是小,缺乏完整性的地方(点阵缺陷)就是发生反应的部位,这种点阵缺陷包括原子级的点缺陷、位错以及像微晶点阵列错乱这样的体缺陷,高角晶界及微晶中位错网等等。

原子级的缺陷对于固相反应的发生和机理有很大影响,这是因为物质传输受这些缺陷的分布和性质的影响,另外,一旦发生空位之间或空位和杂质原子之间的相互作用时,

扩散就变得更复杂。

（2）固体的活化状态

固体反应物质的活化状态，对反应机理和反应速度都有影响，活化状态是由点阵缺陷，点阵不整齐、比表面大小、晶体和非晶体性质区域的共存、非晶态结构所引起的自由能增大所致。

活化状态还可因固体或粉末的制备方式不同而异。制备方法有热分解、沉淀反应、由二组分中溶出一组分、添加其他微量成分以及其他机械方法等，此外还可利用放射线、压力、气氛、电、磁等手段把固体活化。

由于活化状态表现在固体与气体、液体、固体的化学反应性增加，催化效应提高，热分解温度降低，相变温度下降，烧结性能增加等效应上，所以必须考虑固体的活化状态如何及其活化方法。

（3）固体反应物的接触状态

对于固体反应我们必须考虑反应物的混合、接触状态，特别是固-固反应，由于反应是从粒子间的接触点开始的，反应受到接触边界的大小、范围的影响，故反应物的表面/容积比值，无论从动力学或热力学来看都是很重要的因素。

预先把反应物进行混合，共沉反应预处理，或在预处理后固相反应之前进行混合研磨操作等，其目的都是为了提高固体反应物的分散接触度。

人们虽然可根据粉末大小、形状来推断粉粒的接触状态，但无论从宏观上或从微观上都不知道粗的表面上最初发生接触的机理是什么，也不清楚在广泛范围内作原子级的接触的机理是什么。

（4）固体表面和界面的特殊性

表面与界面的结构、性质，在固体材料领域中，起着非常重要的作用，例如固相反应、烧结、晶体生长、晶粒生长、玻璃的强化、陶瓷的显微结构、复合材料性能都与它密切相关，因此了解表面、界面的结构及行为是掌握有关过程原理及材料性质的基础。

5. 固相反应热力学

固相反应是比较复杂的，反应物 A、B 构成体系，可能有两个、三个甚至更多的反应可以进行，热力学原理能估计晶态物质在某种条件下混合物能否发生化学反应，反应按什么反应类型进行，此外，还可计算平衡时各物质的量。

固相反应大多数在等温等压下进行，故可用 ΔG 来判断反应进行的方向、限度。如发生几个反应，生成的相应的几个变体（$A_1, A_2, A_3, \cdots, A_n$）的自由能变化分别为 $\Delta G_1, \Delta G_2, \Delta G_3, \cdots, \Delta G_n$，而且自由能变化值大小的顺序为 $\Delta G_1 < \Delta G_2 < \Delta G_3, \cdots, < \Delta G_n$，则最终产物将是 ΔG 最小变体，即 A_1 相，然而当 $\Delta G_2, \Delta G_3, \cdots, \Delta G_n$ 都是负值时，则生成这些相的反应均可能发生，那么生成这些相的实际顺序不完全由 ΔG 值的相对大小决定，还与动力学因素有关，在一定条件下，某反应速度越大，则生成相应变体的可能性越大。

反应物和生成物都是固相的纯固相反应，反应总是向放热方向进行，一直到反应物之一耗完为止，出现平衡的可能性很小，这种纯固相反应，反应的熵变 ΔS 可忽略不计，即 $T\Delta S$ 项为零，因此 $\Delta G \approx \Delta H$，所以，没有液相或气相参与的固相反应，只有 $\Delta H < 0$ 时，反应才能进行，如果过程中有气体放出和液体参加，则必须考虑 ΔG 的影响。

下述情况可能使 ΔG 趋于零。

①产物的生成热很小时, ΔH 值很小,使得 $(\Delta H - T\Delta S) \to 0$;

②当各相能互相溶解,生成混合晶体或者固溶体、玻璃体时,均能导致 ΔS 增大,促使 $\Delta G \to 0$;

③当反应物和生成物的总热容差很大时,熵变就变得大起来,因为

$$\Delta S = \int_0^T \frac{G_p}{T} \mathrm{d}T \tag{3.1}$$

④当反应中有液相或气相参与时, ΔS 可能会达到一个相当大的值,特别在高温时,因为 $T\Delta S$ 项增大,使得 $(\Delta H - T\Delta S) \to 0$。

一般认为,为了使固体间进行反应,放出的热大于 4.18 kJ/mol 就够了。在晶体混合物中许多反应的产物生成热相当大,大多数硅酸盐反应,实际测得的反应热为几十到几百千焦每摩尔。因此,从热力学观点看,没有气相或液相参与的固相反应,会随着放热反应而进行到底,实际上由于固体之间接触不良,反应不可能进行到底。

反应过程中,如果系统处于更加无序的状态,熵必然增大,温度上升时, $T\Delta S$ 项总是起着"促进"反应向着增大液相数量和放出气体的方向进行,例如高温下碳的燃烧向如下方向进行,即

$$2C + O_2 = 2CO$$

各种物质的标准生成热 $\Delta H^{\ominus}$ 和标准生成熵 $S^{\ominus}$ 与温度无关,因此, $\Delta G^{\ominus}$ 基本上与 T 成正比例,其比例系数等于 $\Delta S^{\ominus}$,金属氧化生成金属氧化物时,反应结果使气体的数量减少, $\Delta S < 0$,这时 $\Delta G^{\ominus}$ 随着温度的上升而增大,例如 $Ti + O_2 = TiO_2$, $Si + O_2 = SiO_2$, $2Mg + O_2 = 2MgO$ 等反应都是如此。碳的燃烧反应 $C + O_2 = CO_2$,气体的数量没有增加, $\Delta S = 0$,在 $\Delta G^{\ominus} - T$ 关系图中出现水平直线,而 $2C + O_2 = 2CO$ 的反应,由于气体量增大, $\Delta S > 0$,随着温度的上升, ΔG 是直线下降的,在 750℃ 以前,反应 $2C + O_2 = 2CO$ 的 ΔG 值大于反应 $C + O_2 = CO_2$,由于温度上升,在 750℃ 以后, $2C + O_2 = 2CO$ 反应的 ΔG 值小于 $C + O_2 = CO_2$ 的 ΔG 值,碳生成 CO 具有更大的可能性。这就是当温度上升时,反应将向着放出更多气态物质的方向进行的热力学原因(参看物理化学氧化物的标准生成自由焓图)。当反应和产物都是固体时, $\Delta S \approx 0$, $T\Delta S \approx 0$,则 $\Delta G^{\ominus} \approx \Delta H^{\ominus}$,故在 $\Delta G - T$ 图中得到一条平行于 T 轴的水平线,在实际纯固相反应中,是近似的水平线, ΔG 随温度变化很小。

6. 固相反应动力学

(1)概念

把晶态混合物加热时,热力学计算的结果认为反应能进行,但实际上,由于在此温度反应物扩散速度太慢以致产物的生成速度慢到无法测量,反应等于没有进行,因此,研究固相反应动力学问题是十分重要的。

固相反应动力学的任务是研究固相之间反应速度、机理、影响反应速度的因素等问题,固相反应与均相反应不同,它是在相界面上进行的,所以均相反应的一般动力学规律不能直接应用到固相反应中。

反应动力学的任务之一是把反应量和时间的关系用数学式表示出来,使人们知道在某温度下,某时刻反应进行到什么程度,反应要经过多少时间才能完成。此外,反应机理

不同,动力学公式也不一样,测得了具体过程的反应速度后,可用具体的动力学方程,如扩散机理或化学反应机理方程来推断固相反应的机理。

(2)反应速度的测定和解析

反应速度的测定方法有化学分析法和物理方法。化学分析法是定量分析各种成分的方法。物理方法分为间接法和直接法,间接法是测定反应体系宏观物理性质的变化,直接法是利用反应体系中成分本身的性质变化来进行定量的测定。间接法通常用在测定体系光学性质、磁性质、电性质的变化。

此外,密度的测定方法有化学分析法和物理方法。化学分析法是定量分析各种成分的方法。物理方法分为间接法和直接法,间接法是测定反应体系宏观物理性质的变化,直接法是利用反应体系中成分本身的性质变化来进行定量的测定。间接法通常用在测定体系光学性质、磁性质、电性质的变化。

此外,密度和粘度等变化的测定也属于此范畴,而各种分光光度分析,X射线分析等属于直接法。对固相反应来说,常用的研究分析手段有X光衍射、电子显微镜、热重分析、差热分析等。

如测定了某反应在各时刻各成分的量,则可用下式探讨该反应适合什么样的速率式,具有什么样的速率常数。在下列反应中

$$a\text{A}+b\text{B}+c\text{C}+\cdots\rightarrow p\text{P}+q\text{Q}+\cdots$$

反应速率用下式表示

$$v = \frac{dx}{dt} = k(A_0 - x)^n \left(B_0 - \frac{b}{a}x\right)^m \left(C_0 - \frac{c}{a}x\right)^L \cdots \tag{3.2}$$

式中　A_0, B_0, C_0——各反应物初浓度;

　　　x——浓度变化量;

　　　k——反应速率常数;

　　　n, m, l——各反应物 A,B,C 的级数,而它的和 $n+m+1+\cdots$ 为反应总级数。

最简单的情况是反应前只有一种化学成分,此时只需考虑 A 的浓度的 n 次方,则反应速率方程可写成

$$v = \frac{dx}{dt} = \frac{d}{dt}(A_0 - x)^n \tag{3.3}$$

当 $n=1$ 时,积分后得

$$1n\frac{A_0 - x}{A_0} = kt \tag{3.4}$$

由此式可确定反应量、速率常数、时间三者之间的关系。

速率常数 k 的求法是,实验上把测得的若干组 x 和 t 值试着代入各种积分形式的速率式中,如能得到恒定的 k 值就可以确定。此法称为积分法,除此积分法外还有微分法,如对只有一种反应物的速率式两边取对数,即

$$\lg v = \lg k + n\lg(A_0 - x) \tag{3.5}$$

然后用 $\lg v$ 对 $\lg(A_0-x)$ 作图,则由斜率可求出 n,由截距求出 k。当有两种以上的反应物时,情况就要复杂些。但只要把 A 以外的反应物浓度配得比 A 大得多,就可在反应中把

那些反应物看成不变。在这样的条件下进行实验就可以确定有关 A 的级数,重复这样的方法,就可以确定所有反应物的级数。这样的方法称为分离法,此法对一些简单的,各成分互不关联的反应体系是适用的,对固体中的复杂反应来说,就难以得到简单的速率公式。

在固体与气体的反应中,符合 $v = k(A_0-x)^n$ 关系式的例子有许多。例如 Fe,Si 的氯化反应 $n=1$;W 的氯化反应 $n=0.6$;Co 的氧化反应 $n=0.33$;Cu 的氧化反应 $n=0.15$ 等等。但是对固体参加的多相反应来说,虽然也能按此法求得速率常数和反应级数,但对其物理意义常常是不清楚的。固体颗粒形状、大小、粒径分布、晶格缺陷、试料合成方法都会给反应性质带来很大影响。此外生长物晶核生长所处的晶格表面、晶核数量、其晶核表面随时间的增长也会对总反应速度造成影响,固相内的扩散往往成为支配反应速度的因素。

金属膜的氧化反应,符合抛物线规则

$$x^2 = kt \tag{3.6}$$

式中　k——生成膜的厚度;

　　　t——时间;

　　　k——反应速率常数。

(3)反应速率和温度的关系

反应速率常数 k 和温度 T 之间的关系式,通常用阿累尼乌斯(Arrhenius)经验公式表示

$$k = A\exp\left(-\frac{E_a}{RT}\right) \tag{3.7}$$

式中　A——频率因子;

　　　E_a——活化能,两边取对数就成为

$$\lg k = \lg A - \frac{E_a}{2.303RT} \tag{3.8}$$

以 $\lg k - \frac{1}{T}$ 作图得一直线,从直线斜率求出 E_a,从截距求出 A。对分 n 个阶段逐次发生的反应来说,反应速度最小的阶段,往往是支配整个反应速度的决定性阶段。这常常是科研和生产工艺中必须弄清楚的问题,以便探讨最佳的工艺条件。

3.1.2　低热固相合成化学

固相反应不使用溶剂,具有高选择性、高产率、工艺过程简单等优点,已成为人们制备新型固体材料的主要手段之一。但长期以来,由于传统的材料主要涉及一些高熔点的无机固体,如硅酸盐、氧化物、金属合金等,这些材料一般都具有三维网络结构、原子间隙小和牢固的化学键等特征,通常合成反应多在高温下进行,因而在人们的观念中室温或近室温下的固相反应几乎很难进行。目前高温固相反应已经在材料合成领域中确立了主导地位,虽然还没有实现完全按照人们的愿望进行目标合成,在预测反应产物的结构方面还处于经验胜过科学的状况,但人们一直致力于它的研究,积累了丰富的实践经验,相信随着研究的不断深入,定会在合成化学中再创辉煌。中热固相反应虽然起步较晚,但由于可以提供重要的机理信息,并可获得动力学控制、只能在较低温度下稳定存在而在高温下分解

的介稳化合物,甚至在中热固相反应中可使产物保留反应物的结构特征,由此而发展起来的前体合成法、熔化合成法、水热合成法的研究特别活跃,对指导人们按照所需设计并实现反应意义重大。

相对于前两者而言,低热固相反应的研究一直未受到重视,几乎处在刚起步的阶段,许多工作有待进一步开展。Toda 等的研究表明,能在室温或近室温下进行的固相有机反应绝大多数高产率、高选择性地进行。忻新泉及其小组近十年来对室温或近室温下的固相配位化学反应进行了较系统的探索,探讨了低热温度固-固反应的机理,提出并用实验证实了固相反应的四个阶段,即扩散—反应—成核—生长,每步都有可能是反应速率的决定步骤;总结了固相反应遵循的特有的规律;利用固相化学反应原理,合成了一系列具有优越的三阶非线性光学性质的 Mo(W)-Cu(Ag)-S 原子簇化合物;合成了一类用其他方法不能得到的介稳化合物——固配化合物;合成了一些有特殊用途的材料,如纳米材料等。下面重点讨论低热固相化学反应及其在化学合成中的应用。

1. 低热固相化学反应的特有规律

固相化学反应与溶液反应一样,种类繁多,按照参与反应的物种数目可将固相反应体系分为单组分固相反应和多组分固相反应。研究发现低热固相化学与溶液化学有许多不同,遵循其独有的规律。

(1)潜伏期

多组分固相化学反应开始于两相的接触部分,反应产物层一旦生成,为了使反应继续进行,反应物以扩散方式通过生成物进行物质输运,而这种扩散对大多数固体是较慢的。同时,产物只有聚积到一定大小时才能成核,而成核需要一个温度,低于某一温度 T_n,反应则不能发生,只有高于 T_n 反应才能进行。这种固体反应物间的扩散及产物成核过程便构成了固相反应特有的潜伏期。这两种过程均受温度的显著影响,温度越高、扩散越快,产物成核越快,反应的潜伏期就越短;反之,则潜伏期就越长。当低于成核温度 T_n 时,固相反应就不能发生。

(2)无化学平衡

根据热力学知识,若反应

$$0 = \sum_{B=1}^{N} \nu_B \mu_B$$

发生微小变化 $d\zeta$,则引起反应体系吉布斯函数改变为

$$dG = -SdT + Vdp + \left(\sum_{B=1}^{N} \nu_B \mu_B\right) d\zeta$$

若反应是在等温等压下进行的,则

$$dG = \left(\sum_{B=1}^{N} \nu_B \mu_B\right) d\zeta$$

从而将该反应的摩尔吉布斯函数改变为

$$\Delta_r G_m = \left(\frac{\partial G}{\partial \zeta}\right)_{T,P} = \sum_{B=1}^{N} \nu_B \mu_B$$

它是反应进行的推动力的源泉。

设参与反应的 N 种物质中有 n 种气体,其余的是纯凝聚相(纯固体或纯液体),且气体的压力不大,视为理想气体,则将上式中的气体物质与凝聚相分开书写,有

$$\Delta_r G_m = \sum_{B=1}^{N} \nu_B \mu_B = \sum_{B=1}^{N} \nu_B \mu_B + \sum_{B=n+1}^{N} \nu_B \mu_B = \sum_{B=1}^{n} \nu_B (\mu_B^{\ominus} + RT\ln \frac{p_B}{p^{\ominus}}) +$$

$$\sum_{B=n+1}^{N} \nu_B \mu_B^{\ominus} = \sum_{B=1}^{N} \nu_B \mu_B^{\ominus} + RT\ln \Big[\prod_{B=1}^{n} (\frac{p_B}{p^{\ominus}})^{\nu_\beta} \Big]$$

很显然,当反应中气态物质参与时,确实对 $\Delta_r G_m$ 有影响。如果这些气体组分作为产物的话,随着气体的逸出,毫无疑问,这些气体组分的分压较小,因而反应一旦开始,则 $\Delta_r G_m < 0$ 便可一直维持到所有反应物全部消耗,亦即反应进行到底;若这些气体组分都作为反应物的话,只要它们有一定的分压,而且在反应开始之后仍能维持,同样道理,$\Delta_r G_m < 0$ 也可一直维持到反应进行到底,使所有反应物全部转化为产物;若这些气体组分有的作为反应物,有的作为产物的话,则只要维持气体反应物组分一定分压,气体产物组分及时逸出反应体系,则同样可使一旦反应便能进行到底。因此,固相反应一旦发生即可进行完全,不存在化学平衡。当然,若反应中的凝聚相是以固熔体或溶液形式存在,则又当别论。不过,这样的体系仅具理论意义,实际上由于产物以固熔体形式存在或溶解在液体中而增加了分离的负担,这不是我们所希望的。

(3)拓扑化学控制原理

我们知道,溶液中反应物分子处于溶剂的包围中,分子碰撞机会各向均等,因而反应主要由反应物的分子结构决定。但在固相反应中,各固体反应物的晶格是高度有序排列的,因而晶格分子的移动较困难,只有合适取向的晶面上的分子足够地靠近,才能提供合适的反应中心,使固相反应得以进行,这就是固相反应特有的拓扑化学控制原理。它赋予了固相反应无法比拟的优越性,提供了合成新化合物的独特途径。例如,Sukenik 等研究对二甲氨基苯磺酸甲酯(熔点 95℃)的热重排反应,发现在室温下即可发生甲基的迁移,生成重排反应产物(内盐)

$$(CH_3)_2N-\!\!\!\!\!\!\!\!\bigcirc\!\!\!\!\!\!\!\!-SO_2-O-CH_3 \longrightarrow (CH_3)_3N^+-\!\!\!\!\!\!\!\!\bigcirc\!\!\!\!\!\!\!\!-SO_3^-$$

该反应随着温度的升高,速度加快。然而,在融熔状态下,反应速度减慢。在溶液中反应不发生。该重排反应是分子间的甲基迁移过程。晶体结构表明甲基 C 与另一分子 N 之间的距离(C···N)为 0.354nm,与范德华半径和(0.355nm)相近,这种结构是该固相反应得以发生的关键。

忻新泉等的研究中发现,当使用 MoS_4^{2-} 与 Cu^+ 反应时,在溶液中往往得到对称性高的平面型原子簇化合物　固相反应时则往往优先生成类立方烷结构的原子簇化合物,这可能与晶格表面的 MoS_4^{2-} 总有一个 S 原子深埋晶格下层有关。显然,这也是拓扑化学控制的体现。

(4)分步反应

溶液中配位化合物存在逐级平衡,各种配位比的化合物平衡共存,如金属离子 M 与配体 L 有下列平衡(略去可能有的电荷)

$$M+L \xrightleftharpoons{} ML \xrightleftharpoons{L} ML_2 \xrightleftharpoons{L} ML_3 \xrightleftharpoons{L} ML_4 \xrightleftharpoons{L} \cdots$$

各种类型的浓度与配体浓度、溶液 pH 值等有关。由于固相化学反应一般不存在化学平衡,因此可以通过精确控制反应物的配比等条件,实现分步反应,得到所需的目标化合物。

（5）嵌入反应

具有层状或夹层状结构的固体,如石墨、MoS_2、TiS_2 等都可以发生嵌入反应,生成嵌入化合物。这是因为层与层之间具有足以让其他原子或分子嵌入的距离,容易形成嵌入化合物。$Mn(OAc)_2$ 与草酸的反应就是首先发生嵌入反应,形成的中间态嵌入化合物进一步反应便生成最终产物。固体的层状结构只有在固体存在时才拥有,一旦固体溶解在溶剂中,层状结构不复存在,因而溶液化学反应中不存在嵌入反应。

2. 固相反应与液相反应的差别

固相化学反应与液相反应相比,尽管绝大多数得到相同的产物,但也有很多例外。即虽然使用等物质的量的反应物,但产物却不同,其原因当然是两种情况下反应的微环境的差异造成的。具体地,可将原因归纳为以下几点。

（1）反应物溶解度的影响

若反应物在溶液中不溶解,则在溶液中不能发生化学反应,如 4-甲基苯胺与 $CoCl_2 \cdot 6H_2O$ 在水溶液中不反应,原因就是 4-甲基苯胺不溶于水中,而在乙醇或乙醚中两者便可发生反应。Cu_2S 与 $(NH_4)_2MoS_4$,n-Bu_4NBr 在 CH_2Cl_2 中反应产物是 $(n$-$Bu_4N)_2MoS_4$,而得不到固相中合成的 $(n$-$Bu_4N)_4[Mo_8Cu_{12}S_{32}]$,原因是 Cu_2S 在 CH_2Cl_2 中不溶解。

（2）产物溶解度的影响

$NiCl_2$ 与 $(CH_3)_4NCl$ 在溶液中反应,生成难溶的长链一取代产物 $[(CH_3)_4N]NiCl_3$。而固相反应时,则可以控制摩尔分数生成一取代的 $[(CH_3)_4N]NiCl_3$ 和二取代的 $[(CH_3)_4N]_2NiCl_4$ 分子化合物。

（3）热力学状态函数的差别

$K_3[Fe(CN)_6]$ 与 KI 在溶液中不反应,但固相中反应可以生成 $K_4[Fe(CN)_6]$ 和 I_2,原因是各物质尤其是 I_2 处于固态和溶液中的热力学函数不同,加上 $I_2(s)$ 的易升华挥发性,从而导致反应方向上的截然不同。

（4）控制反应的因素不同

溶液反应受热力学控制,而低热固相反应往往受动力学和拓扑化学原理控制,因此,固相反应很容易得到动力学控制的中间态化合物;利用固相反应的拓扑化学控制原理,通过与光学活性的主体化合物形成包结物控制反应物分子构型,实现对映选择性的固态不对称合成。

（5）溶液反应体系受到化学平衡的制约

固相反应中在不生成固熔体的情形下,反应完全进行,因此固相反应的产率往往都很高。

3. 低热固相反应在化学合成中的应用

低热固相反应由于其独有的特点,在合成化学中已经得到许多成功的应用,获得了许多新化合物,有的已经或即将步入工业化的行列,显示出它应有的生机和活力。随着人们的不断深入研究,低热固相反应作为合成化学领域中的重要分支之一,成为绿色生产的首选方法已是人们的共识和企盼。

（1）合成原子簇化合物

原子簇化学是无机化学的边缘领域，在理论和应用方面都处于化学学科的前沿。很多的簇状物，由于其结构的多样性及良好的催化性能，生物活性和非线性光学特性等重要应用的前景而格外引人注目。传统的簇状物的合成一般都是在溶液中进行的，而低热固相反应合成方法利用较高温度有利于簇合物的生成，而低沸点溶剂（CH_2Cl_2）有利于晶体生长的特点，开辟了合成原子簇化合物的新途径。

到目前为止，已合成并解析晶体结构的 Mo（W，V）-Cu（Ag）-S（Se）簇合物有 190 余个，分属 23 种骨架类型，其中液相合成的有 120 余个，分属 20 种骨架结构；通过固相合成的有 70 余个，从中发现了 3 种新的骨架结构。

（2）合成新的多酸化合物

多酸化合物因具有抗病毒、抗癌和抗艾滋病等生物活性作用以及作为多种反应的催化剂而引起了人们的广泛兴趣。这类化合物通常由溶液反应制得。目前，利用低热固相反应方法，已制备出多个具有特色的新的多酸化合物。例如，汤卡罗等用固相反应方法合成了结构独特的多酸化合物

$$(n-Bu_4N)_2[Mo_2O_2(OH)_2Cl_4(C_2O_4)]$$

以及

$$(n-Bu_4N)_6(H_3O)_2[Mo_{13}O_{40}]$$

并测定了它们的晶体结构。后者结构中含有两个组成相同而对称性不同的簇阴离子 $[Mo_{13}O_{40}]$，且都具有 Keggin 型结构，由中心微微扭曲的 MoO_4 四面体和外围 12 个 MoO_6 八面体连接而成。

（3）合成新的配合物

应用低热固相反应可以方便地合成单核和多核配合物，如

$$[C_5H_4N(C_{16}H_{33})]_4[Cu_4Br_8]$$

$$[Cu_{0.84}Au_{0.16}(SC(Ph)NHPh)(Ph_3P)_2Cl]$$

等，镧系金属与乙酰丙酮和卟啉的大环混配化合物等。

有些配合物只能在固态时稳定存在，如果用溶剂洗涤，则很快转变为其他产物，这种化合物我们称之为固配化合物，例如，当 $NiCl_2$ 与 $(CH_3)_4NCl$ 以物质的量比 1:2 研磨混合后，室温下发生固相反应生成蓝色的$[(CH_3)_4N]_2NiCl_4$，若用 H_2O 或乙醇洗涤，则立即转化为橙黄色的$[(CH_3)_4N]NiCl_3$。由于这类物质不能制得纯物质，其结构主要靠现代的谱学手段来推测。

4. 低热固相反应在功能材料合成上的应用

非线性光学材料的研究是目前材料科学中的热门课题。近十多年来，人们对三阶非线性光学材料的研究主要集中在半导体和有机聚合物上。最近，对 C_{60} 和酞菁化合物的研究受到重视，而对金属簇合物的非线性的研究则开展很少。忻新泉及其小组在低热固相反应合成大量簇合物的基础上，在这方面开展了探索研究，发现 Mo（W，V）-Cu（Ag）-S（Se）簇合物有比目前已知的六类非线性光学材料，即无机氧化物及含氧酸盐、半导体、有机化合物、有机聚合物、金属有机化合物、配位化合物，有更优越的三阶非线性光限制效应、非线性光吸收和非线性折射等性能，是一类很有应用潜力的非线性光学材料。

　　具有可逆热致变色性质的化学防伪材料 Co（Ⅱ）—六次甲基四胺配合物可用 $CoCl_2 \cdot 6H_2O$ 与六次甲基四胺的室温固相反应制得。

　　具有食品、医药、农药功能的羧酸锌可通过羧酸与 Zn（Ⅱ）化合物的室温固相反应合成。

　　具有二阶铁电–反铁电转变性的 $Sn_2P_2S_6$，在室温下可通过 $SnCl_2$ 与 $Na_4P_2S_6 \cdot 6H_2O$ 固相反应制得。

　　此外，用低热固相反应还可合成多种荧光材料、电极材料、杀菌材料、气敏材料、磁性材料及其他纳米材料，见表 3.2。

表 3.2　室温一步固相反应合成的各种纳米粉体

反　应	产物	产率/%	平均尺寸/nm
$CuCl_2 \cdot 2H_2O + NaOH$	CuO	92.4	20
$Cu(NO_3)_2 \cdot 3H_2O + NaOH$	CuO	91.5	50
$[Cu(NH_3)_4]SO_4 \cdot H_2O + NaOH$	CuO	92.0	80
$Cu(OH)_2 + Na_2S \cdot 9H_2O$	CuS	95.1	50
$Zn(OH)_2 + Na_2S \cdot 9H_2O$	ZnS	92.8	50
$Cd(OH)_2 + Na_2S \cdot 9H_2O$	CdS	93.2	40
$Pb(OH)_2 + Na_2S \cdot 9H_2O$	PbS	95.0	40
$BaCl_2 \cdot 2H_2O + Na_2CO_3$	$BaCO_3$	93.8	50
$CaCl_2 \cdot 2H_2O + Na_2CO_3$	$CaCO_3$	90.0	30

5. 低热固相反应在有机化合物合成上的应用

　　众所周知，加热氰酸铵可制得尿素（Wøhler 反应），这是一个典型的固相反应，可恰恰又是有机化学诞生的标志性反应。然而，在有机化学的发展史上扮演过如此重要角色的固相反应本身却被有机化学家们遗忘殆尽，即使在找不到任何理由的情况下，亦总是习惯地将有机反应在溶液相中发生，这几乎已成了思维定势。

　　近年来的研究发现，一些有机合成反应若在低热固相下能够进行的话，多数较溶液中表现出高的反应效率和选择性，因此低热固相反应在有机合成中不仅有重要的理论意义，也具有广泛的应用前景。

　　（1）氧化/还原应用

　　已见报道的有在固体状态下的 Baeyer–Villiger 氧化反应、硼氢化还原反应、酚的氧化及醌的还原反应。

　　在固体状态下，一些无 a-氢原子的芳香醛在 KOH 的作用下发生分子内的氧化还原反应（歧化反应，此即 Cannizzaro 反应），高收率地得到歧化产物。例如

$$p\text{-Cl-Ph-CHO} \xrightarrow{\text{KOH,25℃,1 day}} p\text{-Cl-Ph-CH}_2\text{OH} + p\text{-Cl-Ph-COOH}$$

　　（2）重排反应

　　已见报道的有在固体状态下的 Pinacol 重排反应、Meyer–Schuster 重排反应、甲基迁移

重排反应。

（3）偶联反应

酚的氧化偶联通常是将酚溶解后加入至少等摩尔的 Fe(Ⅲ)盐进行反应,但经常由于副产物醌的形成而使收率较低。但该反应固相进行时,反应速度和收率等均有增加,辅以超声辐射,效果更好。甚至催化剂量的 Fe(Ⅲ)盐便可使反应完成。

芳香醛与 Zn–ZnCl$_2$ 的固态还原偶联反应也能有效地进行。反应式为

$$X-\!\!\!\bigcirc\!\!\!-CHO \xrightarrow{Zn\text{-}ZnCl_2} X-\!\!\!\bigcirc\!\!\!-CH_2OH + X-\!\!\!\bigcirc\!\!\!-\underset{OH}{CH}-\underset{OH}{CH}-\!\!\!\bigcirc\!\!\!-X$$

对于芳香酮,反应的选择性更高,只生成偶联产物。显然,这种与 Zn–ZnCl$_2$ 固态偶联的反应是制备 a-二醇类化合物的简便且有效的方法。

（4）缩合反应

将等摩尔的芳香醛与芳香胺固态研磨混合,在室温或低热温度下反应可以高产率地得到相应的 Schiff 碱,酸可以催化该固相缩合反应。反应形式如

$$ArCHO + H_2N-\!\!\!\bigcirc\!\!\!-Cl \xrightarrow[r.t]{TsOH} ArCH\!\!=\!\!N-\!\!\!\bigcirc\!\!\!-Cl + H_2O$$

芳香醛与芳香胺现场固相缩合而得的 Schiff 碱可与已存在的过渡金属醋酸盐发生固相配位反应,几乎定量地生成相应的 Schiff 碱配合物,实现配合物的自组装合成。

在室温下研磨苯乙酮、对甲苯甲醛和 NaOH 糊状物 5min,变成浅黄色固体,纯化后得 4-甲基查尔酮。反应式为

$$ArCHO + H_2N-\!\!\!\bigcirc\!\!\!-Cl \xrightarrow[r.t]{TsOH} ArCH\!\!=\!\!N-\!\!\!\bigcirc\!\!\!-Cl + H_2O$$

芳香醛与乙酰基二茂铁(FeCOMe)也易发生上述的固态缩合,得到相应的查尔酮。

（5）Michael 加成反应

吡唑啉酮、吲哚样等含活泼 CH 的氮杂环化合物也可以 α,β-不饱和化合物发生固态 Michael 加成反应。反应选择性高,是一种制备同碳上含多个杂环基团的有效方法。

（6）醇的脱水或成醚反应

醇的酸催化脱水反应在固态下进行更加有效。室温下,将醇(1)在 HCl 气氛中保持 5.5h或用 Cl$_3$CCOOH 处理 5min,可高产率地得到分子内脱水产物

$$\underset{(1)}{phArC(OH)CH_2R} \longrightarrow phArC\!\!=\!\!CHR$$

将等摩尔的 TsOH 和醇(2)固态混匀,则发生分子间脱水反应,得到醚类化合物

$$\underset{(2)}{phAr\,CH(OH)} \xrightarrow{TsOH} phArCH\!\!-\!\!O\!\!-\!\!CHArph$$

而同样的反应在苯中进行时,产率则较低。

在 TsOH 的作用下,醇(3)可发生分子内的固态脱水反应,生成环状化合物。

$$\underset{(3)}{ph_2\underset{OH}{C}\!\!-\!\!CH_2CH_2\!\!-\!\!\underset{OH}{C}ph_2} \xrightarrow{TsOH} \begin{array}{c} ph \quad\quad ph \\ \diagup\!\!\diagdown \\ ph \quad O \quad ph \end{array}$$

（7）主客体包合反应

　　Toda 等将手性主体与外消旋的客体固相混合,利用固相主客体包合反应的分子识别效应,使主体与客体的一种对映体固相反应生成包合配合物。加热此时的固态混合物,则未能与主体发生包合反应的另一种对映体可在较低的温度下被蒸馏出来,而与主体包合的对映体则在较高的温度下蒸馏出来,这样非常有效地分离了客体分子的对映异构体。此外,Toda 等还利用主客体包合反应选择反应物的光学构型,从而实现了对映选择性的固态不对称合成。

3.1.3　化学气相沉积

　　化学气相沉积法简称 CVD 法,是近二三十年发展起来的制备无机材料的新技术,已被广泛用于提纯物质、研制新晶体、沉积各种单晶、多晶或玻璃态无机薄膜材料。这些材料可以是氧化物、硫化物、氮化物、碳化物,也可以是某些二元(如 GaAs)或多元(如 $GaAs_{1-x}P_x$)的化合物,而且它们的物理特性可以通过气相掺杂的沉积过程精确控制。因此,化学气相沉积已成为无机合成化学的一个新领域。

　　化学气相沉积是利用气态物质在一固体表面上进行化学反应,生成固态沉积物的过程。化学气相沉积所用的反应体系要符合下面一些基本要求。

　　①能够形成所需的材料沉积层或材料层的组合,其他反应产物均易挥发。

　　②反应剂在室温下最好是气态,或在不太高的温度下有相当的蒸气压,且容易获得高纯品。

　　③沉积装置简单,操作方便,工艺上具有重现性,适于批量生产,成本低廉。

　　根据这些要求,在实际应用上形成了许多种反应体系和相应的技术。

　　化学气相沉积法有高压化学气相沉积法(HP-CVD)、低压化学气相沉积法(LP-CVD)、等离子化学气相沉积法(P-CVD)、激光化学气相沉积法(L-CVD)、金属有机化合物气相沉积法(MO-CVD)、高温化学气相沉积法(HT-CVD)、中温化学气相沉积法(MT-CVD)、低温化学气相沉积法(LT-CVD)。以上各种方法虽然名目繁多,但归纳起来,主要区别是从气相产生固相时所选用的加热源不同(如普通电阻炉、等离子炉或激光反应器等)。其次是所选用的原料不同,如果用金属有机化合物作原料,则为 MO-CVD。另外,反应时所选择的压力不同,或者温度不同。

1. 热解反应

　　最简单的沉积反应是化合物的热分解。热解法一般在简单的单温区炉中,于真空或惰性气氛下加热衬底至所需温度后,导入反应剂气体使之发生热分解,最后在衬底上沉积出固体材料层,热解法已用于制备金属、半导体、绝缘体等各种材料,这类反应体系的主要问题是源物质和热解温度的选择。在选择源物质时,既要考虑其蒸气压与温度的关系,又要特别注意在不同热解温度下的分解产物,保证固相仅仅为所需的沉积物质,而没有其他夹杂物,比如,用金属有机化合物沉积半导体材料时,就不应夹杂碳的沉积。因此,化合物中各元素间有关键强度的资料(离解能 D 或键能 E)往往是需要考虑的。目前,已有多种类型的化合物用于热解法实践。

　　(1)氢化物

　　氢化物 M-H 键的离解能、键能都比较小,热解温度低,惟一副产物是没有腐蚀性的

氢气。例如

$$SiH_4 \xrightarrow{800 \sim 1\,000\,℃} Si+2H_2$$

$$B_2H_6+2PH_3 \longrightarrow 2BP+6H_2$$

（2）金属烷基化合物

其 M–C 键能一般小于 C–C 键能,可广泛用于沉积高附着性的金属膜,如用三丁基铝热解可得金属铝膜,若用元素的烷氧基配合物,由于 M–O 键能大于 C–O 键能,所以可用来沉积氧化物,例如

$$Si(OC_2H_5)_4 \xrightarrow{740\,℃} SiO_2+2H_2O+4C_2H_4$$

$$2Al(OC_3H_7)_3 \xrightarrow{420\,℃} Al_2O_3+6C_3H_6+3H_2O$$

利用氢化物和有机金属化合物热解体系可在各种半导体或绝缘衬底上制备化合物半导体,例如

$$Ga(CH_3)_3+AsH_3 \xrightarrow{630 \sim 675\,℃} GaAs+3CH_4$$

$$Zn(C_2H_5)_2+H_2Se \xrightarrow{725 \sim 750\,℃} ZnSe+2C_2H_6$$

（3）羰基化合物和羰基氯化物

多用于贵金属（铂族）和其他过渡金属的沉积,例如

$$Pt(CO)_2Cl_2 \xrightarrow{600\,℃} Pt+2CO+Cl_2$$

$$Ni(CO)_4 \xrightarrow{140 \sim 240\,℃} Ni+4CO$$

（4）单氨配合物

已用于热解制备氮化物,例如

$$GaCl_3 \cdot NH_3 \xrightarrow{800 \sim 900\,℃} GaN+3HCl$$

$$AlCl_3 \cdot NH_3 \xrightarrow{800 \sim 1000\,℃} AlN+3HCl$$

2. 化学合成反应

绝大多数沉积过程都涉及到两种或多种气态反应物在一热衬底上相互反应,这类反应即为化学合成反应。其中最普通的一种类型是用氢气还原卤化物来沉积各种金属、半导体,例如,用四氯化硅的氢还原法生长硅外延片,反应为

$$SiCl_4+2H_2 \xrightarrow{1\,150 \sim 1\,200\,℃} Si+4HCl$$

该反应与硅烷热分解不同,在反应温度下其平衡常数接近于 1。因此,调整反应器内气流的组成,例如加大氯化氢浓度,反应就会逆向进行。可利用这个逆反应进行外延前的气相腐蚀清洗。在腐蚀过的新鲜单晶表面上再外延生长,则可得到缺陷少、纯度高的外延层。在混合气体中若加入 PCl_5,BBr_3 一类的卤化物,它们也能被氢还原,这样磷或硼可分别作为 n 型和 p 型杂质进入硅外延层,即所谓的掺杂过程。

和热解法比较起来,化学合成反应的应用更为广泛。因为可用于热解沉积的化合物并不多,而任意一种无机材料原则上都可通过合适的反应合成出来。除了制备各种单晶薄膜以外,化学合成反应还可用来制备多晶态和玻璃态的沉积层。如 SiO_2,Al_2O_3,Si_3N_4,

B-Si 玻璃以及各种金属氧化物、氮化物等。下面是一些有代表的反应体系,即

$$SiH_4 + 2O_2 \xrightarrow{325 \sim 475℃} SiO_2 + 2H_2O$$

$$SiH_4 + B_2H_6 + 5O_2 \xrightarrow{300 \sim 500℃} B_2O_3 \cdot SiO_2(硼硅玻璃) + 5H_2O$$

$$Al_2(CH_3)_6 + 12O_2 \xrightarrow{450℃} Al_2O_3 + 9H_2O + 6CO_2$$

$$3SiCl_4 + 4NH_3 \xrightarrow{350 \sim 900℃} Si_3N_4 + 12HCl$$

$$TiCl_4 + NH_3 + \frac{1}{2}H_2 \xrightarrow{583℃} TiN + 4HCl$$

3. 化学输运反应

化学输运反应可用来制备新化合物、单晶、薄膜、高纯物质等,近年来,已成为重要的合成方法。它是把所需要沉积的物质作为源物质,用适当的气体介质与之反应,形成一种气态化合物,然后这种气态化合物,借助载气被输运到与源区温度不同的沉积区,再发生逆反应,使反应源物质重新沉积出来,这样的反应过程称为化学输运反应。

（1）化学输运反应条件的选择

选择一个合适的化学输运反应,并确定反应的温度、浓度等条件是至关重要的。一个可逆的多相化学反应

$$A(s) + B(g) \underset{T_1}{\overset{T_2}{\rightleftharpoons}} AB(g)$$

根据化学热力学原理,反应达平衡时,其平衡常数表达式为

$$K_P = \frac{p_{AB}}{p_B} \tag{3.10}$$

p_{AB} 和 p_B 分别表示气体 AB 及 B 的分压,用以近似地表示逸度,并取 A 的活度为 1。

在源区（T_2）,希望按正向进行输运反应,尽可能多的形成 AB 以向沉积区输运;在沉积区（T_1）,则希望尽可能多地沉积 A,而使 AB 尽量减少。为了使可逆反应易于随温度不同而改向（即 $\Delta T = T_2 - T_1$ 不太大）,平衡常数值 K_p 接近于 1 为好。在标准状态下,反应自由能 $\Delta_r G_m^\ominus$ 值可以查表或者通过其他热力学函数计算。化学输运体系压力一般不高,分压可以相当好地代替逸度,所以根据热力学原理选择化学输运体系及粗略估计输运温度往往是可行的。一般方法是:求出 $\lg K^\ominus(T)$ 的温度表达式,在 $\lg K^\ominus \approx 0$ 的温度下 $K^\ominus \approx 1$;取 $\lg K^\ominus > 0$ 的温度为源区温度,取 $\lg K^\ominus \approx 0$ 的温度为沉积区温度,在这样选定的温度梯度下,一般可以得到有效的输运。范特霍夫（Van't Hoff）公式示出了平衡常数与温度的关系

$$\frac{d\ln K_p}{dT} = \frac{\Delta_r H_m^\ominus}{RT^2} \tag{3.11}$$

对上式积分得

$$\ln K_{T1} - \ln K_{T2} = \frac{\Delta_r H_m^\ominus}{R}\left(\frac{1}{T_2} - \frac{1}{T_1}\right) \tag{3.12}$$

当温度变化范围不太大时,反应热 $\Delta_r H_m^\ominus$ 可视为常数。

由 Van't Hoff 公式可以看出:

① $\Delta_r H_m^\ominus$ 的符号决定了 K_p 随温度变化的方向,即决定了输运方向。当 $\Delta_r H_m^\ominus > 0$ 时（吸

热反应),温度越高则平衡常数越大,物质从热端向冷端输运,即源区温度(T_2)应高于沉积区温度(T_1),实际应用的大多数化学输运反应皆属此类:反之,$\Delta_r H_m^{\ominus} < 0$ 时(放热反应),物质从冷端向热端输运,源温区温度低于沉积区温度($T_2 < T_1$);在 $\Delta_r H_m^{\ominus} \approx 0$ 的情况下,K_p 值与温度无关,如果有这样的反应存在,则不能用改变温度的办法实现输运。

②$\Delta_r H_m^{\ominus}$ 的绝对值决定了 K_p 值随温度变化的"速率",也就决定了为取得适宜沉淀速率和晶体质量所需的源区—沉积区间的温差。$|\Delta_r H_m^{\ominus}|$ 较小时,温差大才可以获得可观的输运;$|\Delta_r H_m^{\ominus}|$ 较大时,即使 $\lg K_p$ 不改变符号也可以获得高的沉积速率。但如果$|\Delta_r H_m^{\ominus}|$太大,为了使气相过饱和度维持在较低程度上以防止过多成核,则温差必须小到难于控制。这说明体系的 $\Delta_r H_m^{\ominus}$ 值必须适当。

(2)化学输运反应的类型

化学输运反应的类型很多,如:

①利用卤素作输运试剂的输运反应

$$Zr + 2I_2 \rightleftharpoons ZrI_4(g) \qquad\qquad 280 \sim 1\,450\,℃$$

$$Ti + 2I_2 \rightleftharpoons TiI_4(g) \qquad\qquad 200 \sim 1\,400\,℃$$

$$Au + \frac{1}{2}Cl_2 \rightleftharpoons \frac{1}{2}Au_2Cl_2(g) \qquad\qquad 1\,000 \sim 700\,℃$$

$$ZnS + I_2 \rightleftharpoons ZnI_2(g) + \frac{1}{2}S_2(g) \qquad\qquad 900 \sim 800\,℃$$

$$ZnSe + I_2 \rightleftharpoons ZnI_2(g) + \frac{1}{2}Se_2(g) \qquad\qquad 850 \sim 830\,℃$$

$$FeS + I_2 \rightleftharpoons FeI_2(g) + \frac{1}{2}S(g) \qquad\qquad 900 \sim 700\,℃$$

利用碘化物热分解法制取高纯难溶金属 Ti,Zr 是人们最早知道的化学输运反应。该方法是 Vam Arkel 和 De Boer 首先采用的。

化学气相沉积温度可以大大低于物质的熔点或升华温度,因而它可用于高熔点物质或高温分解物质的单晶制备。化学气相沉积法制备的 ZnS,ZnSe 单晶完善性高,晶体尺寸大,如 ZnS 为 8 mm×5 mm,ZnSe 为 10 mm×10 mm×5 mm。晶体的气相生长法,已成为人们创立的数十种晶体生长法中应用最多、发展最快的方法。

②利用氯化氢或易挥发性氯化物的金属输运

利用氯化氢进行的金属输运反应有

$$Fe + 2HCl \rightleftharpoons FeCl_2(g) + H_2 \qquad\qquad 1000 \sim 800\,℃$$

$$Co + 2HCl \rightleftharpoons CoCl_2(g) + H_2 \qquad\qquad 900 \sim 600\,℃$$

$$Ni + 2HCl \rightleftharpoons NiCl_2(g) + H_2 \qquad\qquad 1000 \sim 700\,℃$$

$$Cu + HCl \rightleftharpoons \frac{1}{3}(CuCl)_3(g) + \frac{1}{2}H_2 \qquad\qquad 600 \sim 500\,℃$$

利用挥发性氯化物进行的输运反应有

$$Be + 2NaCl(g) \rightleftharpoons BeCl_2(g) + 2Na(g)$$

$$Si + AlCl_3(g) \rightleftharpoons SiCl_2(g) + AlCl(g)$$

$$Si + 2AlCl_3(g) \rightleftharpoons SiCl_4(g) + 2AlCl(g)$$

③通过形成中间价态化合物的输运。有些金属的输运是通过形成它的中间价态化合

物而进行的,例如铝可以通过形成低价卤化物而输运。在一个密封的石英管中,当 AlX_3 通过 Al 时,将发生如下的输运反应

$$Al+0.5AlX_3(g)\underset{600℃}{\overset{1\,000℃}{\rightleftharpoons}}1.5AlX(g)$$

类似的反应还有

$$Si+SiX_4(g)\underset{900℃}{\overset{1\,100℃}{\rightleftharpoons}}2SiX_2(g)$$

$$Ti+2TiCl_3(g)\underset{1\,000℃}{\overset{1\,200℃}{\rightleftharpoons}}3TiCl_2(g)$$

④其他化学输运反应

$$Ir+\frac{3}{2}O_2\rightleftharpoons IrO_3 \qquad\qquad\qquad 1\,325\sim1\,130℃$$

$$Ge+GeI_4\rightleftharpoons 2GeI_2 \qquad\qquad\qquad 500\sim350℃$$

$$Fe_2O_3+6HCl\rightleftharpoons Fe_2Cl_6+3H_2O \qquad\qquad 1\,000\sim750℃$$

$$NbCl_3+NbCl_5\rightleftharpoons 2NbCl_4 \qquad\qquad\qquad 390\sim355℃$$

化学输运反应有着广泛的应用,除了提纯物质、生长大的单晶之外,还能使许多合成更方便。例如,以气体 HCl 作输运试剂,可以通过下述反应制得钨酸铁的美丽晶体,即

$$FeO+WO_3\longrightarrow FeWO_4$$

如果没有 HCl 存在,该反应是不会发生的,因为 FeO 和 WO_3 都不具有挥发性,当 HCl 存在时,由于生成 $FeCl_2$、$WOCl_4$、H_2O 蒸气,可以进行输运反应而制得完美的钨酸铁晶体。

再如,用 Nb 粉和石英 SiO_2 在 1 000℃时合成 Nb_5Si_3,即

$$11Nb+3SiO_2\longrightarrow Nb_5Si_3+6NbO$$

这个反应在真空系统中并不发生,但是有微量氢存在时,就可完全反应。氢在这里的作用就是通过下述过程把硅输运到铌上,即

$$SiO_2+H_2\longrightarrow SiO(g)+H_2O(g)$$

从上面的例子可以看出,在输运反应中,输运试剂具有非常重要的作用,它的使用和选择,是化学输运反应能否进行的关键。

4.化学气相沉积法在材料合成上的应用

(1)利用热解反应制备半导体材料

利用氢化物、金属有机化合物和其他气态配合物,可在各种半导体和绝缘衬底上制备化合物半导体材料,见表3.3。

(2)利用化学气相沉积法制备无机涂层材料

在金属或各种基体上制备无机涂层材料,可起到防腐、装饰、耐磨等作用,是近代无机合成及无机材料领域的一个重要研究课题。沉积层与基体牢固粘附是沉积工艺成功的标志。但由于沉积层与基体间热膨胀系数和导热率的差异往往引起严重的界面应力,厚层内部易形成内应力,它们都会导致结合强度的降低,甚至沉积层会从基体上破裂或剥落。如何减小这些应力和增强附着性是重要的研究课题。为减少应力比较通用的方法是:

表 3.3 热解有机金属和氢化物制备半导体材料

化合物材料	衬底材料	源化合物	沉积温度/℃
GaAs	$GaAs,Al_2O_3,BeO$ $MgAl_2O_4,ThO_2$	$TMG-AsH_3$	650~750 710,700
GaP	$GaAs,GaP$ $Al_2O_3,MgAl_2O_4,$	$TMG-PH_3$	700~725 800,700
$GaAs_{1-x}P_x$ $(x=0.1~0.6)$	$Al_2O_3,GaAs$ $MgAl_2O_4,$	$TMG-AsH_3-PH_3$	700~725
$GaAs_{1-x}Sb_x$ $(x=0.1~0.3)$	Al_2O_3	$TMG-AsH_3-SbH_3$ $TMG-AsH_3-TMSb$	725
AlAs	Al_2O_3	$TMA-AsH_3$	700
$Ga_{1-x}Al_xAs$	Al_2O_3	$TMG-TMA-AsH_3$	700
AlN	$Al_2O_3,\alpha-SiC$	$TMA-NH_3$	1 250
GaN	$Al_2O_3,\alpha-SiC$	$TMG-NH_3$	925~975
InAs	Al_2O_3	$TEI-AsH_3$	650~700
InP	Al_2O_3	$TEI-PH_3$	725
$Ga_{1-x}In_xAs$	Al_2O_3	$TMI-TMG-AsH_3$	675~725
ZnSe	$Al_2O_3,BeO,MgAl_2O_4$	$DEZ-H_2Se$	725~750
ZnS	$Al_2O_3,BeO,MgAl_2O_4$	$DEZ-H_2S$	750
ZnTe	Al_2O_3	$DEZ-DMT$	500
CdSe	Al_2O_3	$DMCd-H_2Se$	600
CdS	Al_2O_3	$DMCd-H_2S$	475
CdTe	Al_2O_3	$DMCd-DMT$	500

注 TMG:三甲基镓;TEI:三乙基铟;DEZ:二乙基锌;余类推

①沉积层和基体性能相匹配;

②形成中间层以减小沉积层和基体之间的性能梯度;

③控制沉积结构;

④减小沉积层厚度;

⑤加大沉积层表面曲率半径。

所有这些方法大体上都是可行的,然而,都有一定的限度,需根据不同情况加以研究。利用化学气相沉积法制备的无机涂层材料如表 3.4 所示

表 3.4 化学气相沉积与无机涂层材料

涂层材料	基体材料	沉积反应	沉积温度/℃	工艺方法
B_4C	钨	$BCl_3-CH_4-H_2$	1 300	CCVD
SiC	SiC 石墨,TiN	$Si(靶)-C_2H_2-Ar$ $CH_3SiCl_3-H_2$	≥1 150 1 400	RS CCVD
W_2C	钢 钢 硬质合金	$WF_6-C_6H_6-H_2$ WF_6-CO-H_2 $W(CO)_6-H_2$	400~1 000 600~1 000 350~4 000	CCVD CCVD CCVD

续表 3.4

涂层材料	基体材料	沉积反应	沉积温度/℃	工艺方法
ZrC	各种基体 氧化物	$Zr(气)-CH_4$ $ZrI_4-C_2H_6$	870 900~1 400	RIP CCVD
AlN	蓝宝石	$Al(气)-NH_3$	1 400	RE
BN	各种基体 各种丝	$BBr_3-NH_3-H_2$ $BCl_3-NH_3-H_2$	≥500 ~1 000	PACVD CCVD
CrN	钢	$Cr(气)-N_2-Ar$	20~500	ARE,RIP
Fe_4N	钢,铁	N_2-H_2	520	CIP
Si_3N_4	硅 各种基体 各种基体 Si-Mo 合金	$Si_3H_4-N_2H_4-H_2$ $Si_3N_4(靶)-N_2-Ar$ SiH_4-NH_3 $Si(气)-NH_3$	550~1 150 <100 <40 100~300	CCVD RS PACVD RIP
TiN	各种基体 硬质合金,SiC 钢	$Ti(NR_2)_4-Ar-H_2$ $TiCl_4-N_2-H_2$ $Ti(气)-N_2$	250~600 800~1 400 ~20	CCVD CCVD ARE,RE
Al_2O_3	铜,铜合金 硬质合金 Si Si	$AlCl_3-H_2O-H_2$ $AlCl_3-CO_2(或 H_2O)-H_2$ $Al(CH_3)_3-O_2$ $Al(气)-H_2O$	500 850~1 100 275~475 20~300	CCVD CCVD CCVD RE
Cr_2O_3	玻璃 未给定	$Cr(AA)_3$ $Cr(CO)_6-O_2(H_2O,CO_2)$	520~560 400~600	CSD CCVD
Fe_2O_3	玻璃	$Fe(AA)_3$	400~550	CSD
In_2O_3	玻璃	$In(AA)_3-空气$	470~520	CSD
SiO_2	石英 钢,硅	$SiCl_4-O_2-Ar$ $SiH_4-O_2-Ar(或 N_2)$	≤1 000 300~450	PVCVD CCVD
SnO_2	硅 玻璃	$SnCl_4-O_2$ $SnCl_4-空气(H_2O)$	600~800 480~500	CCVD CSD
TiO_2	各种基体 石英 各种基体	$Ti(气)-O_2$ $Ti(靶)-O_2-Ar$ $Ti(OC_2H_5)_4-O_2-He$	≥450 ≥25 450~700	ARE,RE RS CCVD
ZrO_2	Si 硬质合金	$Zr(AA)_4-O_2-He$ $ZrCl_4-CO_2-CO-H_2$	450~700 1 000	CCVD CCVD
MoB	铌	$MoCl_5-BBr_3$	1 400~1 600	CCVD

注 CCVD:通常的化学气相沉积法;CSD:化学喷雾沉积法;ARE:活化反应蒸发;RS:反应溅射;
RIP:反应离子电镀;CIP:化学离子电镀;PACVD:等离子体活化的气相沉积

(3)利用化学气相沉积法生长体单晶

物质的新晶体往往具有许多宝贵的性质,不论是新发现的化合物,还是为人所熟知的物质都需要考察它们的晶体性质,以便利用它的物理特性发展新技术。由于现代技术对种种无机晶体的迫切需求,晶体生长领域的发展十分迅速。人们创立了数十种晶体生长方法。气相生长法,特别是化学输运、气相外延等化学气相沉积法应用最多,发展最快,它不仅能大大改善某些晶体或晶体薄膜的质量和性能,而且更由于它们能用于制备许多其他方法无法制备的晶体,加工设备简单,操作方便,适应性强,因而广泛应用于新晶体的探索。近年来,化学输送反应除了广泛用于化合物半导体单晶的研制之外,主要的发展动向是探索一些非寻常的化合物单晶,例如稀土化合物,放射性化合物,复合氧化物和多元的元素间化合物等。表3.5 列举了一些代表性例子。

表3.5　化学气相沉积法生长体单晶

晶体材料	沉积系统和主要条件			结果备注
	源材料	输运剂或反应剂	温度条件/℃	
ZnS	ZnS	I_2(2 mg/cm^3)	源温 950 $\Delta T=10\sim20$	350 h 晶体尺寸 8 mm×8 mm×5 mm
ZnSe	ZnSe	I_2(4 mg/cm^3)	平均温度 780 $\Delta T=5$	籽晶控制成核,得尺寸为 20 mm×15 mm×10 mm 高完善性晶体
ZnTe	ZnTe	I_2(2 mg/cm^3)	源温 750 $\Delta T=10\sim20$	350 h 晶体尺寸 5 mm×5 mm×5 mm
SnS$_2$	元素	I_2(温度振荡法)	690→645 $\Delta T=30$	晶体尺寸比普通输运法大五倍以上 120 h,30 mm×25 mm×0.1 mm
HfS$_2$			900→850 $\Delta T=40$	240 h,45 mm×20 mm×0.2 mm
GdSe			910→850 $\Delta T=30$	900 h,20 mm×15 mm×0.1 mm
GdS			850→800 $\Delta T=40$	晶体尺寸比普通输运法大三倍
Zn$_3$In$_2$S$_6$	元素混料	I_2	790→750 $\Delta T=20$	板状晶体 20 mm×20 mm 板状晶体 10 mm×10 mm
InPS$_4$	元素混料	I_2	580→565	无色多面体,尺寸达 10 mm
Cd$_4$GeSe$_6$	GeSe$_2$+CdSe	Cl_2 Br_2 I_2	660→560 680→580 520→450	35 h,晶体尺寸 2.5 mm×0.8 mm×0.2 mm 21 h,晶体尺寸 2.5 mm×1.5 mm×1 mm 30 h,晶体尺寸 7 mm×4 mm×3 mm
Th$_x$U$_{1-x}$O$_2$	UO$_2$+ThO$_2$	Cl_2	1 100→950	7~13d,晶体尺寸 1 mm×1 mm×1 mm
SnO$_2$ V$_6$O$_{13}$	SnO$_2$ V$_6$O$_{13}$多晶	I_2+S TeCl$_4$	1 100→900 600→550	10 d,直径几毫米的柱晶 7d,晶体尺寸 30 mm×5 mm×3 mm
Cr$_2$O$_3$	Cr$_2$O$_3$	Cl_2	800 $\Delta T=200$	形貌良好的单晶最大尺寸 6~7 mm

续表 3.5

晶体材料	沉积系统和主要条件			结果备注
	源材料	输运剂或反应剂	温度条件/℃	
a−Fe_2O_3	Fe_2O_3	Cl_2 TeCl$_4$	950→1 000	最大尺寸 5 ~ 6 mm 最大尺寸 7 ~ 8 mm
Fe_3O_4		TeCl$_4$(5 mg/cm^3)	结晶温度 820 $\Delta T=150$	最大尺寸 3 ~ 4 mm
NiFe$_2$O$_4$	Fe$_2$O$_3$ +NiO	Cl_2	结晶晶温度 950 $\Delta T=50$	最大尺寸约 5 mm
		TeCl$_4$	结晶温度 880 $\Delta T=100$	八面体单晶
ZnFe$_2$O$_4$	ZnO,Fe$_2$O$_3$	TeCl$_4$(5 mg/cm^3)	结晶温度 740 ~ 750 $\Delta T=200$	最大尺寸约 1 ~ 1.5 mm
M$_3$B$_2$O$_{13}$X (M=Fe,Co,Ni, Mg,Mn; X=Cl,Br,I)	B$_2$O$_3$ M$_2$O$_3$ MI$_2$	HX 和/或 H$_2$O	生长温度 268 263	2d,单晶尺寸 2 ~ 4 mm

3.1.4　水解反应

1. 水解反应的理论基础与影响因素

在无机化学课程里,我们已经了解到:水解反应是指盐的组分离子跟水离解的 H^+ 和 OH^- 结合成弱电解质的反应;并且我们可以根据多重平衡规则计算水解反应的程度。在无机合成中主要是利用金属阳离子的水解反应来制备氧化物陶瓷微粒及纳米材料。其反应的通式如下

$$M^{n+}(aq)+nH_2O(l) \Longrightarrow M(OH)n(s)+nH^+(aq)$$

$$M(OH)n(s) \xrightarrow{\Delta} MO_{0.5n}(s)+0.5nH_2O(g)$$

影响水解反应的因素主要有以下几个方面:

(1)金属离子本身

根据化学平衡理论,强酸强碱盐不水解,如 NaCl、K$_2$SO$_4$、Ba(NO$_3$)$_2$ 等,这些盐类不能利用其水解反应,生成沉淀来制取无机材料。但是由绝大多数金属离子形成的强酸弱碱盐都能在水溶液中发生水解反应,不同的金属离子水解程度不同。水解程度的大小主要取决于金属离子的电荷、半径及电子构型,或者说是取决于金属离子的极化力。金属离子的电荷越高,半径越小,金属离子的极化力越强,金属离子水解程度越大;此外,非 8e 构型的金属离子容易水解,如 p 区、d 区、f 区、ds 区元素离子。高价金属离子的盐类如 SnCl$_4$、TiCl$_4$、SbCl$_5$、Bi(NO$_3$)$_3$ 等可直接水解制取氧化物。

(2)溶液的温度

水解反应为中和反应的逆反应,是吸热反应,因此,升高温度,水解常数增大,水解度也增大,有利于水解反应完全。通常对一些在常温不能水解或部分水解的金属盐类,可通

过升高温度的方法来制备金属氧化物,如 $FeCl_3$ 紫色溶液由于部分水解而呈黄色,升高到 60 ℃以上即可使 Fe^{3+} 水解成橙红色的 $FeOOH$ 或 Fe_2O_3 溶胶或沉淀。

（3）溶液的酸度

从水解反应通式看,金属离子水解后,使溶液酸度增大。为使水解反应进行完全,可通过在溶液中加入碱,降低溶液的酸度促进水解反应完全。如 $MgCl_2$ 溶液即使升温也较难水解,但若加入 $NaOH$ 或 $NH_3 \cdot H_2O$,则很容易发生水解反应而生成$Mg(OH)_2$,煅烧后得到 MgO。

（4）溶液的浓度

在温度一定时,改变金属盐的浓度,不能影响到水解平衡,但会影响到水解程度。金属盐浓度越小,水解程度越大,其规律类同于弱电解质的稀释定律。但利用浓度较大的金属盐水解不易制得均匀的超细颗粒。

2. 利用无机盐的直接水解制备氧化物微粒

高价金属离子及离子极化作用较强的盐类,用水稀释时会生成氧化物、氢氧化物（或含氧酸）或碱式盐沉淀,适当控制溶液的 pH 值,并加热反应物可制得超细高纯的氧化物微粒,如

$$SnCl_4 \xrightarrow{H_2O} H_2SnO_3 \xrightarrow{\Delta} SnO_2(\text{气敏材料})$$

$$TiCl_4 \xrightarrow{H_2O} H_2TiO_3 \xrightarrow{\Delta} TiO_2(\text{精细陶瓷})$$

$$Hg(NO_3)_2 \xrightarrow{H_2O} HgO$$

$$FeCl_3 \xrightarrow{H_2O} Fe(OH)_3 \xrightarrow{\Delta} Fe_2O_3(\text{颜料})$$

$$SnCl_2 \xrightarrow{H_2O} Sn(OH)Cl \xrightarrow{OH^-} Sn(OH)_2 \xrightarrow{\Delta} SnO$$

3. 利用盐类的强制水解制备无机材料

盐类的强制水解一般是指在酸性条件下,高温水解金属盐。无碱存在的阳离子的水热强制水解比常温更为显著,而且,水解反应会导致盐溶液中直接生成氧化物粉体,而且纯度更高,如

$$FeCl_3 \xrightarrow{HCl,90℃} \alpha\text{-}Fe_2O_3$$

$$SnCl_4 \xrightarrow{HCl,60℃} SnO_2$$

$$NiSO_4 \xrightarrow{H_2SO_4,90℃} Ni(OH)_2$$

控制强制水解反应的要点是低的阳离子浓度,以避免爆发成核,这样有可能获得均匀的溶胶状多晶材料,颗粒尺寸可达 20 nm 以下。若要提高金属离子的浓度,以增大产物量,可通过加入配位剂降低金属离子浓度的方法实现,随着水解反应的进行,配合物逐步释放出金属离子,可使产物量增加,添加其他无机盐、有机溶剂或不同的配位剂可获得不同晶体外形的材料,以满足各方面的应用要求。用几种水解法制备 $\alpha\text{-}Fe_2O_3$ 的结果见表 3.6。

表 3.6　$FeCl_3$ 强制水解法制备 $\alpha\text{-}Fe_2O_3$

盐溶液组成	水解条件	水解产物	外形及尺寸
$FeCl_3$　$0.02\ mol \cdot L^{-1}$	$pH = 1 \sim 2$，　$100\ ℃$	$\alpha\text{-}Fe_2O_3$	球形 20 nm
$FeCl_3$　$1.8 \times 10^{-2}\ mol \cdot L^{-1}$ $EDTA\ 8 \times 10^{-4}\ mol \cdot L^{-1}$	$pH = 1.3$，　$105\ ℃$	$\beta\text{-}FeOOH$	针形 18 nm
$FeCl_3$　$1.8 \times 10^{-2}\ mol \cdot L^{-1}$ $SnCl_4$　$1 \times 10^{-4}\ mol \cdot L^{-1}$	$pH = 3$，　$105\ ℃$	$\alpha\text{-}Fe_2O_3$	六角形 41 nm
$Fe(NO_3)_3$　$1 \times 10^{-2}\ mol \cdot L^{-1}$ $SnCl_4$　$5 \times 10^{-3}\ mol \cdot L^{-1}$ $AlCl_3$　$5 \times 10^{-3}\ mol \cdot L^{-1}$	$pH = 1.8$，　$100\ ℃$	$\beta\text{-}FeOOH$	球形 7 nm
$Fe(NO_3)_3$　$4 \times 10^{-2}\ mol \cdot L^{-1}$ $SnCl_4$　$4 \times 10^{-4}\ mol \cdot L^{-1}$	$pH = 1.3$，　$105\ ℃$	$\alpha\text{-}Fe_2O_3$	椭球形 38 nm

4. 利用金属醇盐的水解制备氧化物纳米材料

（1）金属醇盐

金属醇盐是具有 M-O-C 键的有机金属化合物的一种，它的通式为 $M(OR)n$，其中 M 是金属，R 是烷基或丙烯基。它的合成受金属的电负性影响较大。碱金属、碱土金属和稀土元素类金属，可以与有机醇直接发生化学反应生成醇盐和氢气。其反应方程式如下

$$M + nROH \longrightarrow M(OR)n + \frac{n}{2}H_2 \uparrow$$

可是 Mg，Be，Al 等金属为了进行反应却需要 $HgCl_2$ 等作催化剂。

在合成由金属与有机醇不能直接反应得到的金属醇盐时，可利用金属卤化物尤其是氯化物来代替金属。氯化物与醇的反应是 S_{N2} 反应，在反应中氯离子与醇盐负离子置换的容易程度，受接受亲核攻击的氯化物金属离子的电负性影响很大。例如按 Si、Ti、Zr、Th 的顺序，这些元素的电负性减小，随之这些氯化物与乙醇的反应性也减小，故不产生氯离子与醇盐负离子间的完全置换，为了使反应完全，吡啶，三烷基胺和钠醇盐之类的碱的存在是必不可少的，如

$$TiCl_4 + 4ROH + 4NH_3 \longrightarrow Ti(OR)_4 + 4NH_4Cl$$

（2）金属醇盐的水解

金属醇盐容易进行水解，产生构成醇盐的金属元素的氧化物、氢氧化物或水合物的沉淀。产物经过滤、干燥、煅烧可制得纳米粉末。由于与金属醇盐反应的对象都是水，其他离子作为杂质被导入的可能性很小，可以制得高纯度的纳米粉体，表 3.7 列出了金属醇盐经水解生成的沉淀产物的形态。很多的金属醇盐只有一种水解生成物。有些金属醇盐却由于水解温度或空气介质的不同而使沉淀的种类有差异，例如 Pb 的醇盐如果在室温下进行水解，其产物是 PbO。另外，Fe(Ⅱ)醇盐由于存在微量氧而能被简单地氧化为 Fe(Ⅲ)醇盐，Fe(Ⅲ)醇盐通过水解产生 $Fe(OH)_3$ 沉淀，经煅烧成为 Fe_2O_3；另一方面，Fe(Ⅱ)醇盐水解生成 $Fe(OH)_2$，对这种沉淀进行氧化，则变成 Fe_3O_4。醇盐水解反应比较复杂，水含量、pH 值和温度等都对反应产物有影响。在低的 pH 值下，水解产生凝胶，煅烧后得氧化物，而在高的 pH 值条件下，可从溶液中直接水解成核，得到氧化物粉体。

表 3.7 依靠金属醇盐水解得到的沉淀形态

元素	沉 淀	元素	沉 淀	元素	沉 淀
Li	$Li(OH)(s)$	Fe	$FeOOH(a)$	Sn	$Sn(OH)_4(a)$
Na	$NaOH(s)$		$Fe(OH)_2(c)$	Pb	$PbO(c)$
K	$KOH(s)$		$Fe(OH)_3(a)$	As	$As_2O_3(c)$
Be	$Be(OH)_2(c)$		$Fe_3O_4(c)$	Sb	$Sb_2O_5(c)$
Mg	$Mg(OH)_2(c)$	Co	$Co(OH)_2(a)$	Bi	$Bi_2O_3(a)$
Ca	$Ca(OH)_2(a)$	Cu	$CuO(c)$	Te	$TeO_2(c)$
Sr	$Sr(OH)_2(a)$	Zn	$ZnO(c)$	Y	$YOOH(a)$
Ba	$Ba(OH)_2(a)$	Cd	$Cd(OH)_2(c)$		$Y(OH)_3(a)$
Ti	$TiO_2(a)$	Al	$AlOOH(c)$	La	$La(OH)_3(c)$
Zr	$ZrO_2(a)$		$Al(OH)_3(c)$	Nd	$Nd(OH)_3(c)$
Nb	$Nb(OH)_5(a)$	Ga	$GaOOH(c)$	Sm	$Sm(OH)_3(c)$
Ta	$Ta(OH)_5(a)$		$Ga(OH)_3(a)$	Eu	$Eu(OH)_3(c)$
Mn	$MnOOH(c)$	In	$In(OH)_3(c)$	Gd	$Gd(OH)_3(c)$
	$MnO(OH)_2(a)$	Si	$Si(OH)_4(a)$		
	$Mn(OH)_2(a)$	Ge	$GeO_2(c)$		
	$Mn_3O_4(c)$				

注:a:无定形;c:结晶形;s:可溶性

含有几种金属元素的陶瓷微粉的合成,可以利用两种金属醇盐溶液混合后共水解;也可利用可溶于醇的其他有机金属盐,如乙酸盐、柠檬酸盐等或无机盐,如 $TiCl_4$、$FeCl_3$ 等与另一种金属的醇盐溶液混合共水解后得到混合氧化物,煅烧后制得复合氧化物,见表3.8。用这种方法制得的复合氧化物化学计量比可精确控制。强度高,烧成温度低,颗粒均匀,可达纳米级,是现代高性能陶瓷粉体合成的先进技术之一。

表 3.8 从金属醇盐合成的复合氧化物

沉淀的形态	化 合 物
结晶形	$BaTiO_3$　$SrTiO_3$　$BaZrO_3$　$Ba(TiZr)O_3$　$Sr(TiZr)O_3$ $(BaSr)TiO_3$　$MnFe_2O_4$ $NiFe_2O_4$　$CoFe_2O_4$　$ZnFe_2O_4$　$(MnZn)Fe_2O_4$　Zn_2GeO_4　$PbWO_4$　Fe_3O_4　Mn_3O_4
氢氧化物或水合物	$BaSnO_3$　$SrSnO_3$　$PbSnO_3$　$CaSnO_3$　$MgSnO_3$　$SrGeO_3$　$PbGeO_3$　$SrTeO_3$
无定形	$SrZrO_3$　$Pb(ZrTi)O_3$　$(PbLa)(ZrTi)O_3$　$Sn(Zn_{1/3}Nb_{2/3})O_3$ $Ba(Zn_{1/3}Nb_{2/3})O_3$　$Sr(Zn_{1/3}Ta_{2/3})O_3$　$Ba(Zn_{1/3}Ta_{2/3})$ $Sr(Fe_{1/2}Sb_{1/2})O_3$　$Sr(Co_{1/3}Sb_{2/3})O_3$　$Ba(Co_{1/3}Sb_{2/3})O_3$ $Sr(Ni_{1/3}Sb_{2/3})O_3$　$NiFe_2O_4$　$CoFe_2O_4$　$CuFe_2O_4$　$MgFe_2O_4$　$(NiZn)Fe_2O_4$ $(CoZn)Fe_2O_4$　$BaFe_{12}O_{19}$　$SrFe_{12}O_{19}$ $PbFe_{12}O_{19}$　$R_3Fe_5O_9(R=Sm,Gd,Y,En,Tb)$　$Tb_3Al_5O_{12}$　$R_3Gd_5O_{12}(R=Sm,Gd,Y,Er)$ $RFeO_3(R=Sm,Y,La,Tb,Nd)$　$LaAlO_3$　$NbAlO_3$　$R_4Al_2O_9(R=Sm,Eu,Gd,Tb)$ $Sr(Mg_{1/3}Nb_{2/3})O_3$　$Ba(Mg_{1/3}Nb_{2/3})O_3$　$Sr(Mg_{1/3}Ta_{2/3})O_3$ $Ba(Mg_{1/3}Ta_{2/3})O_3$

3.1.5　沉淀反应

沉淀反应的理论基础是难溶电解质的多相离子平衡。沉淀反应包括沉淀的生成、溶解和转化,可根据溶度积规则来判断新沉淀的生成和溶解,也可根据难溶电解质的溶度积常数来判断沉淀是否可以转化。

与水解反应不同的是:沉淀反应不但可用来制备氧化物,还可用来制备硫化物、碳酸盐、草酸盐、磷酸盐等陶瓷粉体或前驱物。也可以通过沉淀制备复合氧化物和混合氧化物,还可通过均相沉淀、乳液沉淀制得均匀的纳米颗粒。

1. 沉淀的生成

沉淀的生成一般要经过晶核形成和晶核长大两个过程。将沉淀剂加入到试液中,当形成沉淀的离子浓度的乘积超过该条件下沉淀的溶度积时,离子通过相互碰撞聚集成微小的晶核,晶核就逐渐长大形成沉淀微粒。这种由离子形成晶核,再进一步聚集成沉淀微粒的速度称为聚集速度。在聚集的同时,构晶粒子在一定晶格中定向排列的速度称为定向速度。如果聚集速度大,而定向速度小,即离子很快地聚集生成沉淀微粒,来不及进行晶格排列,则得到非晶形沉淀。反之,如果定向速度大,而聚集速度小,即离子较缓慢地聚集成沉淀。有足够时间进行晶格排列,则得到晶形沉淀。

聚集速度与溶液的相对过饱和度成正比,可用如下经验公式表示,即

$$v = K(Q - S)/S \qquad\qquad (3.13)$$

式中　　v——形成沉淀的初始速度即聚集速度;

　　　　Q——加入沉淀剂瞬间,生成沉淀物质的浓度;

　　　　S——沉淀物质的溶解度;

　　　　$Q - S$——沉淀物质的过饱和度;

　　　　$(Q - S)/S$——相对过饱和度;

　　　　K——比例常数,它与沉淀的性质、温度、溶液中存在的其他物质等因素有关。

定向速度主要决定于沉淀物质的本性。一般极性强的盐类,如 $BaSO_4$,CaC_2O_4 等,具有较大的定向速度,易形成晶形沉淀。而氢氧化物只有较小的定向速度,一般形成非晶形沉淀。特别是高价金属离子的氢氧化物,如 $Fe(OH)_3$,$Al(OH)_3$ 等,结合的 OH^- 越多,定向排列越困难,越容易形成非晶形或胶状沉淀。

因此,溶解度较大、溶液较稀、相对过饱和度较小,反应温度较高,沉淀后经过陈化的沉淀物一般为晶形;而溶解度较小、溶液较浓、相对过饱和度较大,反应温度较低,直接沉淀的沉淀物为非晶形。

晶形沉淀的颗粒较大,纯度较高,便于过滤和洗涤,而非晶形沉淀颗粒细小,吸附杂质多,吸附物难以过滤和洗涤,可通过稀电解质溶液洗涤和陈化的方法来分离沉淀物和杂质。

(1)利用沉淀反应制取金属氢氧化物(或水合物)

向金属盐溶液中加入 $NaOH$,$NH_3 \cdot H_2O$ 增大溶液的 pH 值,金属离子会以氢氧化物或水合物的形式形成沉淀。在一些高价金属离子,如 Fe^{3+},Al^{3+},Cr^{3+} 等的溶液中加入 Na_2CO_3 或 Na_2S 等强碱弱酸盐,也会生成氢氧化物沉淀。沉淀的生成条件主要取决于盐

溶液的浓度及溶液的 pH 值。沉淀起始与沉淀完全的 pH 值可通过下式计算,见表 3.9。

$$M(OH)_n(s) \Longrightarrow M^{n+}(aq) + nOH^-(aq) \tag{3.14}$$

$$K_{sp}^{\ominus}[M(OH)_n] = C(M^{n+})C^n(OH^-)$$

要形成 M(OH)n 沉淀应满足

$$C(OH^-) \geqslant \sqrt[n]{K_{sp}^{\ominus}[M(OH)_n]/C(M^{n+})}$$

$$C(H^+) \leqslant \frac{K_w^{\ominus}}{C(OH^-)} = \frac{10^{-14}}{\sqrt[n]{K_{sp}^{\ominus}[M(OH)_n]/C(M^{n+})}} \tag{3.15}$$

$$pH \geqslant pK_w^{\ominus} - pOH = 14 + \frac{1}{n}(pC(M) - pK_{sp}^{\ominus}[M(OH)_n])$$

式中　$C(M)$——被沉淀金属离子的浓度,mol·L^{-1};

　　　$K_{sp}^{\ominus}[M(OH)n]$——M(OH)n 沉淀的溶度积;

　　　$K_w^{\ominus}$——水的离子积(10^{-14},25℃)。

　　因此,只要知道金属氢氧化物的溶度积和金属离子的浓度,即可计算出金属离子开始沉淀的 pH 值。假设沉淀完全时的金属离子浓度是 10^{-5} mol.L^{-1},则沉淀完全时,溶液的 pH 值可通过下式计算

$$pH \geqslant 14 + \frac{1}{n}\{5 - pK_{sp}^{\ominus}[M(OH)n]\} \tag{3.16}$$

　　假定金属离子的浓度分别是 1.0 mol·L^{-1} 和 0.01 mol·L^{-1},则可通过上式计算出金属氢氧化物沉淀的 pH 值,见表 3.9。

表 3.9　金属氢氧化物沉淀的 pH 值

氢氧化物	pH 值				
	开始沉淀		沉淀完全 (残留离子浓度<10^{-5})	沉淀开始溶解	沉淀完全溶解
	离子初始浓度 1 mol·L^{-1}	离子初始浓度 0.01 mol·L^{-1}			
Sn(OH)$_4$	0	0.5	1	13	15
TiO(OH)$_2$	0	0.5	2.0	–	–
Sn(OH)$_2$	0.9	2.1	4.7	10	13.5
ZrO(OH)$_2$	1.3	2.25	3.75	–	–
HgO	1.3	2.4	5.0	11.5	–
Fe(OH)$_3$	1.5	2.3	4.1	14	–
Al(OH)$_3$	3.3	4.0	5.2	7.8	10.8
Cr(OH)$_3$	4.0	4.9	6.8	12	15
Be(OH)$_2$	5.2	6.2	8.8	–	–
Zn(OH)$_2$	5.4	6.4	8.0	10.5	12~13
Ag$_2$O	6.2	8.2	11.2	12.7	–
Fe(OH)$_2$	6.5	7.5	9.7	13.5	–
Co(OH)$_2$	6.6	7.6	9.2	14.1	–
Ni(OH)$_2$	6.7	7.7	9.5	–	–
Cd(OH)$_2$	7.2	8.2	9.7	–	–
Mn(OH)$_2$	7.8	8.8	10.4	14	–
Mg(OH)$_2$	9.4	10.4	12.4	–	–
Pb(OH)$_2$		7.2	8.7	10	13
Ce(OH)$_4$		0.8	1.2	–	–

续表 3.9

氢氧化物	pH 值				
	开始沉淀		沉淀完全（残留离子浓度<10^{-5}）	沉淀开始溶解	沉淀完全溶解
	离子初始浓度 1 mol·L^{-1}	离子初始浓度 0.01 mol·L^{-1}			
Th(OH)$_4$		0.5	–	–	–
Tl(OH)$_2$		~0.6	~1.6	–	–
H$_2$WO$_4$		~0	~0	–	~8
H$_2$MoO$_4$		–	–	~8	~9
稀土		6.8~8.5	~9.5	–	–
H$_2$UO$_4$		3.6	5.1	–	–

（2）利用沉淀反应制取金属硫化物

除了 K$_2$S、Na$_2$S、BaS 等硫化物易溶于水外，绝大多数金属硫化物都难溶于水。金属硫化物广泛应用于颜料、荧光材料、敏感材料、发光材料、太阳能电池材料及催化剂等领域，后几种应用领域都要求金属硫化物有较高的纯度，因此，通常硫化物皆由溶液沉淀法制备。

形成硫化物沉淀的沉淀剂通常使用 H$_2$S，Na$_2$S，(NH$_4$)$_2$S，也可使用硫代乙酰胺代用品加热水解生成 H$_2$S 来进行沉淀。由于 H$_2$S 是二元弱酸，溶液的酸度将影响溶液中的硫离子浓度，进而影响到沉淀的生成与溶解。现以 MS 为例，来探讨金属硫化物的生成情况。在 M^{2+}溶液中，加入 H$_2$S 或 S^{2-}，将存在下列平衡，即

$$M^{2+}(aq)+S^{2-}(aq) \Longrightarrow MS(s)$$

$$K_{sp}^{\ominus}(MS) \Longrightarrow C(M^{2+})C(S^{2-})$$

$$H_2S(aq) \Longrightarrow 2H^+(aq)+S^{2-}(aq)$$

$$K^{\ominus}=\frac{C^2(H^+)C(S^{2-})}{C(H_2S)}=K_{a_1}^{\ominus} \cdot K_{a_2}^{\ominus}=1.1\times10^{-7}\times1.3\times10^{-13}=1.4\times10^{-20}$$

$$(3.17)$$

金属离子开始沉淀时，S^{2-}的浓度应为 $C(S^{2-}) \geqslant K_{sp}^{\ominus}(MS)/C(M^{2+})$

沉淀完全时 S^{2-}的浓度应为 $C(S^{2-}) \geqslant K_{sp}^{\ominus}(MS)/10^{-5}$

根据 $C(S^{2-})=\dfrac{1.4\times10^{-21}}{C^2(H^+)}$

MS 型金属硫化物开始沉淀时，应控制的 H$^+$的最大浓度和对应的 pH 值如下

$$C(H^+) \leqslant \sqrt{\frac{1.4\times10^{-21}C(M^{2+})}{K_{sp}^{\ominus}(MS)}}=3.7\times10^{-11}\sqrt{\frac{C(M^{2+})}{K_{sp}^{\ominus}(MS)}}$$

$$pH=-\lg\left(3.7\times10^{-11}\sqrt{\frac{C(M^{2+})}{K_{sp}^{\ominus}(MS)}}\right)=$$

$$10.43-\frac{1}{2}\lg C(M^{2+})+\frac{1}{2}\lg K_{sp}^{\ominus}(MS)$$

$$(3.18)$$

要使 M^{2+}完全沉淀（$C(M^{2+}) \leqslant 10^{-5}$ mol·L^{-1}），应维持的 H$^+$最大浓度和对应的 pH 值

为

$$C(\mathrm{H^+}) \leqslant \sqrt{\frac{1.4 \times 10^{-21} \times 10^{-5}}{K_{\mathrm{sp}}^{\ominus}(\mathrm{MS})}} = 1.2 \times 10^{-13} \sqrt{\frac{1}{K_{\mathrm{sp}}^{\ominus}(\mathrm{MS})}}$$

$$\mathrm{pH} = 12.92 + \frac{1}{2}\lg K_{\mathrm{sp}}^{\ominus}(\mathrm{MS}) \tag{3.19}$$

草酸盐、碳酸盐、磷酸盐等难溶盐的生成,也可参考难溶硫化物的制备条件来进行计算。只需将难溶盐的溶度积和弱酸的离解常数更换过来即可。

2. 沉淀的转化

借助某一试剂的作用,把一种沉淀转化为另一种沉淀的过程,叫做沉淀的转化。利用沉淀转化也可制备某些无机化合物。其影响因素可从下述平衡得到,即

$$\mathrm{AB}(\mathrm{S}) + \mathrm{D}(\mathrm{aq}) = \mathrm{AD}(\mathrm{s}) + \mathrm{B}(\mathrm{aq})$$

$$K^{\ominus} = \frac{C(\mathrm{B})}{C(\mathrm{D})} = \frac{K_{\mathrm{sp}}^{\ominus}(\mathrm{AB})}{K_{\mathrm{sp}}^{\ominus}(\mathrm{AD})}$$

沉淀转化程度的大小主要取决于两种沉淀溶度积的相对大小及沉淀剂的浓度。一般来说,溶解度较大的沉淀容易转化为溶解度较小的沉淀,浓的沉淀剂溶液有利于沉淀的转化。如 $\mathrm{BaSO_4}$ 向 $\mathrm{BaCO_3}$ 的转化,由于

$$K_{\mathrm{sp}}^{\ominus}(\mathrm{BaSO_4}) = 1.1 \times 10^{-10} < K_{\mathrm{sp}}^{\ominus}(\mathrm{BaCO_3}) = 5.1 \times 10^{-9}$$

而必须用浓的 $\mathrm{Na_2CO_3}$ 溶液转化;而 $\mathrm{CaSO_4}$ 向 $\mathrm{CaCO_3}$ 的转化,则由于

$$K_{\mathrm{sp}}^{\ominus}(\mathrm{CaSO_4}) = 9.1 \times 10^{-8} > K_{\mathrm{sp}}^{\ominus}(\mathrm{CaCO_3}) = 2.8 \times 10^{-9}$$

只需用稀 $\mathrm{Na_2CO_3}$ 溶液即可转化完全。

金属的硫化物一般具有较小的溶度积,它的制备可通过向金属氧化物、氢氧化物、草酸盐、碳酸盐加入 $\mathrm{Na_2S}$ 来制备。AgX、CuX 中从 $\mathrm{F-Cl}$,盐类溶解度逐渐减小,也可用卤素离子的置换反应制得其他卤化物,如

$$\mathrm{AgF} \xrightarrow{\mathrm{Cl^-}} \mathrm{AgCl} \xrightarrow{\mathrm{Br^-}} \mathrm{AgBr} \xrightarrow{\mathrm{I^-}} \mathrm{AgI} \xrightarrow{\mathrm{S^{2-}}} \mathrm{Ag_2S}$$

3. 共沉淀

在混合离子溶液中加入某种沉淀剂或混合沉淀剂使多种离子同时沉淀的过程,叫共沉淀,共沉淀的目标是通过形成中间沉淀物制备多组分陶瓷氧化物,这些中间沉淀通常是水合氧化物,也可以是草酸盐、碳酸盐或者是它们之间的混合物。由于被沉淀的离子在溶液中可精确计量,只要能保证这些离子共沉淀完全,即能得到组成均匀的多组分混合物,从而保证煅烧产物的化学均匀性,并可以降低其烧成温度。对于少量离子掺杂的多组分材料的合成,在共沉淀过程中必须按少量离子完全沉淀的条件来进行控制,对于单一沉淀溶解度差异较大的物质,如 $\mathrm{Mg(OH)_2}$ 和 $\mathrm{Al(OH)_3}$ 的共沉淀,如果只用 NaOH 的话,$\mathrm{Mg(OH)_2}$ 沉淀完全后($\mathrm{pH} = 10.4$),$\mathrm{Al(OH)_3}$ 已形成 $[\mathrm{Al(OH)_4}]^-$ 而溶解,不能得到按计量配比的混合材料,这时,如果用稀 $\mathrm{Na_2CO_3}$ 溶液去做沉淀剂,控制 $\mathrm{pH} > 7.8$,则按计量生成 $\mathrm{MgCO_3}$ 和 $\mathrm{Al(OH)_3}$ 混合沉淀,煅烧后得 $\mathrm{MgO-Al_2O_3}$ 混合物。再如 3 价稀土离子在 $\mathrm{SnO_2}$ 中的掺杂,两者沉淀完全的 pH 值相差较大 $[\mathrm{Sn(OH)_4}\ \mathrm{pH} = 1, \mathrm{Ln(OH)_3}\ \mathrm{pH} = 9.5]$,操作时,用 NaOH 或 $\mathrm{NH_3 \cdot H_2O}$ 做沉淀剂时,事实上是分步沉淀,若用草酸铵做沉淀剂时,

控制溶液pH＝7，即可共沉淀生成 $Ln_2(C_2O_4)_3$ 和 $Sn(OH_4)$ 均匀混合物。

在工业上共沉淀应用的一个典型例子是 $BaTiO_3$ 的合成，在控制 pH、温度和反应物浓度的条件下，向 $BaCl_2$ 和 $TiOCl_2$ 混合溶液加入草酸，就得到了钡钛复合草酸盐沉淀，即

$$BaCl_2+TiOCl_2+2H_2C_2O_4+4H_2O \longrightarrow BaTiO(C_2O_4)_2 \cdot 4H_2O+4HCl$$

在共沉淀过程中也可以引入稀土元素或其他元素形成掺杂共沉淀。将沉淀过滤、洗涤、干燥后煅烧可得 $BaTiO_3$ 或掺杂 $BaTiO_3$ 粉体，即

$$BaTiO(C_2O_4)_2 \cdot 4H_2O \xrightarrow{373-413K} BaTiO(C_2O_4)_2+4H_2O$$

$$BaTiO(C_2O_4)_2 \xrightarrow{573-623K} 0.5BaTi_2O_5+0.5BaCO_3+2CO+1.5CO_2$$

$$0.5BaTi_2O_5+0.5BaCO_3 \xrightarrow{873-973K} BaTiO_3+0.5CO_2$$

4. 均匀沉淀法制备无机材料

均匀沉淀法是指沉淀离子之间并不直接发生反应，而是通过溶液中发生的化学反应，缓慢而均匀地在溶液中产生沉淀剂，从而使沉淀在整个溶液中均匀缓慢地析出的沉淀方法。由于该过程的成核条件一致，因此可获得颗粒均匀，结晶较好，纯净且容易过滤的沉淀。

在无机合成中，应用较多的是尿素及硫代乙酰胺的均匀沉淀法。尿素的水解反应如下

$$CO_2+NH_4^+ \xleftarrow{H_2O,H^+} NH_2CONH_2 \xrightarrow{H_2O,OH^-} CO_3^{2-}+NH_3$$

若控制溶液为酸性，升高温度后，由于尿素水解和生成 CO_2，可代替 H_2CO_3 做均匀沉淀剂，生成碳酸盐。若控制溶液为碱性，随着温度的升高，尿素逐渐水解生成 CO_3^{2-} 和 NH_3，并使溶液的 pH 值进一步增大，可代替 Na_2CO_3 做均匀沉淀剂，生成碳酸盐或金属氢氧化物，也可能形成混合沉淀形式。如在含有 Zn^{2+} 的溶液中加入尿素，升高温度至 90℃ 保持 10h，可制得均匀的球状 $ZnCO_3$，煅烧后得到单分散的 ZnO 粉体。若要制取 Zn_2SnO_4 复合氧化物，也可利用均匀沉淀法。在化学计量比为 2:1 的 Zn^{2+}、Sn^{4+} 混合溶液中，加入尿素，并升温到90℃，保温 10h 以上，即可得 H_2SnO_3 和 $ZnCO_3$ 的均匀混合物，过滤、洗涤、煅烧后可制得匀颗粒的 Zn_2SnO_4 微粉，该材料有良好的气敏性能。

硫代乙酰胺的水解反应如下：

酸性溶液中

$$CH_3CSNH_2+2H_2O \Longrightarrow NH_4^+ +CH_3COO^- +H_2S$$

碱性溶液中

$$CH_3CSNH_2+2OH^- \Longrightarrow NH_3+CH_3COO^- +HS^-$$

不管是酸性溶液还是碱性溶液，硫化乙酰胺都是用来代替 H_2S 或 Na_2S 做硫化物的均匀沉淀剂，制备组成均匀的硫化物或混合硫化物沉淀。如在含有 Zn^{2+} 或 Cd^{2+} 的溶液中，加入硫化乙酰胺，升温至 90℃，会观察到白色的 ZnS 或黄色 CdS 生成。TEM 的观察结果表明其颗粒均匀，微细，可用于光敏材料、气敏材料等领域。

金属的配合物也可在高温发生离解反应，在 OH^-、S^{2-}、CO_3^{2-}、$C_2O_4^{2-}$ 等沉淀离子存在时，也能生成均匀的氢氧化物、硫化物、碳酸盐和草酸盐沉淀，经分离、洗涤、干燥、煅烧后

制得有价值的氧化物或硫化物微粉。

溶胶-凝胶法、水热法及溶剂热法现在在无机材料合成中也用得很多,鉴于篇幅所限,就不一一介绍了,详细内容请参看近期的学术期刊。

3.2　有机化合物的合成方法

研究合成方法的根本目的在于将其付诸于工业实践,为人类社会造福。因此,任何有机合成方法都要尽可能地达到既易于组织工业生产,又易于保持正常生产,同时,又要保证对环境的友好(最好为零排放)。为达到这些目标,从分子设计角度来讲,就要达到如下具体要求。

①操作简便又安全,要求化学反应步骤减至最少,但更重要的是,工序和操作手续减至最少、最简;生产操作易掌握、易控制、安全度大,因为安全操作是保证正常生产的重要条件。

②设备简单,是指生产设备数量少,容积小,和不需要特殊设备、特殊器材,不需应用高压、高温、高真空或者复杂的安全防护设备。

③原料便宜易得,是指所需原料的品种少、价格便宜和容易获得,最好是一些可以大量供应,又很便宜的基本或大宗化工原料,在合成中常要应用大量的各种有机溶剂、酸和碱,它们本身并不参与反应,只是作为反应的介质或精制的辅助材料,这些东西如能减少用量或省去不用,不但可以节省生产费用,降低生产成本,避免许多供应与储藏上的麻烦,减少许多设备,而且可以充分发挥设备的利用率,成倍地提高产量。

④收率的高低是衡量生产方法好坏极其重要的一个方面,虽然要求总收率高并稳定,但在比较不同的合成路线时,却也不能光看收率,应该进行生产成本的经济核算。

⑤尽可能实现零排放,若必须排放,应有合理的三废处理措施,达到环境友好。

3.2.1　分子设计过程中的集束战略

任何一个复杂有机物质的合成,都不会只是一条合成路线。即使一个十分简单的分子,如乙醛,从理论上讲也会有多种合成路线(或多种方法)。因此,在将这些不同的理论方法付诸于实践时,就要有所筛选(或淘汰),从而使实际所采用的方法,达到工业化生产的最理想的状态,这就出现了有机化合物分子合成设计中的战略问题。

判断一个合成方法的优劣,首要的标准是它必须简短。试计算下列两个合成路线的总产率,设每步的产率均为90%。

$$(1)\ A \rightarrow B \rightarrow C \rightarrow TM$$
$$(2)\ A \rightarrow B \rightarrow C \rightarrow D \rightarrow E \rightarrow TM$$

分三步合成(1)的最终产率为73%;而分五步合成(2)的产率为59%。显然,如果一个合成多达十步时,"算术恶魔"势必将其产率降低至35%,而每步合成的产率却是90%,所以,短步骤的合成为良好的合成。

然而,如果我们采用集束(或收敛)型而不是直线型五步战略,我们就可以逃脱这一"算术恶魔"。这就是

$$
\left.\begin{array}{l}
A \rightarrow B \rightarrow C \\
D \rightarrow E \rightarrow F
\end{array}\right\} \rightarrow TM
$$

如果每一步产率仍为90%,那么这个五步集束型合成的总产率,很明显与三步合成的总效率是一样的,即73%。因此,在遇到复杂有机物的合成时,将其单独制成相当的几部分,然后再将这几部分连接起来(集束型战略)这是个比较好的方法。这一方法在方法学上称之为"合成树"(见图3.2)。

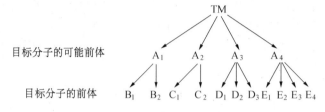

图3.2　目标分子合成树

当目标分子(TM)过于复杂时,合成树因变得过于复杂而不实用,所以在多数情况下,还需使用逻辑分析(Logical Analysis)与直觉判断(Intuition judgement)相结合的办法。首先要建造合成树,然后凭直觉认出从可能的中间物中的一个,到原料之间的完整路线,其中间过程见图3.3。

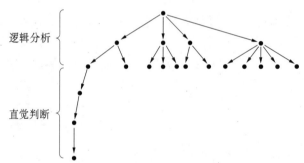

图3.3　逻辑分析与直觉判断相结合完成合成设计

在分析推理过程中,直觉的重要性对于科学研究,尤其是对于合成设计,是不应该低估的。但是,如果没有掌握足够的实际知识,即没有对有机反应的充分认识,直觉是不能起作用的。在此必须注意,有些物质的同型合成设计中,涉及到反应步骤的先后次序的不同安排。例如α双取代丙酮的合成,就有两种可供选择的同型合成路线。

路线之一

路线之二:

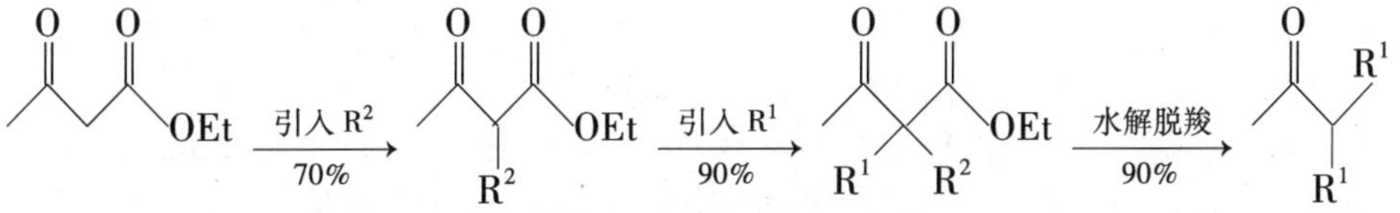

从数学角度看,两种路线的总收率相等,即

$$90\% \times 70\% \times 90\% = 70\% \times 90\% \times 90\% = 56.7\%$$

但从成本核算来讲,路线之二要优于路线之一。因此,一般都尽可能地将收率低的单元反应放在前面,而将收率高的单元放在后面。不仅如此,安排适当,各步反应可以起协同作用,例如苦味酸在工业上是由氯苯按下列路线制备的。

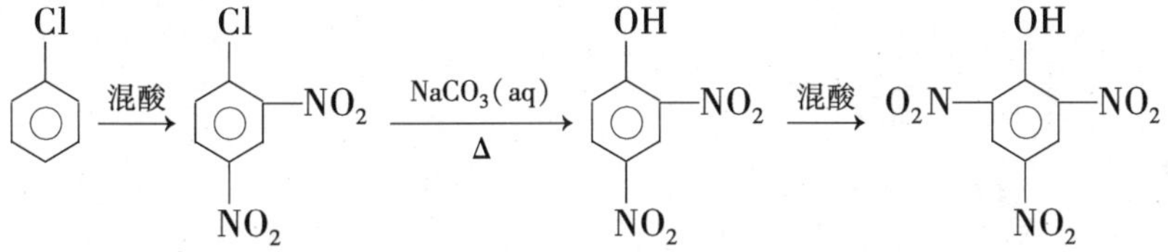

氯苯不易水解,但硝化成 2,4-二硝基氯苯后就可以容易地水解为 2,4-二硝基苯酚。氯基改变为羟基,有利于进一步硝化,而原有硝基的存在又可以防止羟基被硝酸氧化破坏。假设如下改变单元反应的前后次序为

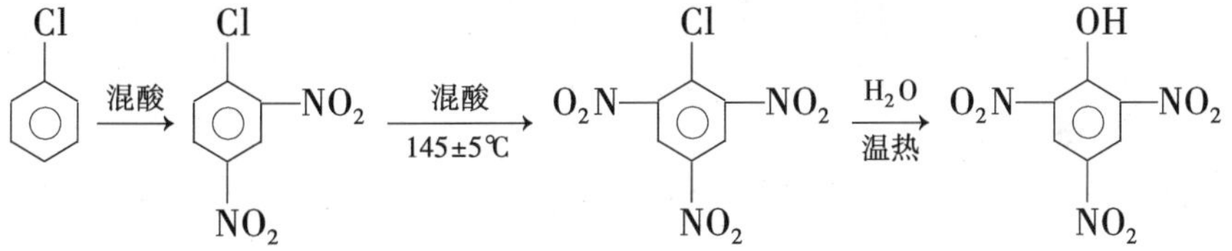

则 2,4-二硝基氯苯的进一步硝化会有困难,需要使用过量的混合酸,并在 140～150℃下进行。事实上,苦基氯通常是由苦味酸而不是 2,4-二硝基氯苯制备的。

3.2.2　尽可能使合成问题简化

在着手解决合成问题时,首先要考虑的是如何将问题简化。当然,问题能不能简化要取决于问题本身,即使问题能够简化,如果不掌握这方面的技巧,仍然会“事倍功半”。因此,有必要讨论这方面的问题。

1. 模型化合物运用

“类比推理(Reasoning by Analogy)”这个方法对于有机合成是很有用的。在设计合

成路线时,为确定某个中间物 M 能否预期地转变为所要的目标化合物(TM),以及经过什么样的途径才能最好地达到这个目的,可以选取一个结构与 M 尽可能相似,并且已知其合成方法,能够制取一定数量的化合物 M′为模型化合物(Model Compound),由它的表现(从文献上查阅,必要时也可经过实物试验)来类推 M 的可能表现。

例　试设计螺[4,4]壬二酮–1,6 的合成路线。

分析　目标分子的结构为

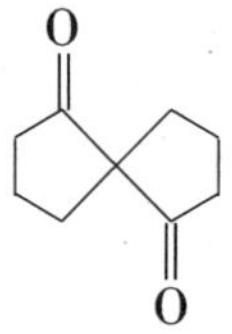

螺[4,4]壬二酮–1,6

显然,目标分子的合成需要使用闭环成酮反应,它们有:

偶姻缩合　酯与钠在惰性溶剂如乙醚或苯中作用,生成 α–羟基酮,这类化合物统称偶姻(Acyloins),因此这类反应称为偶姻缩合(Acyloin Condensation),反应起初生成烯二醇的二钠盐,水解后就成偶姻,例如

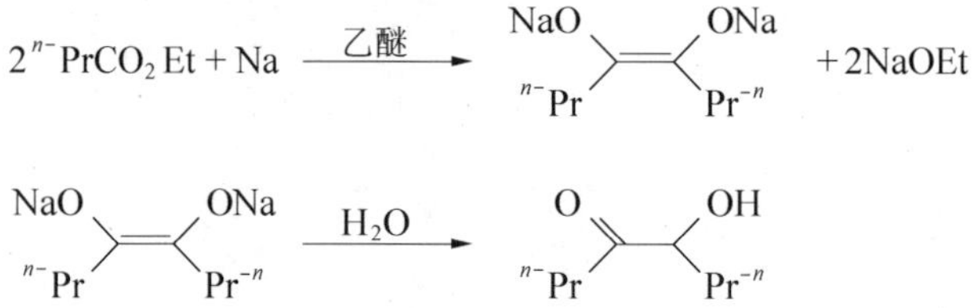

偶姻缩合也可以用于环状化合物的合成,例如

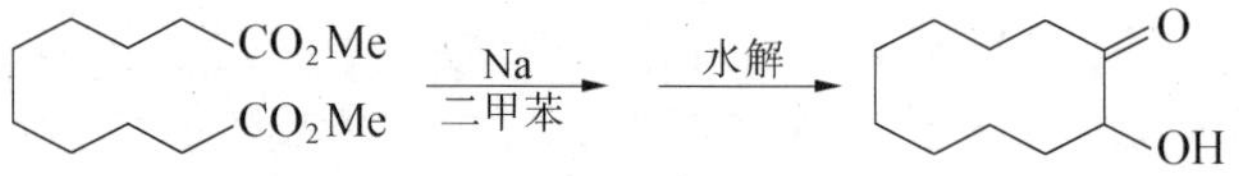

Dieckmann 缩合　二元酸酯在碱性催化剂作用下,发生分子内的乙酰乙酸酯缩合,生成环状的 β–酮酸酯,这个反应称为迪克曼(Dieckmann W.)缩合或环化,它实质上是克莱森缩合的一种类型。例如

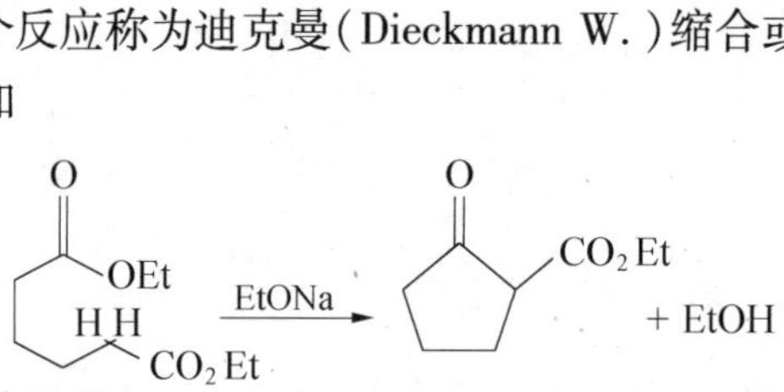

Thorpe 反应　Thorpe 反应中包含了对氰基的亲核加成。反应用有高度位阻作用的碱来催化,使质子的除去能够优先于碱在氰基上的加成,反应生成亚氨–腈(iminonitriles),再水解成酮腈。

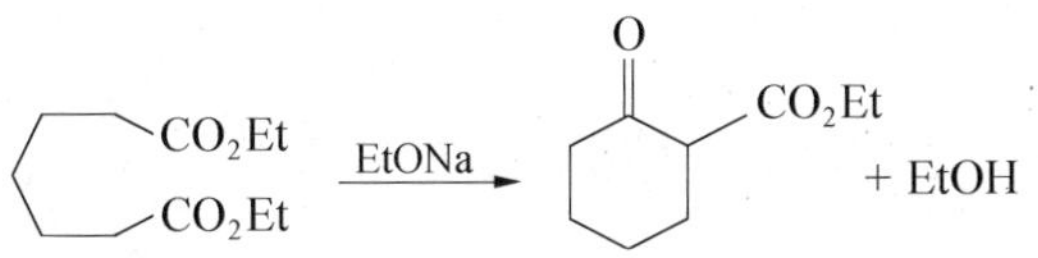

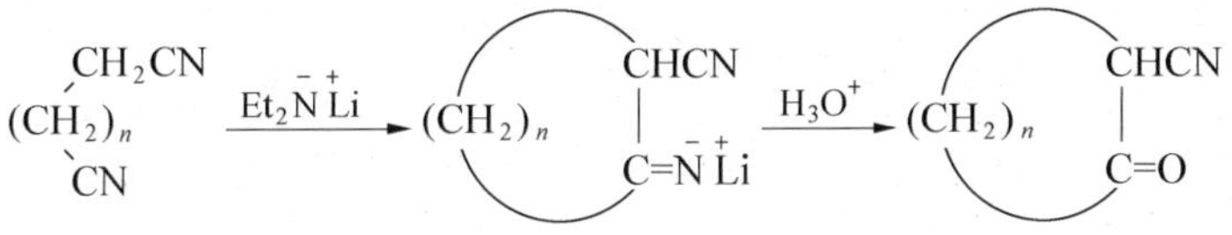

羧酸的热解

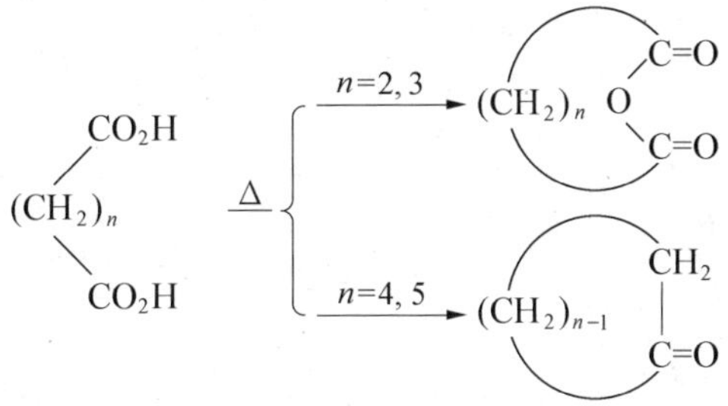

羧酸盐热解 从二元羧酸的钡盐或钙盐可以颇为顺利地制得 5-和 6-员环化合物。例如

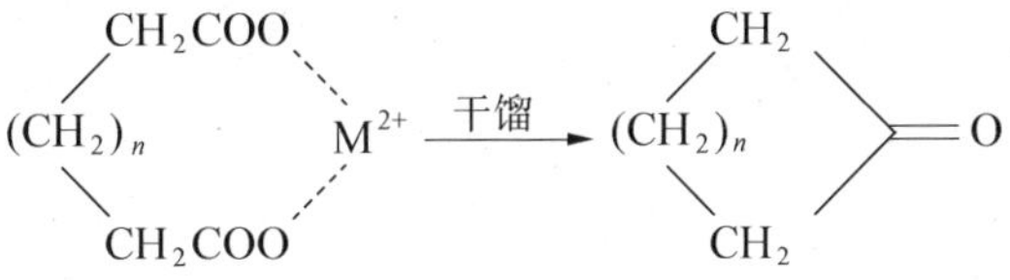

比较上述各种反应的特点,由于偶姻缩合制备五员环不仅收率低,而且反应会生成多种异构体,故放弃不用,其他四种反应都有可能适用。

四种反应的产物及使用的原料:

Dieckmann 缩合

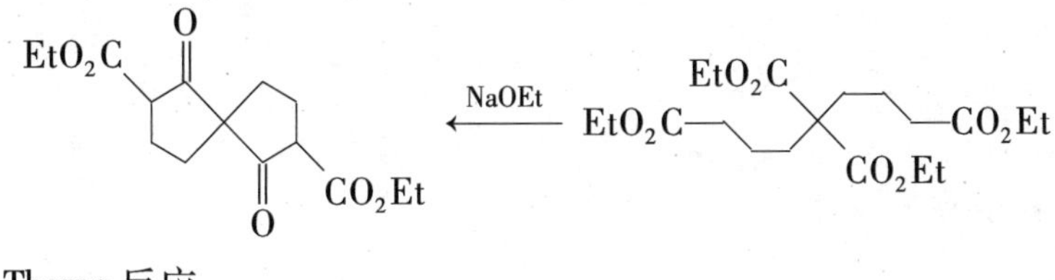

Thorpe 反应

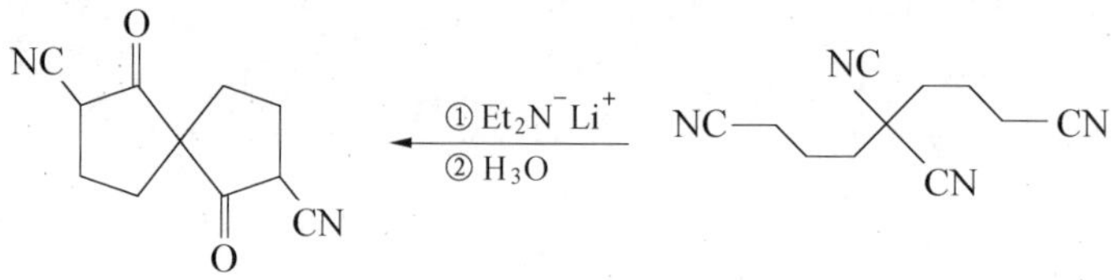

羧酸的热解

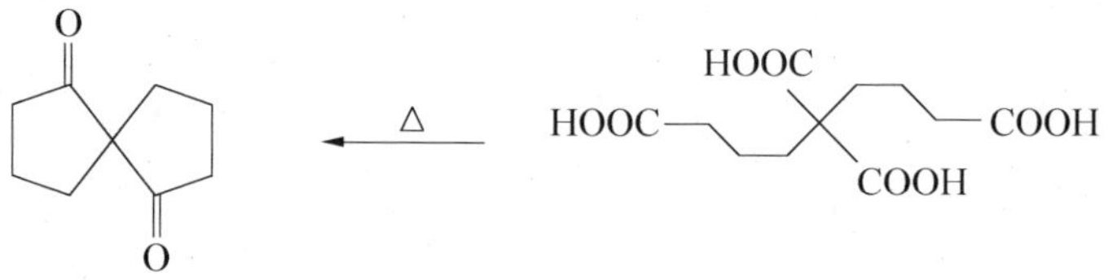

羧酸盐热解

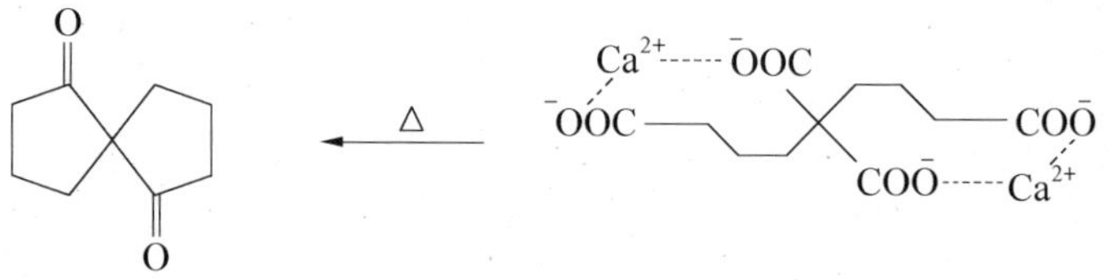

上面的四种反应都需要用下列四元羧酸 T 或它的衍生物为原料。

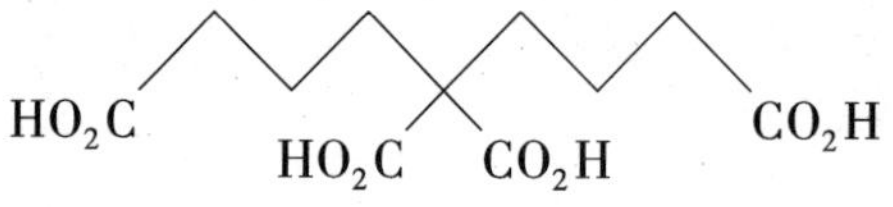

四元酸　T

为了判断这四种在理论上都可以使用的反应,其中究竟是哪种在合成上实际可行,现取四元羧酸 T 为模型化合物。四元羧酸 T 可以如下制备。

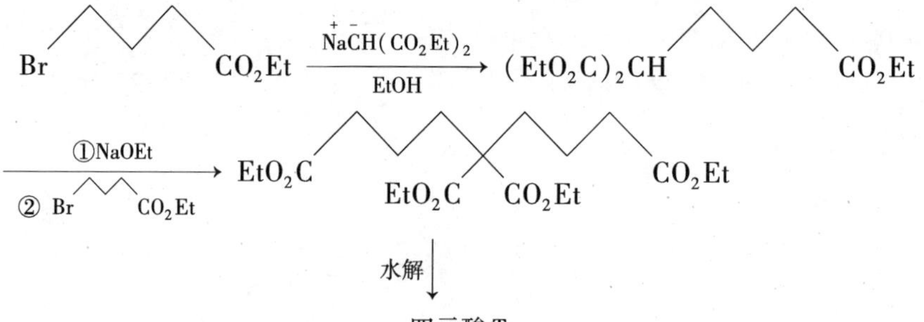

$$\xrightarrow[\text{② Br} \sim \text{CO}_2\text{Et}]{\text{①NaOEt}}$$

水解 ↓

四元酸 T

$Br(CH_2)_3CO_2Et$ 需要如下制备。

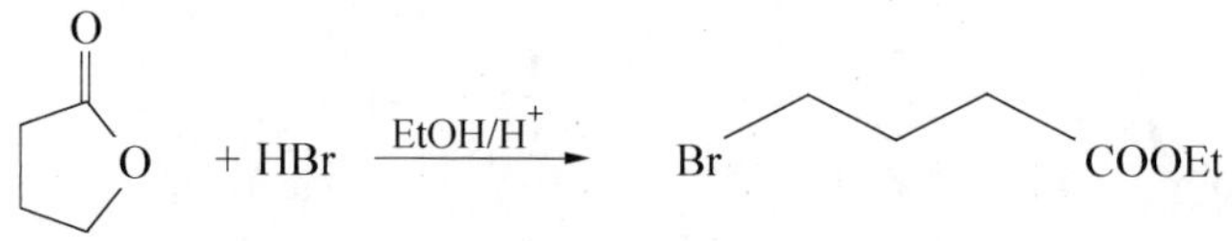

显然,四元羧酸 T 的制备是比较麻烦的,能否改用结构比较简单,制备也较方便的二元羧酸 D 为模型化合物?

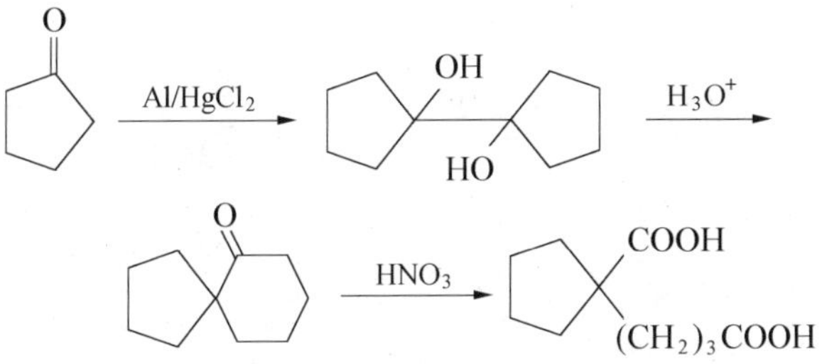

二元羧酸 D 具有如下的表现。

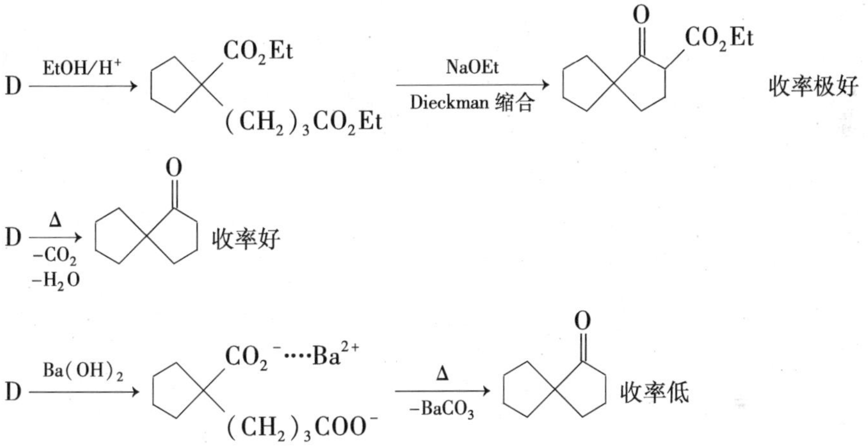

结论是用迪克曼缩合结果最好。但是,当四元羧酸 T 的酯在迪克曼缩合反应条件下却不能生成所要的化合物,这是因为下列破坏性反应的速度要大于迪克曼缩合反应的速度。

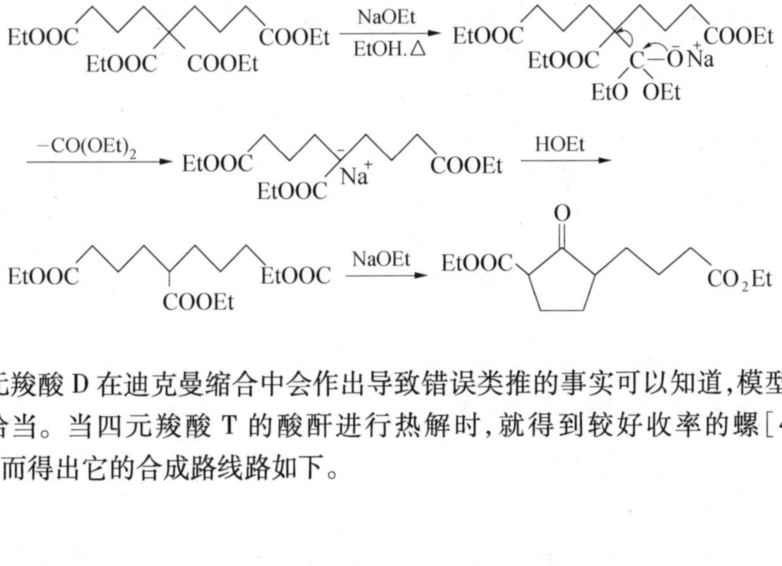

由二元羧酸 D 在迪克曼缩合中会作出导致错误类推的事实可以知道,模型化合物的选择必须恰当。当四元羧酸 T 的酸酐进行热解时,就得到较好收率的螺[4,4]壬二酮-1,6,从而得出它的合成路线如下。

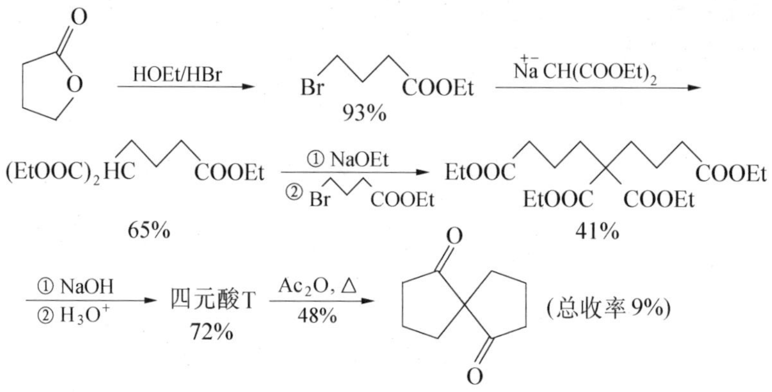

2. 对称性战略

分子的对称现象可以表现于目标分子,也可以目标分子并不对称,但经过适当的拆开后,却可以得到对称的中间物,Corey 称前者为实在分子对称(Actual Molecular Symmetry),后者为潜在分子对称(Potential Molecular Symmetry),两者都能用来帮助简化合成问题。对称所以能使合成简化,是由于合成中可以将分子的相同部分同时建造起来,实现"一举"能够"两得"。

例 1 合成胆碱酯酶抑制剂:酶抑宁

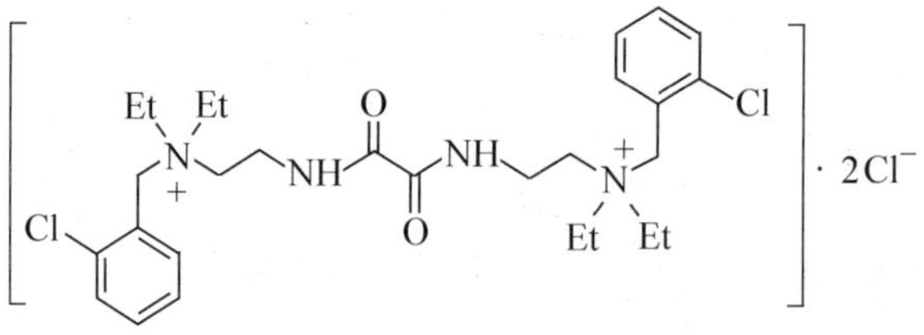

分析:该分子表面看来十分复杂,但是经过仔细观察就会发现它是一个对称的分子形成的季铵盐,因此,第一步应该将其拆分为叔胺(A)和一个氯代烃(B):

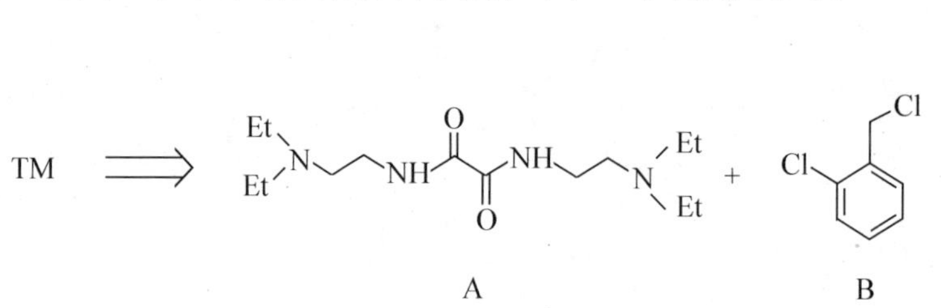

氯代烃(B)是一个常见的化工商品,而叔胺(A)分子结构十分对称,可以只考虑它的一半结构的构成:这样可以用常见的丙烯腈为原料合成该化合物。

$$A \Longrightarrow 2 \quad \underset{Et}{\overset{Et}{\diagdown}}N\text{-CH}_2\text{CH}_2\text{-NH-}\overset{O}{\overset{\|}{C}}\text{-}\mathrel{\vcenter{}} \Longrightarrow \underset{Et}{\overset{Et}{\diagdown}}N\text{-CH}_2\text{CH}_2\text{-NH}_2 + \text{EtO-}\overset{O}{\overset{\|}{C}}\text{-}$$

$$\Longrightarrow \underset{Et}{\overset{Et}{\diagdown}}N\text{-CH}_2\text{CH}_2\text{-}\overset{O}{\underset{\|}{C}}\text{-NH}_2 \Longrightarrow \underset{Et}{\overset{Et}{\diagdown}}NH + \diagup\diagdown\text{CN}$$

合成

$$\diagup\diagdown\text{CN} \xrightarrow{\text{H}_2\text{SO}_4/\text{H}_2\text{O}} \overset{}{\diagup\diagdown}\overset{O}{\underset{\|}{C}}\text{NH}_2 \xrightarrow{\text{Et}_2\text{NH}} \underset{Et}{\overset{Et}{\diagdown}}N\text{-CH}_2\text{CH}_2\text{-}\overset{O}{\underset{\|}{C}}\text{NH}_2 \xrightarrow{\text{NaOH/Cl}_2}$$

$$\underset{Et}{\overset{Et}{\diagdown}}N\text{-CH}_2\text{CH}_2\text{-NH}_2 \xrightarrow{(\text{COOEt})_2} \underset{Et}{\overset{Et}{\diagdown}}N\text{-CH}_2\text{CH}_2\text{-NH-}\overset{O}{\overset{\|}{C}}\text{-}\overset{O}{\underset{\|}{C}}\text{-NH-CH}_2\text{CH}_2\text{-}N\underset{Et}{\overset{Et}{\diagup}} \xrightarrow{B} \text{TM}$$

例 2　设计苯丙砜的合成路线

$$\underset{\text{NaO}_3\text{S}}{\overset{\text{NaO}_3\text{S}}{}}\text{Ph-HCH}_2\text{CHCHN-}\overset{}{\diagup\diagdown}\text{-}\overset{O}{\underset{O}{\overset{\|}{\underset{\|}{S}}}}\text{-}\overset{}{\diagdown\diagup}\text{-NHCHCH}_2\text{CH-Ph}\underset{\text{SO}_3\text{Na}}{\overset{\text{SO}_3\text{Na}}{}}$$

苯丙砜

（1）分析

醇胺的作用

$$\text{NH}_3 \xrightarrow{\text{ROH}} \text{RNH}_2 + \text{H}_2\text{O}$$

$$\xrightarrow{\text{ROH}} \text{R}_2\text{NH} + \text{H}_2\text{O}$$

$$\xrightarrow{\text{ROH}} \text{R}_3\text{NH} + \text{H}_2\text{O}$$

$$\underset{\text{SO}_3\text{Na}}{\overset{\text{SO}_3\text{Na}}{}}\text{CHCH}_2\text{-CHOH} \Longrightarrow \text{CH=CHCHO} + \text{NaHSO}_3$$

注解：苯丙砜为治疗麻风病比较常用的药物，疗效较好，此外，还可治疗疱疹样皮炎，口服吸收不完全，主要采用注射。

肉桂醛有如其他的醛，与 NaHSO$_3$ 生成加成物，但与 NaHSO$_3$ 长时间处理，却可以生成二磺酸盐。这现象可以如下解释。

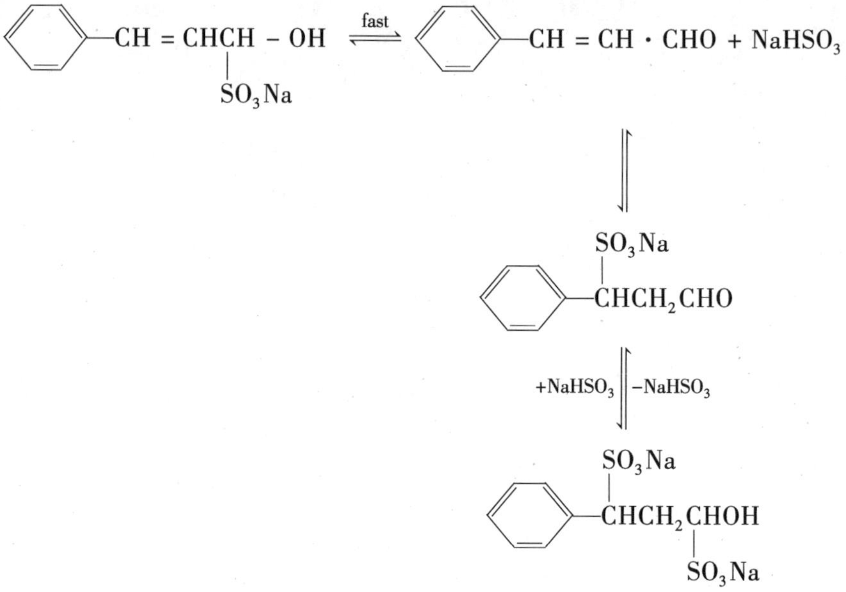

$$\text{Ph—CH}=\text{CHCH—OH} \underset{\text{fast}}{\rightleftharpoons} \text{Ph—CH}=\text{CH·CHO} + \text{NaHSO}_3$$
$$\overset{|}{\text{SO}_3\text{Na}}$$

$$\text{Ph—CHCH}_2\text{CHO}$$
$$\overset{\text{SO}_3\text{Na}}{|}$$

$$+\text{NaHSO}_3 \parallel -\text{NaHSO}_3$$

$$\text{Ph—CHCH}_2\text{CHOH}$$
$$\overset{\text{SO}_3\text{Na}}{|} \qquad \overset{|}{\text{SO}_3\text{Na}}$$

结果，当二磺酸盐积聚时，起初生成的 NaHSO_3 加成物就慢慢消失。

（2）合成

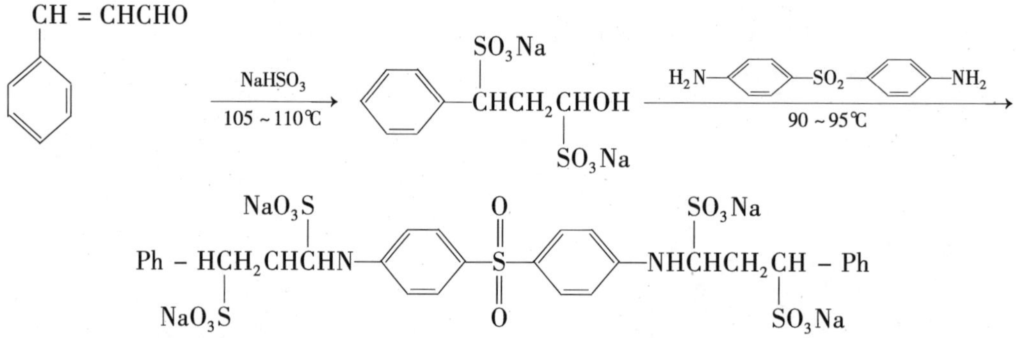

$$\text{Ph—CH}=\text{CHCHO} \xrightarrow[105\sim110\text{℃}]{\text{NaHSO}_3} \text{Ph—CHCH}_2\text{CHOH} \xrightarrow[90\sim95\text{℃}]{\text{H}_2\text{N—}\bigcirc\text{—SO}_2\text{—}\bigcirc\text{—NH}_2}$$

$$\text{Ph—HCH}_2\text{CHCHN—}\bigcirc\text{—S—}\bigcirc\text{—NHCHCH}_2\text{CH—Ph}$$

3. 多步合成要抓关键

在复杂化合物的合成中，必然有许多问题需要解决，此时不应平均使用力量，而应抓住关键，重点加以解决，要做到这点，除需要必备的合成知识外，还要经过合理的分析和逻辑的推敲。举例说，在多步合成的设计中，不应对中间物同等对待，而应找出其中的关键中间物，用更多的力量探求其合成的方法，以便找出最合适的合成工艺。这样做可以收到事半功倍之效。下面以 TMP 生产工艺的发展为例来说明。

TMP 是个高效、低毒的新型抗菌增效药物，化学名为 2,4-二氨基-5-（3,4,5-三甲氧苄基）嘧啶，具有下列的结构。

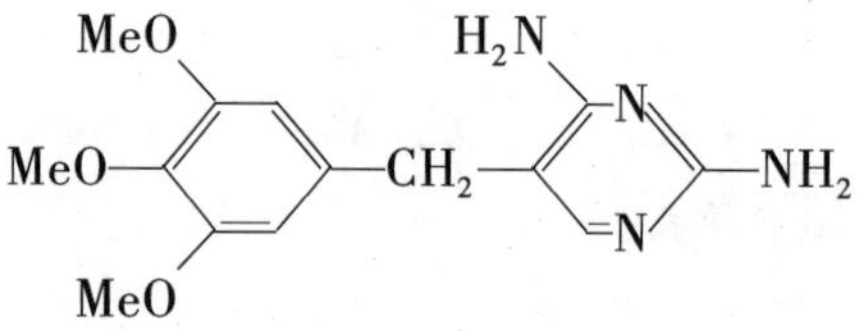

在 TMP 分子中含有一个嘧啶母体环,因此在设计 TMP 的合成路线时,首先应考虑嘧啶母体环的构成问题。嘧啶比较少见,合成取代的嘧啶化合物,通常不以嘧啶为原料,而是应用环合方法,制取嘧啶环,根据需要变换嘧啶环上的取代基。已有许多合成嘧啶化合物的方法根据组成嘧啶环所需碎片的基本特征,可以分为三种类型。

类型(Ⅰ)　　　　类型(Ⅱ)　　　　类型(Ⅲ)

三种方法中,类型(Ⅰ)的方法最常用,即一个含有三个碳原子化合物与一个具有脒型结构的化合物环合而成嘧啶环。

TMP 的制备就是使用了类型(1)的方法。

使用这个方法,TMP 应该如下来拆开,也就是应该以 3,4,5-三甲氧苄基氰基乙醛和胍为原料。

并设想反应经历了下列的过程。

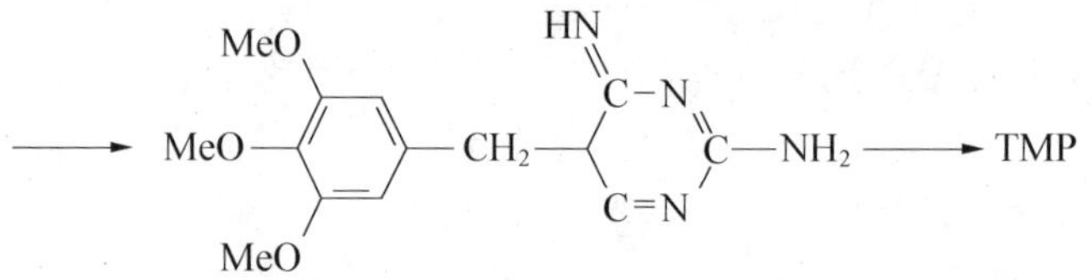

但是反应真的这样进行吗？能不能找到更合适的作用物？在此需要选取一个模型化合物，以便根据它的表现来类推。有人曾使苯基氰基乙醛与胍在乙醇中缩合，希望得到2,4-二氨基-5-苯基嘧啶，即

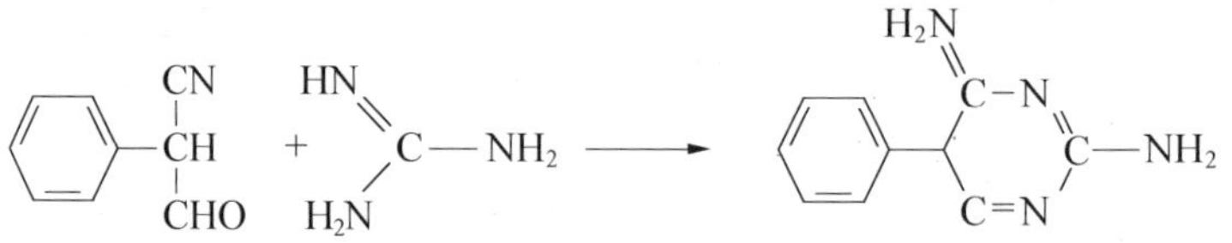

但是，结果却得到了2-氨基-4-苄基-1,3,5-三嗪，即

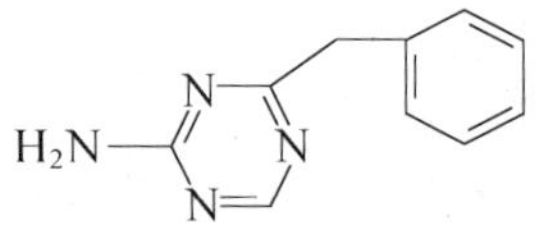

三嗪化合物的形成认为是经历了下列的过程：①苯基氰基乙醛被强碱性乙醇溶液裂开，生成甲酸乙酯和苯基乙腈；②甲酸乙酯与胍作用，生成甲酰胍；③甲酰胍在苯基乙腈上加成生成 N'-亚氨基苯乙酰基-N'-甲酰基胍；④后者失水环合成2-氨基-4-苄基-1,3,5-三嗪，这个过程可以用反应式表示如下，即

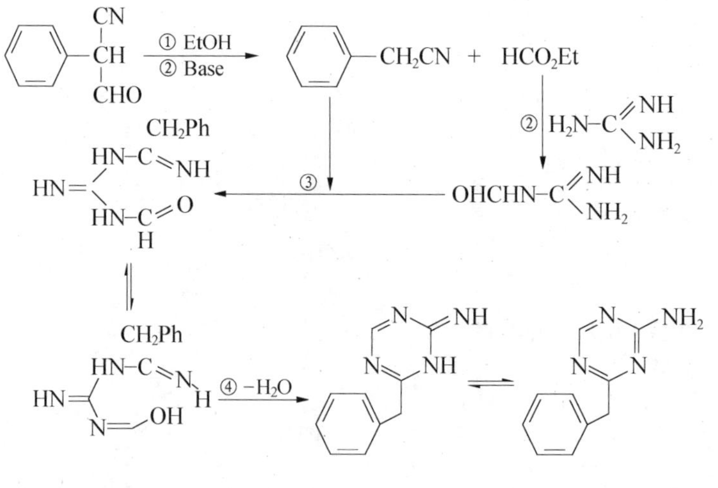

但是，如果先使苯基氰基乙醛与重氮甲烷作用，再使生成的产物与胍在沸腾的乙醇溶液中缩合，就可以得到收率很好的，所希望合成的2,4-二氨基-5-苯基嘧啶。这是因为反应经历了不同过程，可以用反应式表示如下。

实践证明，这并非个别的例外，原来 α-芳基-β-烷氧基丙烯腈与胍的缩合，是合成

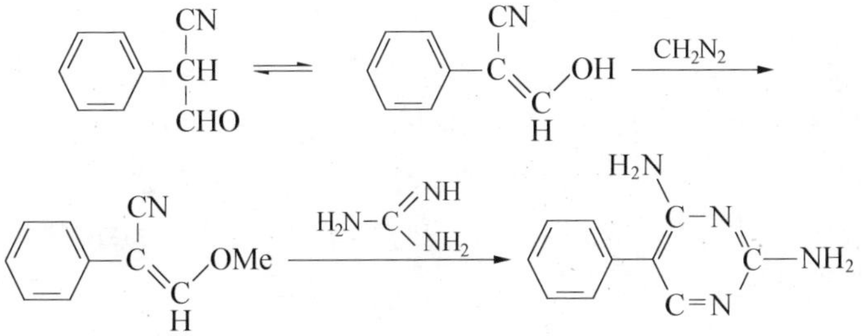

$$\underset{\underset{CHO}{\overset{CN}{|}}}{C_6H_5-CH} \rightleftharpoons \underset{\overset{CN}{\parallel}}{C_6H_5-C}=CH-OH \xrightarrow{CH_2N_2}$$

$$C_6H_5-\underset{\overset{CN}{\parallel}}{C}=\underset{OMe}{\overset{}{CH}} \xrightarrow[NH_2]{H_2N-C\overset{NH}{\parallel}} \text{(嘧啶环结构)}$$

2,4-二氨基-5-嘧啶化合物的一般方法。

对比这些事实,构成 TMP 分子中嘧啶环的另一个碎片拟应使用下列的丙烯腈衍生物,即

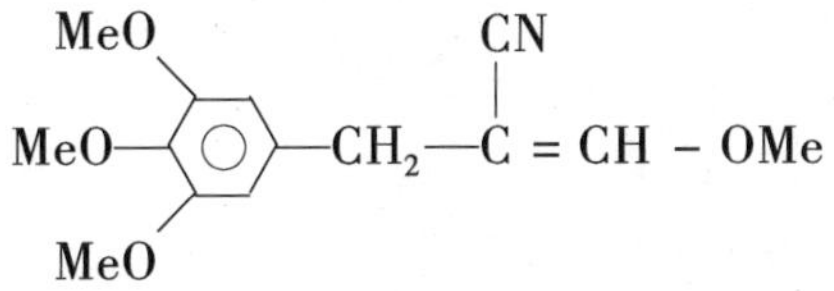

$$\text{MeO}-\underset{\underset{OMe}{|}}{\overset{OMe}{|}}C_6H_2-CH_2-\underset{}{\overset{CN}{|}}C=CH-OMe$$

α-(3,4,5-三甲氧苄基)-β-甲氧基丙烯腈

这个设想是正确的,已经在实践中得到证明,当 α-(3,4,5-三甲氧苄基)-β-甲氧基丙烯腈与胍缩合,就有 TMP 生成(分子中存在脒系互变异构:NH-C=N ⇌ N=C-NH),即

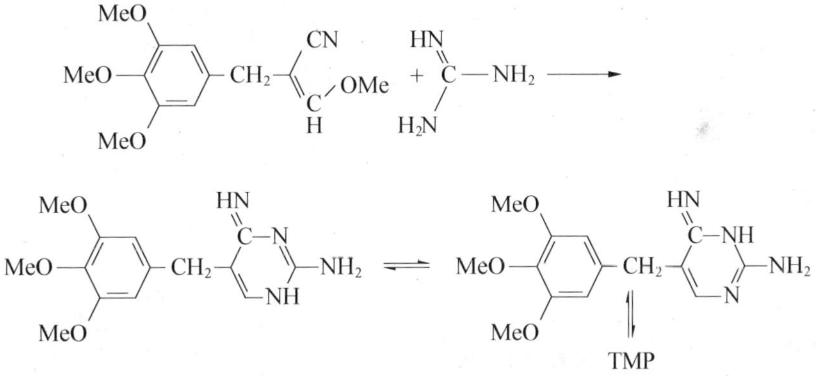

$$\text{（缩合反应式）} + \underset{H_2N}{\overset{HN}{\diagdown}}C-NH_2 \longrightarrow$$

$$\text{（互变异构式）} \rightleftharpoons \text{（互变异构式）}$$

TMP

这样一来问题就演变为如何来合成 α-(3,4,5-三甲氧苄基)-β-甲氧基丙烯腈了。显然,后者的合成可简化为 3,4,5-三甲氧基苯甲醛的合成,从而使 TMP 合成大大简化。

3.2.3　基团保护

在多功能基有机化合物的合成中,假如与 A 部分进行反应的试剂能影响其他部分时,有两种办法来解决。一种是采用只和 A 部分能进行反应的选择性试剂,但在许多情况下,结果往往不能令人满意。另一种办法是将不希望反应的部分选择性地保护起来,形成衍生物,而此种衍生物在即将进行的反应条件下是稳定的。A 部分反应后,再将为起保护作用而引入的基团脱去,这就是所谓保护基法及其应用。

由于合成复杂的天然有机物的需要,促进了对保护基的研究和发展,许多选择性高的

保护基的出现和应用,又推动和提高了许多更加复杂的天然有机化合物合成的水平和速度。两者相互影响,形成了目前在多肽、核酸、核苷、大环抗菌素和生物碱的全合成工作的蓬勃发展,保护基在解决复杂化合物的合成上起了极其重要的作用。

选择保护基的要求条件是:第一,保护基易于引入,收率高,制备时对分子其他部分无影响;第二,生成的保护衍生物在以后的反应过程中稳定;第三,保护基容易脱除,收率高,反应条件对分子其他部分无影响。

1.不同类型化合物的保护方法

限于篇幅,本节只介绍一些重要类型化合物的保护方法。

（1）胺

本类化合物具有易氧化、烷化及酰化等特性,多种保护基都是为阻止这类反应而创造的,它们主要有:

①转变成盐

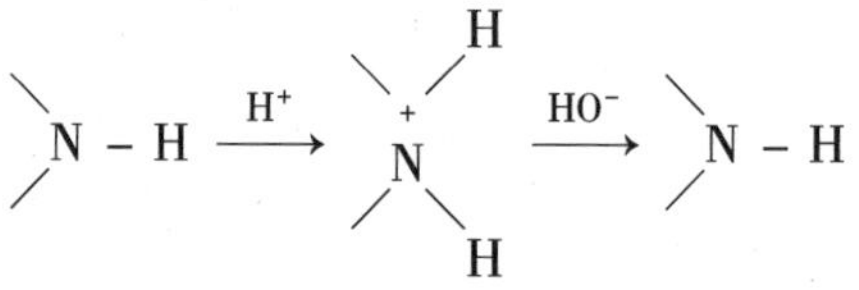

对 $KMnO_4$ 稳定

②转变成苄胺或取代的苄胺

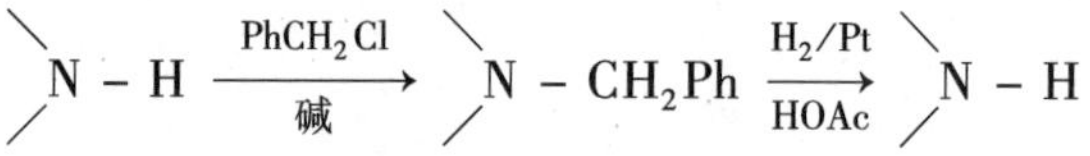

对酸、碱与 RMgX 稳定

③转变成酰胺、磺酰胺或酰亚胺

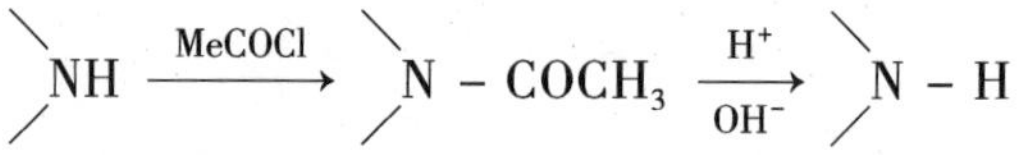

对氧化剂、烷化剂稳定

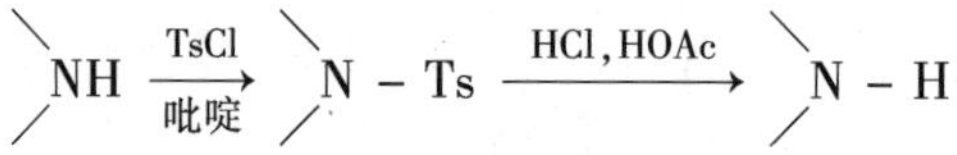

在由伯胺制仲胺时,磺酰基可阻止叔胺形成

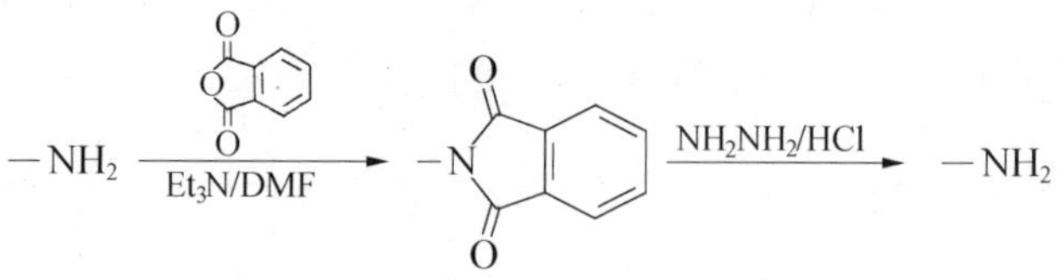

对酸稳定

④转变成氨基甲酸酯

对酸、碱及 CrO_3 稳定

（2）醇

醇的保护法与胺相似，因为醇也易氧化、烷化和酰化，但与胺不同，仲醇和叔醇常易脱水，有时需加以阻止，常用的保护法有：

①转变成醚

$$-O-H \xrightarrow[\text{吡啶}]{Ph_3CCl} -OCPh_3 \xrightarrow{HOAc/H_2O} -O-H$$

对 RMgX、LiAlH$_4$ 和 CrO$_3$ 稳定

②转变成混合型缩醛

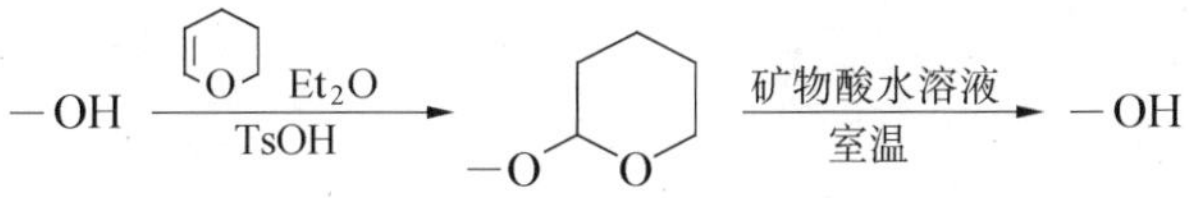

$$-OH \xrightarrow[\text{TsOH}]{\text{Et}_2O} -O-\text{(吡喃环)} \xrightarrow[\text{室温}]{\text{矿物酸水溶液}} -OH$$

对碱、RMgX、LiAlH$_4$、NaOEt、
金属氢化物和 CrO$_3$ 稳定

③转变成酯

$$-OH \xrightarrow[\text{吡啶}]{ClCO_2CH_2CCl_3} -O-\overset{O}{\overset{\|}{C}}OCH_2CCl_3 \xrightarrow{Zn/HOAc} -OH$$

对酸和 CrO$_3$ 稳定

（3）酚

酚的保护法和醇很相似，因为酚羟基和醇羟基在许多反应如酰化、烷化中表现类似，再者酚羟基使所在的芳环易被氧化，因此酚有如醇，也要防止被氧化剂作用，酚的保护法有：

①转变成醚

$$ArOH \xrightarrow[K_2CO_3]{PhCH_2Cl} Ar-OCH_2Ph \xrightarrow[Pd/C]{H_2} ArOH$$

对酸、碱、RMgX、LiAlH$_4$ 和 CrO$_3$ 稳定

②转变成混合型缩醛

$$ArOH \longrightarrow ArONa \xrightarrow{ClCH_2OMe} ArOCH_2OMe \xrightarrow[\text{温热}]{\text{稀酸}} ArOH$$

对碱、RMgX、LiAlH$_4$ 和 CrO$_3$ 稳定

③转变成酯

$$ArOH \xrightarrow[\text{吡啶}]{MeSO_2Cl} ArOSO_2CH_3 \xrightarrow[H_2O]{NaOH} ArOH$$

对酸和 CrO$_3$ 稳定

（4）羧酸

羧酸一般转变为酯来加以保护，例如

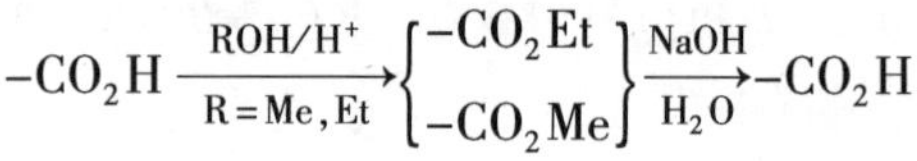

$$-CO_2H \xrightarrow[R=Me,Et]{ROH/H^+} \left\{ \begin{array}{l} -CO_2Et \\ -CO_2Me \end{array} \right\} \xrightarrow[H_2O]{NaOH} -CO_2H$$

对 RCOCl 稳定;有些酸,尤其是芳香酸

加热会脱羧,可借转变为甲、乙酯加以防止。

甲酯的制备和水解都比乙酯容易;甲酯多为固体,而相应的乙酯为液体,即

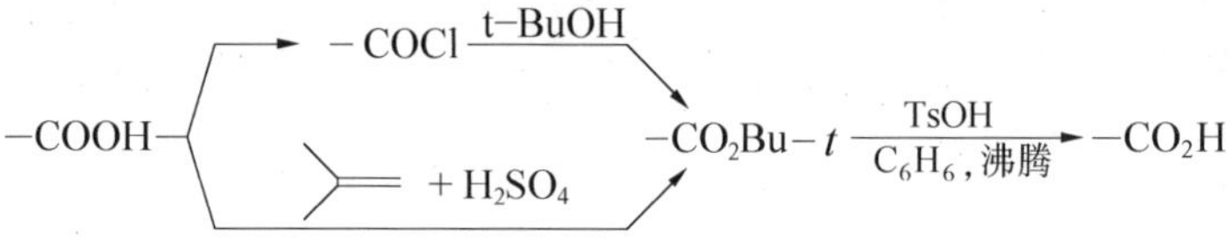

$$-COOH \left\langle \begin{array}{l} -COCl \xrightarrow{t-BuOH} \\ \\ +H_2SO_4 \end{array} \right\rangle -CO_2Bu-t \xrightarrow[C_6H_6,沸腾]{TsOH} -CO_2H$$

$$-CO_2H \longrightarrow -COOK \xrightarrow{ClCOOCH_2CCl_3} -CO_2CH_2CCl_3 \xrightarrow[H_2O]{Zn/HOAc} -CO_2H$$

(5)醛和酮

虽然醛和酮有许多保护方法,但最重要的还是形成缩醛和缩酮,例如

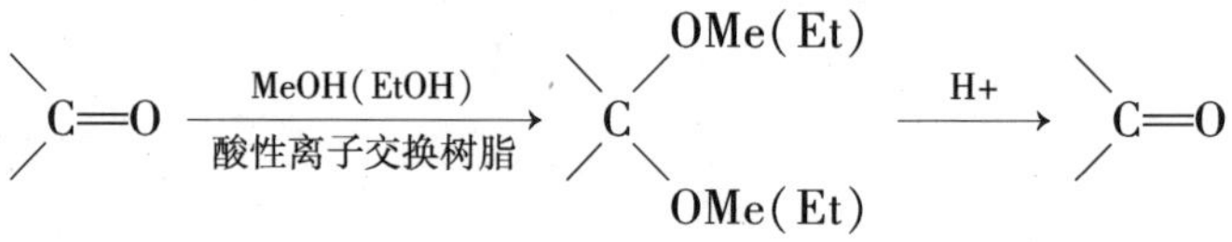

$$\diagdown C=O \xrightarrow[酸性离子交换树脂]{MeOH(EtOH)} \begin{array}{c} OMe(Et) \\ | \\ C \\ | \\ OMe(Et) \end{array} \xrightarrow{H^+} \diagdown C=O$$

二甲基和二乙基缩醛和缩酮对 $Na-NH_3$,$Na-ROH$,H_2-催化剂,$NaBH_4$,$LiAlH_4$,在中性或碱性条件下除 O_3 以外,几乎对所有的氧化剂、$RMgX$,NaH/CH_3I,C_2H_5OK,NH_3,NH_2NH_2,$SOCl_2-$吡啶等都稳定,但对酸不稳定。环状的缩醛和缩酮比无环的更稳定,即

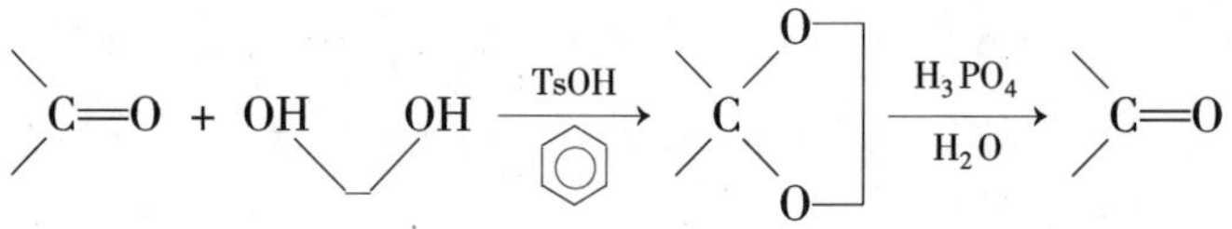

$$\diagdown C=O + OH \diagdown OH \xrightarrow[\bigcirc]{TsOH} \diagdown C \diagup O \diagdown O \diagup \xrightarrow[H_2O]{H_3PO_4} \diagdown C=O$$

2. 合成应用举例

例1　青霉素 V 的合成

(1) 合成过程

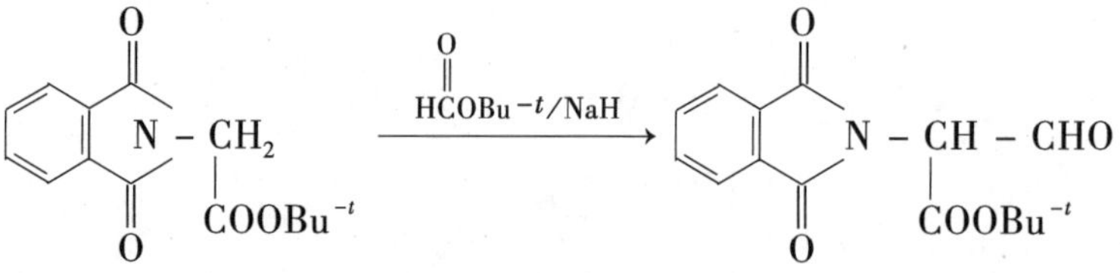

(1)

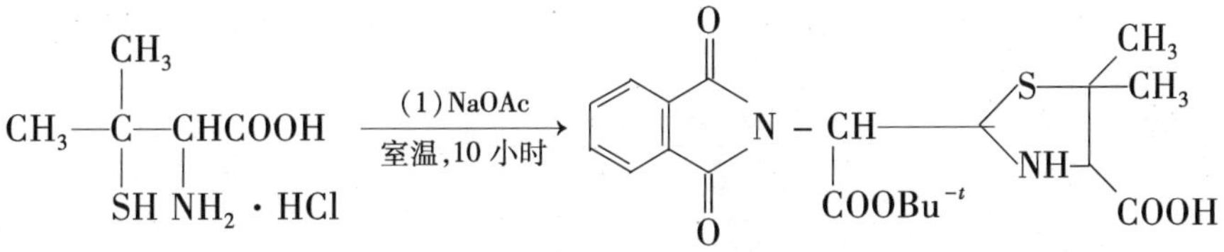

（2）　　　　　　　　　（3）　36%

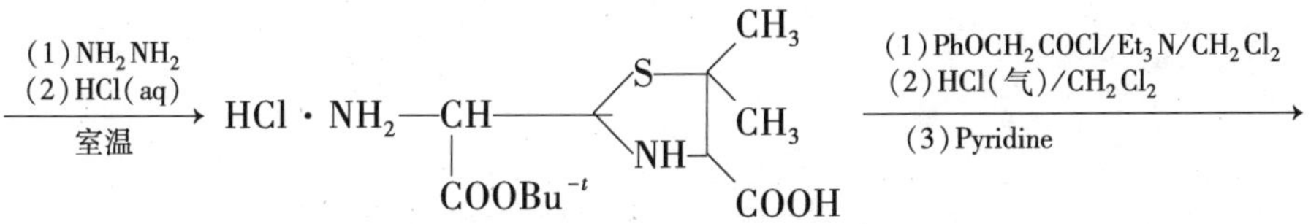

（4）　82%

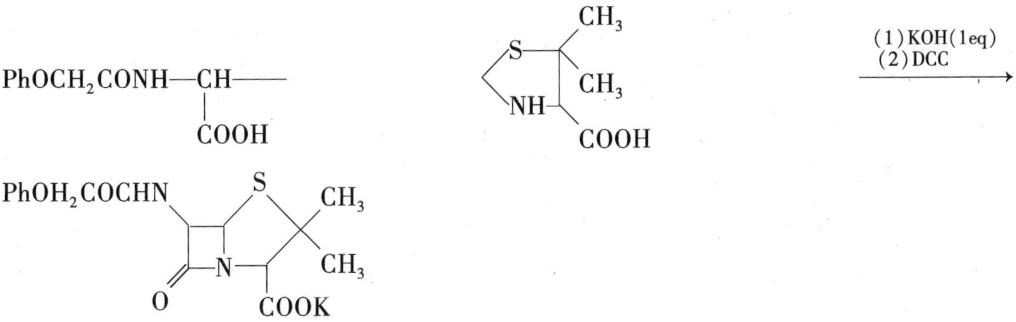

青霉素 V 钾盐 4% ~5%

(2)分析说明

Sheehan 等为了要在甘氨酸酯(1)的 α-碳上引入甲酰基,再与巯基氨基酸(2)缩合形成氢化噻唑环,必须在反应前就将甘氨酸的氨基及羧基进行保护,经过一系列研究,将甘氨酸叔丁酯的氨基用苯二甲酰基保护,然后在(3)→(4)时,肼解脱去,而不影响其他基团,收率较好。

例 2　5-雄甾烯-3β,17β-二醇-17-苯甲酸酯的合成

5-雄甾烯-3β,17β-二醇-17-苯甲酸酯是合成睾丸激素的中间体,其合成过程如下,即

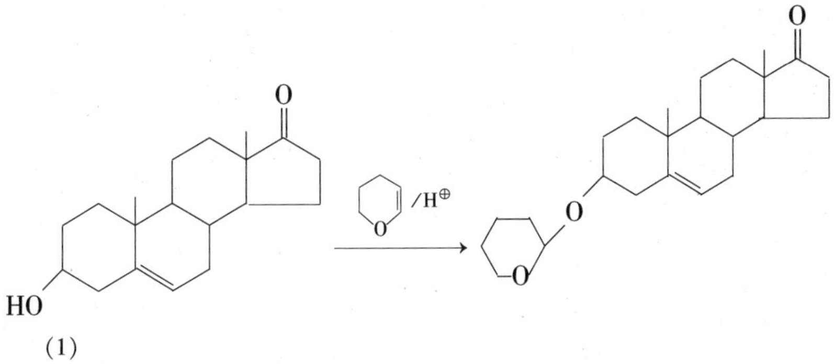

(1)

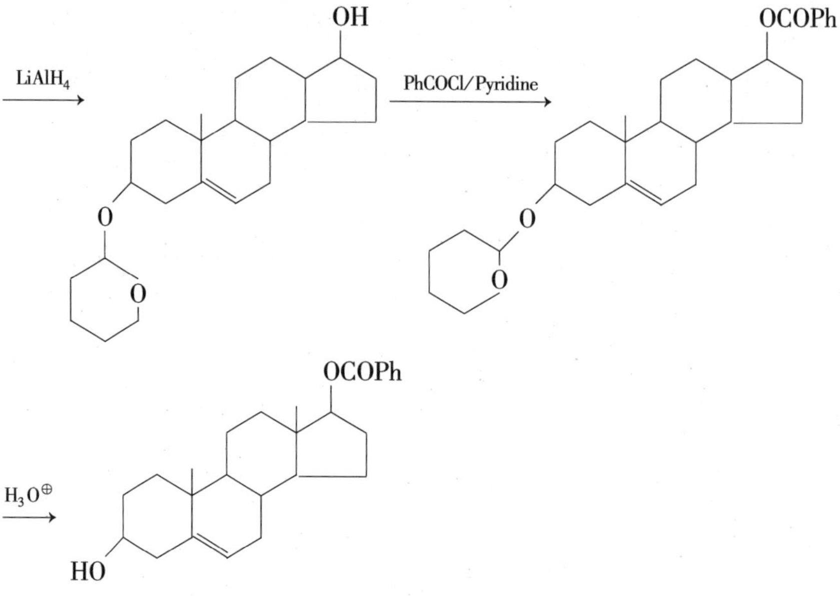

　　　　　　　　　　　　　　　　(2)

　　若要想用 LiAlH$_4$ 还原脱氢雄甾酮(1)的酮羰基,必须先保护带有活泼氢的羟基,然后通过还原、苯甲酰化和酸性水解,得到目标分子 5-雄甾烯-3β,17β-二醇-17-苯甲酸酯(2)。四氢吡喃保护基容易引入,在大多反应条件下稳定而且易于脱除。

　　例 3　口服避孕药 18-甲基三烯炔诺酮的合成

　　(1)合成过程

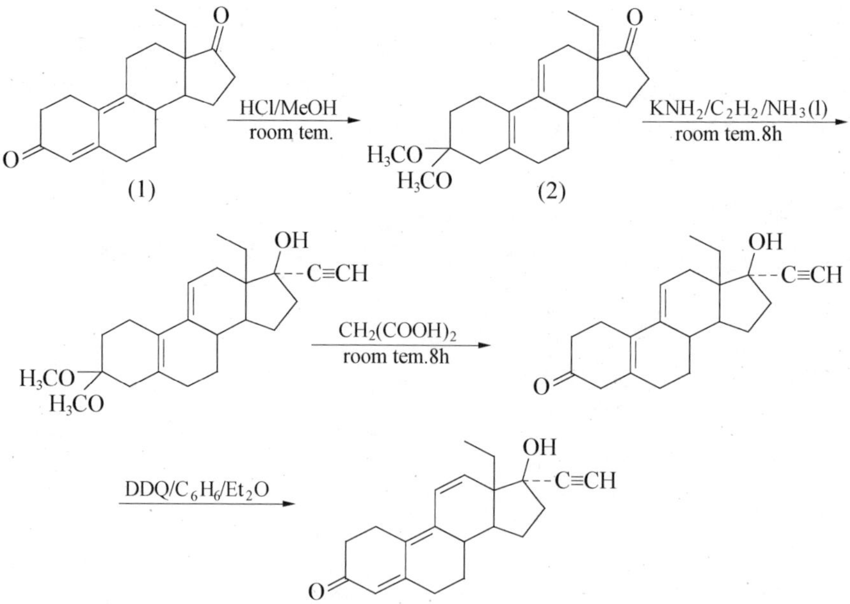

　　(2)分析说明

　　该目标分子合成中,采用天然甾族化合物(1)作原料,显然,不能通过选择性乙炔化,仅在 17-位酮基处进行炔化亲核加成反应,而必须将 3-位酮基保护起来,因 3-位酮基的位阻较小,可以选择性形成缩酮(2)加以保护。然后,将 17-酮基与乙炔加成后,再脱保护和氧化而得到目标分子。

3.2.4　导向基运用

1. 从具体实例谈起

为说明本类技巧,最好从一个具体的例子谈起。

试设计 3,5-二甲基苯胺的合成路线

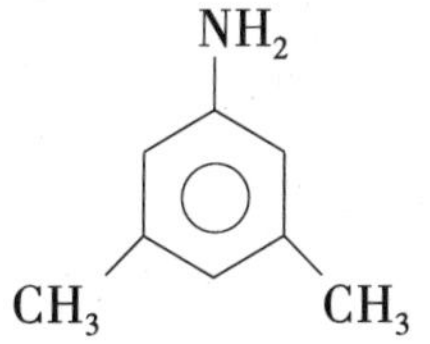

3,5-二甲基苯胺是合成性能优异的苝红颜料 149(Pigment RedC. I. 149)的主要中间体之一。该分子中的氨基显然是由硝基还原而得,即

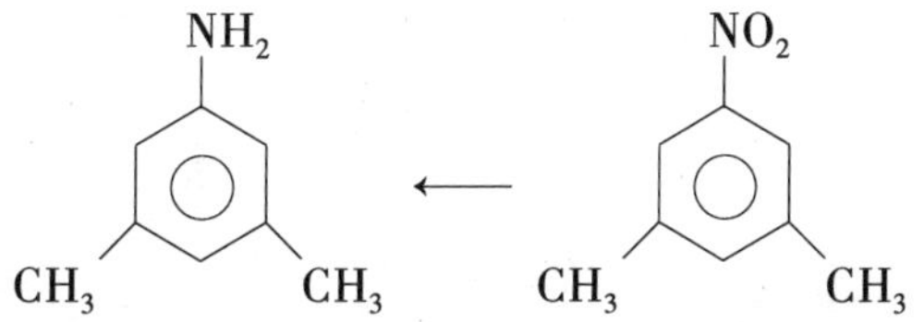

在苯环上亲电取代反应中,甲基是邻、对位定位基,现甲基与硝基互居间位,显然不是由甲基本身的定位效应所引入,它们所以会互居间位,可以推测是由于有一个强的邻、对位定位基存在;它的定位效应压倒了甲基,使硝基(氨基的前体)进入它的邻、对位,而使(硝基还原后的)氨基与甲基互居间位,不过产物中并没有这个基存在,它是在合成过程中引入,任务完成后去掉的,什么基能满足这个要求呢? 回答是氨基,它是一个强的邻、对位定位基。既便于引入也便于去掉,因此,3,5-二甲基苯胺的合成采用了如下的路线,即

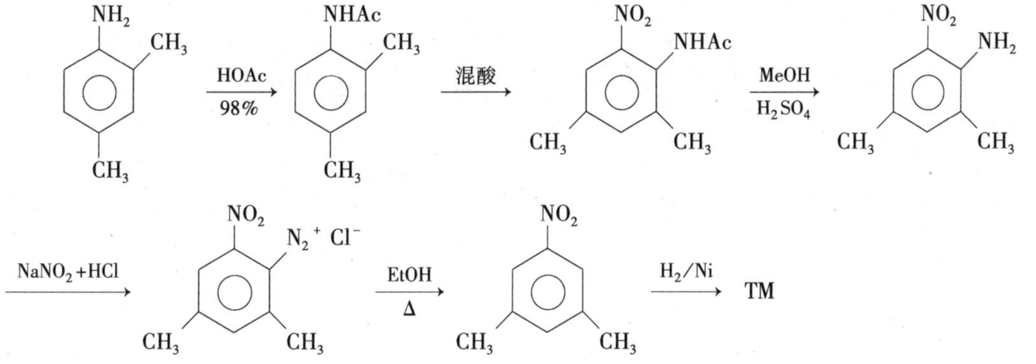

为帮助读者体会此类技巧,我们不妨用大家都熟悉的故事"借东风"来打比喻。在上

面的合成中氨基就起了"东风"的作用。在这儿所以要"借"是为实现特定的目的,因此在任务完成后就应该"还"。所谓"还"是指"还"其本来面目,也就是将"借"来的基团去掉。并非任何基团都能在合成过程中起到"东风"作用,要起这种作用,在"借"与"还"上必须能够尽量满足下列的要求:就是"召之即来"、"挥之即去"。如果不是这样,而是"千呼万唤始出来",并且还"主人忘归客不发"。这样的基团是不配做"东风"的,不过有时要"借"的基团也可以设法使它已存在于所使用的原料中,如在上面的例子中,改用胺为起始原料。

2. 活化是导向的主要手段

同样是为了导向,有时需要采用不同的手段,氨基所以能充任导向基,是由于它对邻、对位有较强的活化作用。利用活化作用来导向,是导向手段中使用最多的。这里举两个典型实例来说明之。

例 1 试设计苄基丙酮的合成路线

（1）分析

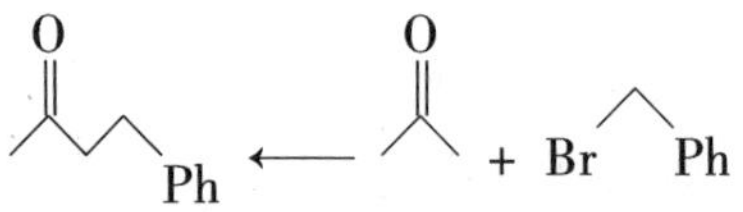

用这个方法制备的苄基丙酮收率低,因为反应中还有对称二苄基丙酮等副产物形成,即

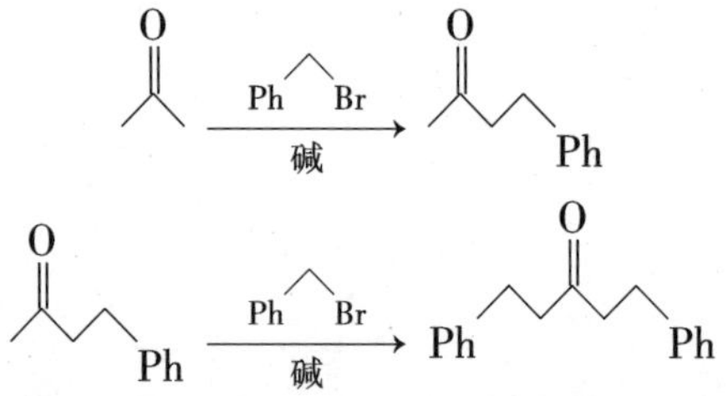

解决这个困难的办法在于设法使丙酮的两个甲基有显著的活性差异,可以将一个乙酯基(导向基)引入到丙酮的一个甲基上,这样就使所在碳上的氢较另一个甲基中的氢有大得多的活性,使这个碳成为苄基溴进攻的部位,因此在合成时,使用的原料是乙酰乙酸乙酯,而不是丙酮。任务完成后,将乙酯基水解成羧基,再利用 β-酮酸易于脱羧的特性(一般在室温或略高于室温即可脱羧)将导向基去掉。

（2）合成

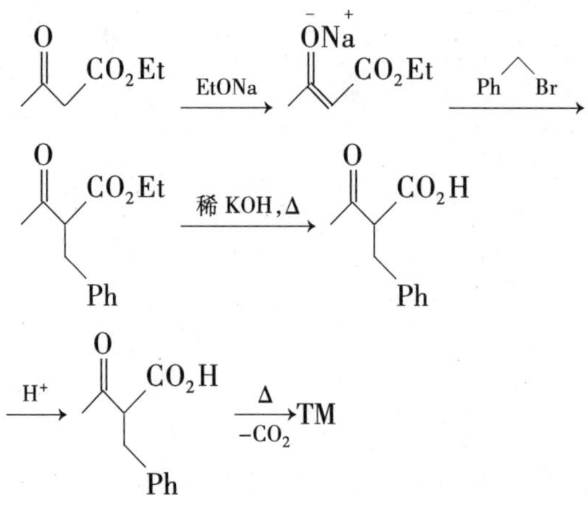

例 2　试设计 1-环戊基-3-苯基丙烷的合成路线

（1）分析

1-环戊基-3-苯基丙烷的结构为

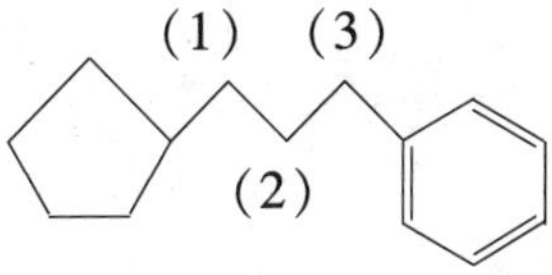

要拆开 1-环戊基-3-苯基丙烷这个化合物,困难在于它是个没有官能团的烃类化合物,似乎是"无懈可击"。为将两个环间的饱和碳链拆开,我们不妨设想在合成过程中碳链上曾存在着官能团,这样创造了"可乘之机"。首先设想 C_1 是个羰基的碳原子,做这样的设想是允许的,因为羰基通过下列反应是可以变回为亚甲基的,即

$$\diagdown C = O \xrightarrow{\text{NaBH}_4} \diagdown CH - OH \xrightarrow{\text{TsOH}} \diagdown CH - OTs \xrightarrow{\text{LiAlH}_4} \diagdown CH_2$$

再设想在 C_2 与 C_3 间有个双键,这也是允许的,因为通过催化氢化,双键可以变回为单键,即

$$C = C \xrightarrow{\text{H}_2/\text{Cat}} CH - CH$$

这样就将 1-环戊基-3-苯基丙烷设想是从环戊基苯乙烯基甲酮变化来的,即

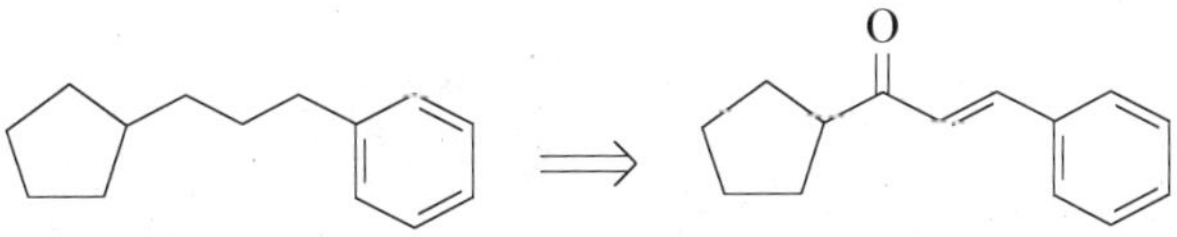

环戊基苯乙烯基甲酮可以如下折开,即

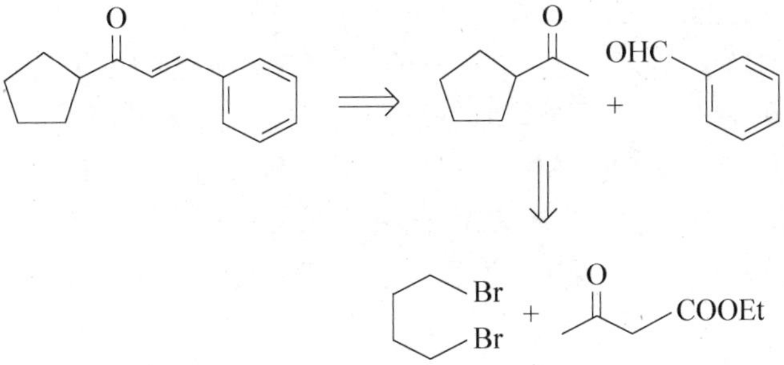

（2）合成

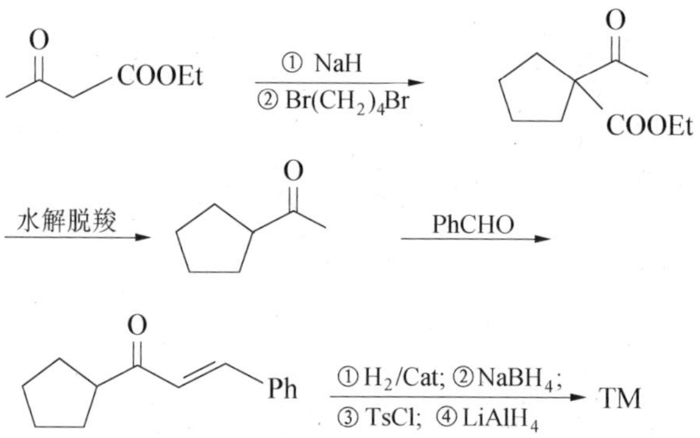

由上面的例子可以认识到,在合成工作中进行合理设计的重要性,因为这样做,才能在"山穷水尽疑无路"时,看到"柳暗花明又一村"。

3. 钝化也能够导向

活化能够导向,钝化能不能导向呢? 回答是肯定的,不妨举些例子来证明。

例 1　试设计对溴苯胺的合成路线

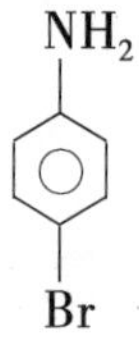

（1）分析

氨基是很强的邻、对位定位基,进行取代反应容易生成多元取代物,例如,苯胺与过量的溴水作用,就生成 2,4,6-三溴苯胺白色沉淀,即

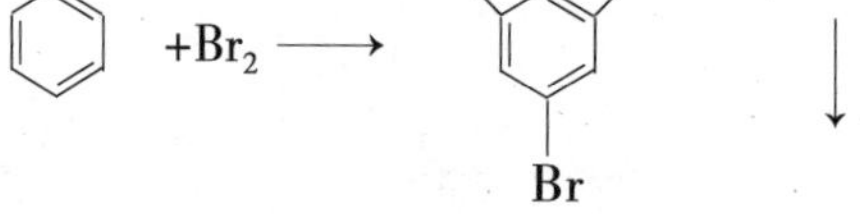

这个反应是定量的,因此可用于苯胺的定性和定量分析。

如果在苯胺的环上只要引入一个溴原子,则必须将氨基的活化效应降低,这可以通过乙酰化反应来达到,在氨基的一个氢原子被酰基取代后,氮原子的未共享电子对还是保留着,所以酰化后的氨基(即乙酰胺基)仍是一个邻、对位定位基。不过在乙酰苯胺分子中,氮原子的未共享电子对不仅与苯环共轭,同时也与羰基发生了共轭,因此酰基的引入将夺去氮原子的一部分电子云,从而降低了氮原子对苯环的供电能力,即

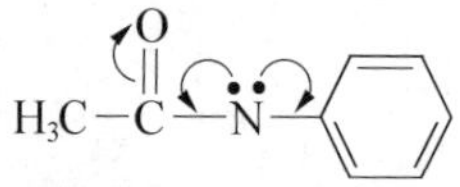

当乙酰苯胺进行溴化时,主要产物是对位溴代乙酰苯胺。

（2）合成

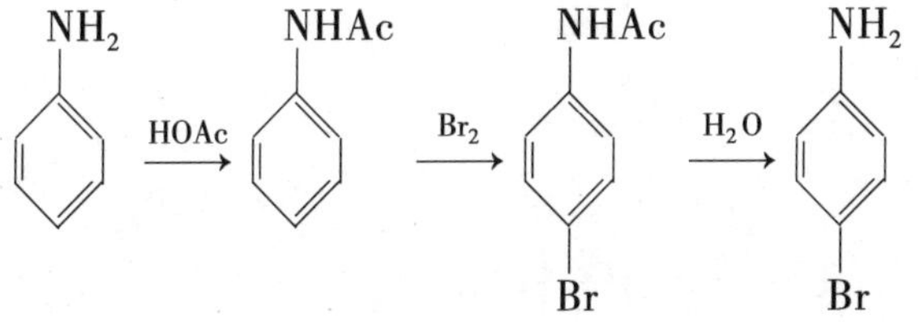

例 2　试设计 N-丙基苯胺的合成路线

（1）分析

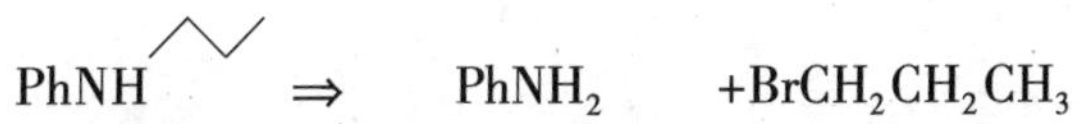

目标分子如上拆开结果不好,因为反应的产物比原料亲核性更强,不能防止多烷化反应的发生。

$$Ph\ddot{N}H_2 \xrightarrow{RBr} Ph\ddot{N}H-R \xrightarrow{RBr} Ph\ddot{N}R_2 \longrightarrow Ph\overset{+}{N}R_3Br^-$$

解决的办法是,将胺酰化,生成的酰胺可用 LiAlH$_4$ 还原为所要的胺。

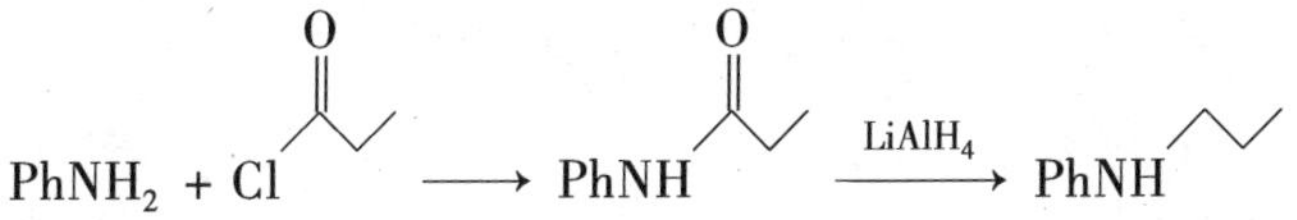

为什么酰化不像烷化那样容易重复发生? 酰化产物具有非定域化的未共享电子对,比原来的 PhNH$_2$ 活性要小。

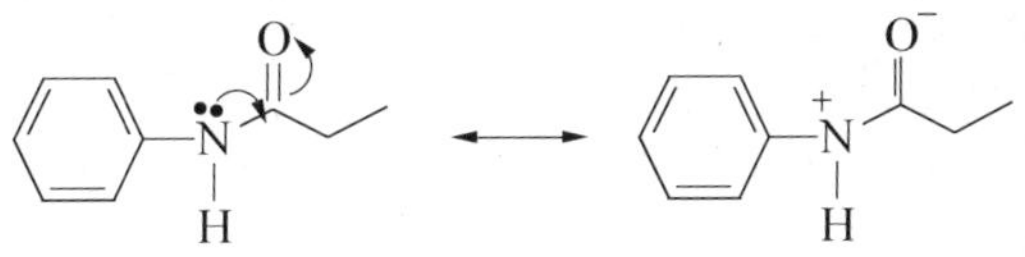

因此,目标分子应如下拆开:

$$PhNHCH_2CH_2CH_3 \xrightarrow{FGI} PhNH_2 + CH_3CH_2COCl$$

$$\downarrow$$

$$CH_3CH_2COOH$$

（2）合成

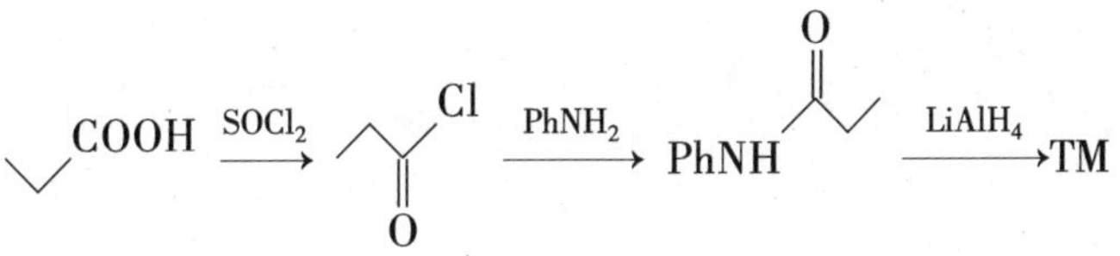

4. 利用封闭特定位置来导向

例 1　试设计 2-硝基-1,3-苯二酚的合成

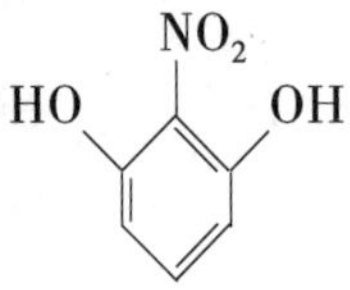

（1）分析

间苯二酚具有强还原性,若用混酸将其硝化,则它易被氧化,同时,直接硝化亦根本得不到目标分子,而是得到下列两种硝化产物和氧化产物的混合物,即

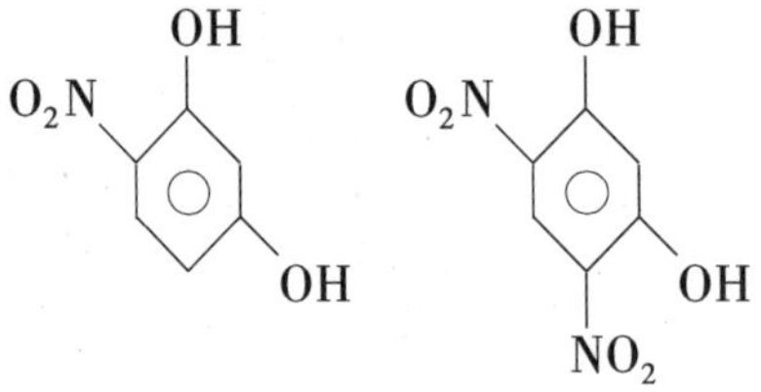

为得到目标分子,同时避免间苯二酚氧化,采用磺酸基钝化,并封闭易硝化的 4- 和 6-位,逼迫硝基进入 2-位,然后,再脱去磺酸基得到目标分子。

（2）合成

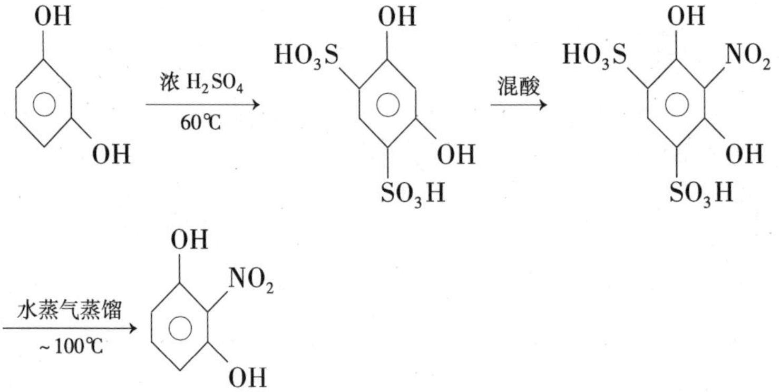

例2　维尔施泰特尔(Willstatter)的杰作

环辛四烯-1,3,5,7 是维尔施泰特尔在 1911 年首先合成的,他应用了昂贵的原料,经过许多步骤,方得到低收率的环辛四烯-1,3,5,7。1948 年雷佩服(Reppe W)用乙炔合成了环辛四烯-1,3,5,7,即

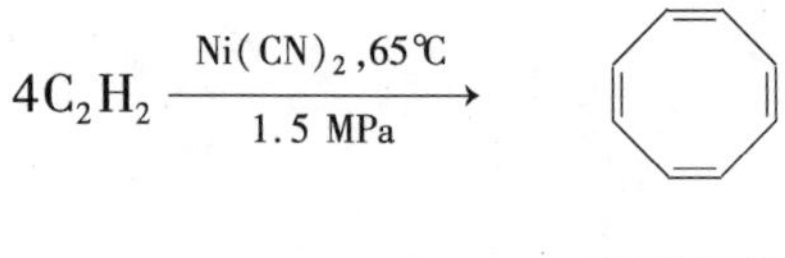

环辛四烯-1,3,5,7

自从这个方法出现后.维尔施泰特尔的方法显然不再有制备上的价值,理应被人们所遗忘,但事实不然,伍德沃德(Woodward)就曾说过:"维尔施泰特尔对于困难的环辛四烯-1,3,5,7 的古典合成,仍然博得人们的钦佩。"我们所以要在这里介绍维尔施泰特尔的工作,是因为其中充满了值得我们学习的技巧。

维尔施泰特尔首先考虑的问题是目标分子骨架的构成,他选用假石榴碱(存在于石榴皮中)为原料,是因为它具有环辛四烯-1,3,5,7 所需要的八碳原子环,不妨将这两个化合物对比,就可以看出维尔施泰尔所要完成的工作,即

首先如下设法将假石榴碱分子中的氧去掉,即

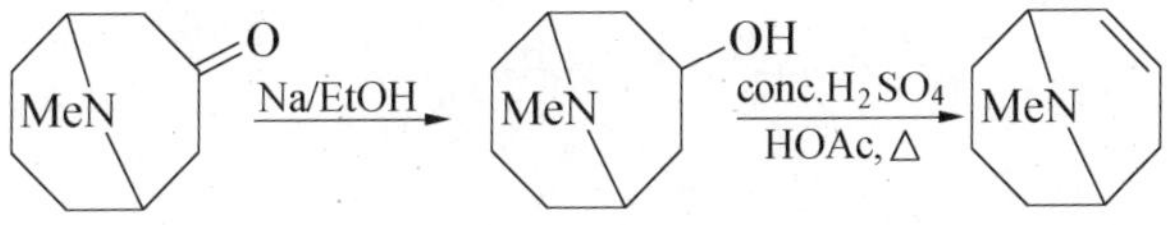

这一步的巧妙之处在于反应中除去氧的办法也正是引入双键的办法,称得上是“一箭双雕”。余下-N(Me)-的除去和双键的引入都是巧妙地运用了季铵碱的热分解作用。

下面具体说明维尔施泰特尔如何利用季铵碱的分解来引入双键,即

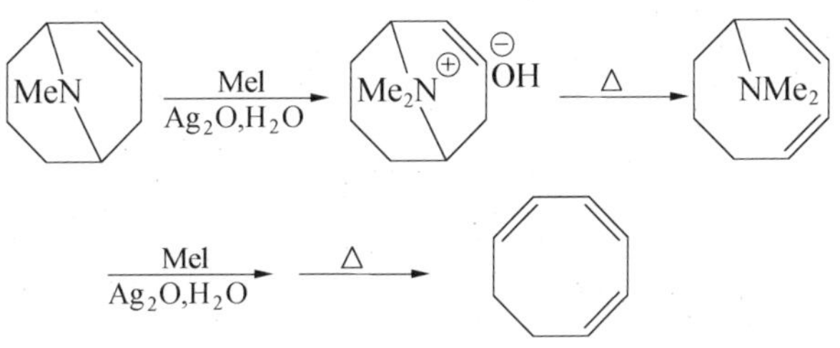

工作进行到这步,原来原料中要除去的基团都已去掉,要引入的基团也只差一个双键,似乎大功即将告成,但问题在于去掉了要除去的基团,也就失掉了可以“借题发挥”的对象,应该如何来解决这个困难呢? 维尔施泰特尔利用了加溴反应,即

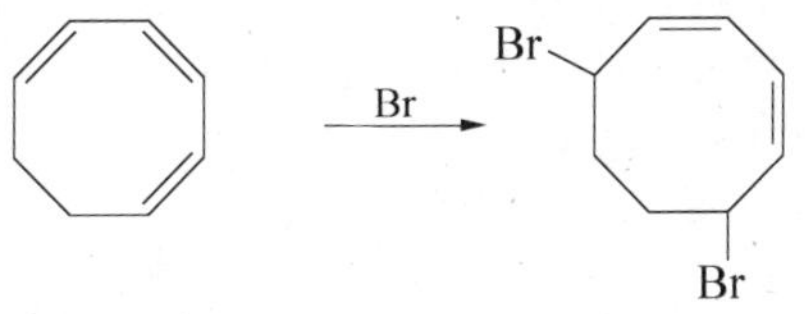

反应生成的二溴化物中双键减为两个,似乎合成工作在后退,但这正是维尔施泰特尔运用的“欲擒故纵”的手段,因为引入了溴原子,就可以再次运用季铵碱的热分解反应,一下子将两个新的双键引入到指定的位置,即

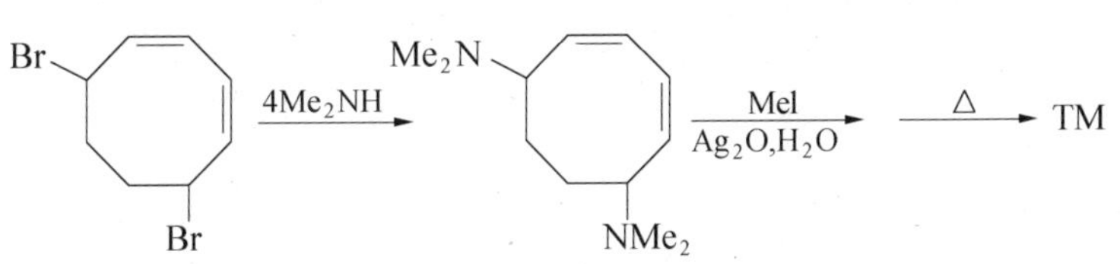

3.2.5　极性反转

1. 合成的新领域

大多数有机分子的合成可以分为两个问题：一个是碳骨架的构成；另一个是官能团的引入、变换和（或）除去。正由于此，有机合成的一个中心问题就是要构成碳-碳键。在构成碳-碳键的反应中，除游离基反应和协同反应等反应以外，大部分属于极性反应，即带部分正电的碳原子与带部分负电的碳原子相互作用，生成碳-碳键。极性反转是指有机化合物中碳原子上的电荷反转，即由带正电变为带负电，由带负电变为带正电。

极性反转在有机化学中并非新概念，例如在两分子苯甲醛缩合成安息香的过程中，就包含有极性反转，即

$$2C_6H_5CHO \xrightarrow{\text{KCN 的含水乙醇溶液}} C_6H_5CHOHCOC_6H_5$$

反应历程为：

$$C_6H_5{-}\overset{\overset{\text{O}}{\|}}{\underset{\underset{\text{H}}{|}}{C}} + :\bar{C}N \rightleftharpoons \left[C_6H_5{-}\overset{\overset{\text{O}^{\ominus}}{|}}{\underset{\underset{\text{H}}{|}}{C}}{-}CN \right] \rightleftharpoons \left[C_6H_5{-}\overset{\overset{\text{OH}}{|}}{\underset{\underset{\ominus}{|}}{C}}{-}CN \right]$$

$$\xrightleftharpoons[-C_6H_5CHO]{+C_6H_5CHO} \left[C_6H_5{-}\overset{\overset{\text{OH}}{|}}{\underset{\underset{\text{CN}}{|}}{C}}\overset{\overset{\text{O}^{\ominus}}{|}}{\underset{\underset{\text{H}}{|}}{C}}{-}C_6H_5 \right] \rightleftharpoons \left[C_6H_5{-}\overset{\overset{\text{O}^{\ominus}}{|}}{\underset{\underset{\text{CN}}{|}}{C}}\overset{\overset{\text{OH}}{|}}{\underset{\underset{\text{H}}{|}}{C}}{-}C_6H_5 \right]$$

$$\rightleftharpoons C_6H_5{-}\overset{\overset{\text{O}}{\|}}{C}\overset{\overset{\text{OH}}{|}}{\underset{\underset{\text{H}}{|}}{C}}{-}C_6H_5 + :\bar{C}N$$

但是，首先提出极性反转是一类极有发展前途合成方法的是科里。自 20 世纪 60 年代中期开展极性反转研究以来，已取得许多成绩，因此说，极性反转研究是近几十年来有机化学领域内的重大进展之一，特别对有机合成具有重要的意义。这方面出现了许多新颖的试剂，借助于它们可以完成过去无法进行的反应。

为什么极性反转能够开辟合成的新领域？这个问题可用下面的简单例子来回答，即

$$\overset{\overset{\text{O}}{\|}}{{-}C{-}} \xrightarrow[\text{亲核试剂}]{RMgX} \overset{\overset{\bar{\text{O}}\;\overset{+}{\text{MgX}}}{|}}{{-}C{-}} \longrightarrow \overset{\overset{\text{OH}}{|}}{{-}C{-}}$$

$$\overset{\overset{\text{O}}{\|}}{{-}C{-}}\overset{\overset{\text{H}}{|}}{\underset{\underset{\text{H}}{|}}{C}}{-} \xrightarrow[-BH]{B^-} \overset{\overset{\text{O}}{\|}}{{-}C{-}}\overset{\overset{\bar{\;}}{}}{\underset{\underset{\text{H}}{|}}{C}}{-} \xrightarrow[\text{亲核试剂}]{RX} \overset{\overset{\text{O}}{\|}}{{-}C{-}}\overset{\overset{\text{R}}{|}}{\underset{\underset{\text{H}}{|}}{C}}{-}$$

$$\overset{\overset{\text{O}}{\|}}{{-}C{-}} + RX \;\;\times\!\!\!\longrightarrow\;\; \overset{\overset{\text{OH}}{|}}{\underset{\underset{\text{R}}{|}}{C}}{-}$$

$$\overset{\overset{\text{O}}{\|}}{{-}C{-}}\overset{\overset{\bar{\;}}{}}{\underset{\underset{\text{H}}{|}}{C}}{-} + RMgX \;\;\times\!\!\!\longrightarrow\;\; \overset{\overset{\text{O}}{\|}}{{-}C{-}}\overset{\overset{\text{R}}{|}}{\underset{\underset{\text{H}}{|}}{C}}{-}$$

因此,若反应物碳原子上的电荷发生反转,原来不能作用的试剂就能够作用,这样一来,反应面就大大扩展了。

怎样能使碳原子上的电荷发生反转呢? 已知有机物碳原子上所带的电荷,是由与其相连接的杂原子(指碳、氢以外的原子)决定的,显然,改变碳原子上电荷的办法,在于改变与其相连接或相邻近的的杂原子的性质。

在极性反转中,研究得最多的是羰基化合物(醛、酮),特别是羰基碳原子上电荷的反转。

2. 起酰基负离子作用的 1,3-二噻烷负离子

科里和泽巴赫于 1965 年首先应用 1,3-二噻烷于醛酮的合成。他们由羰基化合物制备 1,3-二噻环己烷化合物,即

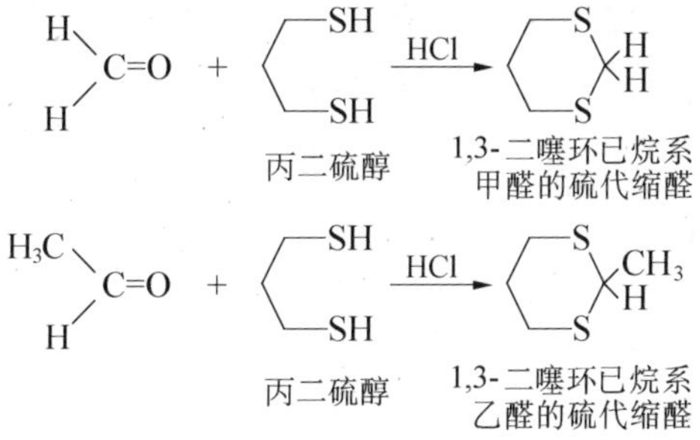

1,3-二噻环己烷化合物的 C-2 上的氢原子,由于受到相邻的两个硫原子的电负性影响,具有中等强度的酸性(1,3-二噻环己烷的 pKa=31.5),可用正丁基锂这样强度的碱除去,使 C-2 上带有负电,即

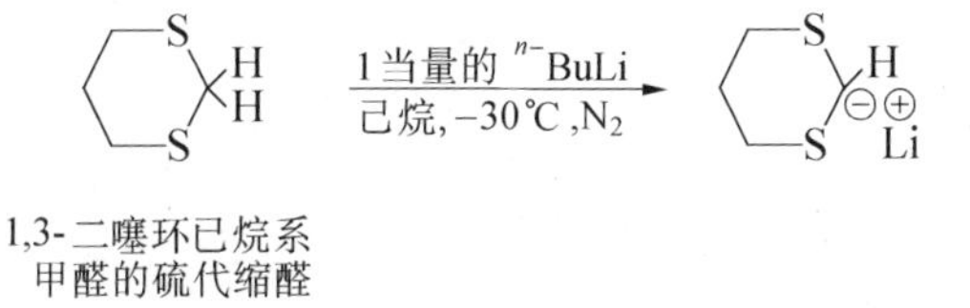

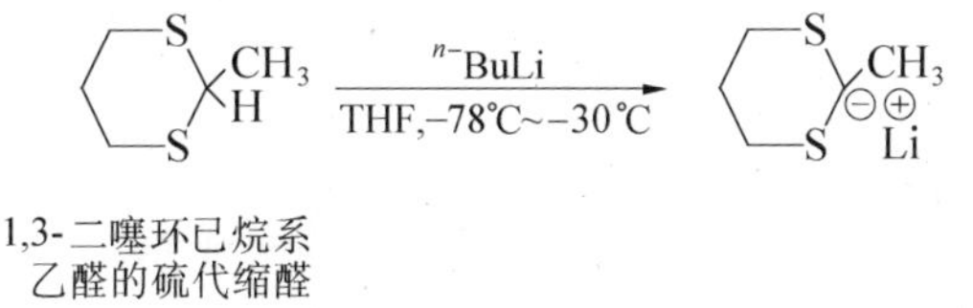

反应生成的锂化合物在溶液中于低温下是稳定的,能起其他有机锂化合物的全部反应。反应完毕,1,3-二噻环己烷化合物可在高汞离子存在下用酸水解,变为羰基化合物。例如

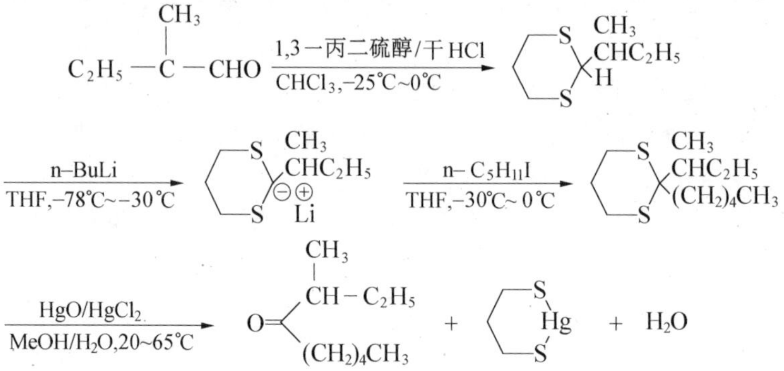

1,3-二噻环己烷化合物的负离子在合成中所起的作用,如同实际不存在的酰基负离子 $RC(O)^-$。下图列出由它可以合成的许多类型化合物,即

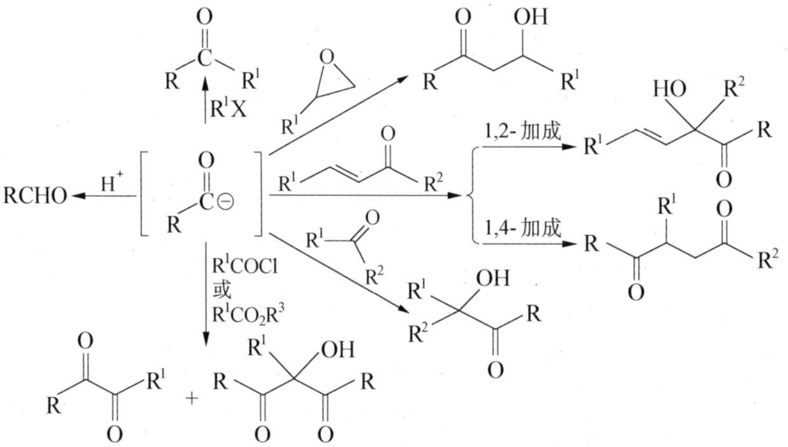

这些产物中,有些是用老的方法不能或不易制得的;有些虽然可以得到,但用现在的方法可从不同的原料开始,能为合成方法提供新途径。

例 1　合成环丁酮

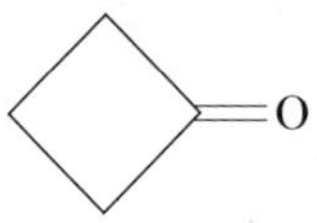

合成

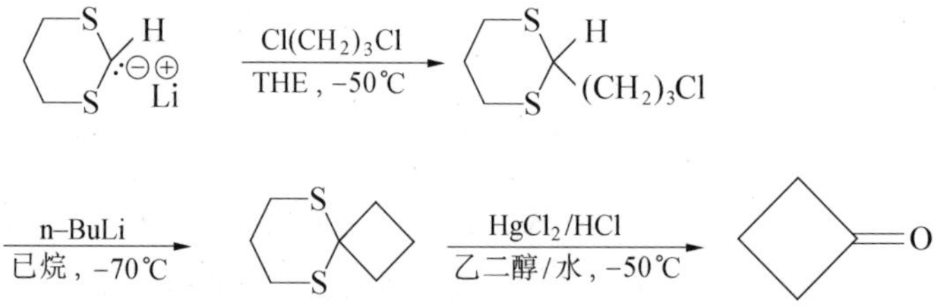

这是合成 3-至 7-原子的环酮的简便方法。

例 2　合成 1,4-环庚二酮

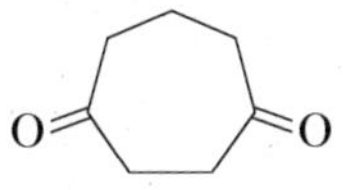

（1）分析

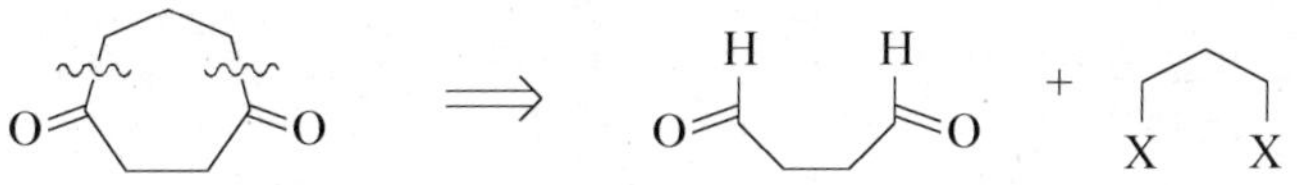

（2）合成

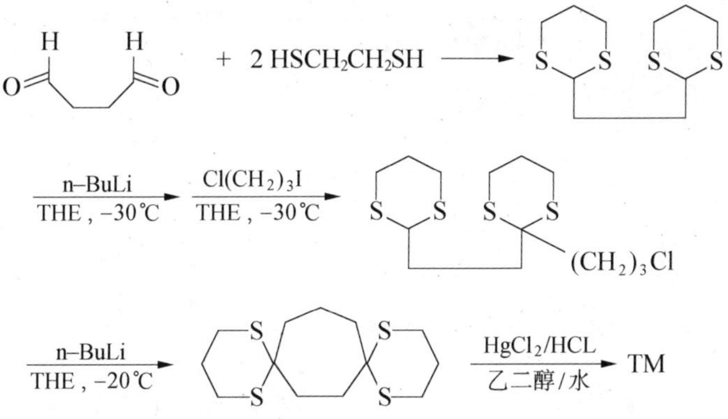

例 3 合成十一烷

合成

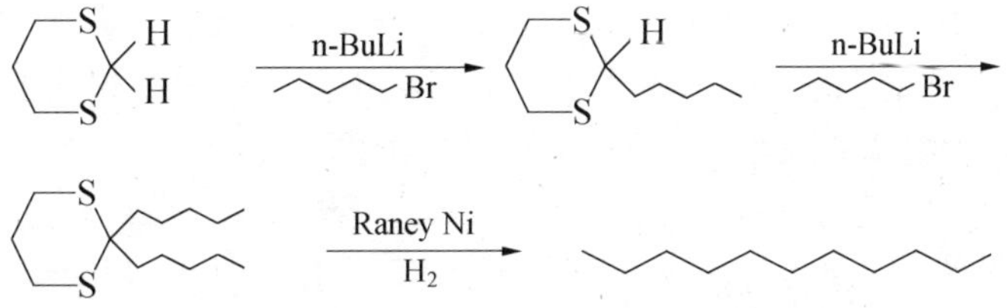

例 4 合成下面化合物

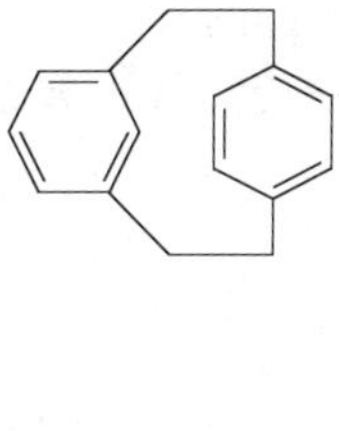

（1）分析

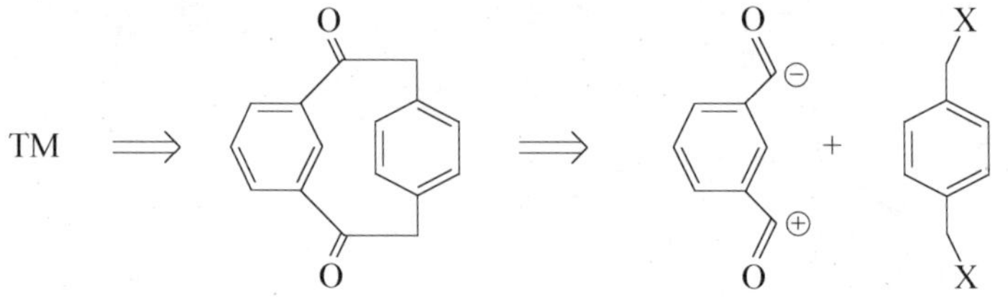

（2）合成

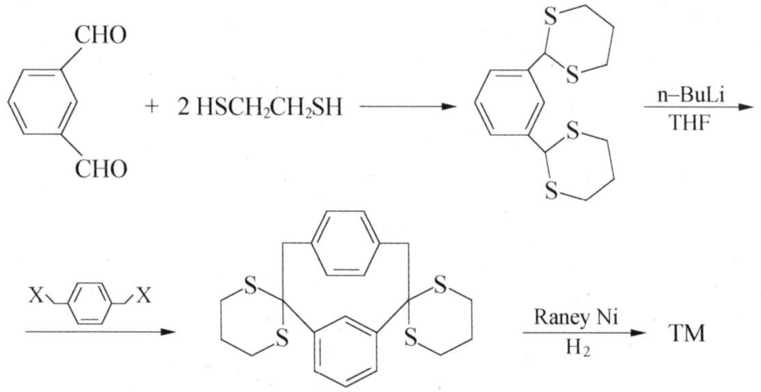

3.3　高分子化合物的合成方法

3.3.1　高分子设计

　　高分子设计亦称聚合物的分子设计,指的是根据需要合成一定性能的高分子。这就要从分子组成,结构方法考虑并设计出具有预定性能的聚合物,通过合理的化学合成方法制得预期的高分子化合物,用最佳的方法制备高分子材料。高分子设计学说是在 20 世纪 70 年代初建立和发展起来的,近 20 年来被人们所认识。人们理解到分子设计对新材料、新技术、新品种的开发意义深远,对促进高分子材料的发展起到巨大作用,合理、准确、科学的高分子设计能缩短开发新材料的时间,有利于降低材料开发的费用。近年来国际上利用最新电脑科技进行的高分子设计,使高分子设计的理论和设计方法均取得很大的进展。

　　高分子材料的分子设计,总是希望能制得合乎人们要求的新的高分子,因此,结构及物性关系的研究是极为重要的。要实现设计的要求,主要是通过合成反应使生成高分子的结构、组成及物性达到设计的目的,因此合成反应的理论和合成方法就成为分子设计的焦点。低分子单体转化为高分子,这是人们认识客观物质变化规律的飞跃。由单体可转变成相对分子质量达数千、数十万,以至上百万的大分子。这种转化是有条件的,不同的条件可制得不同类型、不同大小、不同结构、不同性能的大分子。这就是众所周知的高分子合成反应过程。同一种单体采用不同合成方法（不同反应条件）可以制成多种产品,如连锁聚合物有自由基聚合反应、离子型反应。自由基反应体系中随条件变化又分本体聚合、悬浮聚合、溶液聚合。离子聚合又分阴离子、阳离子、配位阴离子等聚合方法。逐步聚合也有各种方法。每种方法又随单体、引发剂、催化剂、调节剂、乳化剂……等助剂的不同而合成出不同的高分子,它们的结构、分子组成及物性有很大的不同。加之聚合时单体的变化,有的是均聚的,有的是两种或多种单体进行共聚。制得的共聚物又有无规共聚、交替共聚、接枝共聚、嵌段共聚等等。进行分子设计,不得不针对不同合成反应的机理及合成方法来研究。合成反应的条件及反应机理是极为复杂的问题,给分子设计带来不少的困难和问题。有不少问题目前尚难以用分子设计解决。反应中控制分子结构和性能,对有的产品可以解决,有的产品即使采用新催化剂和新合成方法也不易解决。在合成新的有特定分子结构的共聚物以及对现有高分子材料合成改性等方面,利用分子设计的原理和方法是有意义的。在此,应首先了解高分子化合物的合成方法。

根据聚合反应的机理和动力学,合成高分子化合物的聚合反应分成连锁聚合反应和逐步聚合反应。

3.3.2 逐步聚合反应

1. 概述

逐步聚合反应是高分子材料合成的重要方法之一。在高分子合成化学和高分子合成工业中占有重要地位。逐步聚合反应,顾名思义,它聚合形成大分子的过程是逐步进行的,该反应通常是由单体所带的两种不同官能团之间发生化学反应而进行,例如,羟基和羧基之间的反应。两种官能团可在不同的单体上,也可在同一单体内。聚酰胺即是通过氨基($-NH_2$)和羧基($-COOH$)发生缩聚反应获得的。它可由二胺和二酸的缩聚反应得到,如

$$n\ H_2N-R-NH_2 + nHOOC-R'-COOH \longrightarrow H\overset{}{(}HN-R-NH\ CO-R'-CO\overset{}{)}_n$$
$$OH + (2n-1)H_2O \tag{3.20}$$

也可以从氨基酸自缩聚制备,即

$$n\ H_2N-R-COOH \longrightarrow H\overset{}{(}HN-R-CO\overset{}{)}_n OH + (n-1)H_2O \tag{3.21}$$

以上反应式由通式来表示为

$$nA-A + nB-B \longrightarrow \overset{}{(}A-AB-B\overset{}{)}_n$$
$$nA-B \longrightarrow \overset{}{(}A-B\overset{}{)}_n$$

上式中,A 和 B 分别代表两种不同的官能团。

由此可见,聚酰胺的合成与酰胺化合物合成类似,都是利用氨基和羧基之间脱水反应形成酰胺键。不同的是,对于聚合物,只有其相对分子质量足够大时才具有实用意义。一个聚酰胺分子要经过许多次缩合反应才能完成。由此看出,逐步聚合反应的特征是在低分子转变成高分子的过程中,反应是逐步进行的。逐步聚合反应的特点是每一步的反应速率和活化能基本相同;反应暂时停留在任一中间阶段都可分离出稳定的中间产物;分子质量随转化率增高而逐步增大,只有高转化率才能生成高分子量的聚合物;此类反应大多具有可逆性。

2. 逐步聚合反应的分类

(1)按反应机理分类

①逐步缩聚反应。聚合反应是具有两个或两个以上反应官能团的低分子化合物相互作用而生成高分子化合物的过程,反应的同时析出低分子副产物(如水、醇、氨、卤化氢

等）。所谓官能团，除了包括通常的基团、羟基、羧氨基、异氰酸酯基以外，尚有离子、自由基、络合基团等。聚酯和聚酰胺的生成反应是逐步缩聚反应的典型例子，即

$$n\text{H}_2\text{N}(\text{CH}_2)_6\text{NH}_2 + n\text{HOOC}(\text{CH}_2)_4\text{COOH} \longrightarrow$$

$$\text{H}\leftarrow\text{NH}(\text{CH}_2)_6\text{NHCO}(\text{CH}_2)_4\text{CO}\rightarrow_n\text{OH} + (2n-1)\text{H}_2\text{O} \qquad (3.22)$$

$$n\text{HOCH}_2\text{CH}_2\text{OH} + n\text{HOOC}\!-\!\langle\bigcirc\rangle\!-\!\text{COOH} \longrightarrow$$

$$\text{H}\leftarrow\text{OCH}_2\text{CH}_2 - \text{OCO}\!-\!\langle\bigcirc\rangle\!-\!\text{CO}\rightarrow_n \text{OH} + (2n-1)\text{H}_2\text{O} \qquad (3.23)$$

②开环逐步聚合反应。由低分子环状化合物通过开环，从而逐步形成高聚物的化学反应称为开环逐步聚合反应。例如 ε-已内酰胺开环生成聚已内酰胺，即

$$n\text{NH}(\text{CH}_2)_6\text{CO} \xrightarrow{\text{开环}} \leftarrow\text{NH}(\text{CH}_2)_6\text{CO}\rightarrow_n \qquad (3.24)$$

③逐步加聚反应（亦称氢移位聚合反应）。由低分子化合物的分子通过氢移位，逐步加成而形成高聚物的化学反应称为逐步加聚反应（或氢移位聚合物反应）。但此反应仅对含有活泼原子或原子团的低分子化合物分子才具有很高的反应速率，并且可形成高相对分子质量的高分子化合物。例如二异氰酸已酯和丁二醇合成聚氨酯，即

$$n\text{HO}(\text{CH}_2)_4\text{OH} + n\text{O}=\text{C}=\text{N}(\text{CH}_2)_6\text{N}=\text{C}=\text{O} \xrightarrow[\text{(聚加成)}]{\text{分子间氢转移}}$$

$$\leftarrow\text{O}(\text{CH}_2)_4\text{OCONH}(\text{CH}_2)_6\text{NHCO}\rightarrow_n \qquad (3.25)$$

（2）按聚合物链结构分类

①线型逐步聚合反应。参加聚合反应的单体都只带有两个官能团，聚合过程中，分子链在两个方向增长，相对分子质量逐步增大，体系的粘度逐渐上升。获得的是可溶可熔的线型聚合物。例如，由二胺和二酸如式（3.22）合成的聚酰胺，或由二醇和二酸式（3.25）合成的聚酯。

②支化、交联聚合反应。参加聚合反应的单体至少有一个含有两个以上官能团时，反应过程中，分子链从多个方向增长。调节两种单体的配比，可以生成支化聚合物或交联聚合物（体型聚合物）。例如，丙三醇和邻苯二甲酸酐的聚合反应，在适当物质的量的单体下进行到一定反应程度时，体系的粘度会突然增大，失去流动性，生成了不溶不熔的交联聚合物。

（3）按参加反应的单体分类

①逐步均缩聚反应。只有一种单体进行的缩聚反应，如

$$n\ \text{H}_2\text{N}\!-\!\{\text{CH}_2\}_5\text{COOH} \rightleftharpoons \text{H}\{\text{NH}(\text{CH}_2)_5\!-\!\text{CO}\}_n\text{OH} + \text{H}_2\text{O}$$

②混缩聚。也称杂缩聚，是两种单体参加的聚合反应，这类单体中任何一种都不能进行均缩聚，如

$$n\text{H}_2\text{N}\!-\!\{\text{CH}_2\}_6\text{NH}_2 + n\text{HOOC}\!-\!\{\text{CH}_2\}_4\text{COOH} \rightleftharpoons$$

$$\text{H}\!-\!\{\text{NH}\!-\!(\text{CH}_2)_6\!-\!\text{NH}\!-\!\text{CO}\!-\!(\text{CH}_2)_4\!-\!\text{CO}\}_n\text{OH} + (2n-1)\text{H}_2\text{O} \qquad (3.26)$$

③共缩聚有两种情况。一种是相对于均缩聚而言，若在均缩聚中再加入第二种单体，进行的缩聚反应叫共缩聚反应，另一种是相对于混缩聚而言，即在混缩聚中加入第三种单体进行的缩聚反应也称共缩聚反应。

（4）按反应的性质分类

①平衡缩聚反应也称可逆缩聚反应,缩聚反应具有可逆变化特征的称为平衡（可逆）缩聚反应,如由二元酸与二元胺合成聚酰胺的反应。

②不平衡缩聚反应也称不可逆缩聚反应。在缩聚反应的条件下不发生逆反应的称为不平衡（不可逆）缩聚反应,如二元胺与二元酰氯的反应。

（5）按制备方法分类

按制备方法又可分为溶液缩聚、熔融缩聚、界面缩聚、和固相缩聚等。

3. 线型缩聚合反应机理

（1）线型缩聚反应机理

以二元醇和二元酸合成聚酯为例来说明线型缩聚的机理。二元醇和二元酸第一步反应形成二聚体（羟基酸）,即

$$HOROH+HOOCR'COOH \Longleftrightarrow HORO \cdot OCR'COOH+H_2O \qquad (3.27)$$

二聚体也可以同二元醇或二元酸进一步反应,形成三聚体,即

$$HORO \cdot OCR'COOH+HOROH \Longleftrightarrow HORO \cdot OCR'CO \cdot OROH+H_2O \quad (3.28)$$

或

$$HOOCR'COOH+HORO \cdot OCR'COOH \Longleftrightarrow HOOCR'CO \cdot ORO \cdot OCR'COOH+H_2O$$

$$(3.29)$$

二聚体也可相互反应,形成四聚体,三聚体和四聚体还可以相互反应,自身反应或与单体、二聚体反应,含羟基的任何聚体和含羧基的任何聚体都可以进行缩聚反应,通式如下

$$n-聚体+m-聚体 \Longleftrightarrow (n+m)-聚体+水$$

缩聚反应就这样逐步进行下去,聚合度随时间或反应程度而增加。

在缩聚反应中,带不同官能团的任何两个分子都能相互反应,无特定的活性中心,各步反应的速率常数和活化能基本相同,并不存在链引发、链增长、链终止等基元反应。

由于许多分子可以同时反应缩聚早期,单体很快消失,转变成二聚体、三聚体、四聚体等低聚物,转化率很高,以后的缩聚反应则在低聚物之间进行,相对分子质量分布也较宽。

在缩聚过程中,聚合度稳步上升。延长聚合时间的主要目的在于提高产物相对分子质量,而不是提高转化率。

（2）不可逆缩聚反应机理

不可逆缩聚反应又称不平衡缩聚反应。其基本特征是缩聚反应过程中聚合物不被缩聚反应的低分子产物所降解,也不发生其他的交换降解反应。

平衡常数由下列方程式所决定,即

$$a + b \underset{k_{-1}}{\overset{k^1}{\Longrightarrow}} c + d$$

$$K = \frac{k^1}{k_{-1}} = \frac{C(c)C(d)}{C(a)C(b)} \qquad (3.30)$$

不可逆缩聚反应的特征是平衡常数非常大,即 $k_1 \gg k_{-1}$ 或 $k_1 \longrightarrow \infty$,或 k_{-1} 无限小。

不可逆缩聚反应如同平衡缩聚反应一样,每进行一步都生成稳定的、能够独立存在且能进一步反应的化合物,与链增长的同时生成低分子副产物。与平衡缩聚反应不同,这些低分子副产物不与生成的大分子链相作用。生成大分子的过程大致可分为链增长的开始、链增长和链终止三个反应过程。

①链增长的开始。在不可逆缩聚反应中,由于使用原料的性质和进行反应的条件不同,链增长的开始有着完全不同的方式。

a. 两个反应官能团按亲核取代反应 S_{N2} 历程进行反应,如二元酸双酰氯与二元胺的界面缩聚反应,即

$$\underset{\quad}{\overset{O}{\underset{\|}{Cl—C}}}(CH_2)_n\underset{\quad}{\overset{O}{\underset{\|}{C—}}}Cl+H_2N(CH_2)_mNH_2 \longrightarrow \left[\underset{Cl}{\overset{O}{\underset{\|}{Cl—C}}}(CH_2)_n\underset{\quad}{\overset{O}{\underset{\|}{C}}}\cdots\underset{H}{\overset{H}{N}}—(CH_2)_mNH_2 \right]$$

$$\xrightarrow{+NaOH} \underset{\quad}{\overset{O}{\underset{\|}{Cl—C}}}(CH_2)_n\underset{\quad}{\overset{O}{\underset{\|}{C}}}—NH(CH_2)_mNH_2 + NaCl + H_2O$$

b. 由不参加组成聚合物链的第三种物质(催化剂)与一种原料的官能团形成中间状态的活性物质,再由后者与第二种原料的官能团反应。如在叔胺存在下对苯二甲酸双酰氯与二元酚的溶液聚酯化反应,即

$$\underset{\quad}{\overset{O}{\underset{\|}{Cl—C}}}—R'—\underset{\quad}{\overset{O}{\underset{\|}{C}}}—Cl +HOR''OH+R_3N$$

$$\Longleftrightarrow HO—R''—O\cdots H\overset{+}{N}R_3+ \underset{\quad}{\overset{O}{\underset{\|}{Cl—C}}}—R'—\underset{\quad}{\overset{O}{\underset{\|}{C}}}—Cl$$
（一般的酸碱催化）

$$\Longleftrightarrow \left[\underset{\quad}{\overset{O}{\underset{\|}{Cl—C}}}—R'—\underset{\quad}{\overset{O}{\underset{\|}{C}}}—NR_3 \right]^+Cl^-+HO–R''—OH$$
（亲核催化）

$$\longrightarrow Cl\cdot\underset{\quad}{\overset{O}{\underset{\|}{C}}}—R'—\underset{\quad}{\overset{O}{\underset{\|}{C}}}—R''—OH+R_3N\cdot HCl$$

c. 其中一种反应物分解成离子,再与第二种反应物进行离子反应。或两种反应物先分别分解为离子,再进行离子反应。例如二元酸双酰氯与双酚钠盐的界面缩聚反应

$$NaO—\langle\bigcirc\rangle—R—\langle\bigcirc\rangle—ONa \longrightarrow NaO—\langle\bigcirc\rangle—R—\langle\bigcirc\rangle—O^- +Na^+$$

$$NaO—\langle\bigcirc\rangle—R—\langle\bigcirc\rangle—O^- + \underset{\quad}{\overset{O}{\underset{\|}{Cl—C}}}—\langle\bigcirc\rangle—\underset{\quad}{\overset{O}{\underset{\|}{C}}}—Cl \longrightarrow$$

$$NaO—\langle\bigcirc\rangle—R—\langle\bigcirc\rangle—O—\underset{\quad}{\overset{O}{\underset{\|}{C}}}—\langle\bigcirc\rangle—\underset{\quad}{\overset{O}{\underset{\|}{C}}}—Cl +Cl^-$$

d. 参加组成聚合物链的活性中心是由活性化合物(如有机过氧化物)分解而获得的游离基,它们引起原料分子中弱原子键的均裂而生成游离基。后者的重合生成二聚体。上述基本反应不断重复进行就生成大分子链。如在过氧二叔丁基作用下对二异丙基苯通过重合聚合反应生成高相对分子质量的聚合过程,即

上述两步反应重复进行的结果就生成了高聚物。

②链增长。在不可逆缩聚反应中链增长过程同样具有逐步的性质。但是由于使用单体的反应活性、介质和催化剂等不同,链增长的速度有很大的差异,大体上可分为两组。

第一组:使用反应活性大的双酰氯或酸酐为一种原料,在温和的条件下进行界面缩聚反应或低温溶液缩聚反应。例如对苯二甲酸双酰氯与苯酚酞在三乙胺存在时于二氯乙烷溶液中的低温溶液缩聚反应,产物的粘度随反应时间迅速增加。在50℃进行反应时,大分子的生成几乎是瞬间的,如图3.4所示。

第二组:生成一系列共轭高聚物的氧化脱氢缩聚反应。由二羧酸双酰氯和双酚在高沸点溶剂下进行的高温缩聚反应,以及生成聚酰亚胺、聚苯并咪唑等杂环聚合物的环化反应的链增长都是缓慢的过程。图3.5是间苯二甲酸双酰氯和4,4'-2,2(羟基苯基)2,2-丙烷在高温缩聚反应时产物粘度、产率随反应时间变化的情况,由图线可见链的增长经历了一个缓慢的过程。

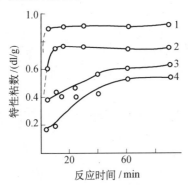

图3.4　[η]随反应时间的变化

1,2,3,4分别为50,30,0及-20℃下进行的反应

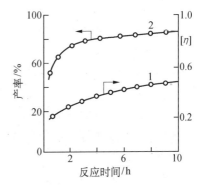

图3.5　产率、粘度随反应时间的变化

③链增长的终止。如同平衡缩聚反应一样,不可逆缩聚反应链增长的终止也受到物理因素和化学因素的影响。物理因素主要是减少官能团碰撞几率和减慢单体分子扩散速度。如反应介质很粘稠,或者聚合物沉淀下来,都会导致链增长的终止。

导致链增长终止的化学因素有:a. 原料的非化学计量比;b. 活性单官能团杂质;c. 大分子及单体官能团发生化学变化而丧失反应活性。在不可逆缩聚反应中官能团化学变化往往是引起链增长终止的主要原因。例如在界面缩聚反应中,由于反应是在有机物和水相的界面进行的,因此酰卤基的水解反应被认为是链终止的主要原因,并且酰卤基的水解反应随反应温度的升高而加速。由图 3.6 可见聚己二酰己二胺的相对分子质量随反应温度的升高而迅速下降。这是因为高温下酰氯基的水解反应加速的缘故。

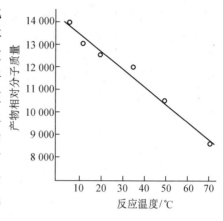

图 3.6　相对分子质量随反应温度的变化

某些溶剂也会与羧酸双酰氯发生副反应,使双官能团变为单官能团活性物质,从而引起链终止反应。例如在以二甲基甲酰胺为溶剂进行羧酸双酰氯的聚酰胺化反应时,发现在酰氯基和溶剂分子间发生了酰胺交换反应,使酰氯基发生化学变化而丧失反应活性,从而导致链的终止。酰胺交换反应是按下列历程进行的,即

酰胺交换反应的活化能为 23kJ/mol,而链增长活化能为 6.3kJ/mol,在常温下链增长速率要比链终止速率大 280 倍,而在高温下反应时,酰胺交换反应将以较高速度进行,导致链终止反应,因此只能在低温溶液缩聚反应中采用二甲基甲酰胺为溶剂。

4. 合成方法

逐步聚合反应的合成方法有熔融缩聚、溶液缩聚,界面缩聚和固相缩聚,可以根据不同聚合方法的特征和对合成聚合物性能的要求进行选择。

(1)熔融缩聚反应

这是目前生产上大量使用的一种缩聚方法,普遍用来生产聚酰胺、聚酯和聚氨酯。其特点是反应温度较高(200~300 ℃)。此时,不仅单体原料处于熔融状态,而且生成的聚合物也处于熔融状态。一般反应温度要比生成的聚合物熔点高 10~20 ℃。

熔融缩聚反应是一个可逆平衡的过程。高温有利于加快反应的速度,同时也有利于反应生成的低分子产物迅速和较完全地排除,使反应朝着生成大分子的方向进行。但是由于反应温度高,除了有利于主反应外,也有利于逆反应和副反应的发生,如交换反应,降解反应,官能团的脱羧反应等。这些副反应除了影响聚合物的相对分子质量外,还会在大

分子链上形成"反常结构",使聚合物的热和光稳定性有所降低。

熔融聚合除了反应温度高这个特点外,还有以下几点:

①反应时间较长,一般需要几个小时;

②由于反应在高温下进行,且长达数小时之久,为了避免生成的聚合物质氧化降解,反应必须在惰性气体中进行(水蒸气,氮气,二氧化碳);

③为了使生成的低分子产物能较完全排除反应系统之外,后期反应常是在真空中进行,有时甚至在高真空中进行,如涤纶树脂的生产;或在薄层中进行,以有利于低分子产物较完全地排除;或直接将惰性气体通入熔体鼓泡,赶走低分子产物。

用熔融缩聚法合成聚合物的设备简单且利用率高,因为不使用溶剂或介质,近年来已由过去的釜式法间歇生产改为连续法生产,如尼龙 6、尼龙 66、绵纶和酯交换法聚碳酸酯等。

（2）溶液缩聚反应

单体是在溶剂中进行聚合反应。对于那些熔融温度高的聚合物,不宜用熔融聚合法时,通常采用溶液缩聚方法制备。溶液缩聚的反应温度较低,通常在几十度到一百多度下反应,因此要求单体具有较高的反应活性。如果是平衡聚合反应,可通过精馏或加碱成盐除去小分子副产物。溶液聚合的设计较简单,不需真空操作系统。但如果聚合物不是以溶液状态直接使用（如油漆、涂料等）时,要增加溶剂回收的负担,使工艺过程复杂化。且溶剂存在易燃及毒性等问题,对劳动和环境保护不利。

溶液聚合反应中,溶剂的选择是很重要的,首先溶剂应是惰性的,其次要保证反应在均相条件下完成。如果溶剂不能使生成的聚合物溶解,聚合物就会过早地沉淀出来,从而影响聚合物相对分子质量的提高。例如,对二苯甲烷-4,4′-二异氰酸酯与乙二醇的溶液聚合反应,即

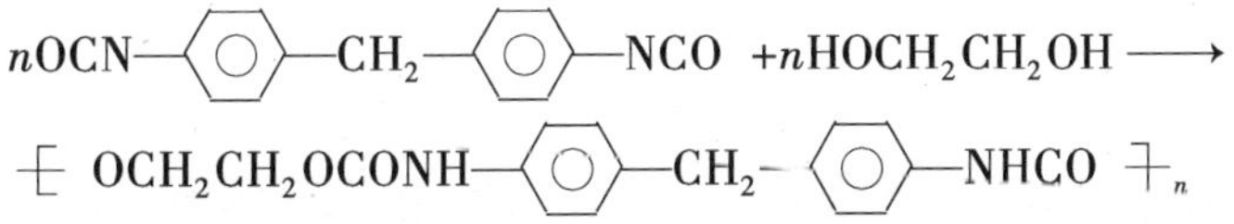

$$n\text{OCN}—\bigcirc—\text{CH}_2—\bigcirc—\text{NCO} + n\text{HOCH}_2\text{CH}_2\text{OH} \longrightarrow$$

$$\dashv\text{OCH}_2\text{CH}_2\text{OCONH}—\bigcirc—\text{CH}_2-\bigcirc—\text{NHCO}\dashv_n$$

如果选用二甲苯和氯苯做溶剂,由于生成的聚氨基甲酸酯过早地发生沉淀,得到的只是低相对分子质量的聚合物;如果改用二甲基亚砜（DMSO）时,生成的聚氨基甲酸酯在整个反应过程中都能完全溶解,得到的是高相对分子质量的聚合物。

许多性能优良的工程塑料都是采用溶液缩聚法合成的,例如,聚芳酰亚胺、聚砜及聚苯醚等。

（3）界面缩聚反应

它是两种单体分别溶解在两种互不相溶的溶剂中,且只在两相溶液的界面上进行的聚合反应。它是非均相聚合反应体系。此方法适用于不可逆聚合反应,要求单体具有高的反应活性。反应温度较低,一般在 0~50 ℃。例如,在实验室中,将己二胺溶于水（加碱）,癸二酰氯溶于氯仿,然后加入烧杯中,在室温下就可以进行聚酰胺化反应,如图 3.7 所示。

界面聚合在机理上不同于一般的逐步聚合反应。单体由溶液扩散到界面,只与聚合物分子链端的官能团反应。例如,二元胺和二元酰氯的反应活性高,它们来不及扩散穿过处在界面上的聚合物膜生成新的增长链,就先和聚合物分子链端的官能团发生了反应。

通常聚合反应在界面的有机相一侧进行,如二胺与二酰氯的聚合反应。这是因为二元胺扩散到有机相的倾向比二元酰氯扩散到水相一侧大。但有一些聚合反应则相反,如二元酚钠与二元酰氯的聚合反应在水相一侧进行。所以界面聚合反应具有以下几个显著的特征:其一是两种反应物并不需要以严格的化学计量比加入。因为反应物从水相和有机相相扩散到界面时,会自动地形成等化学计量关系。其二是高相对分子质量聚合物的生成与总转化率无关。因为聚合反应只在界面上发生,要提高转化率,一要把生成的聚合物及时移走,以使聚合反应不断进行;二要采用搅拌等方法提高界面的总面积。其三是反应物的聚合速率比扩散速率快。因此,界面聚合反应一般是受扩散控制的反应。

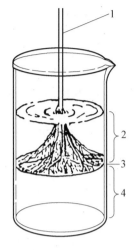

图 3.7　二元胺与二元酰氯的界面聚合反应

1—折叠膜;2—二胺水溶液;3—界面生成的聚合物膜;4—二酰氯的有机溶液

要使界面聚合反应成功地进行,还应考虑的因素有:

①聚合反应方法。若在聚合反应过程中生成酸性物质,则要在水相中加入碱。如酰氯与二胺反应时,若不将生成的 HCl 中和,它就与二胺作用生成没有反应活性的铵盐,使聚合反应速率下降。酰氯在高浓度的无机碱或低聚合反应速率的条件下,会水解成反应活性小的二羧酸或单羧基酰氯,这不仅会降低反应速率,而且也限制了相对分子质量的提高。聚合速率越慢,水解程度越严重。相对于二元胺和二元酰氯的反应速率($k = 10^4 \sim 10^5$ L/mol·s),聚酯反应速率比较慢($k = 10^{-3}$ L/mol·s),酰氯易发生水解,采用界面聚合方法由二元醇和二元酰氯合成高相对分子质量的聚酯比较困难。

②有机溶剂的选择。对有机溶剂的要求是,能使高相对分子质量的聚合物发生沉淀,低相对分子质量聚合物则不沉淀。聚合物过早的沉淀,就达不到所要求的高相对分子质量。例如,二甲苯和四氯化碳使所有大小的聚(癸二酸己二醇酯)都发生沉淀,而氯仿仅使高分子量的聚合物沉淀。若应用前一类有机溶剂进行界面聚合反应,那就只能得到低相对分子质量聚合物。实验测定的界面聚合物的相对分子质量分布一般与 Flory 分布大不要同。最可几分布变宽和变窄两种情况都有,变宽的要多一些。这种差别可能是由于聚合物沉淀时发生了分级所造成的,它在很大程度上与有机溶剂和聚合物溶解性有关。

③单体的配比。要获得高产率和高相对分子质量的聚合物,两种单体的最佳化学计量比并不总是 1∶1,随用的有机溶剂不同而改变。水溶性单体向有机扩散的倾向越小,它的浓度相对就要提高。两种单体的最佳浓度比,应该是能保证扩散到界面处的两种单体为等摩尔时的配比。

界面聚合方法已用于许多聚合物的合成,例如,聚酰胺、聚碳酸酯及聚氨基甲酸酯等。这种聚合方法也有其缺点,例如,二元酰氯单体的成本高,需要使用和回收大量的溶剂等。这些缺点使它的工业应用受到了很大限制。

(4)固相缩聚反应

固相缩聚是一种新的聚合工艺,它是指在固体状态下进行聚合的方法。固相缩聚一般有两种情况:①使单体在其熔点温度下进行缩聚;②单体先部分聚合成相对分子质量不高的聚合物,然后再进一步在这种聚合物的熔点下进行缩聚。例如,锦纶 66 盐的熔点为 190~191℃,若将它加热至 175~178℃进行缩聚,则是在固相状态下进行缩聚反应。

固相缩聚具有下列主要的优点:

①缩聚反应的温度较低,在缩聚产物中含有引起降解反应的杂质甚少,因此改进了最终产品的热稳定性与光降解性。

②可形成很高相对分子质量的聚合物,但又避免了造粒时的困难,因为可用预选聚合成低相对分子质量聚合物的粒状物再进行固相聚合成高相对分子质量聚合物的粒子。

由于固相缩聚是一种新的聚合工艺,因此正在进一步研究与发展的过程中。已用这一方法制备了相对分子质量极高的聚酰胺模塑粉,它是由低相对分子质量聚酰胺粒子在固相中进一步缩聚而成。据报导,用这种模塑粉模塑或挤出的产品能充分保持设计形状。另外,用熔融缩聚法获得的涤纶,相对分子质量较低,通常只适合做衣料纤维。若再进行固相聚合后,提高了相对分子质量,可用做帘子线和工程塑料。

3.3.3 连锁聚合反应

连锁聚合反应的一般方式是由引发剂 I 产生一个活性中心 R^*,然后引发连锁聚合

$$I \rightarrow R^*$$

R^* 可以是自由基、阳离子或阴离子,它进攻单体的双键,使 π 键打开,形成新的活性中心,这一过程多次重复进行,单体分子逐一加成,使活性链连续增长,即

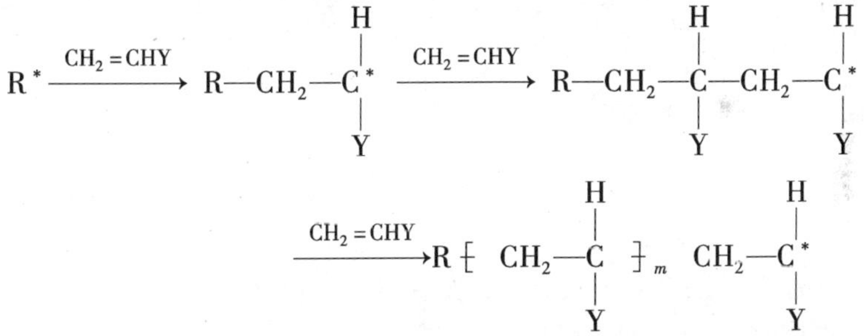

$$R^* \xrightarrow{CH_2=CHY} R-CH_2-\overset{\overset{\displaystyle H}{|}}{\underset{\underset{\displaystyle Y}{|}}{C^*}} \xrightarrow{CH_2=CHY} R-CH_2-\overset{\overset{\displaystyle H}{|}}{\underset{\underset{\displaystyle Y}{|}}{C}}-CH_2-\overset{\overset{\displaystyle H}{|}}{\underset{\underset{\displaystyle Y}{|}}{C^*}}$$

$$\xrightarrow{CH_2=CHY} R \left[CH_2-\overset{\overset{\displaystyle H}{|}}{\underset{\underset{\displaystyle Y}{|}}{C}} \right]_m CH_2-\overset{\overset{\displaystyle H}{|}}{\underset{\underset{\displaystyle Y}{|}}{C^*}}$$

在一定情况下,由适当的反应使活性中心消失,从而使聚合物链停止增长。

烯类单体的加聚反应大部分属于连锁聚合反应。由于连锁聚合的活性中心是自由基、阳离子或阴离子,因而有自由基聚合、阳离子聚合、阴离子聚合和配位(定向)聚合。

加聚反应绝大多数是由烯类单体出发,通过连锁加成作用而生成高聚物的,即

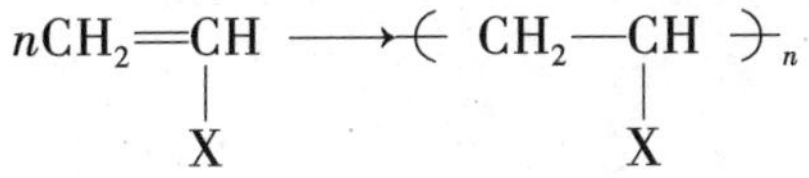

$$n CH_2=\overset{}{\underset{\underset{\displaystyle X}{|}}{CH}} \longrightarrow \left(CH_2-\overset{}{\underset{\underset{\displaystyle X}{|}}{CH}} \right)_n$$

$X = H$, 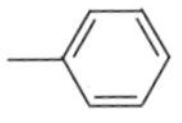 ⬡ , Cl, CN 等。

1. 自由基聚合反应

自由基加聚反应是合成高聚物的一大类重要方法,它有操作简单,易于控制,重现性好等优点。

自由基聚合的特征可概括如下:

①自由基聚合反应在微观上可以明显地区分成链的引发、增长、终止、转移等基元反应,其中引发速率最小,是控制总聚合速率的关键,可以概括为慢引发、快增长、速终止;

②绝大多数是不可逆反应;

③绝大多数是连锁反应,只有增长反应才使聚合度增加,一个单体分子转变成大分子时间极短,反应混合物仅由单体和聚合物组成,在全过程中,聚合度变化较小,如图3.8所示;

④在聚合过程中,单体浓度逐渐减小,聚合物浓度相应提高,如图3.9所示;延长聚合时间主要是为了提高转化率,对相对分子质量影响较小;

⑤少量(0.01% ~0.1%)阻聚剂足以使自由基聚合反应终止。

连锁聚合的单体通常是含有不饱和链的单体,如单烯类、共轭二烯类、炔类、羰基化合物及一些环状化合物,容易按其机理进行加聚反应,形成加聚物。但最重要的是前两类单体,各种单体对不同聚合机理的聚合能力并不相同,主要是取代基的电子效应和空间位阻效应有很大的影响。

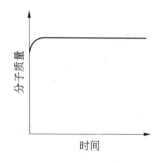

图3.8　自由基聚合相对分子
质量与时间关系

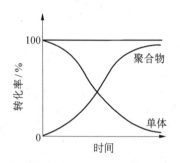

图3.9　自由基聚合转化率与
时间关系

(1)自由基聚合反应机理

烯类单体加聚成聚合物一般由链引发、链增长、链终止等基元反应组成,此外还可能伴有链转移反应。

①链引发。链引发反应是形成单体自由基活性物的反应。用引发剂引发时,将由下列两步组成。

a. 引发剂 I 分解,形成初级自由基 R·

$$I \longrightarrow 2R \cdot$$

b. 初级自由基与单体加成,形成单体自由基

$$R \cdot + CH_2 = \underset{X}{CH} \longrightarrow RCH_2\underset{X}{CH} \cdot$$

单体自由基形成以后,连续与其他单体加聚,而使链增长。

引发剂分解是吸热反应,活化能高,约 105 ~150 kJ/mol,反应速率小,分解速率常数约 $10^{-4} \sim 10^{-6}\ s^{-1}$。初级自由基与单体结合成单体自由基是放热反应,活化能低,约 20 ~34 kJ/mol,反应速率大,与后继的链增长反应相似。有些单体可以用热、光、辐射等

能源来直接引发聚合。

②链增长。在链引发阶段形成的单体自由基,仍具有活性,能打开第二个烯类分子的 π 键,形成新的自由基。新的自由基活性并不衰减,连续和其他单体分子结合成单元更多的链自由基,这个过程称做链增长反应,实际上是加成反应,即

$$\underset{X}{RCH_2CH} \cdot \ + \ \underset{X}{CH_2{=}CH} \longrightarrow \underset{X}{RCH_2CH}\underset{X}{CH_2CH} \cdots\cdots \longrightarrow$$

$$RCH_2CH \underset{X}{\underbrace{\left[CH_2CH\right]}_{n}} CH_2CH \cdot$$

为了书写方便,上述链自由基可以简写成〜〜〜 $\underset{X}{CH_2CH}\cdot$,其中锯齿形线代表同许多

单元组成的碳链骨架,基团所带的独电子是处在碳原子上。

链增长反应有两个特征:一是放热反应,烯类单体聚合热约 55~95 kJ/mol,二是增长活化能低,约为 20~34 kJ/mol,增长速率极高,在 0.01 s 至几秒钟内,就可以使聚合度达到数千,甚至上万。这样高的速度是难以控制的,单体自由基一经形成以后,立刻与其他单体分子加成,增长成活性链,而后终止成大分子。因此,聚合体系内往往由单体和聚合物两部分组成,不存在一系列中间产物。

对链增长反应,除了应注意速率问题以外,还须研究对大分子微观结构的影响。

在链增长反应中,结构单元间的结合可能存在"头-尾"和"头-头"或"尾-尾"两种形式

$$\underset{X}{-CH_2CH} \cdot \ + \ CH_2{=}CH \ \left\{ \begin{array}{l} \text{〜〜}\underset{X}{CH_2CH}\underset{X}{CH_2CH} \cdot \quad \text{头-尾} \\[2ex] \text{〜〜}\underset{X\ X}{CH_2CHCH_2CH} \cdot \quad \text{头-头} \end{array} \right.$$

经实验证明,主要以头-尾形式连接,原因有电子效应和位阻效应。按头-尾形式连接时,取代基与独电子连在同一碳原子上,苯基一类的取代基对自由基有共轭稳定作用,加上相邻次甲基的超共轭效应,自由基得以稳定。而按头-头形式连接时,无共轭效应,自由基比较不稳定。两者活化能相差 24~42 kJ/mol,因此有利于头、尾连接。对于共轭稳定较差的单体,如醋酸乙烯酯,会有一些头-头形式连接出现。聚合温度升高时,头-头形式结构将增多。

另一方面,次甲基一端的空间位阻较小,有利于头、尾连接。电子效应和空间位阻效应双重因素,都促使增长链以头尾连接为主,但还不能做到序列结构上的绝对规整性。

从立体结构看来,自由基聚合物分子链上取代基在空间的排布是无规的,因此该种聚合物往往是无定型的。

③链终止。自由基活性高,有相互作用而终止的倾向,终止反应有偶合终止和歧化终止两种方式。

两链自由基的独电子相互结合成共价键的终止反应称做偶合终止。偶合终止结果，大分子的聚合度为链自由基重复单元数的两倍。

$$\sim\sim\sim\underset{\underset{X}{|}}{CH_2CH}\cdot + \cdot\underset{\underset{X}{|}}{CHCH_2}\sim\sim\sim \longrightarrow \sim\sim\sim\underset{\underset{X}{|}}{CH_2CH}\!-\!\underset{\underset{X}{|}}{CHCH_2}\sim\sim\sim$$

用引发剂引发并无链转移时，大分子两端均为引发剂残基。

某链自由基夺取另一个自由基的氢原子或其他原子的终止反应则称为歧化终止。歧化终止结果，聚合度与链自由基中单元数相同。

$$\sim\sim\sim\underset{\underset{X}{|}}{CH_2CH}\cdot + \cdot\underset{\underset{X}{|}}{CHCH_2}\sim\sim\sim \longrightarrow \sim\sim\sim\underset{\underset{X}{|}}{CH_2CH} + \underset{\underset{X}{|}}{CH}\!=\!CH\sim\sim\sim$$

每个大分子只有一端为引发剂残基，另一端为饱和或不饱和，两者各半。根据上述特征，应用含有标记原子的引发剂，可以求出偶合终止和歧化终止的比例。

链终止方式与单体种类和聚合条件有关。如聚苯乙烯以偶合终止为主，甲基丙烯酸甲酯在 60℃ 以下聚合，两种终止方式都有。

链终止活化能很低，只有 8～21 kJ/mol，甚至为零。因此，终止速率常数极高（10^6～10^8），但双基终止受扩散控制。

链终止和链增长是一对竞争反应。从一对活性链的双基和活性链——单体的增长反应比较看出，终止速率显然大于增长速率。但从整个聚合体系宏观来看，因为反应速率还与反应物质浓度成正比，而单体浓度（1～10 mol/L）远大于自由基浓度（10^{-7}～10^{-9} mol/L），结果，增长的总速率要比终止总速率大得多。否则，将不可能形成长链自由基和聚合物。

在任何自由基聚合反应中，引发速率较小，成为控制整个聚合速率的关键。

④链转移。在自由基聚合过程中，链自由基有可能从单体、溶剂、引发剂等低分子或大分子上夺取一个原子而终止，并使这些失去原子的分子成为自由基，继续新链的增长，使聚合反应继续进行下去。这一反应称为转移反应。

向低分子链转移的反应式示意如下

$$\sim\sim\sim\underset{\underset{X}{|}}{CH_2CH}\cdot + YS \longrightarrow \sim\sim\sim\underset{\underset{X}{|}}{CH_2CHY} + S\cdot$$

向低分子链转移的结果，使聚合物相对分子质量降低。

链自由基也有可能从大分子上夺取原子而转移。向大分子转移一般发生在叔氢原子或氯原子上，结果使叔碳原子上带有独电子，形成大自由基。单体在其上进一步增长，形成支链。

（2）自由基聚合反应方法

许多商品化聚合物都是由烯类单体经自由基聚合反应生产出来的，例如，聚苯乙烯、聚乙烯、聚甲基丙烯酸甲酯和聚丙烯腈等。自由基聚合反应有几种实施方法可以选择。一般来说，同一单体用不同的聚合反应制备的聚合物，在性能上往往会有某些差别。要获得满意的聚合物产品，必须根据聚合物的特性和应用要求，正确地选择聚合反应实施方法。

聚合反应在工艺操作上,从不同的角度看,有不同的分类法,但归纳起来,大体有下述三种分类方法。

①按单体在介质中的分散状态分类。主要有本体聚合、溶液聚合、悬浮聚合和乳液聚合四种。

②按单体和聚合物的溶解状态分类。按单体和聚合物在反应体系中的溶解状态,可分为均相聚合和非均相聚合。在聚合反应过程中,单体和聚合物完全溶解在介质中,整个反应体系成为一相时,称为均相聚合。反之,单体或聚合物不溶于介质中,反应体系中存在两相或多相时,称为非均相聚合。其体系也习惯称做均相体系和非均相体系。一般来讲,本体聚合和溶液聚合属于均相聚合,而悬浮聚合和乳液聚合则属于非均相聚合。

③按单体的物理状态分类。在常压下,大部分单体在聚合反应温度下是液体。但气态和固态单体也能进行聚合反应。因此,从单体在聚合过程中的物理状态,又可以将聚合反应分为气相聚合、液相聚合和固相聚合。此外,聚合反应还有间歇法和连续法之分。

(3)间歇法和连续法聚合反应

①本体聚合。在引发剂、热、光或高能射线辐照的作用下只有单体存在的聚合反应,称之为本体聚合。在实际生产中,除了单体和引发剂之外,往往还要加入其他助剂,例如色料、增塑剂、防老剂及相对分子质量调节剂等。不过,这些助剂的加入量一般都比较少。本体聚合法的优点是产物纯度高。特别适用于生产板材和型材等透明制品。

本体聚合可以在气相、液相或固相进行,其中大多数是液相本体聚合。本体聚合反应的产物可直接成型加工或挤出造粒,无需产物与介质分离及介质回收等后续处理工艺操作。因此,所用设备相对来说比较简单。

本体聚合反应,特别适合于实验室研究,如单体竞聚率的测定、动力学研究等。如果在一个绝热反应体系中进行聚合反应,体系温度可自动上升超过 100 ℃。为了使聚合反应热以更快的速率散出去,必须对体系进行有效的搅拌。由于本体聚合体系的粘度大,搅拌比悬浮聚合、乳液聚合和溶液聚合困难。

为了克服本体聚合存在的上述缺点,经常采用两段聚合法。第一阶段保持较低的转化率,如10% ~40%,这一阶段体系的粘度不大,散热不是很困难。因此,聚合可在较大的反应釜中进行。第二阶段进行薄层(如板状)聚合,或以较慢的速率进行聚合。另一种方法是,当聚合反应还在低转化率时,就把聚合物分离出来,让单体再回到反应釜中继续进行聚合反应。

不同单体的本体聚合工艺相差甚大,表3.10列出了几个工业生产的例子。

表 3.10　本体聚合工业生产举例

聚合物	工艺过程要点
聚甲基丙烯酸甲酯	第一阶段预聚至转化率为 10% 左右的粘稠浆液,然后浇模分段升温聚合,最后脱模成板材
聚苯乙烯	第一阶段在 80~85℃下预聚至转化率为 33% ~35%,然后流入聚合塔。第二阶段在塔中进行,温度从 100℃ 递增至 220℃,最后熔体挤出造粒
聚氯乙烯	第一阶段预聚至转化率为 7% ~11%,形成颗粒骨架,第二阶段继续沉淀聚合,最后以粉状出料
聚乙烯(高压)	选用管式或釜式反应器,聚合连续进行,控制单程转化率为 15% ~30%,单体循环至反应器,聚合物以熔体挤出造粒

②溶液聚合。溶液聚合是把单体和引发剂溶解在适当的溶剂中进行的聚合反应。与本体聚合相比,由于溶剂起了稀释的作用,所以溶液聚合的体系粘度较低,物料混合和传热都比较容易,凝胶效应不易出现,反应温度容易控制,可以避免局部过热现象。

溶液聚合也有缺点:

a. 由于单体浓度较低,反应速率较慢,设备生产能力和利用率较低;

b. 易向溶剂发生链转移反应,聚合相对物分子质量较低;

c. 溶剂分离回收费用高,除尽聚合物中残留的溶剂较困难;

d. 溶剂往往易燃,易造成环境污染。因此,工业上溶液聚合多用于聚合物以溶液状态直接应用的场合,如涂料、粘合剂、合成纤维纺丝液或继续进行化学反应等。

选择聚合反应的溶剂时,应注意以下问题:

a. 溶剂的链转移反应常数小,以免链转移反应使聚合物相对分子质量降低。

b. 溶剂对引发剂不产生诱导分解作用。过氧化物引发剂在各类溶剂中的分解速率按下述次序增大:芳烃、醇类、醚类、胺类等。偶氮二异丁腈较少发生诱导分解。

c. 要选用聚合物的良溶剂,使聚合反应在均相体系中进行,避免凝胶效应。表 3.11 简要说明了溶液聚合在工业生产上应用的几个例子。

表 3.11　自由基溶液聚合示例

单体	溶剂	引发剂	聚合温度/℃	产物用途
丙烯腈	硫氰化钠水溶液	AIBN	75 ~80	纺丝液
	水	氧化还原体系	40	配制纺丝液
醋酸乙烯酯	甲醇	AIBN	50	醇解成聚乙烯醇
丙烯酸酯类	醋酸乙酯和芳烃	BPO	回流	涂料、粘合剂
苯乙烯	乙苯	BPO 或热引发	90 ~120	粒料

③悬浮聚合。单体以小液珠悬浮在水中进行的聚合反应叫悬浮聚合,也叫珠状聚合。悬浮聚合体系的主要组分有四个,即单体、引发剂、水和悬浮剂。引发剂溶解于单体中,单体在搅拌和悬浮剂的作用下,分散成小液珠悬浮于水中。随着聚合反应的进行,单体小液珠逐渐变成了聚合物固体小粒子。如果形成的聚合物溶于单体,在小液珠中进行的是均相聚合,得到的产物是珠状小粒子,例如聚苯乙烯。若聚合物不溶于单体,则是沉淀聚合,

得到的产物是粉状固体,例如聚氯乙烯。悬浮聚合结束后,聚合物经分离、洗涤、干燥,即得到珠状或粉状产品。

悬浮聚合产物的粒径一般为 0.01 ~ 5 mm,它与搅拌速率、分散剂的性质及用量有关。因为悬浮聚合中,反应是在单体小液滴中进行的,因此,聚合反应机理与本体聚合相似。

悬浮聚合有如下优点:

a. 以水作介质,比热容高,体系粘度低,散热和温度控制比本体和溶液聚合容易;

b. 产物相对分子质量比溶液聚合高,产物相对分子质量及分布稳定;

c. 产物中杂质含量比乳液聚合的低;

d. 后处理工序比溶液聚合和乳液聚合简单,生产成本低。

悬浮聚合的主要缺点是:产物中残留有少量悬浮剂,必须彻底除尽后,才能用于生产透明性和电绝缘性要求高的产品。

综合起来看,悬浮聚合兼有本体聚合和溶液聚合的优点,因此,悬浮聚合在工业上得到广泛的应用。

悬浮聚合的关键问题是悬浮粒子的形成与控制。其动力学研究则与本体聚合相类似。悬浮聚合所用的单体是非水溶性的。一般来说单体密度小于水,所以单体在上层。这类单体有苯乙烯、甲基丙烯酸甲酯、氯乙烯等,它们在水中的溶解度很小,只有万分之几到千分之几。

要将非水溶性单体以液珠分散在水相中,就必须借助外力的作用,如图 3.10 中所示。处在水面上的单体层在搅拌产生的剪切力作用下,变形并分散成小液滴。但单体液滴和水之间的界面张力使小液滴呈球形,并倾向于聚集成大液滴。搅拌的剪切力和界面张力对分散过程作用的方向正好相反。当搅拌速率和界面张力保持不变时,在一定的时间内,分散过程就会达到一个动态平衡状态,液珠达到某一平均粒径,其大小有一定分布。

要使单体均匀,稳定地分散、悬浮在水中,仅靠搅拌是难以达到目的的。在聚合过程中,当转化率达到一定值时,如 20%,单体液珠中溶有一定量的聚合物,它开始发粘。此刻两个液珠相碰后,很容易粘在一起,搅拌太快反而会促进粘结,最后会结成大块,再也无法使其分散。当聚合反应到 60% ~

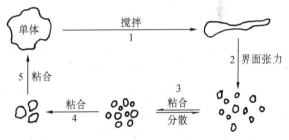

图 3.10　单体分散过程示意图

70% 的高转化率时,液珠基本上变成了粒子,就不会粘在一起了。因此,在悬浮聚合反应中,必须加入悬浮剂,悬浮剂在液珠表面形成保护层,防止粘结成块。

切记,在聚合反应进行到液珠发粘阶段时,即使加了悬浮剂,停止搅拌后,仍有粘成块的危险。因此,搅拌和悬浮剂的加入缺一不可。

悬浮聚合中用的悬浮剂(也称分散剂或成粒剂)有两类,即水溶性有机高分子和非水溶性无机粉末,它们的作用机理是不同的。

a. 水溶性有机高分子。

种类:这类聚合物中有合成高分子,也有天然高分子。合成高分子有聚乙烯醇(部分醇解)、聚丙烯酸和聚甲基丙烯酸盐、马来酸酐-苯乙烯共聚物等。天然高分子有甲基纤维素、羧甲基纤维、羟丙基纤维素、明胶、淀粉、海藻酸钠等。但用得比较多的是合成高分子。

作用:一方面它在单体液珠表面,形成了保护膜(图 3.11),另一方面它溶于水,增大了介质的粘度,减少了两个液珠碰撞的机会。聚乙烯醇和明胶等还会降低界面张力,能使液珠更小。

b. 非水溶性无机粉末。这类物质有碳酸镁、碳酸钙、碳酸钡、硫酸钙、磷酸钙、滑石粉、高岭土、白垩等。它们能被吸附在液珠表面,起着机械隔离作用,如图 3.12 所示。

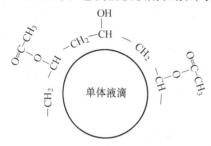

图 3.11　聚乙烯醇分散作用示意图

图 3.12　无机粉末分散作用示意图

悬浮剂种类的选择和用量的确定要根据合成聚合物的性能和用途及珠粒的大小、形态而定。聚乙烯醇及明胶的用量一般为单体量的 0.1% 左右,无机粉末通常为水量的 0.1% ~1%。珠粒的大小与界面张力有关,界面张力越小,形成的珠粒越小。因此,为了获得粒径小的珠粒,往往加入少量的表面活性剂,降低体系的界面张力。

影响分散的其他因素

除搅拌和悬浮剂两个主要因素外,对珠粒大小及形态产生影响的其他因素还有:水与单体比例、聚合反应温度和速率、单体和引发剂种类及用量等。

一般来说,搅拌转速越高,产生的剪切力越大,形成的单体液珠就越小。水与单体的质量比通常在(1~6):1 范围内。水少会使珠粒变粗或结块,水多使珠粒变细,且粒径分布变窄。

以氯乙烯的悬浮聚合为例说明悬浮聚合方法的工业应用。氯乙烯的工业聚合方法有悬浮聚合、本体聚合和乳液聚合,其中悬浮聚合约占80%左右。

聚氯乙烯品种很多,但从颗粒的形态看,有疏松型和紧密型之分,但绝大多数为疏松型。氯乙烯悬浮聚合配方中的主要组成是氯乙烯、水、油溶性引发剂和悬浮剂,根据疏松型和紧密型聚氯乙烯的要求,水与单体的质量比由 2:1 到 1.1:1 不等。除了主要组分外,视情况还要加入 pH 调节剂、防粘釜剂及消泡剂等。

氯乙烯悬浮聚合过程如下:先将 180 份去离子水加入聚合釜中,开动搅拌,依次加入悬浮剂、引发剂及其他助剂。抽空充氮后,停止搅拌,加入 100 份氯乙烯,随后升温至50 ~60 ℃,压力为 0.7 ~0.85 MPa,再开动搅拌开始聚合。采用低活性引发剂时,转化率在60% ~70%后出现自动加速效应,反应温度迅速上升。应用水立即冷却,压力下降后,即可出料。疏松型聚氯乙烯的转化率一般在81% ~85% 以下。聚合结束后,单体回收再用,聚合物经过后处理、离心分离、洗涤、干燥、过筛即是聚氯乙烯成品。

聚氯乙烯的相对分子质量与引发剂浓度无关,而决定于聚合反应温度,这是由于聚合物增长链的终止方式以向单体链转移为主所致,典型的工业生产聚氯乙烯的平均相对分子质量为 3～8 万。

悬浮剂的选择对于聚氯乙烯颗粒形态的控制十分重要。选用明胶时,其水溶液表面张力较大(25 ℃时为 0.68 N/m),得到紧密型产品。当选用醇解度为 80% 的聚乙烯醇或羟丙基甲基纤维素时,水溶液表面张力较小(25 ℃时为 0.52～0.48 N/m),形成的是疏松型产品。目前更多的是用上述两种悬浮剂的复合体系,并加极少量的表面活性剂。

④乳液聚合。单体被乳化剂以乳液状态分散在水介质中的聚合反应称为乳液聚合。乳液聚合反应体系的主要组成是单体、水、引发剂和乳化剂。

乳液聚合与悬浮聚合的差别是:

a. 乳液聚合中,聚合物粒子的粒径小,只有 10 μm。

b. 乳液聚合中用水溶性引发剂,而悬浮聚合中则用油溶性引发剂。

正是这些差别导致了乳液聚合具有与悬浮聚合不同的聚合机理。

对于本体、溶液和悬液聚合,聚合反应速率和聚合物相对分子质量之间存在着倒数关系,这一点严重地限制了对聚合物相对分子质量的大幅度改变。要降低相对分子质量可以无需改变聚合速率而用加入链转移剂来完成。但要大幅度提高相对分子质量,只能通过降低引发剂浓度或反应温度从而降低聚合反应速率来实现。而乳液聚合不同,它提供了一个提高聚合物相对分子质量而不降低聚合速率的独特方法。

乳液聚合主要有以下优点:

a. 聚合反应可在较低的温度下进行,并能同时获得高聚合速率和高相对分子质量。

b. 以水作介质,比热容大,体系粘度小,而且保持不变,有利于散热、搅拌和连续操作。

c. 乳液产品(称胶乳)可以作为涂料、粘合剂和表面处理剂直接应用,而没有易燃及污染环境等问题。

乳液聚合的主要缺点有:

a. 聚合物以固体状态使用时,需要加破乳剂,如食盐、盐酸或硫酸等,会产生大量废水,而且要洗涤、脱水、干燥,工序多,生产成本比悬浮聚合高。

b. 产物中杂质含量较高。

乳液聚合在工业上得到了广泛应用。例如,合成橡胶中产量最大的丁苯橡胶和丁腈橡胶就是采用连续乳液聚合法生产的。还有聚丙烯酸酯类涂料和粘合剂,聚醋酸乙烯酯胶乳等都是用乳液聚合方法生产的。

乳液聚合体系中,单体一般不溶于水或微溶于水,分散介质往往是水,水和单体的质量比约 70∶30 至 40∶60。乳液聚合常用水包油型阴离子表面活性剂作乳化剂。引发体系或其中一组分系水溶性。如丁苯橡胶选用氧化-还原体系,它聚合温度较低,产生自由基速度快,工业上可以选用以下两种方法来控制,一是陆续补加氧化剂和(或)还原剂;另一是引发体系中一个组分如异丙苯过氧化氢溶于单体,另一组分溶于水。过氧化物从单体相中扩散出来,与水溶性还原剂相遇,在水相中进行氧化-还原反应,反应速度由扩散来控制。

乳化剂是乳液聚合的重要组分,它可以使互不相溶的油(单体)-水,转变为相当稳定难以分层的乳液。这个过程称为乳化。乳化剂之所以能起乳化作用,是因为它的分子是由亲水的极性基团和疏水的(亲油)非极性基团构成的。例如硬脂酸钠 $C_{17}H_{35}COONa$ 乳化剂溶于水的过程中,当乳化剂浓度很低时,乳化剂分子以分子状态溶解于水中,在表面处,它的亲水基伸向水层,疏水基伸向空气层,由于乳化剂的溶入,水的表面张力急剧下降。当浓度达一定值后,水的表面张力下降趋于平稳,此时,乳化剂聚集在一起,形成无数胶束,胶束的数目和大小取决于乳化剂的用量。乳化剂用量多,胶束数目就多但粒子小,即胶束的表面积随乳化剂用量增加而增加。加入单体后,极少部分单体溶于水,其溶解度很小。此时,小部分单体进入胶束的疏水内层,这个过程称为增溶。

乳化剂的作用是:

a.降低界面张力,使单体分散成细小的液滴;

b.在液滴表面,形成保护层,防止凝聚,使乳液得以稳定;

c.增溶作用使部分单体溶于胶束内。三方面综合起来就是乳化作用。乳化剂分子又是由非极性的羟基和极性基团两部分组成的。根据极性基团的性质,可将乳化剂分为阴离子型、阳离子型、两性型和非离子型四类。

在聚合发生前,单体和乳化剂以下列三种状态存在于体系中:

a.极少量单体、少量乳化剂以分子分散状态存在于体系中;

b.大部分乳化剂形成胶束,胶束内增溶有一定量的单体,其数约为 $10^{17 \sim 18}$ 个/cm^3;

c.大部分单体分散成液滴,其表面吸附着乳化剂,形成稳定的乳液,数目约为 $10^{10 \sim 12}$ 个/cm^3。

绝大部分聚合反应发生在胶束内。胶束是油溶性单体和水溶性引发剂相遇的场所,同时胶束内单体浓度很高,相当于本体单体浓度,比表面积大,提供了自由基扩散进入引发聚合的条件,随聚合的进行,水相单体进入胶束,补充消耗的单体,单体液滴中的单体又复溶解于水中。此时体系中有三种粒子:单体液滴、发生聚合的胶束和没有发生聚合的胶束。胶束进行聚合后形成聚合物乳胶粒。生成聚合物乳胶粒的过程,又称为成核作用,有些胶束不成核。图 3.13 是乳液聚合体系简单示意图。

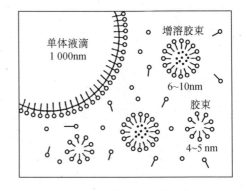

图 3.13　乳液聚合体系示意图

乳液聚合粒子成核有两个过程。一是自由基(包括引发剂分解生成的初级自由基和溶液聚合的短链自由基)由水相扩散进入胶束,引发增长,这个过程称为胶束成核。另一过程是溶液聚合生成的短链自由基在水相中沉淀出来。沉淀粒子从水相和单体液滴上吸附了乳化剂分子而稳定,接着又扩散进入单体,形成和胶束成核过程同样的粒子,这个过程称为均相成核。这两种成核过程的相对重要性,取决于单体的水溶性和乳化剂浓度。单体水溶性大及乳化剂浓度低,有利于均相成核;反之则有利于胶束成核。

根据乳胶粒的数目和单体液滴是否存在,可以把乳液聚合分为三个阶段。乳胶粒数在第 I 阶段不断增加,在第 II、III 阶段恒定;单体液滴存在于第 I、II 阶段,第 III 阶段则消失。

第 I 阶段　乳胶粒生成期。从开始引发到胶束消失为止,整个阶段聚合速率递增。水相中产生的自由基扩散进入胶束内,进行引发、增长、不断形成乳胶粒,同时水相中单体也可引发聚合,吸附乳化剂分子形成乳胶粒。当第二个自由基进入乳胶粒时,则发生终止。随着聚合的进行,乳胶粒内单体不断消耗,液滴中单体溶入水相,不断向乳胶粒扩散补充,保持乳胶粒内单体恒定,此时单体液滴数并不减少,但体积不断缩小。

因此在第 I 阶段中,体系含有单体液滴、胶束、乳胶粒三种粒子。乳胶粒数不断增加,单体液滴数不变,聚合速率不断增大。未成核的胶束全部消失是这一阶段结束的标志。该阶段时间短,转化率可达 2% ~15%。

第 II 阶段　恒速阶段。自胶束消失开始,到单体液滴消失为止。胶束消失后,乳胶粒数恒定,乳胶粒内单体浓度可以通过单体液滴扩散而保持恒定,故聚合速率恒定,直到单体液滴消失为止。这一阶段,也可能由于凝胶效应,聚合速率有加速现象,体系中含有乳胶粒和单体液滴两种粒子。

第 II 阶段结束时转化率与单体种类有关。单体水溶性大,单体溶胀聚合物程度大的,转化率低。例如,聚氯乙烯在此阶段转化率可达 70% ~80%,苯乙烯 40% ~50%,醇酸乙烯酯仅有 15%。

第 III 阶段　降速期。单体液滴消失后,乳胶粒内继续进行引发、增长、终止直到单元完全转化。但由于单体无补充来源,聚合速率随胶粒内单体浓度下降而下降。

该阶段体系内只有乳胶一种粒子,粒子数目不变,但粒径较小,不合要求,所以往往需要利用"种子聚合"来增大粒子,保持速率恒定。

综合乳液聚合过程,三个阶段的速率变化如图 3.14 所示。

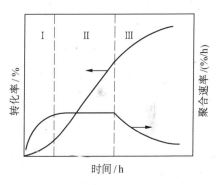

图 3.14　乳液聚合动力学曲线示意图

温度对乳液聚合也有影响,温度升高:

a. 增长速率常数增加;

b. 自由基生成速率增加;

c. 导致不恒速率阶段乳胶粒浓度增加;

d. 乳胶粒中单体浓度(CM)下降;

e. 自由基和单体扩散进入乳胶粒的速度增加。

其综合结果为聚合速率增加,相对分子质量降低。温度升高,还可能引起许多副反应,如乳液发生凝聚破乳,产生支链和凝胶聚合物,并对聚合物微结构和相对分子质量分布有影响。

2. 离子型聚合反应

离子型聚合反应是合成高聚物的重要方法之一,该反应与游离基聚合不同,它是借催化剂的作用,使单体形成活性离子,然后通过离子反应过程进行的。有时也称此反应为催化聚合。

离子型聚合反应是连锁聚合反应的一种类型,根据活性中心的不同,离子型聚合反应可分为阳离子型聚合、阴离子型聚合及配位阴离子型聚合。本章只介绍前两者,配位阴离子型聚合以后介绍。

(1)阳离子型聚合反应

①单体、催化剂和共催化剂。在阳离子聚合反应中最活泼的烯类单体如异丁烯、α-甲基苯乙烯、烷氧基乙烯和二烯烃等,它们多数不能按游离基进行聚合反应。因为在这些单体中,与双键相连的碳原子上有推电子取代基团,使双键带有一定的负电性而具有亲核性,例如

$$
\begin{array}{cc}
\underset{CH_3}{\overset{CH_3}{C}} = CH_2 & \underset{C_6H_5}{\overset{CH_3}{C}} = CH_2
\end{array}
$$

所以当有亲电催化剂存在时,双键断裂,形成三价碳阳离子的活性中心

$$
[BF_3OH]^{\ominus}H^{\oplus} + CH_2 = C(CH_3)_2 \longrightarrow HCH_2 - \underset{CH_3}{\overset{CH_3}{\overset{|}{C}^{\oplus}}} - [BF_3OH]^{\ominus}
$$

除乙烯类化合物外,醛类、环醚、环酰胺等类单体也可用阳离子催化剂进行聚合。

阳离子聚合反应所用催化剂都是电子接受体即亲电试剂。现将通常所用的阳离子聚合催化剂介绍如下。

a. 含氢酸。作为阳离子聚合的催化剂,可与亲核性单体发生如下作用。

$$
HA + RR'C = CH_2 \longrightarrow RR'C^{\oplus} - CH_3(A)^{\ominus}
$$

$$
HA + RR'C = O \longrightarrow RR'C^{\oplus} - OH(A)^{\ominus}
$$

但其阴离子不应有很强的亲核性,否则它再与阳离子作用形成共价键,导致链终止。

$$
RR'C^{\oplus} - CH_3(A)^{\ominus} \longrightarrow RR' - \overset{A}{\underset{|}{C}} - CH_3
$$

因此限制了含氢酸的使用范围。由于卤离子有很强的亲核性,氢卤酸通常不能用做阳离子聚合催化剂。其他强酸如高氯酸、硫酸、磷酸等,可用做某些单体的催化剂,但聚合物的相对分子质量不高。如用磷酸、硫酸等涂复在惰性载体上,使烯烃聚合能得到低分子聚合物,可用做汽油、柴油、润滑剂以及其他产品。苯并呋喃、茚等在硫酸存在下,可聚合生成相对分子质量为 1 000 的聚合物。可被用做表面涂层、胶粘剂等。

b. 路易斯酸(又称广义酸)。所谓路易斯酸是泛指缺电子的任何物质而言;有多余电子对的则称为路易斯碱。阳离子聚合反应中,通常使用的路易斯酸有 $AlCl_3$,BF_3,$SnCl_4$,$ZnCl_2$,$TiCl_4$ 等。它被用做低温下获得高相对分子质量聚合物的催化剂。丁基橡胶(异丁烯和异戊二烯的共聚物)是阳离子聚合最重要的高相对分子质量工业产品。

在这类催化聚合体系中,除了催化剂外,还须加入少量的其他物质——质子给予体,如水、有机酸以及能产生碳阳离子的物质,使催化剂发挥作用。例如用 BF_3 催化异丁烯聚

合时,完全无水,则不反应,当有痕量水存在时,反应便会猛烈发生。显然水与 BF_3 作用形成了有效催化剂,然后与异丁烯作用并引发聚合反应。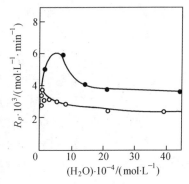这种少量的使催化剂发挥作用的物质一般称为共催化剂。其重要性在于没有它,催化剂不起应有的催化作用。"有效催化剂"的活性取决于它给出质子的能力,异丁烯以 $SnCl_4$ 为催化剂时,聚合反应速率随着共催化剂酸性的增强而增大。如聚合速率按下列顺序递增:水<苯酚<硝基乙烷<碳酸。另外,聚合反应速率也和催化剂与共催化剂的比例有关。在多数情况下,聚合反应速率相应于催化剂的某一特定比例出现最高点。由图 3.15 示出了苯乙烯在 CCl_4 溶液中,以 $SnCl_4$ 为催化剂,水为共催化剂时的聚合情况。若改变溶剂的性质(如从 CCl_4 中加入 30% 的硝基苯),最高点也会变化。最大速率的 $[H_2O/SnCl_4]$ 比值将由 0.002 改变为 1.0。这说明溶剂的极性对有效催化剂的组成有影响。

图 3.15　用 $SnCl_4$ 催化苯乙烯聚合时,水的浓度对聚合反应速率的影响(反应温度 25℃,溶剂为 CCl_4)

c. 其他能进行阳离子聚合的催化剂还有 I_2、Cu^{2+}、锌离子(R_3O^+)、高能射线等。

② 阳离子型聚合反应机理。根据连锁反应的一般规律,下面仅就异丁烯以 BF_3 为催化剂时,聚合反应过程中各基元反应的特点,进行讨论。

a. 链的引发,催化剂与共催化剂首先形成配合物——有效催化剂,然后与单体作用生成碳阳离子的活性中心,引发聚合反应,即

$$BF_3 + H_2O \Longrightarrow H^{\oplus}[BF_3OH]^{\ominus} \tag{3.31}$$

$$H^{\oplus}[BF_3OH]^{\oplus} + (CH_3)_2C = CH_2 \longrightarrow (CH_3)_3C^{\oplus}[BF_3OH]^{\ominus} \tag{3.32}$$

b. 链的增长。引发离子对连续与单体反应,形成分子链,并不断增长,即

$$H \overbrace{(CH_2 - C(CH_3)_2)}^{}_n [BF_3OH] + (CH_3)_2CFY = CH_2 \longrightarrow$$
$$H[CH_2C(CH_3)_2]_n CH_2^{\oplus}C(CH_3)_2[BF_3OH]^{\ominus} \tag{3.33}$$

每一次增长都是在碳阳离子和阴离子对之间进行。

有时,增长过程可因分子内发生重排作用而复杂化。碳阳离子的重排或异构化作用,可经过 $H\overset{..}{:}$ 或 $B^{\ominus}$ 实现。如 3-甲基丁烯-1 的聚合反应,分子链上有两种结构单元,即

$$\begin{array}{cc} -CH_2 - CH - & -CH_2 - CH_2 - C(CH_3)_2 - \\ | & \\ CH(CH_3)_2 & \end{array}$$

其原因可认为是 $H\overset{..}{:}^{\ominus}$ 移位的结果

$$\begin{array}{c} H \\ | \\ -CH_2 - C^{\oplus} \longrightarrow -CH_2 - CH_2 - C^{\oplus}(CH_3)_2 \\ | \\ (CH_3)_2C\overset{..}{:}H \end{array}$$

通常把这种类型的聚合反应称为异构化聚合。

c. 链终止。阳离子聚合的终止反应主要是通过链转移完成的,根据动力学链的特点,又可分为动力学链终止和不终止的两类终止反应。

动力学链不终止的反应

阳离子聚合的大多数终止反应是向单体的链转移。催化剂向单体转移的结果形成具有不饱和端基的聚合物,即

$$H\{CH_2\!-\!C(CH_3)_2\}_n CH_2^{\oplus}C(CH_3)_2[BF_3OH]^{\ominus}+$$
$$CH_2\!=\!C(CH_3)_2 \longrightarrow (CH_3)_3C^{\oplus}[BF_3OH]^{\ominus}+ \tag{3.34}$$
$$H\{CH_2\!-\!C(CH_3)_2\}_n CH_2 C(CH_3)_2\!=\!CH_2$$

由于离子对的再生,重新引发反应,所以反应着的活性中心只是转移,没有消失,即动力学链没有终止。每一个有效催化剂能生成许多大分子。这一反应对聚合过程的影响远较游离基聚合为大。还有一种向单体的链转移反应比较重要

$$H\{CH_2 C(CH_3)_2\}_n CH_2^{\oplus}C(CH_3)_2[BF_3OH]^{\ominus}+$$
$$CH_2\!=\!\!\!=\!\!C(CH_3)_2 \longrightarrow CH_2\!=\!C(CH_3) \longrightarrow (CH_2)^{\oplus}[BF_3OH]^{\ominus}+ \tag{3.35}$$
$$H\{CH_2 C(CH_3)_2\}_n CH_2 CH(CH_3)_2$$

这一反应生成了饱和的聚合物端基。

除向单体链转移外,还有一种常称"自发终止"的反应

$$H\{CH_2 C(CH_3)_2\}_n CH_2 C^{\oplus}(CH_3)_2[BF_3OH]^{\ominus} \longrightarrow H[BF_3OH]+ \tag{3.36}$$
$$H\{CH_2 C(CH_3)_2\}_n CH_2 C(CH_3)_2\!=\!\!\!=\!CH_2$$

结果,聚合物具有不饱和端基。

这类反应,总的特点是聚合物通过链转移不断形成,催化剂不断再生,动力学链没有终止。

动力学链终止的反应

增长着的阳离子与反离子作用形成共价键,生成聚合物的同时,动学链也终止。如以三氟醋酸为催化剂时,苯乙烯的聚合反应为

$$H\{CH_2 CHC_6H_5\}_n CH_2 C^{\oplus}HC_6H_5(OCOCF_3) \longrightarrow \tag{3.37}$$
$$H\{CH_2 CHC_6H_5\}_n CH_2 CHC_6H_5\!-\!OCOCF_3^{\ominus}$$

再如增长着的离子与反离子的一部分反应,即

$$H\{CH_2 C(CH_3)_2\}_n CH_2 C^{\oplus}(CH_3)_2[BF_3OH]^{\ominus} \longrightarrow \tag{3.38}$$
$$H\{CH_2 C(CH_3)_2\}_n CH_2 C(CH_3)_2 OH+BF_3$$

显然,这类终止反应使有效催化剂的浓度减少。

此外,除了向单体的链转移外,水、醇、酸、酸酐、醚、酯及胺等都有不同程度的的链转移能力。当有这些链转移剂(XA)存在时,将发生下述链转移反应(cat 代表有效催化剂),即

$$-\!CH_2 CHR(cat)^{\ominus}+XA \longrightarrow -\!CH_2 CHA+X(cat) \tag{3.39}$$

在某些情况下,芳香族化合物、烷基卤化物也起链转移剂的作用。在这种情况下聚合反应速度(以及聚合度)与共催化剂浓度的关系通常会有最大值出现(如图 3.15 所示)。

（2）阴离子聚合反应

①单体、催化剂。在阴离子聚合反应中，单体的结构特点恰与阳离子聚合反应相反，如烯类单体的取代基具有吸电子性，使双键带有一定的正电性，具有亲电性，即

$$CH_2\!=\!\!=\!\!CH\longrightarrow CN, CH_2\!=\!\!=\!\!CH\longrightarrow NO_2, CH_2\!=\!\!=\!\!CH\longrightarrow C_6H_5$$

各种催化剂的反应能力与它们的亲核性及单体结构有关。像丙烯腈、甲基丙烯酸甲酯之类的单体，有较强的吸电子取代基，可以在弱碱性催化剂（如 $OH^\ominus$，$CN^\ominus$）的作用下聚合。但对苯乙烯或丁二烯之类的单体，有较弱的吸电子取代基，要求在强碱性催化剂（$H_2N^\ominus$，$R^\ominus$）作用下聚合。

阴离子聚合反应的引发过程不外有两种形式：

a. 催化剂分子中的负离子如 $H_2N^\ominus$、$R^\ominus$与单体反应形成阴离子活性中心

$$R^\ominus + CH_2\!=\!\!\overset{\displaystyle \overset{H}{|}}{\underset{\displaystyle \underset{Y}{|}}{C}}\longrightarrow R\!-\!CH_2\!-\!\overset{\displaystyle \overset{H}{|}}{\underset{\displaystyle \underset{Y}{|}}{C^\ominus}} \tag{3.40}$$

b. 碱金属把原子外层电子直接或间接转移给单体，使单体成为游离基阴离子

$$e^\ominus + CH_2\!=\!\!\overset{\displaystyle \overset{H}{|}}{\underset{\displaystyle \underset{Y}{|}}{C}}\longrightarrow \cdot CH_2\!-\!\overset{\displaystyle \overset{H}{|}}{\underset{\displaystyle \underset{Y}{|}}{C^\ominus}} \tag{3.41}$$

②活性聚合物及没有链终止的聚合反应。阴离子聚合反应常常是在没有链终止反应的情况下进行的。许多增长着的碳阴离子的颜色在所有聚合过程中保持不变，直到把单体全部消耗完为止。当重新加入单体时可继续反应，相对相对分子质量也相应增加。这种在反应中形成的具有活性端基的大分子称为活性聚合物。图 3.16 说明了上述过程。聚合单体是甲基丙烯酸甲酯，催化剂是丁基锂和二乙基锌的配合物，即

$$C_4H_9{}^-\big[LiZn(C_2H_5)_2\big]^+$$

在没有杂质的情况下，制备活性聚合物的可能性决定于单体和溶剂的性质。溶剂不应是链转移剂和能破坏活性中心的物质。液氨是使用较早的溶剂。由于它是很强的质子给予体，容易发生链转移而很难得到活性高聚物。现在通常采用的惰性溶剂有烃类（芳香族和脂肪族）和醚类（乙醚、四氢呋喃、二甲氧基乙烷、二氧六环等）。

也不是所有的单体都能形成活性高聚物。在均相阴离子聚合体系中，已经得到了苯乙烯及其大部分衍生物的活性高聚物。异戊二烯、丁二烯、乙烯基吡啶、乙烯基萘、硝基乙烯等乙烯基化合物以及其他单体如下环氧乙烷、硅氧烷等也已得到了活性聚合物。具有非常明显的链转移作用的单体如丙烯腈，只能得到低分

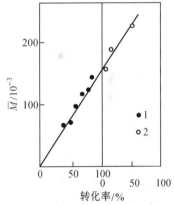

图 3.16 甲基丙烯酸甲酯阴离子聚合时，聚合物相对分子质量与转化率的关系 1—第一批单体；2—第二批单体

子聚合物。氯乙烯由于其脱氯作用破坏了活性中心而不能形成活性聚合物。

活性高聚物的引发反应也不外是电子转移引发机理和烷基金属化合物的引发机理。例如苯乙烯在四氢呋喃中用萘钠作催化剂在-78℃至0℃的温度下的聚合反应,其活性催化剂按以下反应形成,即

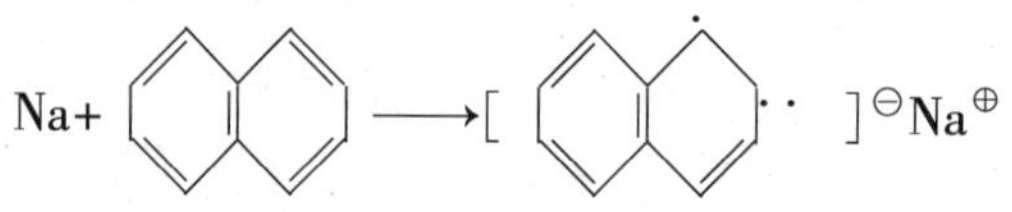

$$Na+ \bigcirc\bigcirc \longrightarrow [\ \bigcirc\bigcirc\ ]^{\ominus}Na^{\oplus} \qquad (3.42)$$

钠原子把外层电子转移给萘形成可溶性化合物,然后萘的阴离子游离基(呈绿色)再把电子转移给苯乙烯单体,形成苯乙烯的阴离子游离基。

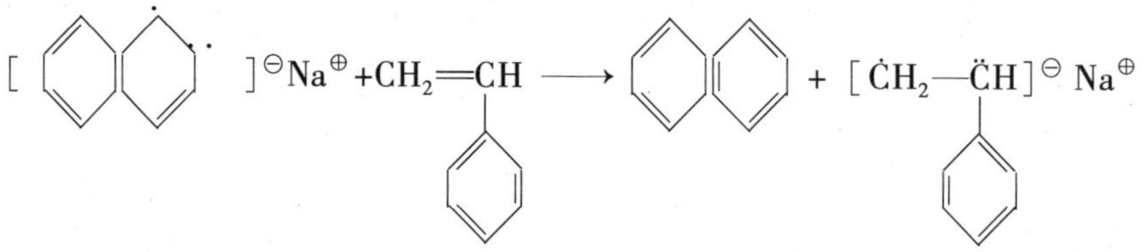

$$[\ \bigcirc\bigcirc\ ]^{\ominus}Na^{\oplus}+CH_2=CH \longrightarrow \bigcirc\bigcirc + [\dot{C}H_2-\ddot{C}H]^{\ominus}Na^{\oplus} \qquad (3.43)$$

对有些聚合体系,单体的阴离子游离基,按游离基机理也按阴离子机理进行增长,即双活性端基。但在一般情况下,这种阴离子游离基进一步反应形成双阴离子活性中心,即

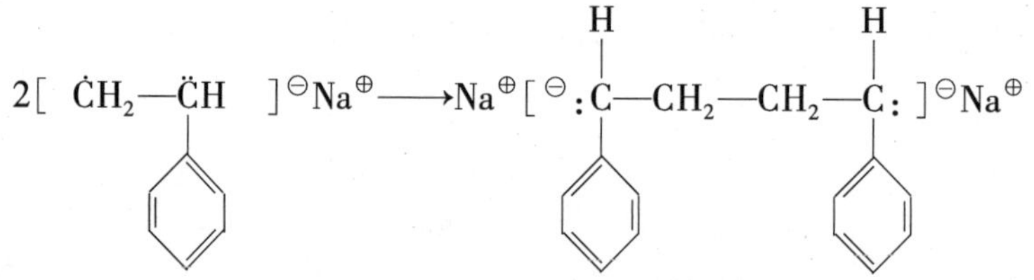

$$2[\ \dot{C}H_2-\ddot{C}H\ ]^{\ominus}Na^{\oplus} \longrightarrow Na^{\oplus}[\ ^{\ominus}:\overset{H}{C}-CH_2-CH_2-\overset{H}{C}:\ ]^{\ominus}Na^{\oplus} \qquad (3.44)$$

苯乙烯双离子呈红色,并按阴离子反应机理从两端增长,即

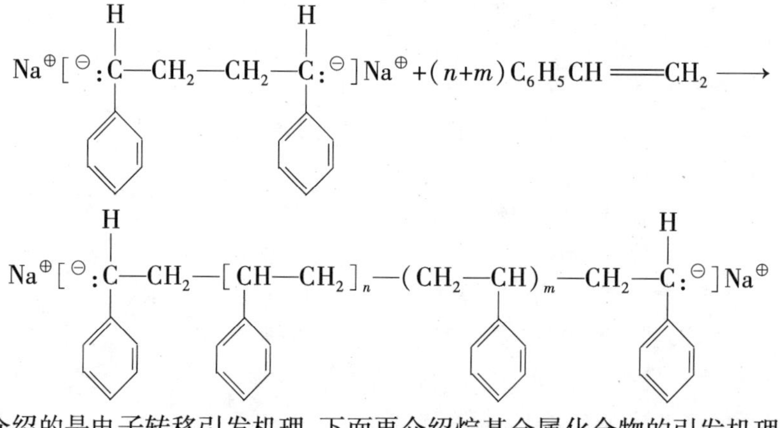

$$Na^{\oplus}[\ ^{\ominus}:\overset{H}{C}-CH_2-CH_2-\overset{H}{C}:\ ]Na^{\oplus}+(n+m)C_6H_5CH=CH_2 \longrightarrow$$

$$Na^{\oplus}[\ ^{\ominus}:\overset{H}{C}-CH_2-[CH-CH_2]_n-(CH_2-CH)_m-CH_2-\overset{H}{C}:^{\ominus}]Na^{\oplus} \qquad (3.45)$$

以上介绍的是电子转移引发机理,下面再介绍烷基金属化合物的引发机理。

最广泛应用的烷基金属化合物是丁基锂,由丁基锂所引发的聚合反应过程如下,即

$$C_4H_9Li+CH_2=CHY \longrightarrow C_4H_9-CH_2\overset{H}{\underset{Y}{C}}:^{\ominus}(Li) \qquad (3.46)$$

$$C_4H_9-CH_2\overset{H}{\underset{Y}{\overset{|}{\underset{|}{C}}}}:^{\ominus}(Li)^{\oplus}+nCH_2\!=\!=\!CHY\longrightarrow C_4H_9(CH_2CHy)CH_2\overset{H}{\underset{Y}{\overset{|}{\underset{|}{C}}}}:^{\ominus}(Li)^{\oplus}\quad(3.47)$$

用丁基锂这类催化剂引发的反应,其活性端基是单阴离子,而用萘钠所引发的反应,其活性端基是双阴离子。

用阴离子聚合反应可得到单分散的聚合物。满足条件是:

a. 无链终止和链转移反应;

b. 引发速率不小于增长速率;

c. 试剂的浓度和温度须是均一的。

(3)配位聚合

配位聚合的概念最初是 Natta 在解释 α-烯烃聚合(用 Ziegler-Natta 引发剂)机理时提出的。配位聚合是指单体分子首先在活性种的空位上配位,形成某种形式的配合物(常称 σ-π 络合物)随后单体分子插入过渡金属—烷基键(Mt-R)中进行增长,增长反应可用以下图式示意

$$\begin{array}{ccc} \overset{\delta+\ \delta-}{[Mt]}\cdots CH_2-CH-Pn & \longrightarrow & \overset{\delta+\ \delta-}{[Mt]}\cdots CH_2-CH-Pn \\ | & & \vdots\qquad | \\ R & & CH_2\cdots CH\quad R \\ & & | \\ & & R \end{array} \longrightarrow$$

$$\boxed{\begin{array}{c} CH_2\!=\!CH \\ | \\ R \end{array}}$$

式中[Mt]为过渡金属,····为空位,Pn 为增长链,$CH_2\!=\!CH\text{-}R$ 是 α-烯烃。由于这类聚合常是在配合引发剂的作用下,单体首先和活性种发生配位,而且本质上常是单体对增长链端配合物的插入反应,所以又称配位聚合或插入聚合(Insertion Polymerization)。

配位聚合的特点是:

a. 单体首先在嗜电性金属上配位形成 π 络合物;

b. 反应是阴离子性质的;

c. 反应是经过四元环(或称四中心)的插入过程。尽管增长链端是阴离子性质的,但插入反应本身却既有阴离子性质又有阳离子性质。因为插入反应包括两个同时进行的化学过程,一是增长链端阴离子对 C≡C 双键 β 碳的亲核攻击,二是阳离子从 δ⁺ 对烯烃 π 键的亲核性攻击,如图 3.17 所示。

d. 单体的插入反应有两种可能的途径,一是单体

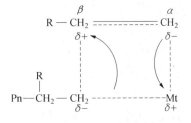

图 3.17　配位聚合原理

插入后不带取代基的一端带负电荷并和反离子 Mt 相连,称为一级插入;二是带取代基的

一端带负电荷并和反离子 Mt 相连称为二级插入；其反应为

$$\underset{\underset{R}{|}}{Pn-CH-CH_2-M_t} +RCH\!=\!\!=\!\!=\!CH_2 \longrightarrow \underset{\underset{R}{|}\quad\quad\underset{R}{|}}{Pn-CH-CH_2-CH-CH_2-M_t}$$

$$\underset{\underset{R}{|}}{Pn-CH_2-CH-M_t} +RCH=CH_2 \longrightarrow \underset{\quad\quad\underset{R}{|}\quad\quad\underset{R}{|}}{Pn-CH_2-CH-CH_2-CH-M_t}$$

　　虽然这两种插入所形成的聚合物的结构完全相同,但用红外光谱(IR)和核磁共振(^{13}C-NMR)对聚合物的端基分析证明,丙烯的全同聚合是一级插入,而丙烯的间同聚合却为二级插入,其原因尚不清楚。

　　理论上讲,按照增长链端的荷电性质,应有配位阴离子聚合和配位阳离子聚合之分。但是,由于增长链端的反离子经常是金属或过渡金属(如钛、钒等),而单配位又经常是富电子双键在亲电性金属上发生,因而常见的配位聚合多属配位阴离子聚合(如 α-烯烃只有配位阴离子机理)。配位阴离子聚合的特点是可以制备各种有规立构聚合物。但是,乙烯和丙烯采用典型的 Ziegler-Natta 引发剂($VOCl_3-Al(C_2H_5)_2Cl$)共聚合,聚合过程虽属配位阴离子性质,但所得共聚物却为无规分子链,它不是有规立构聚合物。一般地说,配位阴离子聚合物的立构规化能力(或定向能力)取决于引发剂类型,特定的组合和配比,单体种类和聚合条件。

　　可以引发配位阴离子聚合的引发剂常称为配位(或络合)引发剂。配位引发剂主要有三类:一是 Ziegler-Natta 引发剂(这类引发剂是指 1953 年 Ziegler 用 $TiCl_4-AlEt_3$ 在常温下使乙烯聚合得到高密度聚乙烯 HDPE 和 1954 年 Natta 用 $TiCl_3-AlEt_3$ 引发丙烯得到固体的全同聚丙烯这两种引发剂的统称);二是 π 烯丙基过渡金属型引发剂;三是烷基锂引发剂(引发二烯烃聚合)。其中以 Ziegler-Natta 引发剂种类最多,组分多变,应用最广。在配位阴离子聚合领域中,长期以来一直称引发剂为催化剂,实际上无论是 Ziegler-Natta 引发剂还是单一过渡金属组分引发剂,引发聚合后其残基(或碎片)均进入聚合物链,所以应称为引发剂或共引发剂体系,相应的主催化剂、助催化剂应称为主引发剂和共引发剂。

　　配位引发剂的作用有二:一是提供引发聚合的活性种;二是引发剂的剩余部分(经常是含过渡金属的反离子)紧邻引发中心提供独特的配位能力,这种反离子在同单体和增长链的配位中促使单体分子按一定的构型进入增长链。也就是说单体通过配位而"定位",当反离子和增长链间的络合键断裂时,立即在增长链端和单体之间形成 δ 键。实际上引发剂残基(反离子)和进入单体的取代基(R)之间的相斥作用;而间同定向增长的推动力则是靠毗邻单体单元的取代基之间的推斥作用。

　　引发剂各组分和引发剂-单体之间的特定配位对配位阴离子聚合获得立构规整聚合物极为重要。一般地说,Ziegler-Natta 引发剂既可以使 α-烯烃定向聚合,又可以使二烯烃、环烯进行有规立构聚合,而 π-烯内基镍型(如 π-C_3H_5NiX)引发剂常专供引发丁二烯的顺式 1,4 或反式 1,4 聚合;烷基锂引发剂可以均相体系中引发极性单体和二烯烃形成有规立构聚合物。对于 Ziegler-Natta 引发剂,两组分的组合以及和单体的匹配很重要,例如 AlEt₂ClGNCOCl₂ 组合容易使二烯聚合,但不能使乙烯或 α-烯烃聚合;αTiCl₃-AlR₃ 和 NiCl₂ 能使乙烯、丙烯聚合,并能制得全同聚丙烯,但用于丁二烯聚合却得反式 1,4 聚丁二烯;对 α-烯烃也有活性。

在配位阴离子聚合中,所得聚合物的立构规整性与单体对引发剂(或其反离子)的配位能力有关,而单体的配位能力又主要取决于单体的极性。带极性取代基有烯类单体如丙烯酸酯类、甲基丙烯酸酯类等有很强的配位能力;而 α-烯烃如乙烯、丙烯和 1-丁烯等不带极性取代基,其配位能力就很差,这类单体要用立构规化能力很强的引发剂,才能使之配位"定位"以发生全同聚合,因此它们的有规立构聚合都要用非均相的 Ziegler-Natta 引发剂。若采用可溶性均相引发剂除少数可产生间同聚合物外,大都形成无规聚合物。反之,对于极性单体的全同聚合,采用均相引发剂就可获得全同聚合物(例如甲基丙烯酸甲酯在烃类溶剂中用 C₆H₅MgBr 作引发剂于-78℃聚合可得全同聚合物);而间同聚合物只能用均相体系制得;苯乙烯和 1,3-二烯烃等单体,由于苯基和乙烯基的极性不大并有共轭作用,因而其聚合要求介于极性和非极性单体之间,这些单体无论用均相还是非均相引发剂都可获得有规立构聚合物。配位聚合的常用术语较多,如定向聚合、络合聚合、有规立构聚合或 Ziegler-Natta 聚合等。

3.3.4　高分子设计与合成方法

高分子材料的分子设计,总是希望能制得合乎人们要求的新的高分子,因此,结构及物性关系的研究是极为重要的,要实现设计的要求,主要是通过合成反应使生成高分子的结构、组成及物性达到设计的目的,因此合成反应的理论和方法就成为分子设计的焦点。

低分子单体转化为高分子,这是人们认识客观物质变化规律的飞跃。由单体转变成相对分子质量达数千,数十万,以至上百万的大分子。这种转化是有条件的,不同的条件可制得不同类型、不同大小、不同结构、不同性能的大分子。这就是众所周知的高分子合成反应过程。同一个单体采用不同合成方法(不同反应条件)可以制成多种产品,如连锁聚合有自由基反应、离子型反应。自由基反应体系中随条件变化又分本体聚合、悬浮聚合、乳液聚合、溶液聚合。离子聚合又分阴离子、阳离子、配位阴离子等聚合方法。逐步聚合也有各种方法。每种方法又随单体引发剂、催化剂、调节剂、乳化剂……等助剂的不同而合成出不同的高分子,它们的结构、分子组成及物性有很大的不同。加之聚合时单体的变化,有的是均聚物,有的是两种或多种单体进行共聚。制得的共聚物又有无规共聚、交替共聚、接枝共聚、嵌段共聚等等。进行分子设计,不得不针对不同合成反应的机理及合成方法来研究,合成反应的条件及反应机理是极为复杂的问题,给分子设计带来不少的困难和问题。有不少问题目前尚难以用分子设计解决。反应中控制分子结构和性能,对有的产品可以解决,有的产品即使采用新催化剂和新合成方法也不易解决。在合成新的共聚物,合成有特殊性能和功能,有特定结构的高分子,以及对现有高分子通过合成改性等方面,利用分子设计的原理和方法是有意义的。

1. 共聚合反应

高分子材料有不少品种是通过共聚合反应制成的,而且新材料及特种功能高分子也是采用这种方法合成。从分子设计的方法来看,共聚合在理论和实践方面均有代表性。

共聚物分子设计中要解决以下问题:一是共聚物中各种单体在大分子中的组成比和单体在分子链中的分布;二是共聚物中大分子链上活性基团及官能团的分布;三是共聚物中支链及交联的情况;四是共聚物相对分子质量大小及分布;五是共聚物的综合性能,包括本体物性及加工使用性能。这些总是涉及合成反应的机理及动力学合成方法,工艺上需要控制共聚反应的配方和工艺条件。如利用金属配合催化剂聚合能制得交替共聚物,用自由基和离子聚合制得无规共聚,或接枝共聚,用烷基锂催化剂,可控制嵌段共聚物分子链段的大小,用齐格勒催化剂制得立构规整共聚物。无论用什么方法合成,共聚时,以分子结构理论为基础,明确不同单体对分子链结构及组成对大分子性能的贡献。然后,根据设计要求选出所要的二元、三元或多元共聚的单体。共聚反应动力学一般用 Mayo-Lowis 基本公式,计算出共聚反应过程中 M_1,M_2 的竞聚率 r_1 和 r_2,计算式如下

$$\frac{C_p(M_1)}{C_p(M_2)} = \frac{C(M_1)}{C(M_2)} \cdot \frac{r_1 C(M_1) + C(M_1)}{r_2 C(M_2) + C(M_2)}$$

$$r_1 = k_{11}/k_{12} \qquad r_2 = k_{22}/k_{21} \qquad (3.48)$$

式中 $C_p(M_1)$,$C_p(M_2)$ 为共聚物中单体 1 和 2 的摩尔浓度;$C(M_1)$,$C(M_2)$ 为反应前加入的单位摩尔浓度;k_{11},k_{12},k_{22},k_{21} 为共聚反应常数。通过实验,可测出 $C(M_1)$,$C(M_2)$,$C_p(M_1)$,$C_p(M_2)$,代入上式可求出 r_1,r_1 值。上式变为

$$C_p(M_1)/C_p(M_2) = f, \quad C(M_1)/C(M_2) = F, \quad F(f-1)/f = r_1 F^2/f - r_2 \qquad (3.49)$$

利用公式可绘出共聚物的组成图。r_1 和 r_2 值确定后,可控制 M_1,M_2 的组成比及在聚合物中组成比。在反应过程中不同转化率与共聚物的组成的依赖关系,对控制大分子的组成比是很重要的。对共沸混合物组成($r_1=r_2=1$)分子设计时控制组成是很方便的,因为它的组成是均匀的。r_1,r_2 的不同,共聚物可能是嵌段、无规和交替共聚物,对于二元共聚以上的多元共聚的动力学计算就复杂得多,给分子设计带来一定的困难。

共聚反应中竞聚率 r 值的变化又依赖于热力学条件,它与温度有关,根据阿累尼乌斯的公式,r_i 与 T 的关系用 $\ln r_i$-$1/T$ 作曲线,可求出任何温度的 r_i 值。也可求出与 r_i 相对应的聚合温度。在其他聚合条件相同的情况下,控制反应温度,也就控制了 r_i 值。共聚中 r_i 与反应压力及浓度的依赖性目前还不清楚。

相对分子质量的大小及分布的控制主要通过反应动力学的计算,控制的因素有反应温度、单体浓度、引发剂和催化剂、调节剂等,在乳液聚合中乳化剂对 Mn 也有明显的影响。在这方面的研究较多,有不少理论公式和经验公式可在分子设计中利用。

在催化共聚反应中,r_i 值与自由基共聚不同,加入催化体系后,r_i 值的变化幅度比无规共聚反应的 r_i 大得多,因为不同共聚单体对催化剂有所限制和选择性,不同催化体系 r_i 值的变化大。阴离子催化剂和阳离子催化剂,制得的共聚物的分子结构,两者也有差别。离子型聚合的大多数产品是在溶剂中合成的。溶剂的存在不仅影响共聚物的相对分子质量及其分布,也影响分子链的结构,同时影响分子组成和链节分布的变化。溶剂本身有链转移反应降低相对分子质量。

共聚反应中交替共聚物近年来进行了不少研究,对交替共聚的分子设计随反应单体和催化剂的不同。交替共聚合能以 1:1 的选择性进行反应,即 $r_1=r_2=1$,可能生成交替共

聚物。或某一单体的 $r_i=0$ 的条件下,也能进行交替共聚,共聚物组成为 1:1。理想交替共聚物的物性并不是各单体单元物性的统计平均值。

利用路易斯酸 $AlEtCl_2$,$Al_2Et_3Cl_3$,$AlCl_3$,$SnCl_4$,$ZnCl_2$ 等催化剂也可生成交替共聚物,用齐格勒催化剂 $AlEtCl_2/VOCl_3$ 催化体系,可使丁二烯和丙烯腈、丁二烯和丙烯生成交替共聚物。这类催化剂对两种金属的比例是有范围的,而且只限于二烯类,所以分子设计中除了考虑反应的有关工艺因素外,催化剂是决定共聚物组成及分子参数的关键。催化剂的配制及纯度是很重要的。有意义的是有的单体不能进行均聚,使用催化剂后可以共聚,如马来酸酐和二氧化硫能生成交替共聚物,所以选择单体的组合也是分子设计的内容。很多新的品种都是由于改变聚合单体而制得的。烯烃和二烯烃的共聚、共缩聚以及特种性能的共聚物,选择好共聚单体是极为重要的。

2. 接枝共聚

接枝共聚物的问世已有 40 多年的历史了,20 世纪 50 年代以来,利用这种合成方法已制得了不少高分子材料。一般共聚物中的大分子链上也有支链结构,但不同于在一种高分子上接上另一种高分子。最早是将丙烯腈单体接枝到天然橡胶分子上,以后又将甲基丙烯酸甲酯接到天然橡胶上,改进了天然胶的性能。又如在聚乙烯醇存在下,醋酸乙烯聚合时产生接枝聚合物。接枝共聚的理论已得到人们的确认,在学术界引起重视。对其合成与性能和结构的研究和讨论十分活跃。利用这种方法可以对已有的高分子材料进行改性,制得性能优异的新材料,特别是在高分子材料科学及生产很成熟、生产品种多的情况下,采用接枝共聚利用现有高分子可制得很多新产品。

对接枝共聚物进行分子设计时应解决的问题是:

①选用接枝的单体和聚合物;

②确定好接枝单体的用量;

③确定接枝合成方法及工艺条件;

④接枝的支链的数目及长度;

⑤接枝的效率;

⑥接枝共聚物的分离和鉴定的方法。

这几个问题是接枝共聚中的主要内容。分子设计关键的问题是合成反应的机理、条件及实施方法,因为合成反应的结果决定了分子组成、接枝的效率及物性。接枝共聚物的综合性能不仅决定于主链高分子的结构与性能,也决定了接枝的聚合物。支链的结构链长及支链的数目对于产物性能的影响也是十分重要的。制备接枝聚合物的目的是改进高分子的特性,如橡胶上接枝树脂类高分子,它既能提高橡胶的强度,又解决了树脂的脆性。塑料的 PST,PVC,PP 接上弹性体的聚合物,能改善脆性提高抗冲性,根据主链聚合物和支链聚合物的不同性能可设计出一系列的新材料。

已生产的接枝共聚物所用主链聚合物及单体见表 3.12。

接枝共聚的生产工艺较成熟,现在利用这种合成方法研究某些功能高分子和生物医药用的高分子是很有前景的,如利用聚苯乙烯,聚氯乙烯,聚丙烯酸等高分子将有反应官能团,低分子药物,以及合成聚氨基酸等将低分子接在大分子上,形成有不同用途的新材料。

表 3.12　接枝共聚物的所用单体

聚合物	接枝用单体
聚丙烯酰胺	丙烯酸
聚丙烯酰胺	丙烯腈
甲基丙烯酸丁酯	氯乙烯
聚丙烯酸	2-乙烯吡啶,己内酰胺
聚丙烯酸乙酯	2-乙烯吡啶
聚醋酸乙烯酯	乙烯
聚氯乙烯	甲基丙烯酸丁酯,醋酸乙烯
聚乙烯	醋酸乙烯酯,苯乙烯
天然胶(NR)	苯乙烯,丙烯腈
羊毛	丙烯腈,甲基丙烯酸甲酯,丙烯酸
纤维素	丙烯腈,丙烯酰胺
聚甲基丙烯酸甲酯	丙烯酸乙酯,甲基丙烯酸
氯丁胶	甲基丙烯酸甲酯,苯乙烯
尼龙 66、610、6	氧化乙烯
聚异氰酸酯	苯乙烯胺类
聚四氟乙烯	丙烯酸甲酯,苯乙烯

　　接枝共聚物进行分子设计时,接枝共聚物的分离和表征是很重要的。接枝共聚反应中,加入的单体不可能全部生成接枝共聚物,其中含有单体均聚物和未接枝的聚合物,所以对接枝共聚物必需进行分离,选择能分别溶解均聚物、共聚物和原聚合物的溶剂,然后加入不同沉淀剂,分别沉淀出三种聚合物,才能计算出接枝效率。接枝聚合物溶液和固体的物性,不同于线型聚合物。对支链数及其长链长度可用现代测试手段进行分析和测试。接枝效率的计算如下

$$接枝率\% = \frac{单体接在聚合物的量}{单体在接枝反应中聚合物总量}\%$$

3. 嵌段共聚

嵌段共聚物可分为两嵌段和多嵌段,其合成方法有:

①活性聚合物逐步增长法;

②偶联法;

③利用端基官能团加聚和缩聚法;

④利用大分子自由基的聚合方法。合成嵌段共聚物的方法不同,所以分子设计根据不同单体不同合成方法研究解决嵌段共聚物的结构和性能。首先对合成的嵌段共聚物的物性有明确要求,选用共聚单体,提出合成方法和条件。嵌段共聚可以采用自由基引发聚合、阴离子和阳离子催化聚合、配位聚合、通过官能团缩聚反应等方法。工业上已生产的品种,主要用离子聚合和官能团反应生产的。

乙烯和丙烯共聚,如用 Al-V 催化剂进行共聚制得的是无规共聚的乙丙橡胶,用 Al-Ti 催化剂体系可制得乙-丙嵌段共聚物,结构为 ～～～PPPP～～～EEE～～～PPPP～～EEEE ,共

聚物中含有聚乙烯链段和聚丙烯链段。合成在溶剂中进行,加入催化剂后,先通丙烯进行聚合一段时间后通入乙烯,乙烯聚合在聚丙烯的链上继续反应,乙烯聚合后再通入丙烯聚合,这样轮换进行乙烯和丙烯共聚,制得的是嵌段结构。链段及相对分子质量的控制与反应温度和压力的控制有关。

已生产的 SBS,SIS 是典型的嵌段共聚物,它们是用活性聚合物 RLi 为催化剂,形成阴离子活性中心后,分子链逐步增长,加苯乙烯后,形成活性聚苯乙烯,当聚苯乙烯相对分子质量达到要求后,再加丁二烯或异戊二烯,大分子链又形成活性异戊二烯或丁二烯的活性大分子,再加入苯乙烯反应形成有活性的嵌段大分子,经过终止反应后,则形成—SSS—BBB—SSS—或 SSS—III—SSS—结构,如有偶联剂存在将会形成新型嵌段结构。进行这类催化剂体系的分子设计时要注意:

①研究和控制活性聚合物链段相对分子质量大小;

②控制催化剂用量;

③聚合的工艺因素,特别是控制终止反应显得尤其重要。控制得好,可以制得相对分子质量分布很窄的聚合物。

在实际反应中具体的影响因素很多,分子设计中解决了这些问题,就可使制得高分子的嵌段结构达到预定的要求。

有些活性官能团单体如多元醇、二元醇、二异氰酸酯、二元酸、二元胺、环氧乙烷、环氧丙烯等,也可制成不同链节的聚氨酯、聚酯、聚醚嵌段共聚物。形成的软段和硬段的分子链的长短无疑会影响共聚物的性能。在分子设计时对不同的低聚物及预聚体的相对分子质量,加成聚合或缩聚的反应影响因素作全面的分析和考虑,才能使合成聚合物结构及性能达到预期的目的。利用预聚物制备嵌段共聚物时,对端基纯度的控制,聚合和缩聚溶液的浓度,预聚物的溶解性能都将会制约相对分子质量及硬段软段的大小。如酰氯预聚物同端氨基预聚物可用界面缩聚法或溶解缩聚法反应

$$ClOC-R-COCl+NH_2-R'-NH_2 \longrightarrow NH_2-R'-NHCO-R-CONH-R'-NH_2$$

式中　R——酰氯端基预聚物;

　　　R'——端氨基预聚物。

酰氯和双酚 A 在吡啶存在下,可以形成嵌段聚碳酸酯,含氯端基的聚硅氧烷低聚物同双酚 A 也可制成嵌段共聚物。

最近有不少关于嵌段共聚新品种及合成方法的报道,聚酯和聚酰胺在高温熔融条件下产生链段交换反应,也会生成部分嵌段共聚物。环氧乙烷、环硫丙烷、三氯乙醛、六甲基三硅氧烷(D_3)等用阴离子聚合也可制得嵌段共聚物。有的高分子材料用分子设计方法解决合成问题的条件还不太成熟。

4. 定向聚合

定向聚合又称为配位聚合。用这种方法制得高聚物,具有立构规整结构。20 世纪 50 年代初,德国 K. Ziegler 教授和意大利 G. Natta 教授发现,用金属配位催化剂制得烯烃聚合物的结构是立构规整结构,以后又制得高顺式结构的顺丁胶、异戊二烯橡胶及乙丙橡胶。随研究工作的深入发展,催化剂体系越来越多。新的高分子品种不断增加,如聚乙烯、聚丙烯、聚丁烯、聚甲基戊烯、氯醇橡胶、聚氧化乙烯、氯化聚醚、聚甲醛等。所以在 50

年代以后定向聚合的研究形成高潮,从事研究的科技人员是空前的。利用这种合成方法可得到规整结构的聚乙烯、聚丙烯,二烯类可形成高顺式-1,4 含量很高的橡胶,同时也可制得反式-1,4、-1,2位结构位含量很高的聚合物。高分子合成反应中能控制分子链序列结构是高分子合成领域中的重大发现。

定向聚合的核心问题是催化剂体系的研究,分子设计只能是针对不同催化剂提出合成方案,Ziegler-Nata 催化剂由主催化剂和助催化剂(又称活化剂)组成。主催化剂为周期表中第Ⅳ~Ⅷ族过渡金属的卤化物,如 Ti,V,Ni,W,Co,Cr 的卤化物。助催化剂为Ⅰ~Ⅲ族金属有机化合物及氢化物,如 Al,Cd,Mg,Zn,Li,Be 等的烷基化合物,这两者组成的催化剂形成有活性的配合物催化剂。在乳液体系中选用某些催化剂也可以制得立构规整的聚合物。近年来发展高效催化剂用载体,将催化剂分散在载体上,增加催化剂的活性中心,lg 催化剂可制得 1 000 kg 以上的高聚物,而且改进了生产工艺。定向聚合向纵深方向发展,无疑给分子设计提出许多问题。不同催化剂的聚合机理和动力学不同,所以控制分子结构的条件及工艺过程也有区别,用金属锂和烷基锂可以制得顺式-1,4 结构的二烯类聚合物,它属于活性聚合物的催化机理,可通过催化剂用量控制相对分子质量大小。用 Ti-Al 催化剂对不同品种的聚合反应,Al/Ti 比对大分子结构影响较大,丙烯聚合要求 $TiCl_3$ 同铝的倍半物配合;异戊二烯聚合体系,用 $TiCl_4$-AlR_3 或 $TiCl_4$-$Al(OR)_3$ 配合,当 Al/Ti 比为 1~1.2 时,可制得顺式-1,4 结构;Al/Ti 比小于 1 时,形成反式-1,4 结构。Co-Al 催化体系,非均相钴催化剂的聚合不依赖 Al/Co 物质的量比,在均相钴催化剂聚合时,Al/Co 比往往达到 300~500,均相体系中钴催化剂用量低,因此必须提高 Al/Co 的比例,使反应介质中含有足够的烷基铝。在提高钴用量使 Al/Co<1 的情况下也具有催化活性,能制得高顺-1,4 结构聚丁二烯。

催化剂的活性也与陈化的方式、时间和温度有关。溶剂纯度也影响配位催化剂的活性,丁二烯聚合用的 Ni-B-Al(镍-硼-铝)催化剂不同配位方式制得的催化剂的活性差别较大。$TiCl_4$ 同 AlR_3 反应后生成四种变态晶形,即 $\alpha,\beta,\gamma,\delta$-$TiCl_4$,不同温度晶形发生变化。紫色的 α,γ,δ 型结晶 $TiCl_3$ 对丙烯有高的活性,异戊二烯聚合用 β-$TiCl_3$ 制得顺-1,4 含量达 96%~98% 的聚异戊二烯,而且产率最高,金属茂的催化体系在不同情况下可制得不同分子结构的高聚物。氯丁二烯用乳液法聚合,大分子结构中反-1,4 含量达到 80% 以上,乳聚丁二烯顺-1,4 含量可达 80%。这充分说明不同催化剂是在特定的条件下才可能形成高立构规整度的高聚物,对每个单体有专一性,所以不同单体只有用相适应的催化剂才能制得有立构规整结构的高分子。

在定向聚合分子设计中,对不同催化剂聚合物机理要有明确的概念,对形成不同立构规整结构的分子链,在对称和不对称聚合时,单体是头尾相连或头头相连和尾尾相连接,必须了解在统计上是否稳定,若是稳定的,在聚合时任何一部分结构出现几率应是一致的。现有不同的链统计方法,如 Markov、Bovey、Bernoulli 等人的方法可作参考,这是应用两个单元的内消旋和外消旋组合形成全同立构或间同立构作链统计的理论。从实际聚合来看,分子结构的控制在于对催化剂的组成,聚合工艺条件的确定,只有控制不同催化剂的活性反应机理,即控制形成定向结构及其适合的聚合方法,方能保证形成预定立构规整结构的高分子。有的催化剂形成定向结构反应机理尚不明确。只能通过实验解决合成反应中分子链的控制。目前,人们也难以通过分子设计制得满意的定向结构的高分子,只能利用现有实验得出在聚合反应中能控制结构和物性的规律,作为分子设计的依据和基础,指导分子设计,为开发新材料进行实验研究提供较好方法。

5.模板聚合

模板聚合就是单体在模板高聚物的存在下所进行的聚合反应,这些添加的高聚物起了"模板"的作用,对单体生成聚合物的速度和结构有着特殊的影响。由于模板聚合能获取具有指定聚合度或所需立体构型、规定序列结构的高聚物,因此是高分子设计合成及仿生高分子设计合成的重要手段。生物体内蛋白质的合成,脱氧核糖核酸(DNA)的遗传信息的储存和复制都与模板聚合有密切关系,模板聚合的研究有助于从分子的水平来阐明生命现象的本质,故意义深远。下面分别叙述几种类型的模板聚合。

(1)合成指定分子量及分布均一的高聚物的模板聚合

这种模板聚合多是以具有一定分子量的预聚物作为模板,将要聚合的单体与之共价结合,聚合后才与模板脱离。如甲酚与甲醛在酸的催化下,生成线型且有一定聚合度的低聚物(1),将(1)作为模板,使丙烯酰氯与之反应得(2):

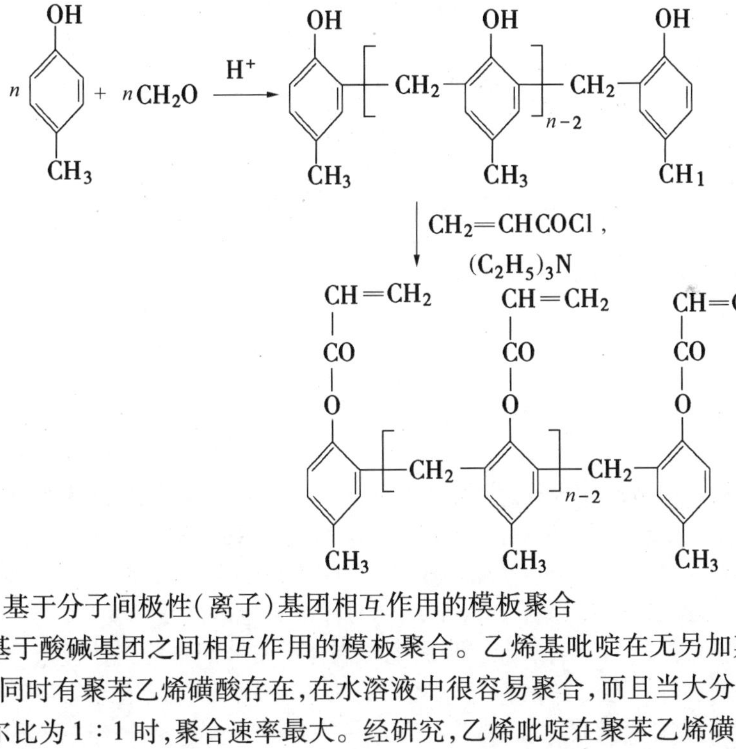

(2)基于分子间极性(离子)基团相互作用的模板聚合

①基于酸碱基团之间相互作用的模板聚合。乙烯基吡啶在无另加其他催化剂情况下,只要同时有聚苯乙烯磺酸存在,在水溶液中很容易聚合,而且当大分子磺酸与乙烯吡啶的摩尔比为1:1时,聚合速率最大。经研究,乙烯吡啶在聚苯乙烯磺酸模板上形成铵正离子,规则地排列在模板上,与模板上的$-SO_3$形成大分子离子复合物,然后进行快速聚合,碱化后,可分离出聚乙烯基吡啶。同样,高分子碱可以作为酸性单体聚合的模板,如聚乙撑胺$\{CH_2-CH_2-NH\}_n$,当聚合度 $n=275$ 时可作为丙烯酸聚合的模板,而小分子的四乙撑五胺($n=4$)则无模板的作用:

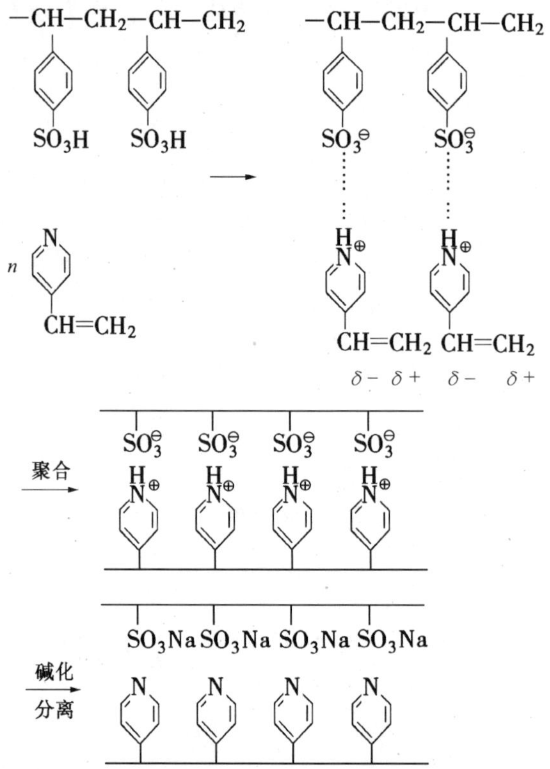

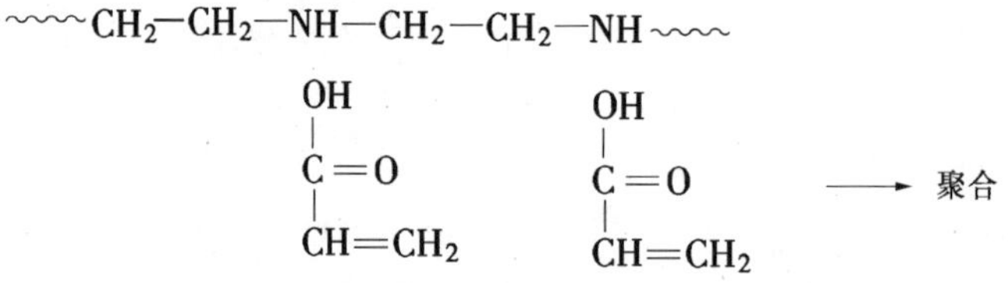

近年来发现用聚电解质作模板,将带有相反电荷的单体加入,能得到规则有序的络合物,聚合反应可以高速度进行。因反应总活化能较低,可得到一种结晶性的聚电解质复合物。如主链上含有季铵结构的正离子聚电解质,它能作为模板,与乙烯磺酸、丙烯酸、甲基丙烯酸等酸性单体形成络合物,聚合后得到结构有序的聚电解质复合物。

②基于电荷转移作用的模板聚合。利用电子供体与受体间电荷的转移来进行模板聚合是其特点。如顺丁烯二酸酐在聚4-乙烯吡啶存在下,很容易在氯仿或硝基甲烷溶液中进行聚合,水解后得聚丁烯二酸。如果以4-乙烯吡啶-苯乙烯共聚物作"模板",则仅得含少量聚丁烯二酸的黑色树脂,因此认为前者是基于电荷转移作用的模板聚合。

相反,在聚丁烯二酸酐的模板存在下,2-乙烯吡啶或4-乙烯吡啶不需引发剂就能迅速聚合。有人研究了在聚丁烯二酸酐模板存在下,4-乙烯吡啶与对氯苯乙烯的共聚合,发现其共聚曲线与不存在模板时大不相同(图3.18),因此可认为由于模板的存在,使单体与之形成电子供受体系,有利于4-乙烯吡啶均聚合的进行,即

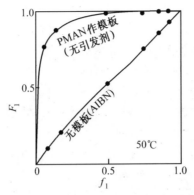

图 3.18　在聚丁烯二酸酐存在下, 4-乙烯吡啶(M_1)与对氯苯乙烯(M_2)的共聚合(50 ℃)

③利用模板的开环聚合。一般 N-羧基 α-胺基酸酐(NCAS)在碱(胺)的催化下, 按下式反应, 形成聚 α-氨基酸, 即

$$R'NH_2 + \underset{\substack{HN-C\\ \\}}{\overset{RHC-C=O}{\underset{O}{|}}} \longrightarrow R'NH(COCHR'NH)_n H + CO_2$$

NCAS (I)

后发现用聚肌氨酸作催化剂则反应进行很快, 形成聚 α-氨基酸, 即

$$R'NH(COCHRNH)_n H + (I) \longrightarrow R'NH(COCHRNH)_{n+1} H + CO_2$$

$$R = CH_3 \text{ 聚肌氨酸}$$

6. 用高聚物作支持体的聚合

聚合物支持体法(polymer supports)是近年来发展很快的一种合成高聚物或低分子有机物的方法,高聚物的作用可分为几种类型:如作为反应的载体、起保护基团作用、高分子试剂或催化剂等。这种合成方法的优点是大大简化了纯化分离步骤,只需将不溶性高聚物过滤除去。由于可同时使用大量过剩试剂及分离时损失少,故反应产量高。用聚合物支持体来合成高聚物,可以合成有特定序列的高分子,这从高分子设计和仿生高分子的角度来看,有着深远的意义。近年来此法能合成多肽、聚核苷酸、聚多糖等,并成功地自动化合成含有 51 个氨基酸的胰岛素,含有 124 个氨基酸的核糖核酸酶 A 及含 188 个氨基酸的人类生长激素,下面图示其定序原理:

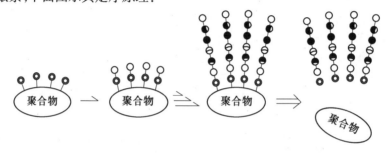

图 3.19　聚合物作支持体的原理示意图

聚合物支持体在反应中起了载体的作用,反应后又可以重复使用,下面介绍其反应的过程。

反应物以共价键连结于高聚物支持体上,然后与低分子试剂反应,反应后脱离出来,生成所需产物及原来的聚合物支持体,反应通式如下:

利用此法可成功地合成多肽、聚核苷酸等。

7. 管道聚合

某些化合物在晶态下形成特定的几何孔穴结构,能够容纳单体作为聚合反应的场所,单体在低温下与这些化合物形成包结化合物,经过辐射引发聚合,可以获得立体规整的聚合物。熟知的例子是脲或硫脲的晶体可以形成管道空间,丁二烯或乙烯类单体与之生成包结化合物,经过 γ-射线辐射聚合,得到立体规整的聚合物,如聚丁二烯是 100% 反式的,聚丙烯腈是等规立构的。而聚氯乙烯却是间规立构的,这些事实都说明管道聚合是高度立体控制的。

8. 特种及功能高分子的合成

对特种及功能高分子的合成,分子设计中最关键的问题是单体和聚合物的选择,医药用高分子、反应型高分子、分离膜材料、高吸水材料等大多是利用活性单体(功能单体)参与共聚,或利用已有高分子使其功能化,或将功能单体接在大分子链上。它们的分子结构要求不同,有线型的、交联型的、网孔的、蛇笼形的等。参与反应单体的类型主要有 P-P 型、P-R 型、P-F 型、R-R 型、F-F 型,其中 P 为参加聚合反应的基团,R 为具有化学活性基团,F 为功能团的单体。这样的分类并不十分精确,往往同一个基团既可以是 P 又可能是 R。

　　分子设计时,从所开发的高分子的性能出发选定特定官能团的单体,通过合成制得功能化材料,或将低分子高分子化,或高分子通过改性,能与活性单体反应,对不同品种采用不同方法,最突出的是聚苯乙烯经过改性后可制得许多功能材料,又如聚丙烯酸或聚丙烯酰胺可与很多药物反应制得高分子药物,如维生素 C、维生素 B_1 及抗癌草酚酮等。

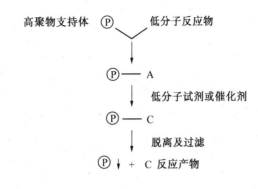

第4章 材料合成的技术与设计

4.1 等离子体合成

等离子体合成也称放电合成,是 20 世纪 70 年代才迅速发展起来的。它是利用等离子体的特殊性质进行化学合成的一种新技术。由于现代测量技术的改善,人们对激发态的作用及等离子体与固体表面间的相互作用都有了越来越深入的了解,等离子体化学已日趋成熟,它给无机合成化学、有机合成化学、高分子合成化学、电子材料的加工处理等都开辟了新的领域。

4.1.1 等离子体——物质的第四态

等离子体是宇宙中物质存在的一种状态,是除固、液、气三态外物质的第四种状态。所谓等离子体就是指电离程度较高、电离电荷相反、数量相等的气体,通常是由电子、离子、原子或自由基等粒子组成的集合体。处于等离子体态的各种物质微粒具有较强的化学活性,在一定的条件下可获得较完全的化学反应。

之所以把等离子体视为物质的又一种基本存在形态,是因为它与固、液、气三态相比无论在组成上还是在性质上均有本质区别。即使与气体之间也有着明显的差异。

首先,气体通常是不导电的,等离子体则是一种导电流体而又在整体上保持电中性。

其二,组成粒子间的作用力不同,气体分子间不存在静电磁力,而等离子体中的带电粒子间存在库仑力,并由此导致带电粒子群的种种特有的集体运动。

第三,作为一个带电粒子系,等离子体的运动行为明显地会受到电磁场的影响和约束。需说明的是,并非任何电离气体都是等离子体。只有当电离度大到一定程度,使带电粒子密度达到所产生的空间电荷足以限制其自身运动时,体系的性质才会从量变到质变,这样的"电离气体"才算转变成等离子体。否则,体系中虽有少数粒子电离,仍不过是互不相关的各部分的简单加和,而不具备作为物质的第四态的典型性和特征,仍属于气态。

等离子体一般分两类,第一类是高温等离子体或称热等离子体(亦称高压平衡等离子体)。此类等离子体中,粒子的激发或电离主要通过碰撞实现,当压力大于 1.33×10^4 Pa时,由于气体密度较大,电子撞击气体分子,电子的能量被气体吸收,电子温度和气体温度几乎相等,即处于热力学平衡状态。第二类,低温等离子体(又称冷等离子体),是在低压下产生的,压力小于 1.33×10^4 Pa 时,由于气体密度小,气体被撞击的几率减少,气体吸收电子的能量减少,从而造成电子温度和气体温度的分离,电子温度比较高(10^4 K)而气体的温度相对较低($10^2 \sim 10^3$ K),即电子与气体处于非平衡状态。气体压力越小,电子和气体的温差就越大。

4.1.2 产生等离子体的常用方法和原理

产生等离子体的方法和途径多种多样,涉及许多微观过程、物理效应和实验方法,如图4.1所示。其中,宇宙天体及地球上层大气的电离层属于自然界产生的等离子体。在等离子体化学领域中常用的产生等离子体的方法主要有以下几种:

1. 气体放电法

在电场作用下获得加速动能的带电粒子特别是电子与气体分子碰撞使气体电离,加之阴极二次电子发射等其他机制的作用,导致气体击穿放电形成等离子体。按所加的电场不同可分为直流放电、高频放电、微波放电等。若按放电过程的特征划分,则可分为电晕放电、辉光放电、电弧放电等。辉光放电等离子体属于非平衡低温等离子体,电弧放电等离子体属于热平衡高温等离子体。就电离机制而言,电弧放电主要是借弧电流加热来使中性粒子碰撞电离,实质上属高温热电离。目前,实验室和生产上使用的等离子体绝大多数是用气体放电法发生的,尤其是高频放电用得最多。

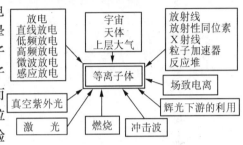

图 4.1 等离子体的产生

2. 光电离法和激光辐射电离法

借入射光子的能量使某物质的分子电离以形成等离子体条件是光子能量必须大于或等于该物质的第一电离能,例如碱金属铯的第一电离能最小,只需用近紫外光源照射就可产生铯等离子体。

激光辐射电离本质上也属光电离,但其电离机制和所得结果和普通的光电离法不大相同。不仅有单光子电离,还有多光子电离和级联电离机制等。就多光子电离而言,是同时吸收许多个光子使某物质的原子或分子电离的。例如,红宝石激光的波长为 $0.69~\mu m$,单光子能量只有 $1.78~eV$。对于氩原子来说只吸收一个光子不可能产生电离,但同时吸收9个光子可实现电离。因此利用红宝石激光器辐射氩气完全可以产生氩等离子体,而用同样波长的普通光照射则不可能得到氩等离子体。激光辐射法的另一个特点是易于获得高温高密度等离子体。值得注意的是,近年来激光等离子体在化学领域的应用上呈现明显上升趋势,如激光等离子体化学沉积等。

3. 射线辐照法

用各种射线或者粒子束对气体进行辐照也能产生等离子体。例如用放射性同位素发出的 α,β,γ 射线,X 射线管发出的 X 射线,经加速器加速的电子束、离子束等。α 粒子是氦核 He^{2+},用 α 射线发生等离子体相当于荷能离子使气体分子碰撞电离。β 射线是一束电子流,它引起的电离相当于高速电子的碰撞电离。对 γ 射线、X 射线来说,只需令射线能量 $U_R = h\nu$,显然可视为光电离。至于电子束和离子束,也都是借已经加速的荷能粒子使气体分子碰撞电离的,但由于粒子束的加速能量、流强、脉冲等特性可加以控制而显示出许多优点。

4. 燃烧法

这是一种人们早就熟悉的热致电离法,借助热运动动能足够大的原子、分子间相互碰撞引起电离,产生的等离子体叫火焰等离子体。

5. 冲击波法

这是靠冲击波在试样气体中通过时,试样气体受绝热压缩产生的高温来产生等离子体的,实质上也属于热致电离,称为冲击波等离子体。

4.1.3　等离子体化学的特点

在物理学界发现物质第四态之前,化学家便知道气体放电会发生某些特殊的化学反应。如早在 1758 年就曾探测出空气火花放电能生成臭氧;1758 年利用常压气体放电制备了氧化氮等。但是在很长时期内并未从新物态角度探索其对化学的广泛意义。直到 20 世纪 60 年代,由于发展高技术的迫切要求才引起人们对等离子态的关注,以致等离子体化学(Plasma Chemistry)这一术语到 1967 年才最初出现在书名上。

由于等离子体含有离子、电子、激发态原子、分子、自由基等这些极活泼的化学反应物种,使它的性质与固、液、气三态有本质的区别,并表现出许多特点。

第一个特点是等离子化学反应的能量水平高。

据其中的离子温度与电子温度是否达到热平衡,可把等离子体分为热平衡等离子体和非平衡等离子体。在热平衡等离子体中,各种粒子的温度几乎相等,约可达 $5\times10^{3}\sim2\times10^{4}$ K。如此之高的温度既可作为热源进行高熔点金属的熔炼提纯,难熔金属、陶瓷的熔射喷涂;也可利用其中的活性物种进行各种超高温化学反应,如矿石、化合物的热分解还原、高熔点合金的制备、超高温耐热材料的合成等。

通常物质在"三态"下进行数千度以上的高温反应是极其困难的,仅反应器的材质就很成问题。等离子态则不同,这是因为等离子体与任何容器并非直接接触,二者之间会形成一个电中性被破坏了的薄层,即等离子体壳,使高温不会直接传导给器壁。还可用电磁场来约束等离子体,加之冷却手段的运用等,即便是数万度的高温反应在技术上也易于实现。

在非平衡等离子体中也能进行高能量水平的化学反应。这时反应主要靠电子动能来激发,实际工作中电子动能大多为 $1\sim10$ eV;若折算成温度(1 eV 相当于 11 600 K),则电子温度高达 $10^{4}\sim10^{5}$ K,而离子温度不过几百度乃至接近室温。

第二个特点就是能够使反应体系呈热力学非平衡态。

在辉光放电条件下,物质只部分电离,存在大量的气体分子。又由于电子质量远比离子的小,整个体系的温度取决于分子、离子等重粒子的温度。这样一来尽管电子能量很高,可激活高能量水平的化学反应,反应器却处于低温,已应用于高温材料的低温合成,单晶的低温生长,半导体器件工艺的低温化等过程。非平衡态的意义还在于克服热力学与动力学因素的相互制约,典型的例子是静高压法人工合成金刚石。按热力学分析只要压力适当,石墨转变成金刚石在低温下并非不能自发进行,问题在于反应速率太低,以致必须提供苛刻的高温高压条件。若借助非平衡等离子体,情况就不同了。例如,用微波放电

把适当比例的 CH_4 和 H_2 激发成等离子体,便可在低于 1.0133×10^4 Pa,800～900 ℃条件下以相当快的生长速率(1 μm/h)人工合成金刚石薄膜。

4.1.4　等离子体在合成化学中的应用

1. 在无机合成和材料科学上的应用

就工艺而言,用得较多的有等离子体化学气相沉积(PCVD)和等离子体化学气相输运(PCVT)、反应性溅射、磁控溅射、离子镀等。就合成物质的种类、结构和性能而言,用这些新工艺可以制备各种单质、化合物,可以制成单晶、多晶、非晶;可以给所制的材料赋予光、电、声、磁、化学等各种功能;制成各种半导体材料、光学材料、磁性材料、超导材料、超高温耐热材料等。其种类和数量不胜枚举,这里仅举三例。

(1)第一个例子是非晶硅(a–Si)太阳能电池的大规模廉价生产

单晶硅太阳能电池虽研制较早,在卫星、宇航等方面已成功应用,但其制造工艺复杂,成本太高,不可能大量民用。相比之下,非晶硅太阳能电池却后来居上,自 20 世纪 80 年代初开始已大量用作计算器、收音机电源等,迅速商品化。之所以如此,得益于两个重要突破:其一是 1975 年由 W. E. Spear 教授等研究发现可以对非晶硅进行价电子控制;其二便是 PCVD 工艺的应用实现了非晶硅太阳能电池的廉价大面积自动化生产,其典型装置如图 4.2 所示。

用 PCVD 工艺生产非晶硅一般是以硅烷 SiH_4 为主要原料,辉光放电形成等离子体。单独用 SiH_4 放电时反应生成的是 i 型非晶硅半导体层。若在 SiH_4 中掺入少量 B_2H_6 便生成 p 型层,改掺少量 PH_3 则生成 n 型层。显然,只需切换输入反应室的放电气体种类控制掺杂量就能连续制成非晶硅太阳能电池的 pin 结构,不仅适于大规模连续自动化生产,还有其他许多优点:

①光电转换效率高。据核算,转换效率须在8%以上才有商业性生产价值,目前实际批量生产已达 10%～12%,研制水平则超过15%。

②省资源、省能源、原料便宜、成本低。这种太阳能电池所需的非晶硅膜厚总共还不到 1 μm,反应室温度只约 300 ℃。由于是非晶膜可用玻璃、不锈钢片之类的廉价材料作基片,原料气体显然也很便宜,因此成本大大降低。

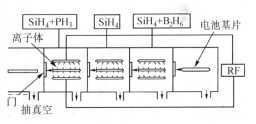

图 4.2　三室分离型 a–Si 生产装置

③膜质稳定经久耐用。通常可用20年,光电转换效率可保持在初始值的95%以上。

在上述大规模廉价生产基础上,20 世纪 80 年代中期又将其与瓦一体化,研制成功太阳能电池瓦。铺上该瓦,房顶就成了发电站。发的电可自给有余,并网输电。从技术角度来看,则是利用等离子体等新技术解决了大型曲面上均匀制备功能材料薄膜及器件工艺中的一些难题。

(2)第二个例子是超导薄膜的研制

诺贝尔奖得主贝德诺尔兹和米勒 1986 年发现复合氧化物高温超导体后,立即在世界范围内掀起一场超导热。随之由于超灵敏探测器、约瑟夫森器件等诱人的应用前景,超导薄膜的研制受到各国学者的广泛重视。等离子体工艺作为优良的制膜技术被普遍采用。我国也曾用高频磁控溅射法先后研制成 $YBa_2Cu_3O_{7-\delta}$ 和 $Bi-Sr-Ca-Cu-O$ 系超导薄膜。前者零电阻温度达 78.3 K,后者为 42 K。

(3)第三个例子是氧化铁纳米材料的制备

徐甲强等用高频放电等离子体化学气相沉积的方法制备了纳米级 $\alpha-Fe_2O_3$ 粉末和薄膜,通过对其气敏性能和电导性能的测定,得到了灵敏度高,响应恢复特性好的表面控制型特征明显的气敏器件,对长期以来人们理解的 $\alpha-Fe_2O_3$ 类同 $\gamma-Fe_2O_3$ 的体控制机理进行了否定。推动了 $\alpha-Fe_2O_3$ 纳米材料的研究及实用化。

2. 等离子体在高分子材料合成与表面改性中的应用

等离子体技术在高分子学科上的应用发展很快,涉及面广,大致可分为三个方面:

① 等离子体聚合;

② 等离子体引发聚合;

③ 高分子材料的等离子体表面改性。

其中等离子体聚合是把有机单体转变成等离子态,产生各类活性物种,由活性物种相互间或活性物种与单体间发生加成反应来进行聚合,是一种新型聚合法。用这种方法易于对聚合物赋予各种功能,特别适合于研制功能高分子。例如电子器件、传感器用的导电高分子膜,集成电路用的光刻胶膜及气体分离膜等。

等离子体引发聚合是把等离子体辐射作为能源对单体作短时间照射,然后将单体置于适当温度下进行聚合,是一种不需要引发剂的新型聚合法,适于合成超高相对分子质量聚合体或单晶聚合体,进行接枝聚合、嵌段聚合、无机环状化合物开环聚合、固定化酶等。

高分子材料的等离子体表面改性是利用非聚合性气体的辉光放电,改变待加工材料的表面结构,控制界面物性或进行表面敷膜,可用来提高塑料的粘接强度,改善棉、毛等天然纤维的加工性能,如浸润性、丝纺性、耐磨性、色牢度等,也可用于表面杀菌。

等离子体除了应用于无机合成和高分子合成外,还可应用于分析化学、金属冶炼、金属材料的表面处理,无机废料的处理等领域,自 70 年代以来等离子体的应用发展非常迅速,但目前有关的基础研究还十分薄弱,前述许多有价值的应用在很大程度上还建立在经验的基础上。今后除了加强基础研究外,还可在许多应用领域进行极有价值的工作。

4.2　激光合成

激光是一种新型光源,1960 年刚一出现便受到很大重视。近几十年来,激光技术发展很快,已经广泛应用于工业、农业、国防、测量、通信及化学、医疗等许多科学领域中。随着激光技术的应用与发展,形成了一门崭新的边缘学科——激光化学。这里仅介绍激光技术在无机合成中的某些应用。

4.2.1　激光的产生及特点

人为地把材料中处于低能级的电子送到高能级上,并积累起来成为粒子反转分布,然后再给高能级上的电子一个适当的激发力量,电子便会突然从高能级跃回到低能级,伴随着这种跃迁,原子会以光的形式释放能量,这种能量很大的光就是激光。

图 4.3 是一台红宝石激光器的简图。螺旋形闪光灯套在红宝石晶体棒上,当闪光灯闪亮时,使红宝石晶体获得粒子数反转分布,形成光受激放大,光线通过一端镜面全反射,而从部分透光的镜面射出一束耀眼的红光(激光)。

激光与普通光不同,它具有亮度高、单色性好、方向性(准直性)好三个特点。亮度是评价光源的一个重要指标,一支功率仅 1 mW 的氦氖激光器所发的红光(波长 632.8 nm)比太阳亮 100 倍,大功率红宝石脉冲激光器发出的激光(波长 694.3 nm)亮度是太阳的 10^{11} 倍。利用激光的高亮度,可以使它成为一种特殊的热源,利用这种热源直接加热、蒸发、解离化学物质,就可以使许多繁杂、艰难的化学操作变得简单可行。

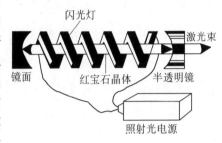

图 4.3　红宝石激光器模型简图

方向性好指激光只向着一定方向发光,其发散角只有 0.03° ~ 0.05°,几乎是平行光。方向性好本身也有助于提高光的亮度。利用激光的方向性,可实现微区域的高温化学反应。

单色性指光的纯度,即光的波长范围,亦即光子的能量分布。激光的波长特征决定于产生激光的工作物质,激光工作物质可以是气体、液体,也可以是固体。例如,氦氖混合气体做工作物质发出的激光波长为 632.8 nm,换成氮气则激光的波长变成337.1 nm。激光发射光子的能量几乎是完全相同的(对某个选定的波长来说),它的单色性比过去常规的单色光源中最好的氪灯还高出约十万倍以上。激光的单色性对其应用有很大影响,光子的能量与反应所需激活能相匹配,是提高量子效率的一个基本条件。

正因为激光的这些特点,它在化学中的应用日益广泛,下面介绍激光在无机合成化学中的某些应用。

4.2.2　激光合成精细陶瓷粉末

利用激光技术合成精细陶瓷粉末是 20 世纪 80 年代初发展起来的。美国麻省理工学院能量及材料加工实验室的 J. Hagger 等人,用 CO_2 激光器(10.6 nm)作光源,将 SiH_4(强吸收10.6 nm光子)和 NH_3(中强吸收 10.6 nm 光子)按一定比例混合后,通过喷嘴喷向反应区,激光束通过锗透镜,进入反应室并与反应气体在喷嘴前几毫米处的反应区垂直交叉相遇,足够高的激光功率密度,再加上反应物的高吸收系数,使反应物气流进入激光束后,立刻从室温达到反应温度并开始反应,即

$$3SiH_4(g) + 4NH_3(g) \xrightarrow[10.6\ nm]{h\nu} Si_3N_4(s) + 12H_2(g)$$

在同样条件下也可以合成 SiC 粉末,即

$$2SiH_4(g) + C_2H_4(g) \xrightarrow[10.6\ nm]{h\nu} 2SiC(g) + 6H_2(g)$$

Bauer 等人使用比 SiH_4 易处理的 SiH_2Cl_2,$SiCl_4$ 气体作硅源,并在大气压下进行 SiC,

Si_3N_4 超微粉合成,反应装置如图 4.4 所示。

激光合成精细陶瓷粉末的基本原理是利用了反应物对激光的强吸收性,用吸收的能量引发气相化学反应,生成固态精细粉末。该反应的生成物最好对激光不吸收或很少吸收。此类反应具有如下特点:反应区界限很分明,而且范围小;反应气体的加热均匀、快速;生成物的冷却快速;具有反应温度的阈值,当温度高于这一值时,反应快速进行均匀成核,而低于这一温度时,几乎不发生化学反应。

4.2.3　激光化学气相沉积制备薄膜材料

激光化学气相沉积(LCVD)是将激光应用于常规化学气相沉积(CVD)的一项新技术。LCVD 技术是用激光束照射封闭于气室内的反应气体,诱发化学反应,生成物沉积在置于气室内的基板上。

CVD 法需要对基板进行长时间的高温加热,因此不能避免杂质的迁移和来自基板的自掺杂。LCVD 的最大优点在于沉积过程中不直接加热整块基板,可按需要进行沉积;空间选择性好,甚至可使薄膜生成限制在基板的任意微区上;沉积速度比 CVD 快。

LCVD 的例子很多,它始于 1979 年,Ehrlich 小组用紫外激光分解二甲基镉,使 Cd 沉积在石英表面。美国麻省理工学院林肯实验室 Deutsch 等人也用金属烷基化合物 $Cd(CH_3)_2$,$Al(CH_3)_3$,$Sn(CH_3)_4$ 在 SiO_2 表面分别沉积了 Cd,Al,Sn 薄膜。科罗拉多州立大学研究者们用 200nm 的紫外激光离解 Cr、Mo、W 等的羰基化合物,沉积了金属 Cr、Mo、W 薄膜,美国南加利福尼亚大学 Christensen 等人用 CO_2 激光器以 SiH_4 气体(或 SiH_4/Ar 混合气体)作硅源,3mm 石英片作基板,SiH_4 热解而使硅沉积在石英片上。法国 Baranauskas 也用 CO_2 激光器以 $SiCl_4$ 作硅源获得硅膜。我国浙江大学袁加勇等 1989 年使用 CO_2 激光器将 SiH_4 反应气体封闭在不锈钢气室内,激光束透过红外窗口进入气室,以平行于基片表面的方向并以十分接近基板的方位穿过气室(如图 4.5),处于基片表面附近的反应气体受激光引发而按下式分解,即

$$SiH_4 \longrightarrow Si + 2H_2 \uparrow$$

反应生成的硅以非晶态薄膜形式沉积在基板上。

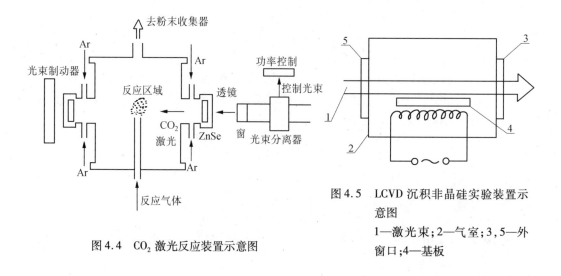

图 4.4　CO_2 激光反应装置示意图

图 4.5　LCVD 沉积非晶硅实验装置示意图
1—激光束;2—气室;3,5—外窗口;4—基板

采用不同的激光照射方式和基板放置方式,可以沉积出不同类型的非晶硅薄膜。若平行照射,能沉积出大面积非晶硅薄膜,可以用来制备太阳能电池;若把激光束加以聚焦并垂直照射基板,可在基板上沉积出微小尺寸的非晶硅薄膜,用来制造大规模集成电路或其他微电子器件。因此,激光化学气相沉积技术将在微电子技术和能源科学中呈现出很好的应用前景。

4.2.4　激光催化

长期以来,化学家们一直致力于研究加快反应速率的问题,激光催化是解决这一问题的有效方法之一,其效果远远超过加热甚至超过其他催化剂。

某些化学反应在常压下并不发生,但激光作用下可在常温常压下顺利进行,如

$$BCl_3 + H_2S \longrightarrow BCl_2SH + HCl$$

BCl_3 中的 B-Cl 键受 $3 \sim 4WCO_2$ 激光器 10.55nm 的激光光子作用激活后,即可在常温常压下与 H_2S 反应。

应用激光扫描技术可以合成超导材料 Ba-Y-Cu-O,零电阻温度为 87K。这种技术的特点是用激光束扫描试样,在试样中形成温度梯度,随着温度梯度的延伸,位于最佳温度的某一层能转变为超导层。

C_{60} 的正式名称为富勒烯(Fullerens),由于其形状像足球,也称其为巴基球(Buckyball),它的发现也与激光有关。1985 年 9 月 4 日美国 H. Kroto 小组用大功率激光轰击石墨靶时,发现了碳的这种新结构并证实了其笼状结构,开辟了富勒烯研究的新天地。

利用激光的单色性,选择性地进行激光化学反应,可对物质进行分离提纯,例如用 $190 \sim 200nm$ 的激光,可清除硅烷中的 PH_3 和 AsH_3 和 B_2H_6 杂质。利用 260nm 的激光,可除去水煤气中的 H_2S。其反应式如下

$$H_2S \xrightarrow{h\nu \quad 260nm} H + HS$$

产物中的 HS 与金属表面(M)反应为

$$M + HS \longrightarrow M-S + H$$

$$M-S + HS \longrightarrow M-S_2 + H$$

S 和 S_2 附着于金属表面而被消除。

4.3　微波化学合成

4.3.1　微波及其特性

微波是频率大约 300 MHz ~ 300 GHz,即波长是 100 cm ~ 1 mm 的电磁波,它位于电磁波谱的红外辐射(光波)和无线电波之间(图 4.6)。因此,可以用电磁波和电磁场理论处理与微波有关的一些问题,特别是微波在空间的传播及其与物质的相互作用等。

微波是一个十分特殊的电磁波段,尽管它介于无线电波和红外辐射之间,但却不能将低频无线电波和高频红外辐射的概念加以推广的办法导出微波的产生、传输和应用的原

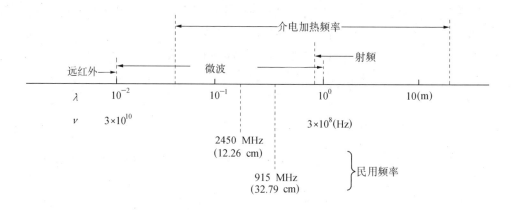

图 4.6　微波在电磁波谱中的位置

理。例如,按照低频无线电波的原理,空心金属管波导将不能传输微波,因为按照这些原理,相反方向的电流将不能同时在同一块金属里流动而汇合成单一方向的电流。然而,对于微波,却确实可以观测到相反方向的电流在波导的同一导体中流动。同样,虽然光可以在空心管中传播,但光却不能像微波那样沿一个同轴电缆传播。

微波也不能用无线电和高频技术中普遍使用的器件,如传统的真空管和晶体管来产生,连续的低功率微波可用 Gunn 二极管或速调管作振荡器产生,100 W 以上的微波功率则常用磁控管来产生。

在一般条件下,微波可方便地穿透某些材料,如玻璃、陶瓷、某些塑料(如聚四氟乙烯)等。因此,可用这些材料作家用微波炉的炊具、支架及窗口材料等,微波也可被一些介质材料,如水、碳、橡胶、食品、木材和湿纸等吸收而产生热。因此,微波也可作为一种能源而在家用、工业、科研和其他许多领域获得广泛的应用。这种微波功率是一类不属于通信用的微波功率。

发现微波的热效应,将微波作为一种非通信的能源广泛应用于工业、农业、医疗、科学研究乃至家庭则是第二次世界大战结束以后的事。1945 年美国雷声公司的研究人员发现了微波的热效应,两年后他们即研制成了世界上第一台采用微波加热食品的"雷达炉"。今天,家用微波炉在美国的普及率已达 80% 以上,年销量逾 1 200 万台。微波加热作用的特点是可在不同深度同时产生热,这种"体加热作用",不仅使加热更快速,而且更均匀,从而大大缩短了处理材料所需的时间,节省了宝贵的能源,还可大大改善加热的质量,保持食品的营养成分,防止材料中有用(有效)成分的破坏和流失等。正因为如此,目前它已被广泛用于纸张、木材、皮革、烟草以至中草药的干燥等,微波还可用来杀虫灭菌,从而在医学和食品工业中获得广泛应用。微波在生物医学方面还可用于诊断(如肿瘤)和治疗(如突发性耳聋、疼痛、类风湿关节炎、肩周炎、某些癌症等)疾病、组织固定、免疫组织化学和免疫细胞化学研究等。微波在其他领域的应用也越来越广泛,前景看好。

4.3.2　物质对微波的吸收

我们知道,原子光谱是线状的,它由原子的电子能级跃迁而产生,不同元素的原子有不同的特征谱线,原子光谱一般在可见紫外区,而不是微波区。

分子的运动包括分子平动、转动、核的振动及电子的运动。分子的总能量 $E_{总}$ 可表示为

$$E_{总} = E_e + E_v + E_r + E_t \tag{4.1}$$

式 (4.1) 中的 E_e, E_v, E_r, E_t 分别代表电子能、振动能、转动能和平动能, 除平动能之外, 前三项都是量子化的, 叫分子的内部运动能。分子能态的跃迁会吸收或发射一定的能量, 表现为一定频率 ν 光子的吸收或发射, 它们之间的关系是大家熟知的玻尔频率条件

$$\frac{\Delta E}{hc} = \nu \tag{4.2}$$

这里的 ν 亦称波数。一般来说分子的电子光谱波长约为 1 μm ~ 20 nm, 即可见和紫外区; 振动光谱波长为 50 ~ 1 μm, 位于红外区。如果单纯地转动能发生改变(在同一电子态, 同一振动态), 则产生转动光谱, 其波长为 10 cm ~ 50 μm, 如图 4.7 所示。

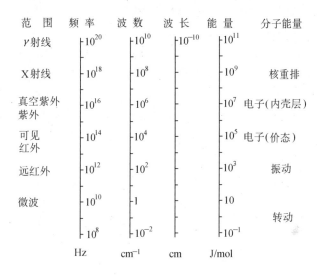

图 4.7　电磁波谱的范围和分子能量的关系

微波的波长在 0.1 ~ 100 cm 之间, 因而只能激发分子的转动能级跃迁, 微波谱比远红外谱更易于得到单色波束, 因而微波谱的分辨能力较高, 不过微波谱主要是研究气态分子。根据量子化学理论, 只有当分子的电子态 Ψ_e 的永久电偶极距(permanent electric dipole)不为零时, 才有转动能级的跃迁。

4.3.3　微波对化学反应的影响

早在 1967 年, N. H. Williams 就报道了用微波加快某些化学反应的实验研究结果, 而微波在化学合成中的应用则至少可以上溯到 1981 年, 但当时人们似乎还没有意识到在化学领域内正在孕育着一场革命, 直到 1986 年加拿大的 Raymond J. Giguere 等人发现用微波辐射 4-氰基苯氧离子与氰苄的 SN_2 亲核取代反应可以使反应速率提高 1 240 倍, 并且产率也有不同程度的提高, 人们才开始重视用微波加速和控制化学反应。现在微波已被广泛应用于从无机反应到有机反应, 从医药化工至食品化工, 从简单的分子反应到复杂的生命过程的各个化学领域。例如, 国外在用橄榄油制备肥皂的过程中已开始用微波来加

速某些酯的皂化并取得了显著的效果。随着微波在化学各个分支领域内的广泛应用,建立在传统微波加热概念和使用家用微波炉上的微波化学受到严峻的挑战。首先人们在实验中发现微波不仅可以加快化学反应,在一定条件下也能抑制反应的进行。除此之外微波还可以改变反应的途径。微波对化学反应的作用除了对反应物加热引起反应速率改变以外,还具有电磁场对反应分子间行为的直接作用而引起的所谓"非热效应"。微波对反应的作用程度除了与反应类型有关外,还与微波的强度、频率、调制方式及环境条件有关。此外,重要的是由于化学反应是一个非平衡系统,旧的物质在不断消耗,新的物质在不断生成,各相界面可能发生随机的变化;与此同时,系统的宏观电磁特性也在发生变化,而且在微波辐射下这种变化还与所用的微波紧密相关。这些都导致反应系统对微波的非线性响应。例如,在用功率为 500 W 的微波辐照丁腈橡胶的合成反应中,当反应进行到 5 min 时,系统对微波的吸收突然增加,致使系统的温度在数十秒内可达到 300 ℃ 以上,如不加以控制可使反应物全部烧毁。而在一些反应中,由于产物的电导率很大,随着反应的进行,产物不断增加,作为终端负载的反应系统会引起微波反射的增加,对于应用大功率的微波系统这是十分危险的。另外,如何设计满足各种化学反应条件(高温、高压)的大容量微波化学反应腔等也都还有问题。因此微波化学领域内有许多问题亟待解决。

　　由于微波具有对物质高效、均匀的加热作用,同时化学反应的速率与温度又有显著的关系,因此人们自然联想到将微波应用于化学反应以提高反应速率。近年来大量的实验已证实微波可以极大地提高一些化学反应的反应速率,使一些在通常条件下不易进行的反应迅速进行。表 4.1 列出 560 W 微波炉中的有机反应速率与通常加热下的反应速率的比较实例。

表 4.1　微波辐射法与传统加热法的反应时间与产率比较

反应物	产物	微波辐射法 产率/ %(t/s)	加热法 产率/ %(t/h)
$RhCl_3 \cdot xH_2O, C_8H_{12}, EtOH/H_2O(5:1)$	$[Rh(cod)Cl]_2$	91(50)	94(18)
$IrCl_3 \cdot xH_2O, PPh_3, DMF$	$Ir(CO)Cl(PPh_3)_2$	70(45)	$85 \sim 90(12)$
$CrCl_3 \cdot 6H_2O, Urea, aq. EtOH, dipivaloylmethane$	$Cr(DPM)_3$	71(40)	65(24)
$RhCl_3 \cdot xH_2O, C_5H_5, MeOH$	$[Rh(C_5H_5)_2]^+$	62(30)	—

　　从上表可见,对一些有机反应应用微波确实可以极大地提高反应速率,微波同样还可以提高无机反应的速率,见表 4.2。

表 4.2　微波辐射法与传统合成法合成时间比较

合成产物	原始材料	微波辐射法/min	传统合成法/h
KVO_3	K_2CO_3, V_2O_5	7	12
$CuFe_2O_4$	CuO, Fe_2O_3	30	23
$BaWO_4$	BaO, WO_3	30	2
$La_{1.85}Sr_{0.15}CuO_4$	$La_2O_3, SrCO_3, CuO$	35	12
$YBa_2Cu_3O_{7-x}$	$Y_2O_3, Ba(NO_3)_2, CuO$	70	24

　　虽然利用微波可以极大地加快化学反应,但消耗的能量却并不多,因此利用微波还可以起到节约能源的作用。表 4.3 给出了微波加热法和传统加热法所消耗的能量比较。

表 4.3　微波法苯甲基氯化物水解反应

反应物 $(g \cdot mol^{-1})$	反应时间 min	产率/%	消耗能量 $(kJ \cdot g^{-1})$	节能/%	速率增长倍数
0.75/15	2	89	140	80	20
1.0/20	3	95	145	73	10
1.25/25	3	96	115	76	9
1.5/30	3	97	96	73	11
2.5/40	3	66	84	51	7.6

　　在表 4.1 和表 4.2 的数据中并未给出微波作用下反应物的温度,前人直观地认为这些反应速率的提高都应归结为微波的加热作用。然而近年来的研究发现,微波不仅能加速反应的进行,对有些反应还能抑制其反应的进行。同时一些 Arrhenius 型的反应在微波辐射下已不再满足 Arrhenius 关系。Pagnotta 等人报道,在 α-D 葡萄糖转化为 β–D 葡萄糖(图 4.8)的过程中应用微波产生了一些奇特的现象。他们在 50 ℃温度下采用微波辐射和回流的方式对不同比率的 D_2O:EtOH 混合物进行了考察。

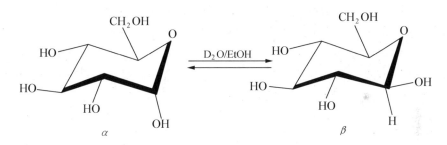

图 4.8　葡萄糖的转化

　　他们发现在微波作用下,对于 1:1 的 D_2O:EtOH,α:β 比值随时间增加,而采用通常水浴加热方式下的 α:β 却随时间而减小。他们认为这是一种在微波作用下,葡萄糖及周围溶剂被特殊活化的效应,从而引起两种构象间的平衡发生变化。

　　然而,关于微波对化学反应的特殊作用或非热作用仍存在较多的争论,这方面的研究尚有待于进一步的深入。此外,我们还发现用脉冲调制的微波辐照反应物可以达到更好的效果,Thuillier 和 Jullien 在实验中发现 DGEBA 和 DDS 混合物的硬化反应速率并不直接依赖于反应的温度。因为持续时间 2 ms,平均功率 700 W 的微波脉冲对速率的影响与持续时间为 20 ms,平均功率为 1 500 W 的微波脉冲对速率的影响差不多。但是,持续时间更长的微波脉冲有助于胺的反应,而更短的脉冲有助于自聚合作用,这说明脉冲宽度可以改变选择性。

4.3.4　微波化学反应系统

　　一般微波(MW)凝聚态化学反应系统框图如图 4.9 所示。

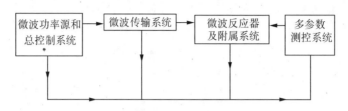

图 4.9 微波凝聚态化学反应系统框图

由图可见,该反应系统主要包括如下几大部分。

(1)微波功率源

根据实际反应物的需要,在选定的频率上,为系统提供稳定度较高,具有特定功率电平并连续可调的微波功率输出,其功率大小可根据实际需要或对应端参数手动或自动调节。

(2)微波传输系统

将微波功率源提供的微波功率以最低损耗传输给终端反应腔系统,并确保在反应腔系统中被处理负载特性在较大范围变化时,均能良好传输,不影响微波源的稳定工作。

(3)微波反应器及其附属系统

它是根据被处理物特性、处理量及其他具体要求而专门设计的反应器。它确保微波功率能与反应物产生最有效的相互作用,以达到我们所期望的实验或加工结果。许多情况下,反应器还需附设真空、充气、高温、高压等附属设施,以确保特定反应的需要。

(4)多种终端参数测控系统

根据反应物的需要必须设定的如温度、气压等参数的测量和使之稳定所需的反馈控制系统。

4.3.5 微波与无机合成化学

微波用于无机合成化学包括微波等离子体化学气相沉积,微波水热合成,微波固相合成,微波烧结与干燥等,目前已广泛应用于纳米材料制备,功能材料及结构材料合成与烧结,无机化工产品的合成和材料表面改性等领域。微波等离子体化学气相沉积在前面章节中已有介绍,在此就不再述及了。

1. 微波与固相合成反应

固相反应常常伴随有气体的产生,这部分气体产物释放(或逸出)往往会直接影响到产品的性能。对传统的固相反应,由于热量是从样品表面向内部传递,而气相产物是从样品内部向外逸出,因此,常常是要么有一部分气体被保留在样品内部;要么发生气体的剧烈膨胀而造成产品的致密度减小,空间或空隙度增加。要想获得比较致密的产品,在常规加热方式中,需要在烧结的同时对体系施以一定的压力,才能奏效。若采用微波烧结技术,由于微波的内加热特点,燃烧波是沿径向从样品中心向外传播,它与气体的逸出方向一致,可以有效地将气体驱赶出来,因此,可以使我们获得致密性能很好的烧结产品。

微波快速加热的特点及燃烧波传播的均匀性所产生的另一效果是使杂质在晶粒间的偏析程度减小,同时,由于烧结时间缩短,二次结晶的可能性也明显减少,这些都有助于提高烧结产品的机械性能。

三元多晶半导体化合物 $CuInS_2$ 和 $CuInSe_2$ 是太阳能电池的特种材料,传统上,它们是由元素单质在特制的反应容器内,经过长时间(>12 h)高温燃烧合成制得。最近,哈佛大学 Amdrew 教授在微波辐照下,只用极短的时间(~3 min)便合成了 $CuInS_2$ 和 $CuInSe_2$ 多晶体。他是将 S、In、Cu、Se 按化学计量比混合于石英管中,真空条件下,密封后,置于 2 450 MHz,400 W 家用微波炉中合成的。

Baghurst 等用 500 W 家用微波炉成功地合成了一系列陶瓷氧化物(表 4.2),反应物料约 20 g,与常规加热方式相比,反应时间大大缩短。

Mingos 等利用微波也成功地合成了金属硼化合物,见表 4.4。

表 4.4　金属硼化合物的制备

起始物料	反应时间/min	反应产物
Cr+B	27	CrB
2Fe+B	40	Fe_2B
Zr+B	5	ZrB_2

2. 微波水热合成

高纯超细粉体制备及其性能的研究,一直以它在高技术、新材料上的广泛应用及其对基本理论的验证吸引着众多的科学工作者,已开发了气相沉积法、水热法、溶胶-凝胶法、共沉淀法、微乳液法等多种应用工艺。这些方法的共同缺点是:反应溶液浓度低,反应时间长,控制条件要求严格。

自微波引入化学领域以来,人们在利用微波诱导或加速某些类型化学反应的同时,也在探索能否将微波与物质相互作用时表现出的热效应和非热效应用于超细粉体材料的制备。近年来,在这方面的实验确已取得了明显的进展,向人们展示了一种制备超细粉体材料的新途径。

盐类的水解是制备均分散体系最常用的方法,其关键是控制从金属盐溶液中产生沉淀的动力学过程,即设法使沉淀相的核在瞬间萌发出来,然后让所有的核尽可能同步地生长成一定形状和尺寸的粒子。进一步的理论研究认为,当沉淀相达到第一批结晶核萌发的临界过饱和度以后,晶体的成长速率必须超过结晶核的形成速率,否则,会因二次成核导致不同粒度的胶体粒子生成。从这个意义上讲,第一批萌发的结晶核的大小和数量,成为决定最终粒子尺寸的重要因素。

盐类的水解一般都需要外界提供能量,使体系保持在一定温度。传统的加热方式,如利用烘箱或水浴,由于是靠对流、传导和辐射三种方式,传导时间长,反应初始速度慢,建立热平衡以前,体系从外到内有个温度梯度,由分散度 $=K(Q-S)/S$ 可知,相对过饱和度大的地方,分散度大,粒子尺寸小;相对过饱和度小的地方,分散度小,粒子尺寸大。因此,在传统加热方式中,反应初期体系不同区域的成核和晶核生长是不同步的,这势必影响了粒子的尺寸的均匀性。但是,如果我们在微波辐照下来实现金属盐的水解,那么,由于微波能使盐溶液在很短时间内被均匀地加热,大大消除了温度梯度的影响,同时有可能使沉淀相在瞬间内萌发成核,从而获得均匀的超细粉体。文献报道用微波辐照来实现 $FeCl_3$

的升温强迫水解,并详细考察了(FeCl₃+HCl)及(FeCl₃+尿素)两个体系,与相同条件下的水浴加热升温强迫水解进行了比较,结果发现:微波辐照能加快 Fe^{3+} 的水解速度,在采用适量尿素为沉淀剂的条件下,微波辐照既能使体系迅速升温,同时,又能促使尿素迅速电离和水解,从而使晶核大量地"爆析式"萌发,制备出了粒径为 $10^{-7} \sim 10^{-8}$ m,70% 以上的粒子直径在 $0.064 \sim 0.082$ μm 范围内的相当均匀的球形 α-Fe_2O_3 粉体,以及平均长度为 0.07 μm、宽为 0.01 μm 的棒状 β-FeO(OH) 粉体,除了粒径尺寸,均匀性优于常规条件制备的粉体外。采用微波辐照的另一个优点是几乎能实现定量的沉淀,大大提高了产率,而且储备液无需经滤膜抽滤。

　　Kladning 等将 2.45 GHz、600 W 的家用微波炉经过改装,让金属盐溶液或含有金属-有机化合物的溶液通过一个与反应器壁垂直的喷嘴喷入反应器,反应器采用聚丙烯材料为衬里,反应液的喷射角为 30°,反应过程中产生的水气以及有机或无机化合物通过真空泵抽入收集器,用活性炭作为吸收剂,反应液经微波辐照高温分解产生的金属氧化物或氧化物粉体经由不锈钢制成的卸料装置收集。利用这种装置,他们成功地制备了一系列氧化物或复合氧化物超细粉体(见表 4.5)。

　　水解硝酸铁溶液制得的 Fe_2O_3 粉体几乎有 80%(体积比)的粒子落在平均粒径为 0.5 μm 的范围内。X 衍射分析指示其结晶相为 α-Fe_2O_3,没有 γ-Fe_2O_3 相存在(常规条件下往往会出现)。用含有 Zn, Mn 和 Fe 的硝酸盐溶液分解制得的超导材料 $YBa_2Cu_3O_7$ 粉体具有钙钛矿结构,再经压片后微波烧结制得的陶瓷,表现有 Meissner 效应。

　　有趣的是,如果采用钛的硝酸-氢氟酸溶液(氟含量为 40 g/L,NO_3^- 含量为 100 g/L,钛含量为 30 g/L),经微波分解得到的是金红石型 TiO_2 粉体;而如果起始反应液改用 Ti-OCl_2 溶液,则产物为锐钛型 TiO_2 粉体,同样,含有 Al, Ti 和 V 的硝酸/氢氟酸溶液经微波分解后给出黄色的超细粉体。

表 4.5　微波分解硝酸盐溶液制备的氧化物粉体

氧化物	BET/$(m^2 \cdot g^{-1})$
Fe_2O_3	134
$Mn_{0.6}Zn_{0.4}Fe_2O_4$	114
$Mn_{0.5}Zn_{0.5}Fe_2O_4$	107
Al_2O_3	47
$YBa_2Cu_3O_7$	20
TiO_2	~30
$BaTiO_3$	1.2

　　我们不仅可以用硝酸盐或盐酸盐溶液作为起始反应物料,也可以采用金属-有机化合物溶液,例如,每升含有 0.4mol $Ti(OC_3H_7)_4$ 的异丙醇溶液和每升含有 0.4 mol 硝酸钡的水溶液混合后立即喷入反应器内,经微波分解给出半透明干溶胶,再经微波灼烧 1 h,得到白色的 $BaTiO_3$ 粉末,其晶粒尺寸为 0.1 μm,BET 比表面各为 1.2 m^2/g。

　　利用微波辐照金属盐(或醇盐)溶液分解制备氧化物或复合氧化物粉体反应装置如图 4.10 所示。

4.3.6　微波与有机合成

　　微波用于有机合成化学的研究开始于 1986 年 R. J. Giguere 对蒽与马来酸二甲酯的

Diels–Alder 环加成反应和 R. Gedye 对苯甲酸和醇的酯化反应的研究。迄今研究过并取得了明显效果的有机合成反应还有重排、Knoevenage 反应、Perkin 反应、苯偶姻缩合、Reformatsky 反应、Beckman 反应、缩醛（酮）反应、Witting 反应、羟醛缩合、开环、烷基化、水解、氧化、烯烃加成、消除反应、主体选择性反应、自由基反应及糖类和某些有机金属反应等，几乎涉及了有机合成反应的各个主要领域。但迄今的研究还主要停留在实验事实的积累方面，对于反应机理的研究还进行得很少也很不深入，以致对微波加速或改善这些合成方法的机理还无法作出一个统一的令人信服的解释。

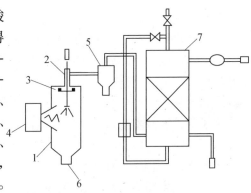

图 4.10　微波辐照制备氧化物粉体的反应装置
1—反应器；2—喷嘴；3—波形搅拌器；4—微波发生器；5—除尘器；6—出料口；7—吸收器

目前，微波有机合成化学的研究主要集中在如下三个方面：

第一，微波有机合成反应技术的进一步完善和新技术的建立；

第二，微波在有机合成反应中的应用及反应规律；

第三，微波化学理论的系统研究。

微波有机合成反应技术从 1986 年发展至今，主要采用了以下四种技术：即微波密闭合成反应技术、微波常压合成反应技术、微波干法合成反应技术、微波连续合成反应技术。

微波密闭合成反应技术是指将装有反应物的密闭反应器置于微波源中，启动微波，反应结束后，反应器冷却至室温再进行产物纯化的过程，它实际上是一种在相对高温和高压下进行反应的技术，利用这一技术，Gedye 成功地进行了苯甲酰胺水解、甲苯氧化、苯甲酸甲酯化等反应，结果见表 4.6。一种典型的密闭罐式反应器如图 4.11 所示。

表 4.6　密闭体系不同化合物的反应速率

反应类型	产物	方法	反应时间	产率/%	M/C 比率
苯甲酰胺水解	C_6H_5COOH	C	1h	90	6
		M	10min	99	
苯甲氧化	C_6H_5COOH	C	25min	40	5
		M	5min	40	
苯甲酸丁酯化	$C_6H_5COOC_4H_8$	C	1h	82	8
		M	7.5min	79	
4-氰基苯氧离子与氯苄的 SN_2 亲核取代反应	$NCC_6H_4OCH_2C_6H_5$	C	16h	89	240
		M	4min	93	
	$NCC_6H_4OCH_2C_6H_5$	C	12h	65	1 240
		M	35	65	

注：M 为微波法（Microwave）；C 为经典法（Classt）

在图 4.11 中，1 为聚四氟乙烯螺母，2 为减压盘，3 为聚四氟乙烯帽，4 为聚四氟乙烯环形垫圈,7 为反应器外套,8 为环形螺母。反应时将反应物装入 5 内,当反应体系的压力增大时,通过由橡胶做成的减压盘 2 使压力得以减小,从而使体系内部的温度亦得以控制。3 和 4 均起到密闭反应体系的作用,6 起到支撑反应容器的作用,同时由于其是由质地较软的物质制成,对体系压力可起到缓冲作用,8 为整个装置的上盖,起密闭和防止反应物跑掉的作用。

为了使微波技术应用于常压有机合成,吉林大学的刘福安等对反应装置进行了改进,如图 4.12 所示。这一装置采取了在微波炉上端打孔,反应器由打孔处与外界的搅拌和滴加装置及冷凝管相连,他们利用此装置成功地完成了一系列反应的研究,如表 4.7 所示。

与密闭技术相比,常压技术所采用的装置简单、方便、安全,适用于大多数微波有机合成反应,操作与常规方法基本一样。

表 4.7　微波辐射法与常规加热法合成某些有机化合物对比表

反应物/mol	催化剂/g	方法	反应时间/min	产率/%	M/C 比率
PhCHO	KOAc	M	24	53.2	5.0
0.05	3.0				
$(CH_3CO)_2O$	0.08	C	480	54.0	
trans−HOOCCH＝CHCOOH		M	50	82.8	
0.05	H_2SO_4				9.8
CH_3OH 0.30	0.5	C	480	83.0	
⬡CHO 0.04　OH	⬡N	M	25	80.0	
					4.8
$CH_2(COOC_2H_5)_2$ 0.045	0.5	C	120	76.0	

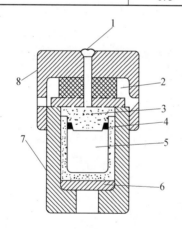

图 4.11　密封罐式反应器

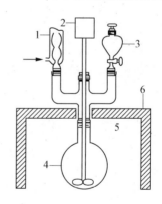

图 4.12　微波常压反应装置
1—冷凝器;2—搅拌器;3—滴液漏斗;4—反应器;5—微波炉膛;6—微波炉壁

微波干法反应技术是指以无机固体为载体的无溶剂有机反应,微波辐射下的干法有机反应是将反应物浸渍在氧化铝、硅胶、粘土、硅藻土或高岭土等多孔无机载体上,干燥后放入微波炉内启动微波,反应结束后,产物用适当溶剂萃取后再纯化。无机固体载体不吸收 2 450 MHz 的微波,不成为传导微波的障碍。而吸附于固体介质表面的羟基水以及极性有机物质都强烈地吸收微波,从而使这些吸附着的分子被激活,反应速率大大提高,1995 年,吉林大学李耀先等用常压反应器干法技术合成了 L-四氢噻唑-4-羧酸,产率 85%,反应速率较常规法提高了近 290 倍。

1994 年,Cablewski 等人在前人研究成果的基础上研制出了一套新的微波连续技术(CMR)的反应装置,如图 4.13 所示。在该装置中,样品由容器 1 盛着,经压力泵 2 压入微波炉内,再经环形管 4(在微波炉内接收辐射)后进入环形管 7 而得以迅速冷却,通过 8 的减压使产物的压力减小到所要求的范围,然后流到产物接收瓶 10 中。在该装置中,环形管由透过微波的惰性材料制成,在管的进口处连着压力泵和温控装置,

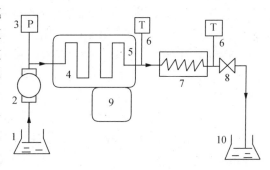

图 4.13　微波连续技术反应装置

在系统的末端连着调热器和调压力的阀门。当溶液出了辐射区后可以经迅速冷却并同时得以减压。调热器可以调节反应物进入炉前和出炉以及冷却后的温度。系统中的流速以及微波功率都可以灵活加以控制。辐射区管内压力可以经调压阀的调节而得到满意结果。两端相互平行的竖直设备安装则避免了金属体与微波辐射区的正面接触。

在该系统中,9 为报警系统,其自动控制程序中包括防止故障的参数。当体系温度超过最大允许温度(至少是 10 ℃)或者是反应环形管被阻碍、破裂,自动控制系统可迅速使反应系统停顿。

系统的总体积约为 50 ml,盘管长约 3 m,加工速率约 1 L/h,停留时间为 1~2 min(流速约 15 ml/min),能在 200 ℃和 1 400 kPa 时满意地运转,作为一种连续技术,它能加工相当量的原料,更适用于优化反应;但它不利于固体或高粘度液体的加料且盘管内温度梯度信息小,很难得到反应动力学的正确数据。

利用此装置进行了丙酮制备丙三醇,PhCOOMe 的水解等反应,均得到很好的产率,对丙三醇的制备,反应速率提高了 1 000~1 800 倍。

如上所述,微波作用下的有机反应的速度较传统的加热方法快数倍甚至上千倍,且具有操作方便、产率高及产品易纯化等特点,因此微波有机合成发展迅速,已涉及到有机化学方面面,成功地应用于多种有机反应,有很好的应用前景。

4.3.7　微波与高分子合成化学

1. 脉冲微波引发高分子聚合

运用脉冲微波来引发高分子物质聚合,体系最好是二元体系:一个反应组分,一个惰性组分,二者极性必须有差异,体系最好是一个分散体系或乳化体系。辐射中最重要的一个因素是掌握脉冲周期,一般为每秒 4~100 次脉冲,其中有效循环为 0.001%~1%。

DOW 化学公司的 Vanderhoff 运用脉冲辐射并调节一定频率的方法防止了反应物过热,这个方法已被用于乙烯基单体的聚合。这种方法最有利的一点是使乙烯基单体处于一种分散体或乳化状态,而电磁辐射的作用似乎在乙烯基单体和周围环境有一个液/液界

面条件下最有效。

此外,脉冲微波辐射在膜硬化方面也已得到一定的进展,并且发现了某种程度的选择性的存在,研究使用的微波装置的开/关重复频率在 1×10^{-3} Hz 到 20 kHz 之间,除了整体介电加热以外,人们认为使用脉冲微波循环还会对特殊的分子偶极和链段产生影响。用FTIR 和 C^{13}-NMR 研究,DGEBA(diglycidyl ether of bisphenol-A)和 DDS(4,4'-diaminodiphenylsulphone)的交联实验发现,反应转换率并不是所达到的最高温度的函数。同时还发现,使用特殊的脉冲能更有效地把能量传递给某些偶极,而使转化率提高:2×10^{-3} s(700 W),193 ℃,56%;然而,20×10^{-3} s(1 500 W),177 ℃,62%。另外,重复周期短的脉冲微波处理(2×10^{-3} s)通过催化均聚反应来引发双-脂肪族醚的形成;而脉冲重复周期长的(5×10^{-3} s)只对胺类反应有促进作用。用脉冲微波辐射的方法经硬化形成聚合脲薄膜比普通炉子固化的薄膜更硬。

2. 微波高分子溶液聚合

众所周知,极性溶剂吸收微波能量显著大于非极性溶剂,也就是说在极性溶剂中用微波法进行反应可以显著提高反应速率。这一规律运用于聚合反应中也非常有效(尤其在水溶性单体进行聚合反应时),选用极性溶剂水可使聚合反应在几秒内完成。利用传统加热方法使极性溶液聚合时,假如生成线性聚合物能使反应体系粘度增大或生成网状结构的聚合物能使反应体系成冻胶状,那么它们都将阻止单体的继续聚合,导致转化率下降而由于微波能量对材料有很强的穿透力,能对被照物质产生深层的加热作用,所以此时若用微波进行溶液聚合反应则可使转化率特别高。例如,用微波溶液聚合法研究了丙烯酸钠的聚合,以合成高吸水性树脂。该法能在 3 min 之内使单体快速聚合,得到的高吸水性树脂吸水倍率为920,转化率高达46%,吸水速度在 1 min 就达吸水最大值,而采用相同于微波辐射温度的常规聚合,在反应 2 h 后得到的树脂吸水倍率仅 200 左右,转化率为 78%。

同样用微波辐射丙烯酰胺水溶液,在 36 s 内得到相对分子质量达 7.5×10^6 的聚合物,转化率达99%,而用相同于微波辐射温度下的常规热聚合时反应 2 h 的相对分子质量为 3.2×10^6,转化率为 72%。

3. 微波高分子本体聚合

在聚合反应中,许多聚合单体均为极性分子,对微波有强烈的吸收作用,所以可以直接在微波辐射下进行本体聚合。与溶液聚合一样,本体聚合反应可在几秒钟内完成,而且可以得到高转化率的聚合物。例如法国的 Teffal 等对甲基丙烯酸 β-羟乙酯进行了微波辐射下的本体聚合;墨西哥的 Joaquin Palacios 等人对甲基丙烯酸和甲基丙烯酸 β-羟乙酯进行了微波辐射下的本体共聚,均使聚合反应在很短的时间内完成,并获得高转化率。日本公开特许公报介绍使用家用微波炉(2 450 MHz,600 W)将装有未聚合的高分子单体的烧杯放置于微波炉中,照射 2 min,则 100 g 丙二醇二丙烯酸酯可与 1 g AIBN 迅速聚合而得到硬化的聚丙二醇二丙烯酸酯。

4. 微波高分子固化

在 1965 年,人们就把微波炉用于聚合物的固化。通过研究发现微波炉用于固化聚合物有以下三大特点:①反应速度快;②加热均匀;③产品的物理和机械性能优良。

在 60 年代后期,Williams 用微波固化玻璃纤维、环氧树脂,成功地合成了 0.95 cm 壁厚,12.7 cm 外径,45.72 cm 长的玻璃纤维管。之后,人们在用微波进行固化聚合物方面做了大量的工作,并试图对微波固化聚合物的效应进行量化,还研究了交联环氧树脂、聚酯、聚脲(开始试用 2 450 MHz 的微波炉)的可能性,这方面主要以 Gourdenne 为代表。至今,这一主题仍是热门话题。

目前,还没有有关电磁场与材料在分子水平上的相互作用以及聚合机理的基础研究。电磁场是如何影响网络结构形成的,这是一个重要的课题,搞清楚这一步将使我们能够按照设计的性质合成材料。

4.3.8 微波加速化学反应的机理

关于微波加速有机反应的原因,目前学术界有两种不同的观点。

一种观点认为,虽然微波是一种内加热,具有加热速度快、加热均匀、无温度梯度、无滞后效应等特点,但微波应用于化学反应仅仅是一种加热方式。和传统的加热方式一样,对某个特定的反应而言,在反应物、催化剂、产物不变的情况下,该反应的动力学不变,与加热方式无关,他们认为微波用于化学反应的频率 2 450 MHz 属于非电离辐射,在与分子的化学键发生共振时不可能引起化学键断裂,也不能使分子激发到更高的转动或振动能级。微波对化学反应的加热主要归结为对极性有机物的选择加热,即微波的致热效应。文献报道的许多实验结果支持了这一观点,Jahngen 研究了微波作用下 ATP 水解反应,得出的结论是微波加热与传统加热方式对反应的影响基本一致,反应动力学无明显差别,Ranev 对 2,4,6-三甲基苯甲酸与异丙醇酯化反应动力学的研究结果表明,2,4,6-三甲基苯甲酸的酯化速度与加热方式无关。

另一种观点认为,微波加热化学反应作用是非常复杂的,一方面是反应物分子吸收了微波能量,提高了分子运动速度,致使分子运动杂乱无章,导致熵的增加;另一方面微波对极性分子的作用,迫使其按照电磁场作用方式运动,每秒变化 2.45×10^9 次,导致了熵的减小,因此微波热对化学反应的作用机理是不能仅用微波致热效应来描述的。

微波除了具有热效应外,还存在一种不是由温度引起的非热效应。微波作用下的有机反应,改变了反应动力学,降低了反应活化能。Dayal 等用微波由胆汁酸与牛磺酸合成了胆汁酸的衍生物,反应 10min 产率达 70% 以上,Dayal 试着用油浴在与微波相近的温度下,也加热 10 min 得到产物,但未成功,因此,他们认为微波存在非热效应,并在反应中起作用。

刘福安等研究了腈与硫化钠的麦克尔加成生成硫代二丙腈的反应。

$$CH_2{=}CH{-\!\!-\!\!-}CN + Na_2S \xrightarrow{MWI} \begin{array}{c} CH_2{-\!\!-}CH_2{-\!\!-}CN \\ | \\ S \\ | \\ CH_2{-\!\!-}CH_2{-\!\!-}CN \end{array}$$

该反应对温度要求很严格,反应须控制在 10 ~ 15 ℃。温度过高则产物水解成硫代二丙酸钠。作者利用自行设计的微波恒温常压反应装置,在控制温度 ~ 10 ℃情况下,用微波 1 min 成功地合成了硫代二丙腈,产率达 82.5%,比传统加热法提高 360 倍,作者认为微波非热效应对该反应的加速作用可能起了决定作用。

应该指出的是,尽管微波化学合成至今已有十几年时间,但是,对微波加速反应机理的研究应该说是一个新的领域,目前尚处于起始阶段,有些反应结果尚缺乏实验上更充分的论证,有许多实验现象需要更全面、细致和系统地解释,特别是在化学反应动力学研究中,温度的控制和检测方法等都将影响实验数据的准确性,从而得出完全相反的结论。

4.4　光化学有机合成

4.4.1　概　述

很早以前,人们就发现光能使彩色纸张或服装褪色,但是真正意识到光的化学作用并将其应用于有机合成则是 19 世纪 30 年代之后的事情。1830 年,人们发现,α-山道年(α-Santonin)(1)经过光照可以转变为(2),尽管(1)和(2)的结构当时并未弄清楚。

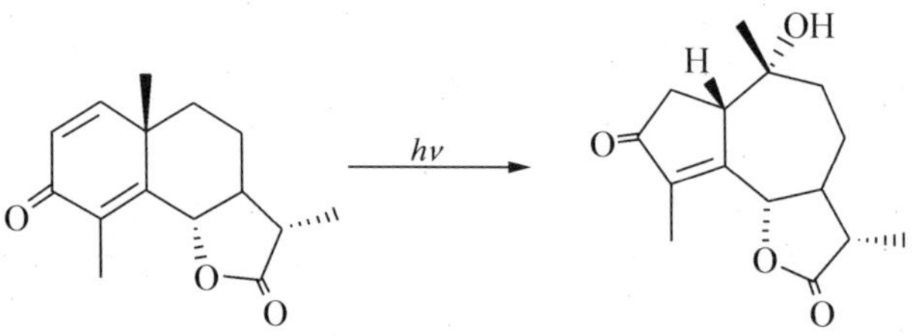

(1)　　　　　　　　　　　　　　(2)

对早期的光化学家来说,光仅仅被看做是一种能产生特殊反应的特别试剂。20 世纪 60 年代之后,大量有机光化学反应被发现,量子化学开始应用于光化学有机反应,特别是激光和电子等测试技术的迅速发展,使人们对光是如何诱发化学反应,以及在光化学反应中遵守何种规律等问题进行了更为深入的研究,结果不仅发现了应用于有机合成的 Norrish 反应和周环反应,而且还发现了周环反应中的分子轨道对称守衡原则。这些研究成果更加促进了有机光化学的迅速发展,使有机光化学逐渐成为一门学科。今天,有机光化学已被理解为分子处于激发态(一种电子能态)的化学,它是研究激发态分子物理和化学行为的科学。受光激发是使分子达到激发态最有效的手段。分子处于激发态时不仅可在常温常压下发生反应,而且常形成用传统方法无法形成的产物。至少可以使那些用传统方法形成目标分子的步骤大大缩短或简化。上述 α-山道年(α-Santonin)(1)经过光照重排为(2)就是最为典型的一例。我们曾让学生用最常见原料环五二烯与对苯醌合成化合物五环$[6,2,1,0^{4,10},0^{5,9}]$十一烷-3,6-二酮(3),其合成反应过程如下。

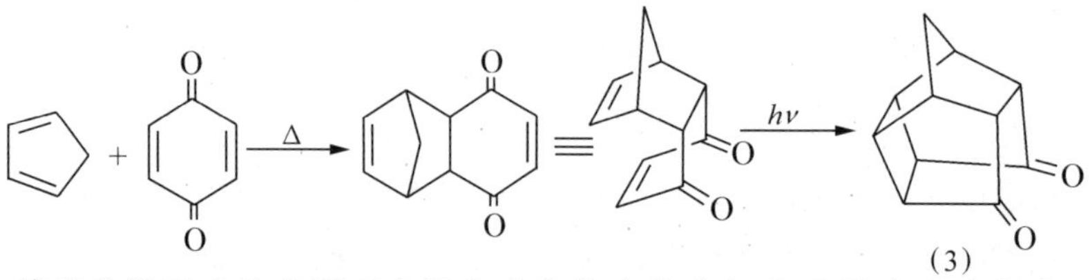

(3)

显然,将光化学反应技术用于有机合成往往会使有机合成效率大大提高。因此学习好光化学有机合成对开发复杂化合物的有效合成途径具有重要的指导意义。

4.5.2　有机光化学反应的基本原理

大部分有机分子的基态是处于电子的单重态结构(S_0)(见图4.14),就是说全部电子都是成对的,每对电子的自旋取向相反。受光激发后,处于最高已占轨道(HOMO)的电子被激发到分子的其他高能空轨道,变成激发态。激发态分子的电子构型可以是单重态($S_1,S_2,S_3\ldots\ldots$)(见图4.14b);也可以是三重态($T_1,T_2,T_3\ldots\ldots$)(见图4.14c)

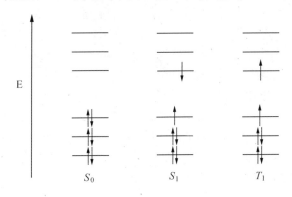

a 基态　　　b 最低单重激发态　c 最低三重激发态

图4.14　分子基态与激发态的分子轨道示意图

光化学反应的过程可以用下面的势能图表示。

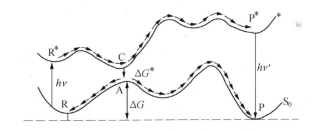

图4.15　光化学反应的势能示意图

S_0 表示基态,* 表示激发态,从反应物 R 到生成物 P,有以下三个可能途径。

途径①是 $h\nu\to *\to h\nu'$ 过程:通过吸收光子 $h\nu$,分子 R 达到激发态 R^*,结构随激发态的势能面 * 变化生成产物的激发态 P^*,给出一个光子 $h\nu'$ 后,分子回到产物的基态 P。这个过程称为绝热光化学反应(Adiabetic Photochemical Reaction)。

途径②是 $h\nu\to *\to\Delta G$ 过程:分子吸收光子 $h\nu$ 后,在激发态的势能面 * 与基态的势能面非常接近的地方(C)回到基态生成基态结构 A,随基态的势能面达到产物结构 P。这种过程实际上是光化学反应的典型情况,称为非绝热光化学反应或热基态反应(Hot Ground State Chemical Reaction)。

途径③是 $\Delta G\to *\to h\nu'$ 过程:分子 R 通过热过程达到 A 点后,又在结构 C 位置,再沿着激发态的势能面 * 达到 P^*,给出一个光子 $h\nu'$ 后,分子回到产物的基态 P。这个过程称为化学发光过程(Chemiluminescence)。

有合成价值的光化学反应很多,在此仅就一些典型的光化学反应及其应用做简单讨论。

4.4.3　典型的有机光化学反应及其应用

1. Norrish 反应及其应用

脂肪族羰基化合物在紫外区(230～330 nm)有一特征吸收,这是由于氧原子的非成键 2p 电子向羰基的反键 π-轨道跃迁($n\rightarrow\pi^*$)所引起的。用 230～330 nm 波长的光照射脂肪族羰基化合物,可引起 ①α-断裂(Norrish Ⅰ型反应);②分子内消除(Norrish Ⅱ型反应);③烯烃的[2+2]光加成反应;④光还原反应。其中在有机合成上应用较多的为①α-断裂;②分子内消除和③烯烃的[2+2]光加成反应。

Norrish Ⅰ型反应。以脂环族环酮为例,用 230～330nm 波长的光照射,可以引起 α-断裂得到一系列产物(见图 4.16)。在脂环族环酮的光裂解反应中,有些在有机合成上十分重要。例如,Morrizur 等人用 2-甲基-2-正丙基环五酮(4)为原料在苯介质中光照经过图 4.16a 过程分别以 34% 和 26% 的收率获得了(E)5-甲基-4-辛烯醛(5)与(Z)5-甲基-4-辛烯醛(6),他们将(5)与(6)用格林雅试剂处理接着氧化得到了医药中间体 8-甲基-7-十一烯-4-酮(7)。

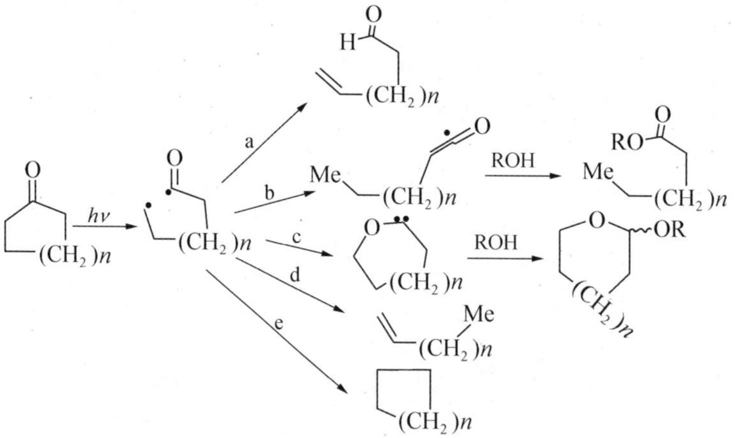

图 4.16　脂环族环酮的光裂解反应

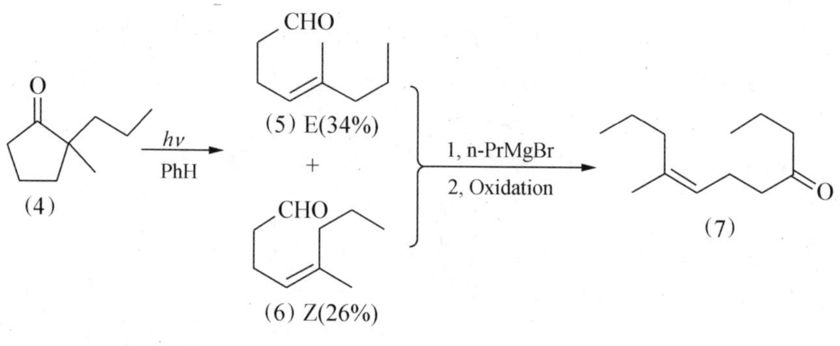

Norrish Ⅱ 型反应。具有 γ-氢的酮类化合物受光激发,会引起[1,5]氢迁移,产生双自由基,如图 4.17 所示。后者进一步解离图(4.17)a、环化图(4.17)b 或氢逆迁移图(4.17)c 又返回到反应物。

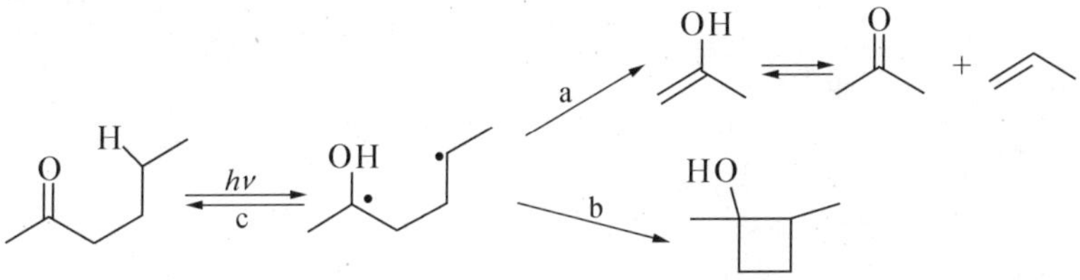

图 4.17　Norrish Ⅱ 型反应

上述[1,5]氢迁移反应需要具备一定的空间要求,直链酮的[1,5]氢迁移反应一般要比环酮快 20 倍。对环酮来说有一定的立体结构要求,并非所有的具有 γ-氢的环酮都能发生[1,5]氢迁移反应。例如,2-正丙基-4-叔丁基环己酮,当正丙基与叔丁基处于顺式时,则可以产生 γ-氢的 [1,5]氢迁移反应;处于反式时则不能发生 γ-氢的[1,5]氢迁移反应。

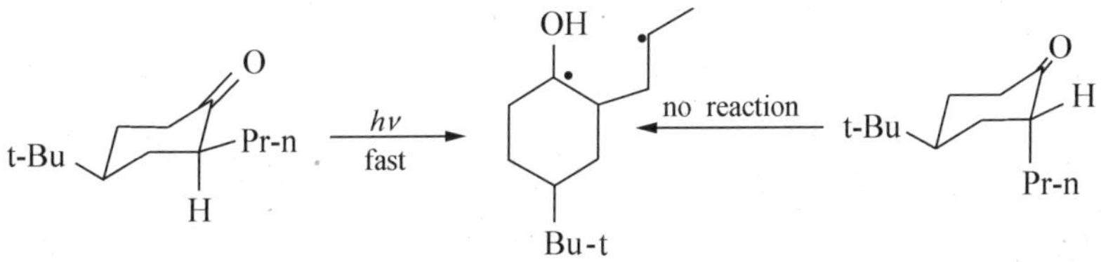

Norrish Ⅱ 型反应在有机合成中十分重要,例如,在糖类化合物研究中,如何将 6-位碳上羟基定向氧化为醛基,一直困扰着许多化学家,Binkley 等人则通过光化学反应解决了这一难题。他们首先将葡萄糖转化为结构(8),然后光照即获得目标分子(9)。Norrish Ⅱ 型反应还可以扩展到符合立体要求的杂环体系。例如,邻苯二甲酰亚胺衍生物(10-12)均可发生 Norrish Ⅱ 型反应得到用传统方法难以得到的化合物(10'-12')。

Achmatowicz 等人发现,甾族醇与硫代苯甲酸形成的酯(13-14)光照下,也可以发生类似的消除反应立体选择性的形成甾族烯类化合物(13'-14')。这对合成一些复杂的具有生理活性的化合物具有一定的指导意义。

2. 烯烃的光诱导顺反异构化反应及其应用

在基础有机化学中,我们就研究过肉桂酸在光照射时,可以发生顺反异构化反应,这是因为烯烃在受到光照射时,吸收 170～190 nm 的光,其最低能量的 π 电子从最高已占轨道(HOMO),即成键 π-分子轨道,激发到最低空轨道(LUMO),即反键 π*-分子轨道,从而导致光诱导顺反异构化反应。这类有机光化学反应在有机合成(特别是在医药工业)中应用十分广泛。例如,Harrison 等人用适当波长的光照射反-2-(亚环己基亚乙基)环己酮(15)后,顺利地将其转变为顺式结构(16),从而成功地合成了维生素 D₂。在维生素 A 的结构中,所有的双键全为反式。但是,用 Wittig 试剂(17)与羰基化合物(18)反应则得到 11-顺式和全反式的混合物,采用光异构化反应可将混合物中的 11-顺式转化为全

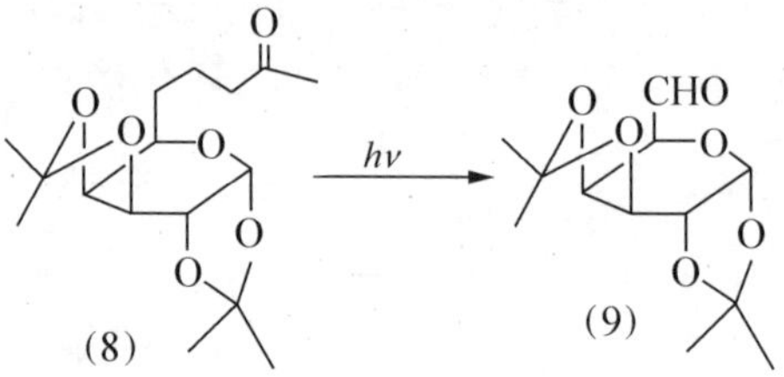

(8) → (9)

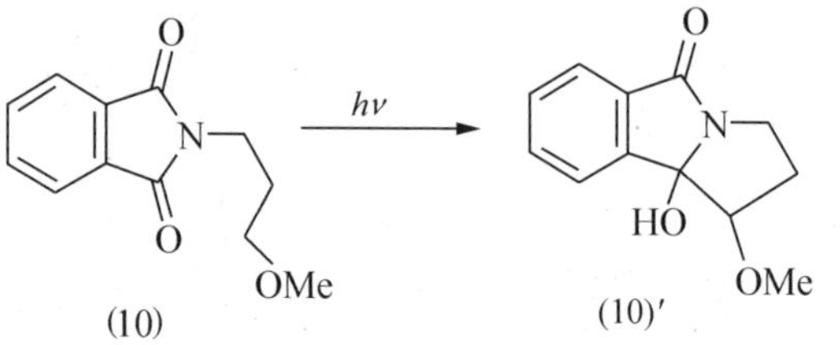

(10) → (10)′

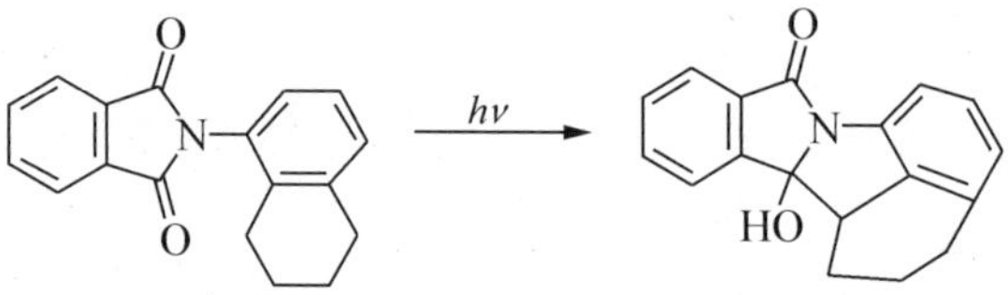

(11) → (11)′

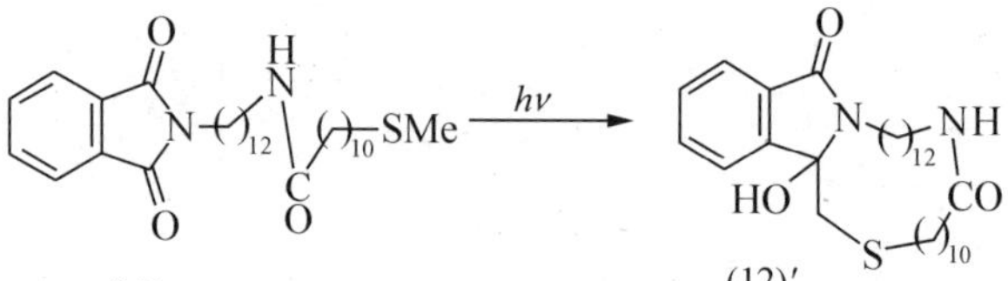

(12) → (12)′

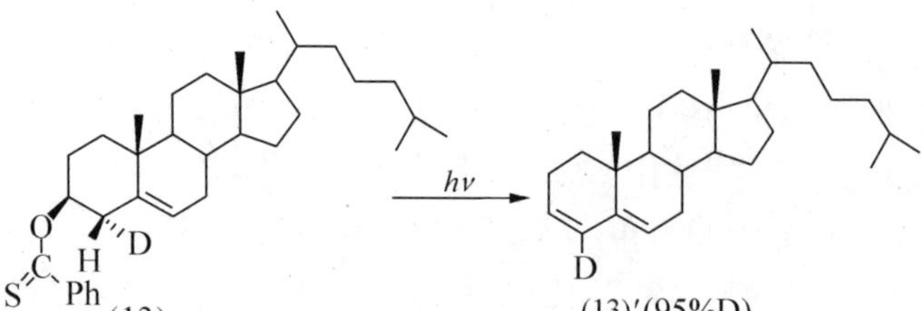

(13) → (13)′(95%D)

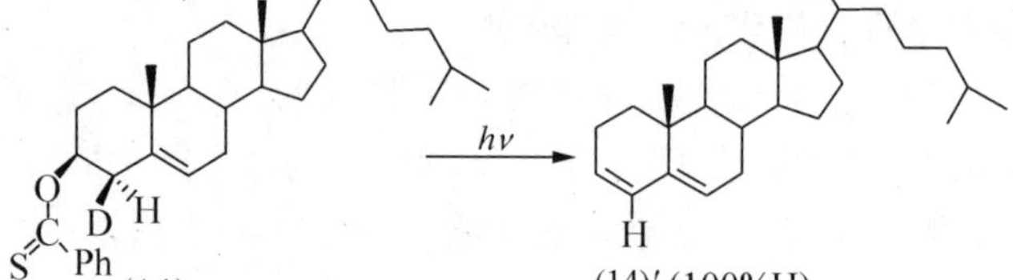

(14) → (14)′(100%H)

部反式的构型,即维生素 A(19)。

3. 烯烃的光诱导双-(π-甲烷)反应及其应用

1,4-型二烯或不饱和羰基化合物受光照射会发生十分有趣的重排反应形成环丙烷

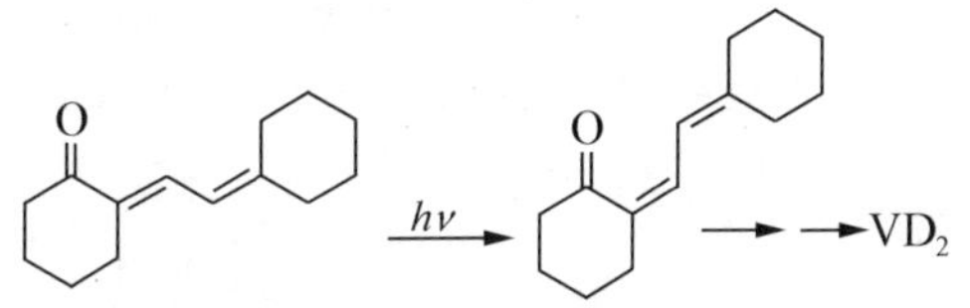

(15)　　(16)　→ →VD₂

(17)　　(18)

11-syn　　anti(VA)

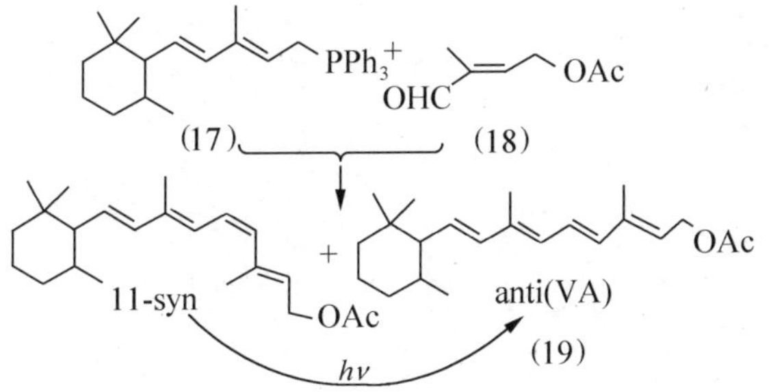

(19)

衍生物,这是一个比较复杂的反应,长期以来一直吸引着有机光化学家的兴趣,他们已经应用这类反应成功地合成了许多天然化合物。例如,他们用易得到的中间体(20~22)分别合成了中间体(20′~22′)。

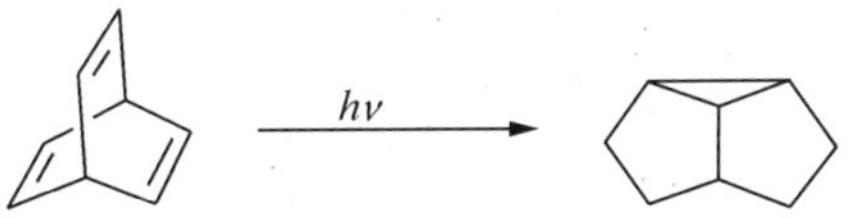

(20)　　(20)′

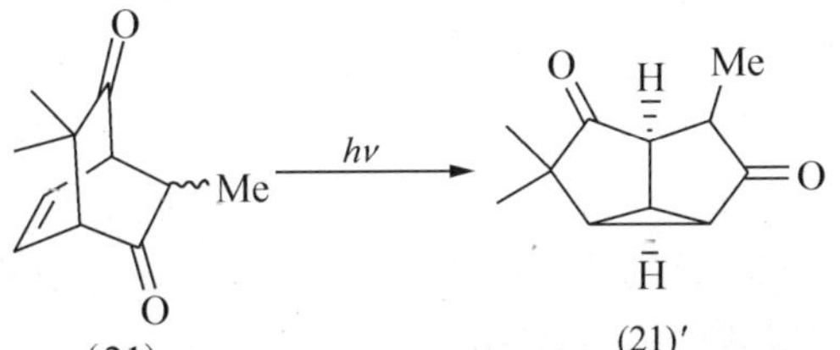

(21)　　(21)′

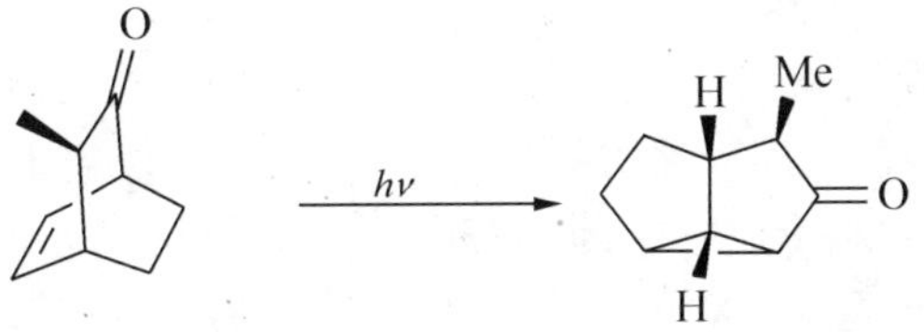

(22)　　(22)′

但是,迄今为止,人们仍未完全弄清其反应过程,一般认为其反应过程如下

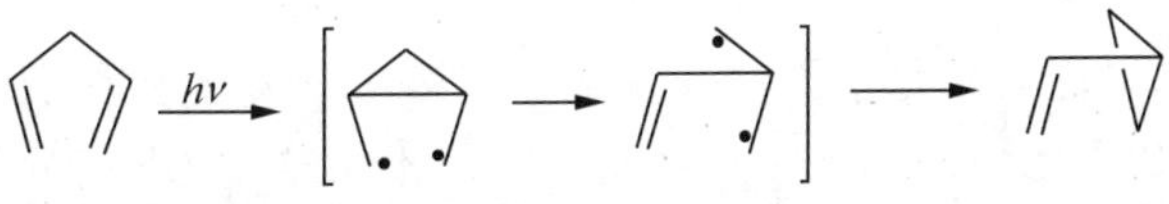

4. 烯烃的光诱导 σ-迁移反应及其应用

烯烃在光照情况下,一般都会发生 σ-迁移反应,而且随 π-系统的延伸可以得到各种

不同的重排产物。常见的 σ-迁移反应有 σ-1,3、σ-1,5 和 σ-1,7 迁移。根据 Woodward-Hoffman 定则,光诱导 σ-1,3 和 σ-1,7 迁移为同面(Suprafacial)迁移;而 σ-1,5 迁移为异面(Antarafacial)迁移。这类反应在有机合成上的应用实例很多,在此仅举两例来说明问题。

例 1

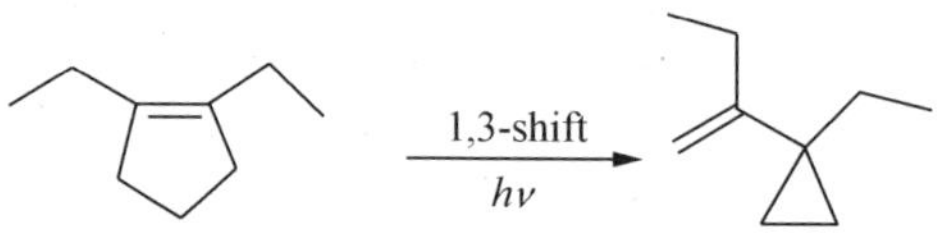

(23)(全氟)　　　　　　　　　(24)(全氟24.55%)

例 2

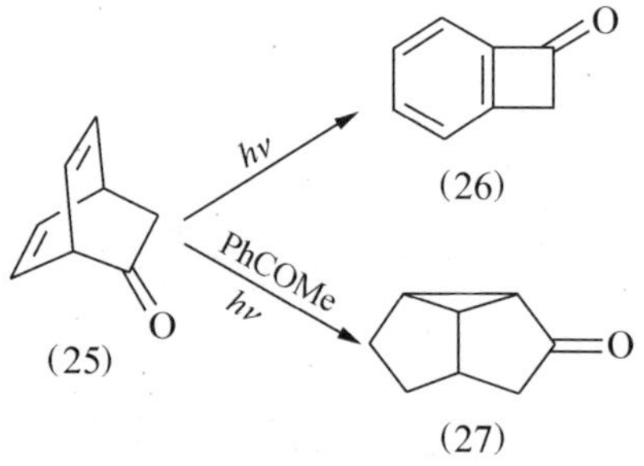

4.4.4　周环反应

在基础有机化学中,我们已经讲过,周环反应包括电环合反应与环加成反应。但是在基础有机化学中,我们重点讨论的是热诱导的周环反应,特别是 Diels-Alder 反应。这里我们的重点在于光诱导的周环反应。

1. 光诱导电环合反应及其应用

在光照射条件下,共轭烯烃会按照 Woodward-Hoffman 定则进行顺旋或对旋关环形成环状烯烃;同样,在光照射条件下,环状烯烃也会按照 Woodward-Hoffman 定则进行顺旋或对旋开环形成链状共轭烯烃。

由于这类反应的反应条件温和,故使它在有机合成(尤其是精细有机合成)中得到广泛应用。例如,Dauben 等人用天然的甾族醇(28)经光照合成了维生素 D₃ 的前体(29),后者经热 σ-1,7 迁移顺利形成维生素 D₃(30)。

2. 光诱导环加成反应及其应用

早在 1908 年,意大利化学家 Ciamician 就发现,香芹酮(Carvone)(31)经光照射后,会形成一种新的香芹酮即光香芹酮(Photocarvone)(32),尽管他当时并没有弄清该反应的本质。

到 1958 年,Büch 等人才真正弄清了其结构发生了变化的原因,即发生了[2+2]型光诱导电环合反应。此外,本节开始时讲的化合物五环[6,2,1,0⁴,¹⁰,0⁵,⁹]十一烷-3,6-二酮(3)的合成也是利用了这一类型的反应。

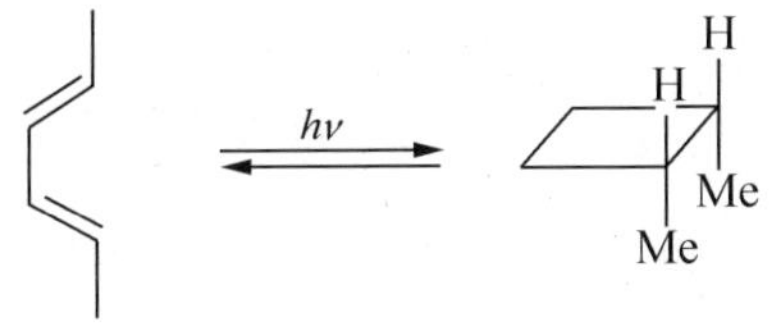

Z,Z-　　　　　　　　　syn-

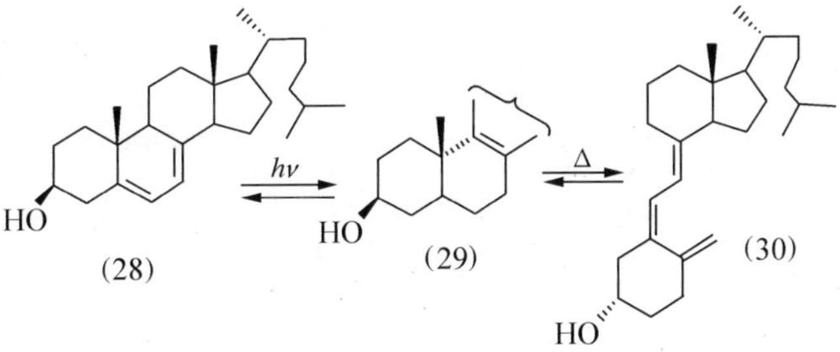

(28)　　　(29)　　　(30)

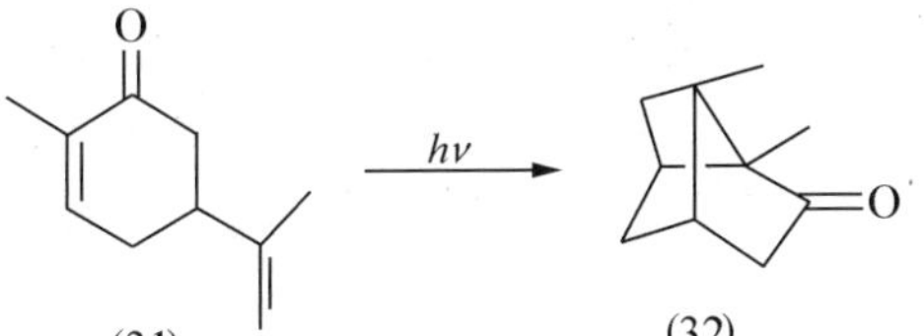

(31)　　　　　　　(32)

[2+2]型光诱导电环合反应可以简单地用下式表示

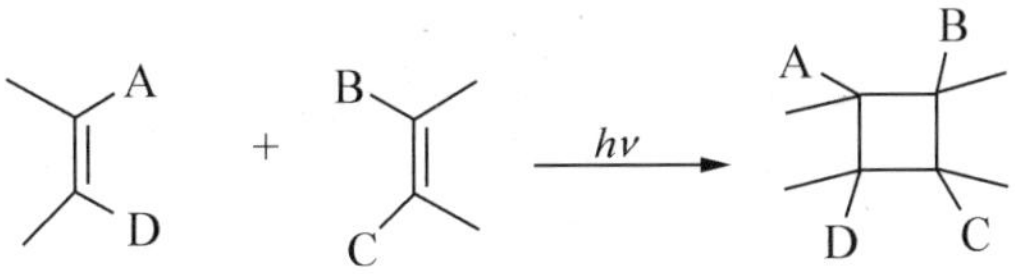

这类反应不仅转换效率高,而且产物环丁烷还可以进一步进行:①扩环;②缩环;③一键断裂和④两键断裂分别形成三员环、五员环以及其他直链衍生物,如图 4.18 所示。

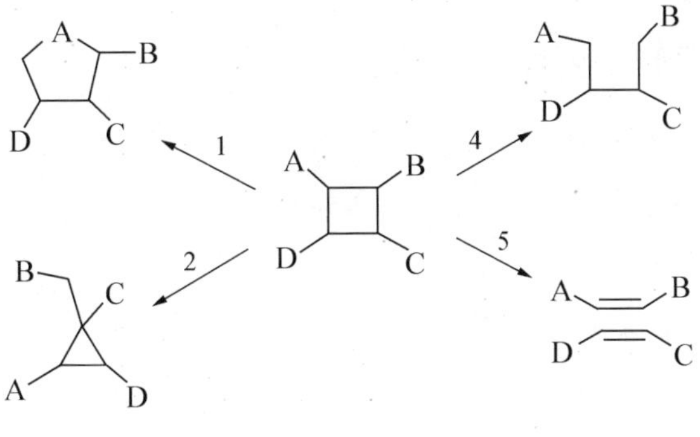

图 4.18　环丁烷的反应

因此,该反应在有机合成上有着广泛的用途。例如,图 4.19 中列出[2+2]型光诱导电环合反应合成天然产物的一些典型实例。

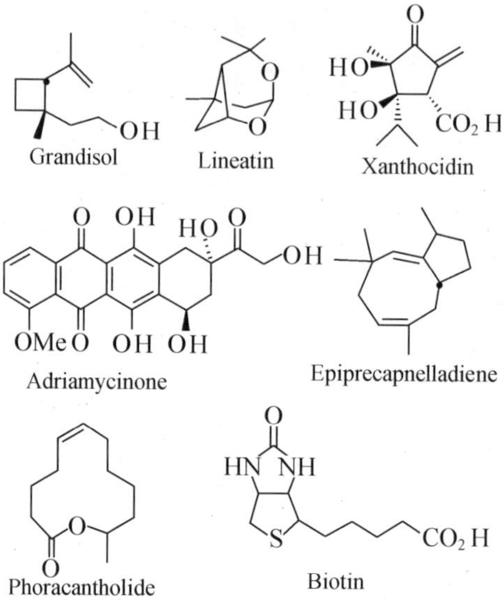

图 4.19　利用[2+2]型光诱导电环合反应所合成的一些天然产物

此外,[2+2]型光诱导电环合反应也可以在含有杂原子的 π-体系上进行

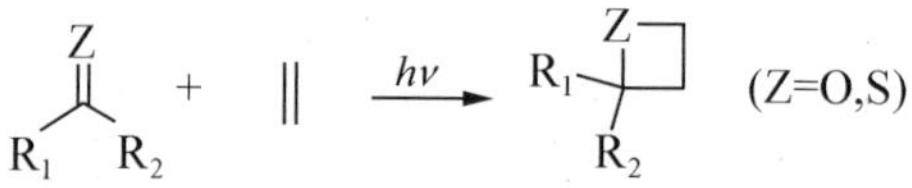

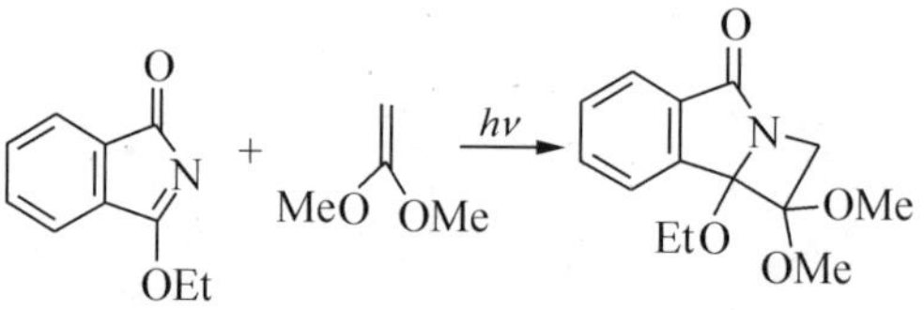

这种含有杂原子的 π-体系中,最重要的为烯烃与羰基的光照[2+2]型环加成反应,因为这是形成氧杂环丁烷的较佳途径,图 4.20 中列出了利用这类反应的应用实例。

4.4.5　烯烃的光氧化反应及其应用

氧分子在光照下,通过电子或能量转移形成单线态氧分子$^1O_2$,后者是一种亲电试剂,遇到烯烃可以发生如下三种反应。

① 类 Diels-Alder 反应

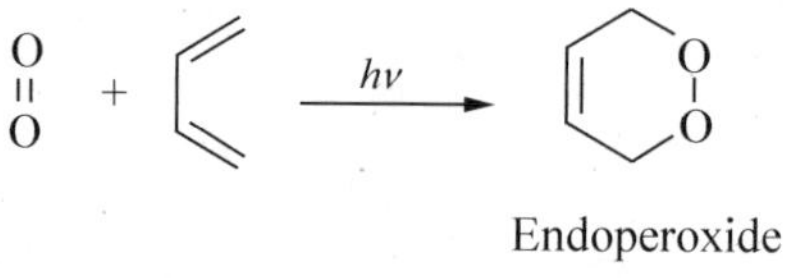

Endoperoxide

②"ene"反应

③[1+2]环加成反应

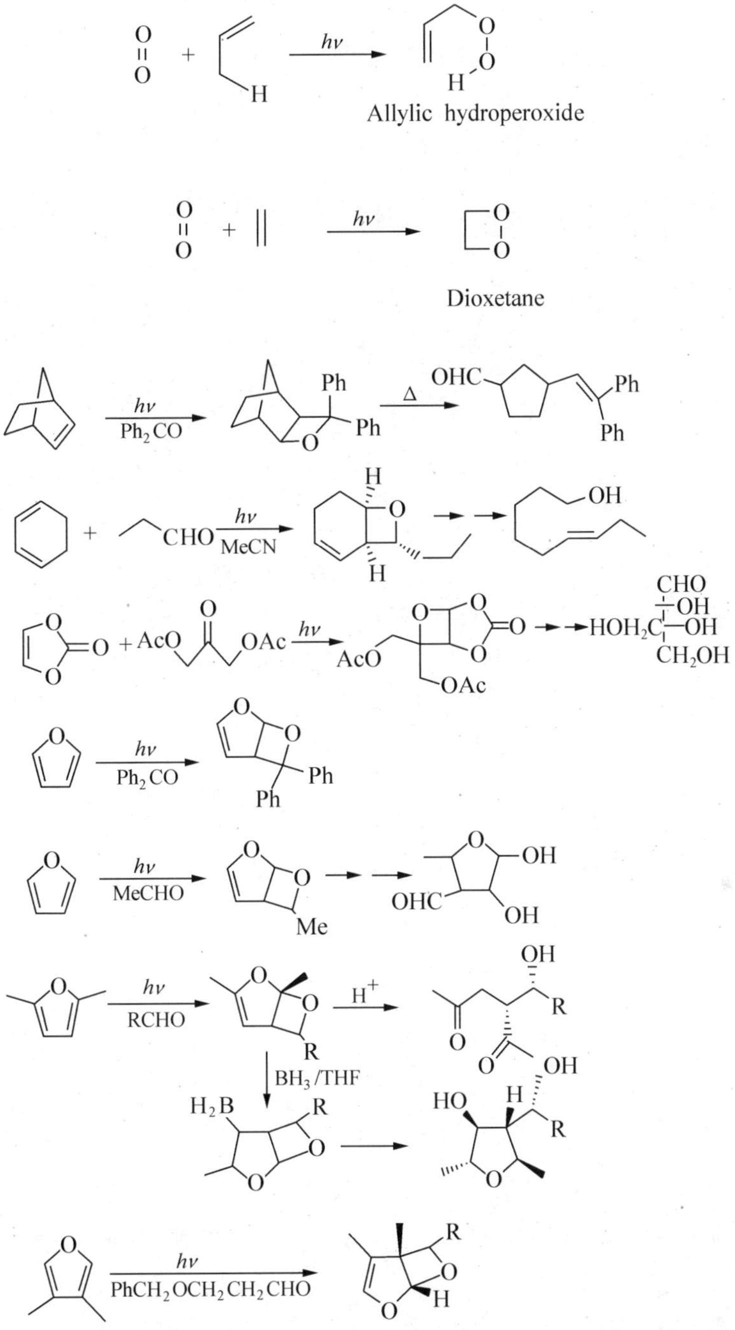

图 4.20　利用烯烃与羰基的光照[2+2]型反应合成的一些化合物

上述三类反应所形成的化合物均很难用其他方法来制备;更重要的是 $^1O_2$ 的氧化具有高度的区域及空间选择性和专一性。特别是对一些天然手性化合物的合成显示出很强的竞争力。

1. 类 Diels-Alder 型光氧化反应及其应用

$^1O_2$ 对共轭烯烃的加成反应,一次活化二烯的 1,4-位,所得的内过氧化物又进一步反应生成一系列其他化合物,如图 4.21 所示。

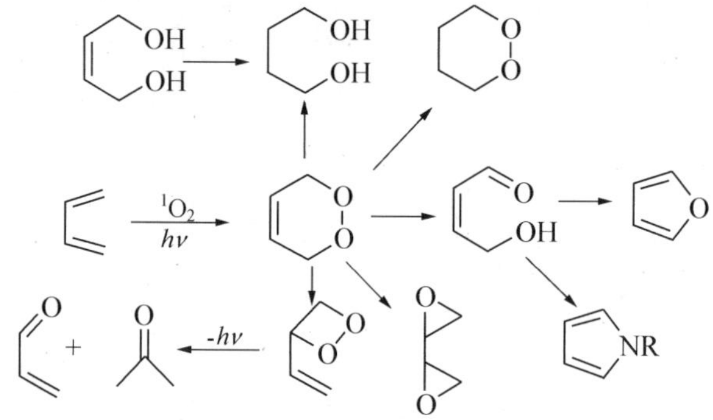

图 4.21　[1+4]光氧化反应可能的生成物

因此,对有机合成十分有利,例如,Kaneko 等人由环五二烯光敏氧化得到 1,4-内过氧化物(33),然后还原即得到前列腺素和茉莉酮(Jasmones)的重要中间体(34);中国科学院北京感光研究所的曹怡等人则利用 $^1O_2$ 氧化花生四烯酸(35)得到中间体(36),后者还原即得到具有生物活性的前列腺素 PGF_2、$PGF_2\alpha$、PGA_2 等。

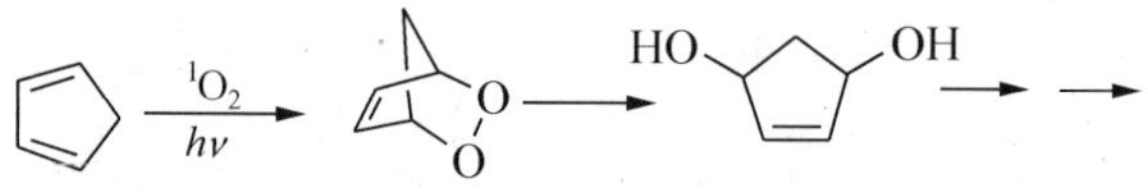

(33)　　　　(34)

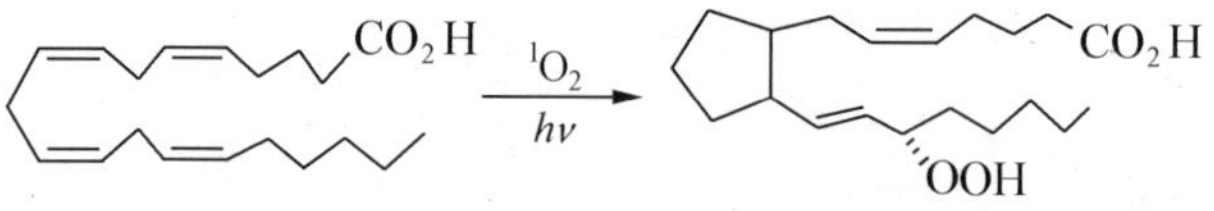

(35)　　　　　　　(36)

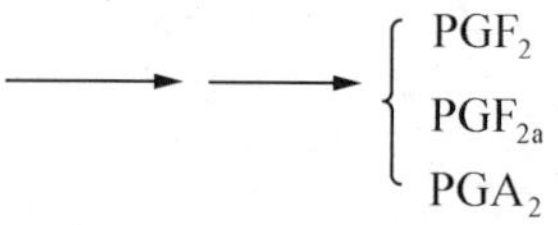

$$\begin{cases} PGF_2 \\ PGF_{2a} \\ PGA_2 \end{cases}$$

而 Schwartz 等人则利用 $^1O_2$ 氧化方法合成了重要的药物中间体 14-羟基吗啡喃,如图 4.22 所示。

2. 烯烃与 $^1O_2$ 的[1+2]环加成反应及其应用

$^1O_2$ 可以与富电子烯烃发生[1+2]环加成反应,生成 1,2-二氧环丁烷,并保持原有的立体构型。除少数共轭烯烃外,能够发生这类反应的多半是双键上带有杂原子取代基的烯烃,如烯胺、烯醚和烯硫醚等。生成的二氧杂环丁烷一般不稳定,易于分解为相应的羰基化合物。

有人已经利用该反应将烯胺(37)定量氧化为孕甾酮(38)。

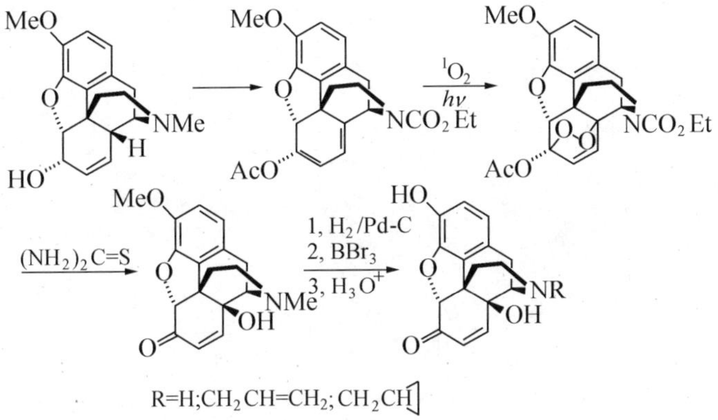

图 4.22　14-羟基吗啡喃的合成

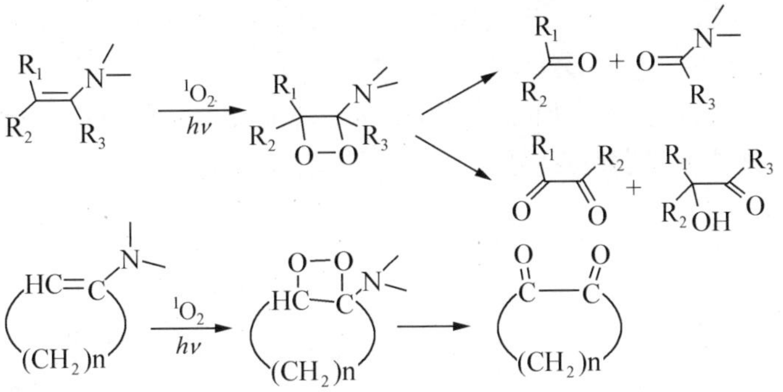

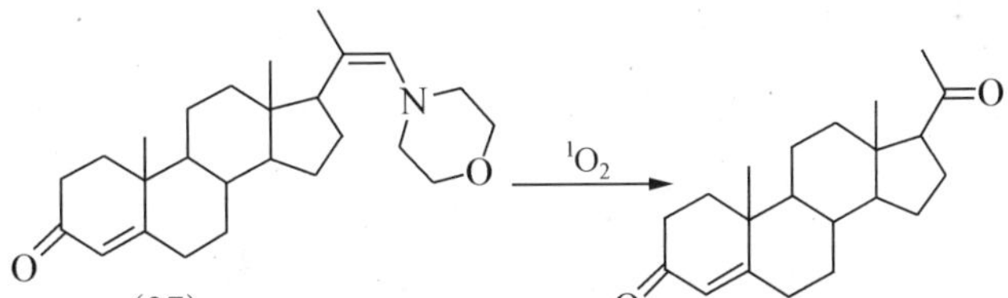

3. 烯烃与$^1O_2$的"ene"反应及其应用

$^1O_2$ 的"ene"反应,也就是氧的加成夺氢反应,总是发生在同一平面,具有高度的立体专一性,如图 4.23 所示。

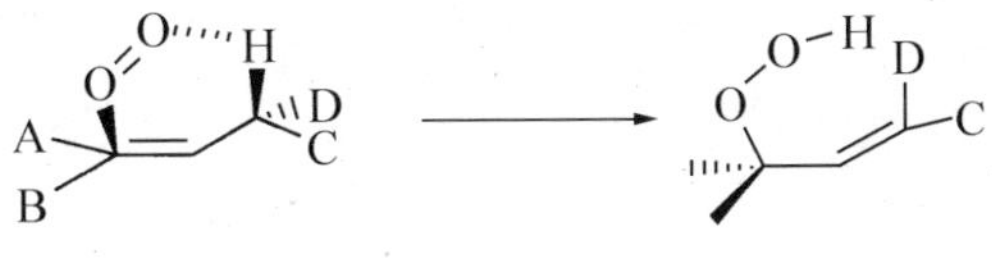

图 4.23　$^1O_2$"ene"反应的立体专一性

由于$^1O_2$ 的"ene"反应不发生消旋,没有 Z/E 异构化产生,为此引起了许多有机化学家的兴趣。例如,人们已经成功的利用$^1O_2$ 的"ene"反应将香茅醇和橙花醇氧化为香料玫瑰醚(Rose oxide)(39)和橙花醚(Nerol oxide)(40),并进行了工业化生产。

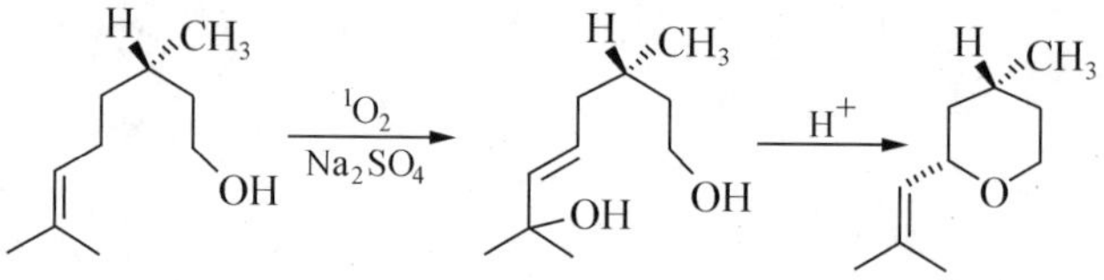

(39)

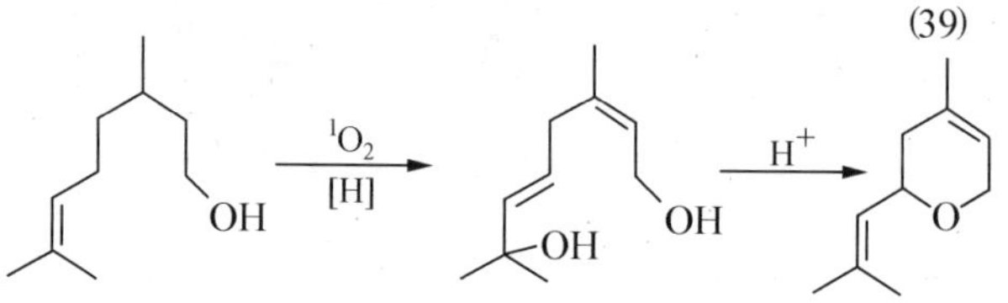

(40)

　　综上所述,我们可以看到,光化学反应在有机合成中,特别是在复杂天然化合物的合成中显示了它的独特优越性,许多这类合成工作都是热化学方法或其他催化方法所不能代替的。随着人类环境意识的加强,可以预期,在本世纪光化学反应将越来越多的受到工业界的重视,光化学这门学科必将展示其应用价值,在工业生产上取得突破性进展,获得更加巨大的成就。

第5章 无机化合物合成实例

5.1 氧化物材料的合成

氧化物是指氧与电负性比它小的元素形成的化合物,氧化物可分为金属氧化物与非金属氧化物,又可分为简单氧化物和复合氧化物。其中金属氧化物在先进材料领域发挥着重要的作用。金属氧化物具有耐高温、抗腐蚀、耐磨损的优点,使它在结构材料领域取得了广泛的应用,如玻璃、水泥、陶瓷、耐火材料,超硬材料等;金属氧化物还具有许多奇特的物理性质,这些物理性质会随着环境(温度、湿度、化学成分,光强、声波等)的改变而改变,利用这些特性可制成各种敏感材料与传感器,广泛地应用于现代测控领域。因此,本节将主要介绍金属氧化物的制备工艺。

5.1.1 直接合成法

直接合成法是利用金属与氧气直接反应来制备金属氧化物,反应通式如下

$$aM(s) + \frac{b}{2}O_2(g) \longrightarrow M_aO_b(s)$$

这是一个固-气多相反应,金属的活泼性,固体的粉碎度以及反应的温度是影响直接合成法反应速率与程度的主要因素。由于这种反应制得的氧化物纯度不高,颗粒较大,在工业上应用不多。

从热力学数据可以看出:所有的金属氧化物的 $\Delta_r G_m^{\ominus}$ 都小于零。因此几乎所有的金属在氧气存在下,从热力学看都是不稳定的。而氧化物相对来说则是稳定的,金属表面在室温附近的反应速率很小,温度越高,反应速率越大。

氧气与金属表面作用时,生成一种固相产物,这样在反应物之间形成一种薄膜相。这个薄膜相如果是疏松的,不妨碍气相反应物穿过金属表面,反应速度就与薄膜相的厚度无关;如果是致密的,反应将受到阻碍,受到薄膜层内物质运输速度的限制。反应过程包括有气体分子扩散,缺陷的扩散和电离,电子、空穴的迁移,以及反应物分子之间的化学反应等。反应速度到底遵循什么样的规律,取决于各种因素:①金属种类;②反应的时间阶段;③金属试样的形态;④温度、气相分压等。

金属氧化膜开始虽然是由于化学反应引起的,但是其后膜的生长过程则具有电化学机理。金属氧化物大多数是具有半导体性质的离子晶体,如图5.1所示。

金属-氧化物界面作为阳极,其反应为

$$M \longrightarrow M^{n+} + ne^-$$

而氧化物-氧气界面作为阴极,其反应为

$$\frac{1}{2}O_2 + 2e^- \longrightarrow O^{2-}$$

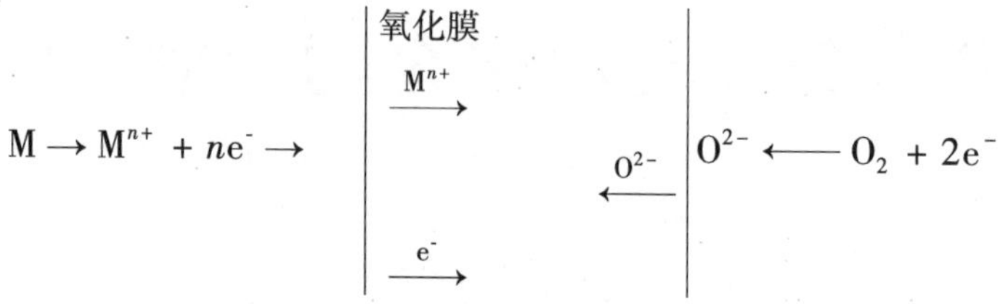

图 5.1　金属氧化的电化学机理

因氧化膜本身是离子导电和电子导电的半导体,其作用如同原电池中的外电路和电解质溶液一样。金属离子、氧离子、电子可以在其中扩散,金属可以把电子传递给膜表面的氧,使其变为氧离子。氧离子迁往阳极,而金属离子迁往阴极,或者在膜中再进行二次化合过程,氧化速率决定于物质迁移速率。

金属氧化物是由金属离子组成的离子晶体。理想的离子晶体化合物,晶体内保持电中性,而且正负离子的摩尔数是等同的。

实际上,大多数金属氧化物是非化学计量的离子晶体。金属氧化物或者由于部分的分解,氧转移到气相中去,或者由于金属离子从金属晶格进入氧化物中,这些都可以在氧化物中形成过剩的金属离子以及与之等物质的量的电子,出现阳离子过剩;相反,在某些氧化物中呈现过剩阴离子。此外,还存在离子空位或间隙离子等缺陷,这样使得金属氧化物具有离子导电性和电子导电性。

根据过剩组分不同,氧化物可分为两类:

(1)金属离子过剩氧化物

例如,ZnO,TiO_2,CaO,CdO 等氧化物就属于这种类型,图 5-2 表示氧化锌的结点之间存在着过剩的锌离子(Zn^+或 Zn^{2+}),为了保持电中性,必然存在着与锌离子同物质的量的过剩电子,离子和电子可以在晶格之间向外移动。由于这类氧化物半导体主要通过自由电子的运动而导电,所以通称为 n 型半导体。

Zn^{2+}		Zn^{2+}	O^{2-}	Zn^{2+}	O^{2-}
	Zn^{2+}	e^-			
O^{2-}	Zn^{2+}	O^{2-}	Zn^{2+}	O^{2-}	Zn^{2+}
Zn^{2+}	O^{2-}	Zn^{2+}	O^{2-}	Zn^{2+}	O^{2-}
	e^-	Zn^+			
O^{2-}	Zn^{2+}	O^{2-}	Zn^{2+}	O^{2-}	Zn^{2+}

图 5.2　金属离子过剩型氧化物半导体

(2)金属离子不足的氧化物

例如 NiO,由于晶体中有少数结点未被金属离子所占据,因而在晶格中生成"阳离子空穴",过剩的氧离子存在于正常的位置上,如图 5.3 所示。

当新的氧化镍形成时,又必然会在氧化镍晶体中出现阳离子空位和电子空位,电子空位可以想象为 Ni^{3+},即镍离子位置上又失去一个电子变为 Ni^{3+},这个位置也可叫做正孔,带正电荷。Cu_2O,FeO,CoO,Cr_2O_3 等属于这类氧化物。由于这一类氧化物的金属离子扩散是通过"阳离子空穴"的移动来实现的,故又称为 p 型氧化物。晶格中空穴数越多,导电性越强,金属离子也越容易向外扩散。一般说来离子扩散是氧化过程中的决定性步骤,它的速率对氧化过程起着控制作用。

如果在氧化物晶格中加入某种少量金属元素,会使氧化物中的晶格缺陷受到很大影响。因而会对氧化物半导体的离子导电性、电子导电性产生影响,这样就使金属的氧化速率受到影响,这一点对于高温抗氧化性能的研究具有重要意义。

Ni^{2+}	O^{2-}	Ni^{2+}	O^{2-}	Ni^{2+}	O^{2-}
O^{2-}		O^{2-}	Ni^{3+}	O^{2-}	Ni^{2+}
Ni^{2+}	O^{2-}	Ni^{3+}	O^{2-}	Ni^{2+}	
O^{2-}	Ni^{2+}	O^{2-}	Ni^{2+}	O^{2-}	Ni^{2+}

图 5.3　金属离子不足型氧化物半导体

例如,p 型 NiO 中加入少量 Cr^{3+} 离子,为了维持电荷平衡,在 NiO 晶格中将会有更多的空穴产生,因而使 Ni^{2+} 离子更容易、更快地向氧化物表面移动,氧化速率更快;相反,加入低价的 Li^+ 离子填充阳离子空位,会使氧化物晶格中空穴数目减少,离子导电性降低,其结果使 Ni^{2+} 离子的扩散速度减小,氧化速率降低。

对 n 型氧化物半导体情况则正好相反。

豪费(Hauffe)由实验总结出了一个原子价法则,它描述了合金元素对氧化膜晶格缺陷,电子和离子导电性以及氧化速率的影响,加入的金属的原子价如果与基体金属相同,则对氧化速率不会发生很大的影响。若加入的金属其原子价与基体不同,由于会改变金属氧化物晶格中空穴的数目,将会对氧化速率发生较大的影响。欲使金属耐氧化时,对于金属离子过剩的 n 型氧化物半导体,应添加高原子价金属;对于金属离子不足型的 p 型氧化物半导体,则应添加低原子价金属。

5.1.2　热分解法

许多的含氧酸盐在受热时是不稳定的,例如铵盐、碳酸盐、草酸盐及金属有机化合物等受热时皆容易发生分解反应,生成金属氧化物,利用含氧酸盐受热易分解的特征可用来制取金属氧化物。

热分解反应可以用这样的通式表示:固体 A→固体 B+气体 C↑,如果放出的气体是水蒸气,就称为脱水反应;如果放出的气体是 CO_2,就称为脱碳酸反应。

热分解反应在一定的热力学条件下才能发生。每个热分解反应都有自己的开始发生分解的温度,简称为分解温度。分解温度可以从实验求得,也可以用热力学方法计算求得,实验上常用 DTA 或 TG 测得分解温度。

1.碳酸盐的热分解

碱金属的碳酸盐(M_2CO_3)是离子晶体,不易分解,高价金属(Fe^{3+},Al^{3+},Cr^{3+})的碳酸盐剧烈水解,不易制得。通常在工业上和实验室用碳酸盐热分解来制取金属氧化物的都是 M(Ⅱ)碳酸盐,热分解反应的通式如下

$$MCO_3 \xrightarrow{\Delta} MO+CO_2\uparrow$$

式中 M 主要是指 s 区、p 区、d 区、ds 区元素的低价碳酸盐,如

$$CaCO_3 \xrightarrow{900℃} CaO + CO_2 \uparrow$$

$$CdCO_3 \xrightarrow{480 \sim 600℃} CdO + CO_2 \uparrow$$

$$CuCO_3 \cdot Cu(OH)_2 \xrightarrow{800℃} 2CuO + CO_2 \uparrow + H_2O \uparrow$$

$$MgCO_3 \xrightarrow{540℃} MgO + CO_2 \uparrow$$

碳酸盐的分解反应是一个 $\Delta H > 0$、$\Delta S > 0$ 的反应,从热力学分析,高温有利于反应向氧化物方向转化,转化温度可用 $\Delta H / \Delta S$ 求出,也可用 DTA 曲线求出。由于该反应是一个可逆吸热反应,其分解速率和程度将随温度的升高和 CO_2 气体的分压减小而增大。

从离子极化观点分析,离子极化作用较强的金属碳酸盐容易分解。如分解温度为

$$Na_2CO_3 > BaCO_3 > CaCO_3 > MgCO_3 > CdCO_3 > ZnCO_3 > PbCO_3 > FeCO_3 > BeCO_3$$

碳酸盐的分解原理可以看做是成核与生长的过程。下面以 $CaCO_3$ 分解为例来说明,晶体的分解首先在表面开始成核,然后往内部发展。反应需一定时间,整个过程可以分为四个阶段:

a. 已分解的 Ca 和 O 处于热分解前的 Ca 和 CO_3 基的格点位置上;

b. 已分解的 Ca 和 O 从格点上移动形成新的 CaO 的结晶核,晶体形成一个多空隙的具有 $CaCO_3$ 残余骨架的结构;

c. CaO 核逐渐吸引已分解的 Ca 和 O,CaO 晶核长大,体积收缩;

d. 热分解完毕,CaO 的结晶变成紧密的结构,成为稳定的状态。

在上述四个阶段中,中间两个状态时 CaO 的活性最大。在后期,由于结晶成长,CaO 就变得稳定了。在加热过程中,比表面最大的温度就是活化温度,这个温度低于分解完成的温度。

这样的分解机理对于 $Mg(OH)_2$,$CaSO_4 \cdot 2H_2O$,$Al(OH)_3$,$CuSO_4 \cdot 5H_2O$ 等化合物脱水和硫酸根反应也是适应的。

2. 硝酸盐热分解

硝酸盐一般都是典型的离子晶体,常温下比较稳定,由于组成盐的阴离子硝酸根在高温下不稳定,所以在高温下所有的硝酸盐都是不稳定的。它的分解依金属活泼性不同有以下三种形式。

①活泼金属的硝酸盐(K,Na,Cs,Rb,Ba 等)受热分解时生成亚硝酸盐和氧气,不能用来制取金属氧化物,如

$$2KNO_3 \xrightarrow{\triangle} 2KNO_2 + O_2 \uparrow$$

②中等活泼的金属硝酸盐(Mg ~ Cu)受热分解为氧气,二氧化氮和相应的金属氧化物,可用来制取金属氧化物,如

$$2Ni(NO_3)_2 \xrightarrow{800℃} 2NiO + 4NO_2 \uparrow + O_2 \uparrow$$

$$2BiONO_3 \xrightarrow{\triangle} Bi_2O_3 + 2NO_2 \uparrow + \frac{1}{2}O_2 \uparrow$$

③不活泼金属(Cu 以后,如 Hg、Ag、Au 等),由于金属氧化物不稳定,受热后可进一步分解为金属单质,若想制得金属氧化物,必须控制反应在较低温度进行,如

$$2AgNO_3 \xrightarrow{\triangle} 2Ag+2NO_2\uparrow+O_2\uparrow$$

$$2Hg(NO_3)_2 \xrightarrow{390\,℃} 2HgO(红色)+4NO_2\uparrow+\frac{1}{2}O_2\uparrow$$

利用固体硝酸盐直接热分解制备的材料颗粒较大,为了制得颗粒均匀的超细粉或纳米材料,在工艺上可采用溶剂蒸发法。这种方法是把金属盐溶液制成微小的液滴,进行加热使溶剂蒸发。蒸发溶剂的方法有喷雾热分解法和冷冻干燥法。

(1)喷雾热分解法

通过喷雾器把金属盐溶液制成微细液滴,用热风进行干燥形成金属盐的微细粉末,再进行热处理可得预期产品。另一种改良方法是把金属盐溶液直接喷入高温气氛中做成纯气态的产物,直接热分解。如神崎修三等按尖晶石的理论化学组成,配制的 $Mg(NO_3)_2$ 和 $Al(NO_3)_3$ 的 H_2O–CH_3OH 溶液,喷雾干燥后在 800 ℃合成了单晶尖晶石 $MgAl_2O_4$ 粉料,其最大团聚颗粒的尺寸只有 20 μm。

(2)冷冻干燥法

这种方法是把金属盐水溶液制成微细液滴用干冰–丙酮,冷却到一定程度,再喷入低温有机溶剂(一般为乙烷)中,使其急速冷冻,然后在低温减压条件下,将冰升华、除去水分做成无水金属盐,再加热得到预期产物。

3.草酸盐热分解

和碳酸盐一样,大多数的草酸盐都难溶于水,易分解。因此在材料制备上可通过固相反应、沉淀或共沉淀的方法制备金属的草酸盐,再对草酸盐进行热解可得氧化物或复合氧化物的纳米粉体,如

$$ZnC_2O_4 \xrightarrow{460\,℃} ZnO+CO\uparrow+CO_2\uparrow \quad (ZnO\quad 20\ nm)$$

$$NiC_2O_4 \xrightarrow{380\,℃} NiO+CO\uparrow+CO_2\uparrow \quad (NiO\quad 40\ nm)$$

$$R_{E2}(C_2O_4)_3 \xrightarrow{\triangle} R_{E_2}O_3+3CO\uparrow+3CO_2\uparrow \quad (R_E\text{—稀土元素})$$

4.铵盐热分解

铵盐皆不稳定,但只有高价金属的含氧酸铵盐(V,Mo,W,Cr 等)能用来制备金属氧化物,如

$$(NH_4)_2Cr_2O_7 \xrightarrow{\triangle} Cr_2O_3+N_2\uparrow+4H_2O\uparrow$$

$$2NH_4VO_3 \xrightarrow{\triangle} V_2O_5+2NH_3\uparrow+H_2O\uparrow$$

$$(NH_4)_2WO_4 \xrightarrow{\triangle} WO_3+2NH_3\uparrow+H_2O\uparrow$$

5.氢氧化物或含氧酸热分解

绝大多数的金属氧化物或氢氧化物都可通过热分解法制得金属氧化物。若氢氧化物或含氧酸系湿化学方法制得,则可得纳米材料,如

$$2Al(OH)_3 \xrightarrow{\Delta} Al_2O_3 + 3H_2O \uparrow$$

$$H_2SnO_3 \xrightarrow{\Delta} SnO_2 + H_2O \uparrow$$

$$Zn(OH)_2 \xrightarrow{\Delta} ZnO + H_2O \uparrow$$

$$2R_{E2}(OH)_3 \xrightarrow{\Delta} R_{E2}O_3 + 3H_2O$$

6. 柠檬酸盐热分解法

此法是将金属盐类或新沉淀的氢氧化物,配制成浓度尽可能大,并按材料计量比组成的柠檬酸铵配合物溶液($pH = 5 \sim 6$),然后将溶液雾化并分散在酒精中,使之脱水,共沉淀析出柠檬酸盐,分离后在$90\,℃$真空干燥。所得无水柠檬酸盐在氮气和空气的混合气氛中慢慢升温热分解,即得优异性能的粉体材料。此法特别适于制备所有立方或倾斜的钙钛矿型材料或掺杂材料。如:$CaTiO_3$,$BaTiO_3$,$CaWO_4$,$ZnNb_2O_6$,$CoAl_2O_4$,$ZnFe_2O_4$,$CaO-ZrO_2$等

5.1.3 碱沉淀法

如前所述,一些不活泼金属的氧化物受热容易分解,不能用盐类热分解法制得。但这些金属的氢氧化物脱水性也较强,可让其可溶盐溶液,与碱直接反应制得氧化物。如

$$2Ag^+ + 2OH^- \longrightarrow Ag_2O \downarrow + H_2O$$

$$Hg^{2+} + 2OH^- \longrightarrow HgO \downarrow + H_2O$$

$$2VO^{3+} + 6OH^- \xrightarrow{pH1.5 \sim 2} V_2O_5 \downarrow + 3H_2O$$

$$2Cu^{2+} + 4OH^- + C_6H_{12}O_6(葡萄糖) \longrightarrow Cu_2O \downarrow + 2H_2O + C_6H_{12}O_7(葡萄糖酸)$$

其他金属氧化物可通过沉淀法先制取氢氧化物或含氧酸,再加热分解这些氢氧化物或含氧酸制得金属氧化物。

5.1.4 水解法

水解法分为无机盐水解法,醇盐水解法;又可分为常温水解法和升温强制水解法。水解反应的基础知识和方法在第三章和第四章中已有详细介绍。上述几种水解方法一般皆可制得金属氧化物或水合物,水合物通过脱水可得金属氧化物。其中少量水存在下的醇盐水解及酸性介质中的强制水解可直接制得氧化物。用这种方法制得的氧化物颗粒均匀,组成易控,可达纳米级,如

$$SiCl_4 + 3H_2O \longrightarrow SiO_2 \cdot H_2O + 4HCl$$

$$\Big\downarrow \xrightarrow{\Delta} SiO_2 + H_2O$$

$$2AsCl_3 + 3H_2O \longrightarrow As_2O_3 + 6HCl$$

$$2SbCl_3 + 3H_2O \longrightarrow Sb_2O_3 + 6HCl$$

$$2Fe^{3+} + 3H_2O \xrightarrow[\quad]{pH1.5 \quad 90\,℃} Fe_2O_3 \downarrow + 6H^+$$

$$Sn^{4+} + 2H_2O \xrightarrow[\quad]{pH1.5 \quad 60\,℃} SnO_2 \downarrow + 4H^+$$

5.1.5 硝酸氧化法

Bi,Sn,Sb,Mo,W,V 等金属的氧化物不溶于硝酸,它们的氧化物可用金属与浓硝酸发生氧化反应来制备,如

$$Sn+4HNO_3 \longrightarrow SnO_2+4NO_2+2H_2O$$

$$2Sb+10HNO_3 \longrightarrow Sb_2O_5+10NO_2+5H_2O$$

该反应是固-液多相反应,金属的颗粒越小,硝酸浓度大,温度高,有利于反应快速完全。制备纳米 SnO_2 的合适工艺条件是: $n(Sn):n(HNO_3)=0.06\sim0.07$, $T=55\sim70$ ℃ , $C(HNO_3)=10$ $mol \cdot L^{-1}$,得到 SnO_2 的产率>90% ,颗粒尺寸<40 nm(900 ℃以下处理)。

最近刚刚兴起的氧化物纳米材料的制备方法是室温固相反应法,如将 $SnCl_4$ 和 $SnCl_2$ 分别与 NaOH 或 KOH 反应可制得 SnO_2 、SnO,也可用这种方法合成许多的氧化物或复合氧化物,环境友好,工艺简单,很有发展前途。

氧化物的制备方法多种多样,在实际制备时应考虑元素的性质特点、原料来源、使用方向、经济效益等因素来选择合适的合成方法。

5.2　非氧化物材料的合成

5.2.1　无水金属卤化物的合成

无水金属卤化物是有机合成中常用的催化剂,也是合成配合物及其他无机盐的原料。但是市场上销售的金属卤化物一般都含有结晶水,大多在受热时发生水解,而不能直接制得无水物,满足应用要求。因此无水金属卤化物的合成应用广,难度大,比较引人注目。下面对无水金属卤化物的合成方法进行归纳总结,并列举实例。

1. 无水金属卤化物的分类及用途

按照键型的不同,无水金属卤化物可分为离子型和共价型两类。一般来说离子型卤化物熔沸点高,蒸气压低,挥发性小,不易水解,其水溶液和熔融态能导电;共价型无水金属卤化物熔沸点低,蒸气压高,易挥发,易水解,不导电。

离子型无水金属卤化物主要用于:

(1)电解制备纯金属及卤素

例如,碱金属和碱土金属一般是由电解其熔融氯化物来制取的。

(2)熔盐溶剂

共价型金属卤化物用途很广,主要有以下几个方面:

①由于共价型金属卤化物挥发性大,而且不同金属的同种卤化物挥发性又有较大的差别,因此可利用此特性分离杂质,制备纯金属。

例如 $TiCl_4$ (bp. 136 ℃)中含有杂质 $SiCl_4$ (bp. 57 ℃),用精馏的方法就可将 $TiCl_4$ 与杂质分开,净化后的 $TiCl_4$ 再用 Mg 还原制备纯金属钛。很多稀有金属可利用氯化法纯化制取。如果锆中有硅、钛、铝、铁等杂质,可在 330 ℃氯化,沸点较低的 $SiCl_4$, $TiCl_4$, $AlCl_3$ (bp. 183 ℃), $FeCl_3$ (bp. 315 ℃)即被挥发除去,剩下 $ZrCl_4$ 在 500 ℃挥发,即与残渣分离。

②由于某些金属卤化物容易热分解,利用这个性质可以制备纯金属。如粗钛在 160~200 ℃与碘反应生成气态的 TiI_4,即

$$Ti+2I_2 \Longleftrightarrow TiI_4(g)$$

当 TiI_4 与炽热的钨丝(1 450 ℃)接触,又分解为 Ti 与 I_2,这样制得的 Ti 纯度很高,结晶状况良好。与之相似的还有 ZrI_4 和 H_fCl_4,它们与 1 800 ℃的热钨丝接触也发生热分解,详见第 3 章化学输运反应。

③在非水溶剂中合成某些金属配合物。如无水三氯化铬在有 KNH_2 的液氨中可生成六氨合铬,即

$$CrCl_3+6NH_3 \xrightarrow{KNH_2,液氨} [Cr(NH_3)_6]Cl_3$$

④制备金属醇盐(详见第 3 章 3.1.3)。如四氯化钍与碱金属醇盐反应可以制得钍的醇盐,即

$$ThCl_4+4NaOR \longrightarrow Th(OR)_4+4NaCl$$

⑤共价型无水金属卤化物易溶于有机溶剂,这对于合成金属有机化合物具有极为重要的意义,如:

取代反应

$$GeCl_4+3C_6H_5MgCl \xrightarrow{乙醚} (C_6H_5)_3GeCl+3MgCl_2$$

还原反应

$$SnX_4+LiAlH_4 \longrightarrow SnH_4+LiX+AlX_3 \quad (X 代表卤素)$$

形成金属配合物

$$CoI_2+Co+4NO \xrightarrow{(CH_3)_2CO} 2[Co(NO)_2I]$$

⑥无水金属卤化物还可用作有机化学反应的催化剂。如 $AlCl_3$,$FeCl_3$,$ZnCl_2$,SbF_3 等。例如 $ZnCl_2$ 存在下可使梯森科反应(Tischenko reaction)显著加速,在乙醇铝 Al$(OEt)_3$ 的作用下,由二分子醛形成一分子酯,即

$$2CH_3\overset{\|}{\underset{O}{C}}H \xrightarrow{ZnCl_2} CH_3\overset{\|}{\underset{O}{C}}O\text{—}C_2H_5$$

2. 合成方法

(1)直接卤化法

位于周期表第七主族的卤素是典型的活泼非金属元素,能与许多金属和非金属直接化合生成卤化物,由于卤化物的标准吉布斯函数变都是负值,所以由单质直接卤化合成卤化物应用范围很广。碱金属、碱土金属、铝、镓、铟、铊、锡、锑及过渡金属等,都能直接与卤素化合。过渡金属卤化物,具有强烈的吸水性,一遇到水(包括空气中的水蒸气)就迅速反应而生成水合物。因此它们不宜在水溶液中合成,须采用直接卤化法合成。

如铁丝在氯气中燃烧就是一个最简单的合成无水卤化物的反应,即

$$2Fe+3Cl_2 \xrightarrow{点燃} 2FeCl_3$$

铬也可以在密闭体系中将金属单质加热至红,通入气态卤素单质,使之反应生成无水卤化物,即

$$2Cr+3Cl_2 \xrightarrow{\Delta} 2CrCl_3$$

上述卤化法的干法反应,方法简单,操作简便,是制备无水卤化物的常用方法,但需注意严格控制合成温度。

直接卤化法有时需在非水溶液中进行。合成三碘化锑时,若采用干法,将两种单质直接加热,反应十分激烈,难以控制。这就需要在溶液中进行。例如,合成 SbI_3,如以苯为溶剂,先将锑粉悬浮在沸腾的苯中,再将碘缓慢地加进去,可得到纯净的晶状产物。

（2）氧化物转化法

金属氧化物一般容易制得,且易于制得纯品,所以人们广泛地研究由氧化物转化为卤化物的方法。但这个方法仅限于制备氯化物和溴化物。主要的卤化剂有四氯化碳、氢卤酸、卤氢化铵、六氯丙烯等。

以四氯化碳作卤化剂,即

$$Cr_2O_3+3CCl_4 \xrightarrow{650℃} 2CrCl_3+3COCl_2$$

用不含水的 Cr_2O_3 与卤化剂 CCl_4 在 650℃反应,产生的 $CrCl_3$ 升华而制得纯净的无水 $CrCl_3$。由于 $CrCl_3$ 高温下能与氧气发生氧化还原反应,所以必须在惰性气氛下进行（如 N_2 气氛）。反应过程中产生少量极毒的光气 $COCl_2$,因此实验必须在良好的通风条件下进行。

根据元素的氧化物转化为卤化物的标准自由能变化 $\Delta_r G_m^{\ominus}$ 可以看出,许多元素的氯化物,25 ℃时比其氧化物更稳定,所以很多氧化物转化为氯化物在热力学上完全是可能的。但在常温下反应速率很慢,氯化反应的速率是随温度的升高而加大,但氯化反应的平衡常数是随着温度升高而减少,即升温平衡逆向移动,对合成不利。因此,要选择一个最适宜的氯化温度,在此温度下使平衡常数和反应速率对于相应的制备反应最有利。对于不同的化合物来说,最佳反应温度不同,如碱土金属和稀土氧化物在 250～330 ℃时已能转化为氯化物,而铍、铝、钛、钴等氧化物则需约 400 ℃的温度才能转化。三氧化二铬要在 600 ℃以上才能转化为氯化物。

利用氢卤酸作卤化剂,例如氧化锗与高浓度的盐酸反应可制备 $GeCl_4$,即

$$GeO_2+4HCl \Longrightarrow GeCl_4+2H_2O$$

产物 $GeCl_4$ 的熔点为 -49.5 ℃,用干冰–异丙醇冷浴冷冻（-78 ℃）,沸点较低的 HCl（-85 ℃）就逸出。产品中少量 HCl 可加入无水碳酸钠,静置并经蒸馏除去。

氢卤酸作卤化剂时,所用的氢卤酸的浓度不能太低,以免产物发生水解。有时为防止卤化氢的氧化,须使用惰性气氛。

（3）水合盐脱水法

金属卤化物的水合盐经加热脱水,可制备无水金属卤化物。但必须根据实际情况备有防止水解的措施。

①碱性较强的碱金属（锂除外）卤化物,因其离子性强,不易水解,可从溶液中结晶,再加热脱水。

②碱性较弱的金属卤化物,如镁和镧系的水合卤化物,为防止水解,可在氯化氢气流中加热脱水;镁、锶、钡、锡（Ⅱ）、铜、铁、钴、镍和钛（Ⅲ）的氯化物,可以在光气的气流中加热脱水;水合三氯化铬可在 CCl_4 气中加热脱水,即

$$CuCl_2 \cdot 2H_2O \xrightarrow[HCl]{150℃} CuCl_2 + 2H_2O$$

③周期系中所有金属的水合卤化物,都可以用氯化亚硫酰 $SOCl_2$ 作脱水剂制备无水卤化物。因为 $SOCl_2$ 是亲水性很强的物质,它与水反应生成具有挥发性的产物,即

$$SOCl_2 + H_2O \longrightarrow SO_2\uparrow + 2HCl\uparrow$$

所以它用作脱水剂特别有利,如

$$FeCl_3 \cdot 6H_2O + 6SOCl_2 \longrightarrow FeCl_3 + 6SO_2\uparrow + 12HCl\uparrow$$

$$NiCl_3 \cdot 6H_2O + 6SOCl_2 \longrightarrow NiCl_3 + 6SO_2\uparrow + 12HCl\uparrow$$

该方法的缺点是残存的痕量 $SOCl_2$ 很难除净。

(4)置换反应

制备无水金属卤化物的几个主要置换反应有:

①卤化氢作置换剂的置换反应为

$$VCl_3 + 3HF \xrightarrow{600℃} VF_3 + 3HCl$$

$$MoBr_3 + 3HF \longrightarrow MoF_3 + 3HBr$$

如将溴化氢气流导入沸腾回流的 $TiCl_4$,即迅速而平稳地形成 $TiBr_4$,即

$$TiCl_4 + 4HBr \xrightarrow{230℃} TiBr_4 + 4HCl$$

在稳定的碘化氢气流中蒸馏 $TaBr_5$,可以生成 TaI_5,即

$$TaBr_5 + 5HI \longrightarrow TaI_5 + 5HBr$$

②盐类作置换剂的置换反应,用作置换的盐多是汞盐,即

$$2In + HgBr_2 \longrightarrow 2InBr + Hg$$

从 $HgSO_4$ 和 $NaCl$ 的反应混合物中可蒸馏出 $HgCl_2$,即

$$HgSO_4 + 2NaCl \longrightarrow Na_2SO_4 + HgCl_2\uparrow$$

(5)氧化还原反应

①氢气的还原。用氢气还原高价卤化物能制备低价金属卤化物。如

$$2TiCl_4 + H_2 \longrightarrow 2TiCl_3 + 2HCl$$

三氯化钛具有低挥发和易歧化的性质,所以很难提纯,采用氢气还原制三氯化钛,比用其他方法制得的纯。

用氢还原制备低价无水金属卤化物时,控制温度特别重要。一般来说,温度越高,生成的卤化物中金属的价态越低;温度太高,甚至可能还原成金属。例如氢气还原 VCl_3,675 ℃得到 VCl_2,温度升到 700 ℃以上则得到的是金属钒。

②卤素的氧化。CoF_3 是重要的氟化剂,在许多氟化反应中用它作单质氟的代用品。用氟氧化 $CoCl_2$ 可以成功地制备 CoF_3,即

$$2CoCl_2 + 3F_2 =\!=\!= 2CoF_3 + 2Cl_2$$

用 F_2 氧化 $AgCl$ 可制得 AgF_2。AgF_2 也是有效的氟化剂,但它同一些物质的反应比三氟化钴更猛烈,即

$$AgCl + F_2 \longrightarrow AgF_2 + \frac{1}{2}Cl_2$$

③卤化氢的氧化。卤化氢在一定条件下可以氧化金属,氢被还原为氢气。例如金属铁在高温下与氯化氢或溴化氢反应可以制得氯化亚铁和溴化亚铁。由于制得的是亚铁化

合物,反应必须在氮气中进行,即

$$Fe(还原铁粉)+2HCl \xrightarrow[]{N_2\ 气氛} FeCl_2+H_2$$

(6)热分解法

利用热分解法制备无水金属卤化物,一是要注意温度的控制,二是要注意反应气氛的控制,如

$$ReCl_5 \xrightarrow[加热]{N_2} ReCl_3+Cl_2 \quad (该反应温度不须严格控制)$$

$$2VCl_4 \xrightarrow[170℃]{CO_2} 2VCl_3+Cl_2$$

$$PtCl_4 \xrightarrow[450℃]{Cl_2} PtCl_2+Cl_2$$

$PtCl_2$ 在 $435 \sim 581$ ℃ 是稳定的,但温度超过 581 ℃ 时即分解,所以制备反应宜在 450 ℃ 下进行。

3. 合成实例——无水三氯化铬的合成

本实验是用氧化法制备无水三氯化铬。用无水 Cr_2O_3 与卤化剂 CCl_4 在氮气保护下,加热到 650 ℃ 以上,使 $CrCl_3$ 升华而制得,即

$$Cr_2O_3(s)+3CCl_4(g) \xrightarrow[N_2]{>650℃} 2CrCl_3+3COCl_2(g)$$

无水 Cr_2O_3 用 $(NH_4)_2Cr_2O_7$ 热分解法制备,反应式如下

$$(NH_4)_2Cr_2O_7 \xrightarrow{\Delta} Cr_2O_3+N_2+4H_2O$$

由于生成的 $CrCl_3$ 高温下能与氧气发生氧化还原反应,所以必须在惰性气氛中进行,反应过程产生少量极毒的光气 $COCl_2$,因此本实验必须在良好的通风条件下进行。

此法所得到的无水三氯化铬,是经升华后的纯净产品,为紫色鳞片状的晶体,不溶于水,也不潮解。但是,当产物中含有 $Cr(II)$ 化合物(如 $CrCl_2$)杂质时,无水三氯化铬很容易发生水合反应。

无水三氯化铬的合成装置如图 5.4 所示,由于实验中反应物与产物有毒性,故除氮气钢瓶外,其他设备都应安装在通风橱内,或者将废气用 $\varphi20\%$ NaOH 吸收后再经通风设备排出。制备步骤如下:

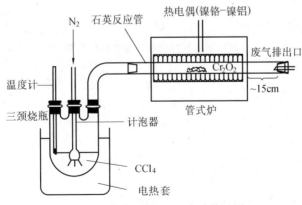

图 5.4 合成无水 $CrCl_3$ 实验装置图

称取干燥后的 $1.4gCr_2O_3$ 置于石英舟中,将石英舟置于管式电炉中石英管的中部。在 250 mL 的三颈瓶内加入 50 ~ 60 mL CCl_4,然后将三颈瓶置于水浴上。将系统接好后,插入热电偶(热电偶顶端须放在石英管中部)。将管式电炉和水浴同时加热,并维持水浴温度为 60 ~ 65 ℃,当管式炉的温度升至 500 ℃时,开始通入适量氮气,氮气的流速以计泡器上有气泡连续逸出为宜(氮气的流速不能过快,以免将 Cr_2O_3 吹离石英舟)。加热管式炉至 700 ℃,保温 2 h。然后关闭管式炉电源,撤去三颈瓶下水浴。在氮气气氛中冷却 15 ~ 20 min 后,用不锈钢铲将紫色鳞片从石英管壁上收集起来,称量并计算产率。产物中 Cr 含量的测定用重铬酸钾氧化还原滴定法测定。即先用过二硫酸铵在 $AgNO_3$ 催化下将 Cr^{3+} 氧化成 $Cr_2O_7^{2-}$,再用硫酸亚铁铵标准溶液滴定。

5.2.2　氮化物的合成

1. 氮化物的晶体结构

在氮化物中的金属和氮原子是以共用电子来结合的,但是由于氮的电离能高和极化困难,还存在一定的离子键结合,离子键成分随 d 电子层的未饱和程度而改变,当 d 电子饱和程度较小时,离子键成分较大;相反,当 d 电子层饱和程度大时,如钛、锆和钒等金属,其氮化物中,离子键成分较小,故氮化物的晶体结构大部分为立方晶系和六方晶系。

氮化物的生成热比碳化物高得多。氮化物的电阻与碳化物属同一数量级。

2. 氮化物的制备方法

制造氮化物的常用方法是在石英玻璃或陶瓷反应器中,于 900 ~ 1 300 ℃温度下对金属粉末直接进行氮化,也可以采用将金属氧化物用碳、钙、镁还原并同时进行氮化还原产物的方法。其反应式如下

$$2TiO_2+4C+N_2=TiN+4CO$$

过渡金属氮化物不被水所水解,大多数不溶于碱、盐酸、硝酸和硫酸。

金属氮化物的制取方法有:

①用碳还原金属氧化物并同时用氮或氨进行氮化,其反应式如下

$$MeO+N_2(NH_3)+C \longrightarrow MeN+CO+H_2O+H_2$$

此法得到的粉末纯度不高,会出现碳化物,用的较少。

②用金属或其氢化物、氯化物进行氮化。表 5.1 列出金属或其氢化物、氯化物同氮或氨作用生成氮化物的条件。

表 5.1　金属或其氢化物同氮或氨作用生成氮化物的条件

反应式	反应温度/℃	反应式	反应温度/℃
$2Ti+N_2=2TiN$	1 200	$2Ta+N_2=2TaN$	1 100 ~ 1 200
$2TiH_2+N_2=2TiN+2H_2$	1 200	$2Cr+2NH_3=2CrN+3H_2$	800 ~ 1 000
$2Zr+N_2=2ZrN$	2 200	$2Mo+2NH_3=2MoN+3H_2$	400 ~ 700
$2ZrH_2+N_2=2ZrN+2H_2$	1 200	$2W+2NH_3=2WN+3H_2$	700 ~ 800

注:反应温度为温度下限。为了使反应进行得快而充分,尤其是和氮的反应,建议采用比这些温度高 300 ~ 600℃的温度。对于和氨的反应可以按文献数据,也可以采用更低的温度,但同时须大大地增加反应过程的持续时间。

③气相沉积法。该法是将金属卤化物的蒸气和纯氨(或氨)及氢气混合,所得 Ti、Cr、Hf、V、Nb、Ta(在某种条件下)的氮化物沉积在白热钨丝上。其反应式如下

$$2TiCl_4 + N_2 + 4H_2 = 2TiN + 8HCl$$

表 5.2 列出了气相沉积氮化物的条件。

表 5.2　气相沉积氮化物的条件

氮 化 物	反应组元	钨丝的温度/℃	反应温度/℃
钛	$TiCl_4 + N_2 + H_2$	1 400 ~ 2 000	1 100 ~ 1 700
锆	$ZrCl_4 + N_2 + H_2$	2 300 ~ 2 800	1 100 ~ 2 700
	$ZrCl_4 + N_2$	2 800 ~ 3 000	—
铪	$HfCl_4 + N_2 + H_2$	—	1 100 ~ 2 700
钒	$VCl_4 + N_2 + H_2$	1 000 ~ 1 400	1 100 ~ 1 600
钽	$TaCl_5 + N_2$	2 400 ~ 2 600	—

非金属氮化物,例如 BN、AlN、Si_3N_4 等有十分优异的性能,是很有前途的高温材料。其制备、性能与用途分述如下。

3. 氮化硅陶瓷

(1)概述

氮化硅是共价键化合物,它有两种晶型,即 $\alpha\text{-}Si_3N_4$ 和 $\beta\text{-}Si_3N_4$,前者为针状结晶体,后者为颗粒状结晶体,均属于六方晶系,$\beta\text{-}Si_3N_4$ 的晶体结构为 $[SiN_4]$ 四面体共用顶角构成的三维空间网络。$\alpha\text{-}Si_3N_4$ 也是由四面体组成的三维网络,其结构内部的应变较大,故自由能比 β 型高。

氮化硅两种晶型的晶格常数、密度及硬度列于表 5.3。

表 5.3　两种 Si_3N_4 晶型的晶格常数、密度和显微硬度

晶　型	晶格常数/$\times 10^{-10}$m		单位晶胞分子数	计算密度 g/cm³	显微硬度 GPa
	a	c			
$\alpha\text{-}Si_3N_4$	7.748±0.001	5.617±0.001	4	3.184	16 ~ 10
$\beta\text{-}Si_3N_4$	7.608±0.001	2.910±0.0005	2	3.187	32.65 ~ 29.5

由于氮化硅结构中的氮与硅原子间的键力很强,所以,氮化硅在高温下很稳定,在分解前也能保持较高的强度,以及高硬度、良好的耐磨性和耐化学腐蚀性等。它在空气中开始氧化的温度是 1 300 ~ 1 400 ℃,热膨胀系数很小。

氮化硅陶瓷依据烧结方法大致可分为利用氮化反应的反应烧结法和利用外加剂的致密烧结法两大类。后者要求具备优质粉末原料,对于 Si_3N_4 粉体的性能有较高的要求。

(2)Si_3N_4 的制备

Si_3N_4 粉末的制备方法列于表 5.4。

表 5.4　Si₃N₄ 粉末的制备方法

序号	方　法	化学反应式	工艺要点
1	硅的直接氮化法(固-气)	$3Si+2N_2=Si_3N_4$	硅粉中 Fe、O₂、Ca 等杂质<2%,加热温度≮1 400 ℃,并注意硅粉细度与 N₂ 的纯度;1 200~1 300 ℃ 时,α-Si₃N₄ 含量高
2	SiO₂ 还原法(固-气)	$3SiO_2+6C+2N_2=Si_3N_4+6CO$	工艺操作较易,α-Si₃N₄ 含量较高,颗粒较细
3	热分解法(液相界面反应法)	$3Si(NH)_2=Si_3N_4+2NH_3$ $3Si(NH_2)_4=Si_3N_4+8NH_3$	亚氨基硅 Si(NH)₂ 和氨基硅[Si(NH₂)₄]是利用 SiCl₄ 在 0 ℃ 干燥的己烷中与过量的无水氨气反应而成,NH₄Cl 可真空加热,并在 1 200~1 350 ℃ 下于 N₂ 中分解,也可用液氨多次洗涤除去
4	气相合成法(气-气)	$3SiCl_4+16NH_3=Si_3N_4+12NH_4Cl$ $3SiH_4+4NH_3=Si_3N_4+12H_2$	1 000~1 200 ℃ 下生成非晶 Si₃N₄,再热处理而得高纯、超细 α-Si₃N₄ 粉末,但含有害的 Cl⁻ 离子

（3）氮化硅陶瓷的用途

由于氮化硅陶瓷的优异性能,它已在许多工业领域获得广泛的应用,并有许多潜在的用途。

利用其耐高温耐磨性能,在陶瓷发动机中用于燃气轮机的转子、定子和涡形管;无水冷陶瓷发动机中,用热压氮化硅做活塞顶盖;用反应烧结氮化硅可做燃烧器,它还可用于柴油机的火花塞、活塞罩、汽缸套、副燃烧室以及活塞-涡轮组合式航空发动机的零件等。

热震性好、耐腐蚀、摩擦系数小、热膨胀系数小等特点,使它在冶金和热加工工业上被广泛用于制作测温热电偶套管、铸模、坩埚、马弗炉炉膛、燃烧嘴、发热体夹具、炼铝炉炉衬、铝液导管、铝包内衬、铝电解槽衬里、热辐射管、传送辊、高温鼓风机和阀门等;钢铁工业上用作炼钢水平连铸机上的分流环;电子工业上用作拉制单晶硅的坩埚等。

耐腐蚀、耐磨性好、导热性好等特点,使它在化工工业上被广泛用于制作球阀、密封环、过滤器和热交换器部件等。

耐磨性好、强度高、摩擦系数小的特点,使它在机械工业上被广泛用于作轴承滚珠、滚柱、滚珠座圈、高温螺栓、工模具、柱塞泵、密封材料等。

此外,它还被用于电子、军事和核工业上,如用于制作开关电路基片、薄膜电容器、高温绝缘体、雷达天线罩、导弹尾喷管、炮筒内衬、核反应堆的支承、隔离件和核裂变物质的载体等。

4. 氮化铝陶瓷

（1）概述

氮化铝是共价键化合物,属于六方晶系,纤锌矿型的晶体结构,呈白色或灰白色,氮化铝的性能列于表 5.5。

表 5.5　氮化铝的性能

	密度/$(g \cdot cm^{-3})$	克氏硬度/GPa	抗弯强度/MPa	弹性模量/GPa	导热系数/$(W \cdot (m \cdot K)^{-1})$	电阻率/$(\Omega \cdot cm)$	热膨胀系数/$(\times 10^{-6}/℃)$
AlN	3.26	12.25~12.3	310	35	20.097~30.145	2×10^{11}	6.09

（2）AlN 粉末的制造

①铝和氮（或氨）直接反应法为

$$2Al+N_2 \xrightleftharpoons{500 \sim 600℃} 2AlN$$

工业上常采用这种方法，但在反应前应对铝粉进行处理以除去氧化膜，反应温度在 500 ~ 600 ℃。由于未反应的铝粉易凝聚，为此掺入少量的 CaF_2 和 NaF，既作触媒，又可防止铝的凝聚。

②碳热还原氮化法。利用 Al_2O_3 和 C 的混合粉末在 N_2 或 NH_3 气中加热进行反应，其反应如下

$$Al_2O_3+3C+N_2 \xrightleftharpoons{1\,400 \sim 1\,500℃} 2AlN+3CO$$

将细 Al_2O_3 粉和炭黑混合，装入坩埚中，在碳管炉中通入氮气，在高温下氮化制得 AlN 粉，然后在 700 ℃左右于空气中进行脱碳处理，除去残余炭黑。实践表明，C/Al 的比例一般为 5；氮化温度为 1 400 ~ 1 500 ℃时可获得表面积为 105 m^2/g 的纯 AlN 微粉。

③铝的卤化物（$AlCl_3$、$AlBr_3$ 等）和氨反应法。其反应式如下

$$AlCl_3+NH_3 \xrightleftharpoons{1\,400℃} AlN+3HCl$$

④铝粉和有机氮化合物（二氰二胺或三聚氰酰胺）反应法。将铝粉和有机氮化物按 1∶1（摩尔比）充分混合后，在通 N_2 的管式炉内进化氮化，N_2 气流量为 2 L/min。加热过程采取分步升温，温度升至 1 000 ℃保温 2 h 终止，可获得 90% 以上的 AlN 粉末。

⑤超细 AlN 的制备。超细 AlN 粉末的制备方法是，将铝粉在电弧等离子体中蒸发并与氮反应生成 AlN，可制得粒度为 30 nm、比表面为 60 ~ 100 m^2/g 的超细粉末。此外，还可将铝在低压 N_2 或 NH_3 中用电子束加热使之蒸发并与含氮气体反应，可制得粒度小于 10 nm 的超细 AlN 粉。

（3）氮化铝陶瓷的用途

利用氮化铝陶瓷具有较高的室温和高温强度，膨胀系数小，导热性能好的特性，可以用作高温构件热交换器材料等。

利用氮化铝陶瓷能耐铁、铝等金属和合金的溶蚀性能，可用作 Al，Cu，Ag，Pb 等金属熔炼的坩埚和浇铸模具材料。

利用氮化铝陶瓷在特殊气氛中优异的耐高温性能，可用作高温（2 000℃左右）非氧化性电炉的炉衬材料。

利用氮化铝陶瓷具有高的导热率和高的绝缘电阻的特性，可以用作散热片、半导体器件的绝缘热基片。氮化铝薄膜可制成高频压电元件。超大规模集成电路基片是氮化铝陶瓷当前最主要的用途之一。

5. 氮化硼陶瓷

（1）概述

氮化硼（BN）有三种变体：六方、密排六方和立方晶体。六方晶体 BN 在常压下是稳定相；密排六方晶体 BN 和立方晶体 BN 在高压下是稳定相，在常压下是亚稳相；六方晶体氮化硼在高温高压下转变为立方晶体氮化硼或密排六方晶体氮化硼。

六方晶体氮化硼具有类似石黑的层状结构。六方晶体 BN 的硬度低，摩擦系数小

(0.03~0.07),是良好的润滑剂;强度较石墨高,比氧化铝低;在惰性气体和氨中可在2 800 ℃使用;它是良好的热导体和电绝缘体,具有良好的抗热冲击性。

(2)六方晶体氮化硼粉末的制备

六方晶体 BN 粉末的合成方法有十几种,常见的方法有下列几种。

①卤化硼法。此法又称气相合成法,系卤化硼与氨反应,先生成中间物氨基络合物,中间物再经高温处理制得 BN。生成中间物的反应式如下

$$BCl_3+6NH_3 \Longrightarrow BCl_3 \cdot 6NH_3 \Longrightarrow B(NH_2)_3+3NH_4Cl$$

在 125~130 ℃时,中间产物分解成 $B_2(NH)_3$ 继续加热到 900~1 200 ℃时,$B_2(NH)_3$ 即分解成 BN。

$$2B(NH_2)_3 \underset{}{\overset{125~130℃}{\Longrightarrow}} B_2(NH)_3+3NH_3$$

$$B_2(NH)_3 \underset{}{\overset{900~1 200℃}{\Longrightarrow}} 2BN+NH_3$$

②硼酐法。硼酐在高温下与氨反应可制得 BN,反应式如下

$$B_2O_3+2NH_3 \underset{}{\overset{900~1 000℃}{\Longrightarrow}} 2BN+3H_2O$$

硼酐也可以与氰化钠(钙)反应制得 BN,反应式如下

$$B_2O_3+2NaCN \Longrightarrow 2BN+Na_2O+2CO$$

另外,也可在石墨坩埚中用石墨还原硼酐制得 BN,反应式如下

$$B_2O_3+3C+N_2 \overset{催化剂}{\longrightarrow} 2BN+3CO$$

③硼酸法。硼酸与磷酸钙在氨气流中生成 BN 的工艺流程如下

硼酸(H_3BO_3)→B_2O_3

磷酸钙[$Ca_3(PO_4)_2$](载体)$\Big\}\overset{}{\underset{5:3(质量比)}{\longrightarrow}}$湿磨细、混合→80 ℃干燥→氮化(通入 NH_3 反应炉中,900 ℃,24 h)→粉碎→酸洗(HCl)→水洗→提纯(在有工业乙醇的情况下)→氮化硼(BN)

在上述工艺中加入载体的作用是增大气-固相反应的接触面积,但需要先将 B_2O_3 沉积在 $Ca_3(PO_4)_2$ 载体上,反应后再除去载体。

④硼砂法。硼砂法工艺流程如下

硼砂($Na_2B_4O_7 \cdot 10H_2O$)$\overset{450℃}{\underset{9.33×10^4 Pa}{\longrightarrow}}$真空脱水→球磨$\Big\}$

氯化铵(NH_4Cl)$\overset{<120℃}{\longrightarrow}$干燥→球磨$\Big\}\overset{}{\underset{1:2.2(摩尔)}{\longrightarrow}}$混合→压制团块→

氮化(在通氨的氮化炉中,950℃,10h)→粉碎→酸洗→水洗→提纯(酸性醇洗)→氮化硼(BN)

此外,还可用硼砂与尿素反应制取 BN,反应式如下

$$Na_2B_4O_7+2CO(NH_2)_2 \underset{}{\overset{NH_3}{\underset{900~1 200℃}{\Longrightarrow}}} 4BN+Na_2O+4H_2O+2CO_2$$

反应过程分两步,第一步为预烧结,反应温度约在 400~500 ℃;第二步为氮化反应,在 900~1 200 ℃下保温 3 h。

此法制得的 BN 含量的高低与原料配比、反应温度、反应时间及氮气流量等因素有关。

⑤电弧等离子体法。用电弧等离子流气体 NH_3,N_2 作用于无定形硼可制取 BN,其反应式如下

$$2B+N_2 \Longrightarrow 2BN$$

也可用硼砂—尿素的等离子体合成 BN,合成温度 2 000 ~ 3 000 ℃,时间 20 min。反应式如下

$$Na_2B_4O_7+2CO(NH_2)_2 \xrightarrow{1\,900℃} 4BN+Na_2O+4H_2O+2CO_2$$

这种方法合成时间短,六方晶体氮化硼晶型完整,纯度较高。

(3)六方晶体氮化硼陶瓷的性能与用途

用冷压烧结法和热压法制取的六方晶体氮化硼的主要性能列于表 5.6。

表 5.6　冷压烧结法和热压法所制六方晶体氮化硼的性能

方　法	成型压力/MPa	烧结温度/℃	密度/($g \cdot cm^{-3}$)	抗弯强度/MPa
冷压烧结法	5 000 ~ 40 000	1 800 ~ 2 100	0.93 ~ 1.52	30
热压法	2 000 ~ 3 500	1 600 ~ 1 900	1.80 ~ 2.19	60 ~ 80

六方晶体氮化硼,呈白色,性能稳定,可加工性好,可以用作高温润滑剂;利用它较好的耐高温性、绝缘性,可作为电绝缘材料;在电子工业中,利用其导热性及对微波辐射的穿透性能,用作雷达的传递窗;在原子能工业中,它被用作核反应堆的结构材料;利用它的熔点较高、热膨胀系数小以及几乎对所有熔融金属都有稳定的性能,可用作高温金属冶炼坩埚、耐热材料,用作散热片和导热材料(在中性或还原气氛中的使用温度可达 2 800 ℃)。因此,也是制造发动机部件的最佳材料。

此外,它还广泛用于国防工业、宇宙航行方面,在冶金工业上用于钢坯水平连铸技术中制作结晶器的分离环等。

(4)立方晶体氮化硼的制备、性能与用途

立方晶体氮化硼陶瓷是通过类似于石墨制造人造金刚石的方法,由六方晶体氮化硼经高温高压处理后转化而成的。

立方晶体氮化硼是耐高温、超硬的材料(莫氏硬度接近于10),有的性能优于人造金刚石,见表 5.7。

表 5.7　立方晶体氮化硼陶瓷与人造金刚石的性能比较

性　能 ＼ 材　料	人造金刚石	立方晶体,氮化硼陶瓷
硬度(HR)/GPa	100	80 ~ 100
热稳定性	800 ℃	>1 400 ℃
与铁族元素的化学惰性	小	大

因此,立方晶体氮化硼陶瓷广泛用作耐高温、耐磨材料。

6. 氮化钛陶瓷

(1)氮化钛(TiN)粉末的制备

制备氮化钛粉末的方法有氢化钛、钛粉直接氮化法、二氧化钛还原和化学气相沉积法(也称 CVD)法等,见表 5.8。

表5.8　氮化钛粉末的不同制备方法

方　法	反应方程式	反应温度/℃	特　征
氢化钛或钛粉氮化法	$2TiH_2+N_2=2TiN+2H_2$ $2Ti+N_2=2TiN$	1 000～1 400	可得到超细和氮含量高的粉末,工艺较简单,但时间较长,需要30h;氧、碳含量较低,球磨时带入碳化钨杂质,钛原料较贵
二氧化钛还原法	$2TiO_2+4C+N_2=2TiN+4CO$	1 250～1 400	能制取活性超细粉末,但纯度不高,如果配料、合成温度适当,也可以得到高纯超细粉末。此方法工艺简单,原料便宜,反应时间短(约15h),生产效率较高,成本较低
化学气相沉积法(CVD法)	$2TiCl_4+N_2+4H_2=2TiN+8HCl$	1 100～1 500	制备的 TiN 粉细,纯度高,为超细活性粉末,但生产效率低,成本高

（2）金色氮化钛涂层

目前,在日用陶瓷和艺术陶瓷上常采用 CVD 法在陶瓷的表面沉积氮化钛涂层,不仅具有耐磨性,而且还有金色光泽的装饰效果,由此,可以替代和节约昂贵的黄金。

化学气相沉积法(CVD法),是以氮气作为氮的来源,其反应式见表5.8。当以氨气作为氮的来源时,其反应式如下

$$TiCl_4+NH_3+\frac{1}{2}H_2=TiN+4HCl$$

实践表明,上述两个反应中,前式的沉积温度比后式的要高,为 800～850 ℃,因为前式的反应自由能比后式的要高。但是后式反应所得到的 TiN 涂层是偏红的金色,而前式反应呈金黄色,这是由于后式得到的 TiN 中的氮含量比前式要高的缘故。因此,从沉积涂层的色泽效果来看,以后式的沉积反应效果比较好。

沉积 TiN 的色泽和粘着的牢固程度与 TiCl$_4$ 和 N$_2$ 的流量、温度等有密切的关系,但只要将沉积温度控制在 800～850 ℃,各气体流量尽可能小些,基体表面处理适宜,可以在陶瓷表面获得金色 TiN 涂层。

（3）氮化钛陶瓷的性能与用途

氮化钛陶瓷具有金黄色光泽,硬度高(显微硬度为 21 GPa)、熔点高(2 950 ℃)、化学稳定性好,还具有较高的导电性和超导性。

利用氮化钛陶瓷硬度高、化学稳定好的特点,可以用作耐熔、耐磨材料;利用氮化钛陶瓷具有金黄色光泽的特性,可以用于表面装饰以提高耐磨性,特别适用于日用艺术陶瓷的表面装饰;利用氮化钛瓷具有较高的导电性和超导性的特性,可以用作熔盐电解的电极以及电触头等材料。

5.2.3　碳化物陶瓷

1. 种类

碳化物是一种最耐高温的材料,种类很多,其分类如下

（1）类金属碳化物

类金属碳化物根据结构可分为两类，一类是间隙相的金属碳化物，如 TiC，ZrC，HfC，VC，NbC 和 TaC 等；另一类是连续的金属碳化物，如 WC，MoC（六方晶格），$Cr_{23}C_6$，$Mo_{23}C_6$（立方晶格）和 Fe_3W_3C，Cr_3C_2，Cr_7C_3 和 Mn_7C_3 等。

（2）非金属碳化物

这类碳化物常见的有 B_4C，SiC 等。

2. 碳化物性质

（1）高熔点

碳化物是一种最耐高温的材料，很多碳化物的软化点都在 3 000 ℃以上。如最简单的碳化物中 TaC 和 HfC 的熔点最高，分别是 3 877 ℃和 3 887 ℃；复杂碳化物 4TaC·ZrC 和 4TaC·HfC 的熔点分别是 3 932 ℃和 3 942 ℃。

（2）抗氧化能力高

大多数碳化物都比碳和石墨具有较高的抗氧化能力。碳化物在空气中抗氧化的稳定性列于表 5.9。

表 5.9　碳化物在空气中抗氧化的稳定性

碳化物	开始强烈氧化的温度/℃	碳化物	开始强烈氧化的温度/℃
TiC	1 100 ~ 1 400	VC	800 ~ 1 100
ZrC	1 100 ~ 1 400	Mo_2C	500 ~ 800
TaC	1 100 ~ 1 400	WC	500 ~ 800
NbC	1 100 ~ 1 400		

（3）具有良好导电性

良好的导电性及导热率。

（4）硬度高

很多碳化物有较高的硬度，如碳化硼是仅次于金刚石的最硬材料，碳化硅、碳化钛、碳化钨也都有很高的硬度。

（5）良好的化学稳定性

许多碳化物在常温下不与酸反应，个别金属碳化物即使在加热时也不与酸作用，最稳定的碳化物甚至不受硝酸与氢氟酸混合酸的强烈侵蚀。根据与酸或混合酸的反应情况，过渡金属碳化物的稳定性大小为

$$TaC>NbC>W_2C>WC>TiC>ZrC>HfC>Mo_2C$$

3. 碳化物的制备方法

（1）用固体碳碳化金属或氧化物粉末

第一种方法是将金属氧化物与炭黑混合后，在电炉（石墨管状电阻炉或真空炉）内加热到 2 000 ~ 2 500 ℃。钛、锆、铪的碳化物，常用真空炉生产，碳化铌、碳化铬是在石墨电阻炉内在氢气气氛下制得的。第二种方法是利用金属与碳直接化合。如用此法可制备碳化钨和碳化钼，反应温度因碳化物的种类不同而异，但都在 1 200 ~ 2 200 ℃范围内。实践

中应尽可能采用较低的温度,以避免不必要的晶粒长大。一般应用氢气、一氧化碳、甲烷及这些气体的混合物作为保护气体来制备碳化钨和碳化钼。

(2)用含碳气体碳化金属或氧化物

这种方法是根据在碳管炉内用固体碳碳化金属(或氧化物)时,在气相中也发生碳化作用的原理,如

$$Me+CH_4 \rightleftharpoons MeC+2H_2$$

反应中重要的是使碳氢化合物的分压能保证游离碳与金属化合,防止碳以石墨或剩余炭黑状析出,使反应中断。

(3)气相沉积碳化物

这个方法可制取纯度更高的难熔碳化物,整个过程是金属卤化物、一氧化碳和碳氢化合物或氢的气体混合物的同时分解与相互作用。反应是在难熔金属丝(W,Pt,Ti,Mo,Ta…)或碳丝的炽热表成面上进行,形成的碳化物沉积于丝的表面上。由于条件不同,炽热丝上形成的碳化物有时为致密的结晶碳化物有时为单晶体。其反应式如下

$$ZrCl_4+CH_4+(+H_2) \rightleftharpoons ZrC+4HCl+(+H_2)$$

H_2 具有还原能力,能促进金属丝表面的反应进行,显著降低卤化物的分解温度。

4. 碳化硅陶瓷

(1)概述

碳化硅为共价键化合物。碳化硅晶体结构中的单位晶胞是由相同四面体构成的,硅原子处于中心,周围为碳原子,所有结构均由 SiC 四面体堆积而成,所不同的只是平行结合或者反平行结合,如图5.5 所示。

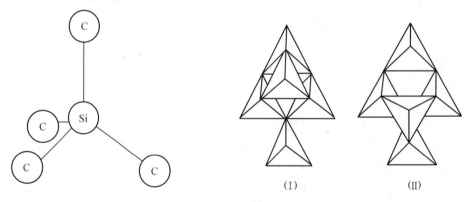

图5.5　SiC 四面体和六方层状排列中四面体的取向

(Ⅰ)平行(Ⅱ)反平行

最常见的 SiC 晶型有 α–,6H–,15R–,4H–, 和 β–SiC 型。H 和 R 代表六方或斜方六面型,H 和 R 之前的数字表示沿 c 轴重复周期的层数。这几种晶型中最主要的是 α–型和 β–型两种。α–SiC 为高温稳定型,β–SiC 为低温稳定型。β–SiC 向 α–SiC 转变的温度始于2 100 ℃,但转变速率很小。在 0.1 MPa 压力下分解温度为 2 380 ℃,不存在熔点。由于所含杂质不同,SiC 有绿色、灰色和墨绿色等几种。

(2)碳化硅的制备

碳化硅的制备方法很多,简述如下

①碳热还原法。

$$SiO_2 + C \stackrel{}{=\!\!=\!\!=} SiO + CO(中间反应)$$

$$SiO(s) + C(s) \stackrel{}{=\!\!=\!\!=} Si(g) + CO(g)$$

$$Si(g) + C(s) \stackrel{}{=\!\!=\!\!=} SiC(s)$$

②气相沉积法。此法是由金属卤化物和碳氢化物及氢气,在发生分解的同时,相互反应生成 SiC。这种方法可以制备高纯度的 SiC 粉,也可以产生涂层薄膜,其反应通式如下

$$MeX + C_nH_m \xrightarrow{H_2} MeC + HX$$

在氢气存在下,用三氯甲硅烷沉积 SiC 的反应式为

$$CH_3Cl_3Si \xrightarrow{H_2} SiC + 3HCl$$

③自蔓燃高温合成法(SHS 法)。它是近年发展起来的难熔化合物制备方法。SHS 法也是一种化合法。但是,一般化合法是依靠外部热源来维持反应的进行,而 SHS 法则是依靠反应时自身放出的热量来维持反应的进行。SHS 法的优点是节能,工艺简单,产品纯度较高。这种方法可用于制备如 TiC、ZrC、SiC、B_4C、WC 等碳化物,当然也可制备其他化合物,如氮化物(Si_3N_4、TiN、BN、AlN)、碳氮化合物(TiC—TiN、TaC—TiN、TaC—TaN)、硼化合物(TiB_2,CrB)、硅化物($MoSi_2$)、金属间化合物(NiAl、CuAl、NbGe)、硬质合金(TiC—Ni—Mo)等。

（3）碳化硅陶瓷的性质与用途

碳化硅是碳化物中抗氧化性最好的,但在 1 000 ~ 1 140 ℃ 之间 SiC 在空气中氧化速率较大,它可以被熔融的碱分解。碳化硅陶瓷具有良好的化学稳定性,高的机械强度和抗热震性。碳化硅陶瓷在各个工业领域中应用很广,其用途列于表 5.10。

表 5.10　碳化硅陶瓷的用途

工　业	使用环境	用　途	主要优点
石油工业	高温、高液压、研磨	喷嘴、轴承、密封、阀片	耐磨
化学工业	强酸、强碱	密封、轴承、泵零件、热交换器	耐磨、耐蚀、气密性
	高温氧化	气化管道、热偶套管	耐高温腐蚀
汽车、拖拉机、飞机、火箭	发动机燃烧	燃烧器部件、涡轮增压器转子,燃气轮机叶片、火箭喷嘴	低摩擦、高强度、低惯性负荷、耐热震
机械、矿业	研磨	喷砂嘴、内衬、泵零件	耐磨
造纸工业	纸浆废液、纸浆	密封、套管、轴承、吸箱盖、成型板	耐磨、耐蚀、低摩擦
热处理、熔炼钢	高温气体	热偶套管、辐射管、热交换器、燃烧元件	耐热、耐蚀、气密性
核工业	含硼高温水	密封、轴套	耐辐射
微电子工业	大功率散热	封装材料、基片	高热导、高绝缘
激光	大功率、高温	反射屏	高刚度、稳定性
其他	加工成型	拉丝、成型模、纺织导向	耐磨、耐蚀

5. 碳化钛陶瓷

(1)TiC 粉末的制备

一般情况下用 TiO_2 与炭黑在高温下反应制得 TiC 粉末,反应式如下

$$2TiO_2 + C \Longrightarrow Ti_2O_3 + CO$$
$$Ti_2O_3 + C \Longrightarrow 2TiO + CO$$
$$TiO + 2C \Longrightarrow TiC + CO$$

上述反应可在通氢气的碳管炉或高频真空炉内,于 1 600~1 800 ℃的温度下进行。其他制备方法可参考 SiC 粉末制备方法。

制得的 TiC 粉末,颗粒度小于 1~2 μm,含化合碳应在 18% ~20% 范围内,游离碳为 0.1% ~0.2%。

(2)碳化钛陶瓷的性能与用途

碳化钛陶瓷属面心立方晶型,熔点高,强度较高,导热性较好,硬度大,化学稳定性好,不水解,高温抗氧化性好(仅次于碳化硅),在常温下不与酸起反应,但在硝酸和氢氟酸的混合酸中能溶解,于 1 000 ℃在氮气氛中能形成氮化物。

碳化钛陶瓷硬度大,是硬质合金生产的重要原料,并具有良好的力学性能,可用于制造耐磨材料、切削刀具材料、机械零件等,还可制作熔炼锡、铅、镉、锌等金属的坩埚。另外,透明碳化钛陶瓷又是良好的光学材料。

6. 碳化硼陶瓷

(1)概述

碳化硼(B_4C)具有六角菱形晶格。单位晶胞有 12 个硼原子和 3 个碳原子,单位晶胞中碳原子构成的链按立体对角线配置。碳原子处于活动状态,可以被硼原子代替,形成置换固溶体,并有可能脱离晶格,形成带有缺陷的高硼化合物。

(2)B_4C 粉末的制备

B_4C 粉末的制备方法可参照 SiC 粉末的制备方法。对于用碳还原硼酐的制备方法,反应式如下

$$2B_2O_3 + 7C \Longrightarrow B_4C + 6CO$$

这种方法是间接加热配料或在电阻炉和电弧炉中直接让电流通过配料,温度达到 2 200 ℃时,B_4C 分解为富碳和硼,而硼在高温时,又会挥发。在电弧炉中制取的 B_4C 含有大量的游离石墨,其含量达 20% ~30%。在电阻炉中制备的 B_4C,含少量的游离碳,也含有游离硼,含量达 1% ~2%。

(3)碳化硼陶瓷的性能与用途

碳化硼陶瓷的主要性能列于表 5.11。

表 5.11　碳化硼陶瓷的主要性能

晶体结构	密度 /(g·cm^{-3})	熔点/℃	热膨胀系数 (20~1 000 ℃) /×10^{-6}·℃$^{-1}$	热导率(20 ℃) /(W·(m·K^{-1}))	显微硬度 /GPa	抗压强度 /MPa
斜方六面体	2.51	2 450	4.5	$8.37 \times 10^6 \sim 2.93 \times 10^7$	50	198

　　碳化硼陶瓷的显著特点是硬度高,仅次于金刚石和立方晶体 BN。它的研磨效率可达到金刚石的 60% ~ 70%,大于 SiC 的 50%,是刚玉研磨能力的 1 ~ 2 倍。它耐酸碱性能好,热膨胀系数小(4.5×10^{-6}/℃),能吸收热中子,但抗冲击性能差。

　　硬度大的特性,使它可以用于制作磨料、切削刀具、耐磨零件、喷嘴、轴承、车轴等。导热性好、膨胀系数低、能吸收热中子的特性,使它可以用于制作高温热交换器、核反应堆的控制剂。耐酸碱性好的特性,使它可以用于制作化学器皿,熔融金属坩埚等。

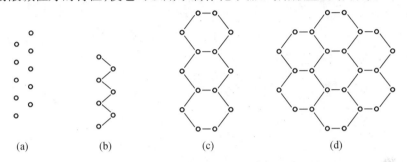

图 5.6　硼原子在硼化物中的构形

(a)孤立硼原子(Me_2B);(b)由硼原子组成的单键(MeB);(c)由硼原子组成的双键(Me_3B_4);

(d)由硼原子组成的网络(MeB_2)

5.2.4　硼化物

1. 硼化物的晶体结构

　　在硼化物晶格中硼原子间形成以单键、双键、网络和空间骨架形式的结构单元。随着硼化物中硼相对含量的增加结构单元越加复杂,如图 5.6 所示。

　　一般来说,硼原子结构越复杂,越不易水解,而且抗氧化和抗氮化稳定性也增强。

　　在过渡金属硼化物中,金属原子和硼原子间的化学键是电子结合,这样硼原子转变为带正电的离子或原子骨架,同时硼原子之间还存在着共价键。

2. 硼化物的制备方法

制造难熔金属硼化物的主要方法是

①金属和硼在高温下直接化合其反应式为

$$Me + B =\!=\!= MeB$$

②用碳还原金属氧化物和硼酐的混合物为

$$2MeO + B_2O_3 + 5C =\!=\!= 2MeB + 5CO$$

③铝(硅、镁)热法,铝或硅、镁还原氧化物,使生成的金属和硼进一步相互作用为

$$MeO + B_2O_3 + Al(Si, Mg) \longrightarrow MeB + Al(Si, Mg) 氧化物$$

④用碳化硼和碳还原金属氧化物为

$$4MeO + B_4C + 3C =\!=\!= 4M_eB + 4CO$$

⑤用硼还原难熔金属氧化物为

$$xMeO + 2xB =\!=\!= xMeB + (BO)_x$$

3. 硼化物的性质与用途

　　硼化物具有高电导、高熔点、高硬度和高稳定性的特点。硼化物有比较高的热传导性

和强度,所以热稳定性比较好,硼化物在高温下的抗氧化性能以第ⅣB族金属硼化物为最好。

硼化物溶于熔融的碱中,稀土和碱土金属的硼化物不受湿空气或稀盐酸的侵蚀,但溶于硝酸。几乎所有硼化物都具有金属的外观和性质,有高的电导和正的电阻温度系数。Ti,Zr,Hf 的硼化物比其金属的导电性好。

硼化物的抗蠕变性很好,这对于要求材料在高温下长期工作,且能保持强度、抵抗变形、抵抗腐蚀、耐热冲击的燃气轮机、火箭等来说,硼化物具有十分重要的意义。以硼化物、碳化物、氮化物为基的各种合金或金属陶瓷,可用于制造火箭结构元件、航空装置元件、涡轮机部件、高温材料试验机的试样夹和仪器的部件、轴承和测量高温硬度用的锥头以及核能装置的某些构造件等。

5.2.5　硅化物

1. 硅化物的结构

难熔金属硅化物在结构方面与硼化物有许多共同之处,硅原子之间以共价键相互作用,形成链状、网络状和骨架状,而金属原子则安置在链、网、骨架单元之间。根据结构上的差异硅化物可以分为

(1)带有金属结构的相

它们是当硅原子置换金属原子时不重新构形,而仅仅使金属晶格发生畸变,凡符合 Me_3Si 分子式的硅化物属于这一类结构。

(2)结构复杂的硅化物

这类结构包括了硅原子组成的各种构形。

①含有孤立硅原子,如 USi_2、USi_3、$FeSi$。

②含有孤立原子对,如 USi_3、$FeSi_2$。

③硅原子组成链,如 CO_2Si、$MnSi_3$

④由两组原子组成最紧密的层状,如 $MoSi_2$、$CrSi_2$、$TiSi_2$。

⑤由硅原子组成骨架,如 $ZrSi_2$、$CaSi_2$。

由于硅原子的电离势比硼还小,所以硅原子之间的相互作用比较强,当与过渡金属形成 Me_xSi_y 时,随着 y/x 的比值的增大,硅原子间的键增强,这样一来,金属原子与硅原子之间的键相应比较弱,而金属原子本身的键也较弱,所以在硅化物结构中,由硅原子构成的结构单元和金属原子构成的结构单元联系是不紧密的,无例外地均有金属导电性。因而硅化物既有金属导电性又有半导体性。

2. 硅化物的制备方法

(1)金属与硅在高温下直接合成

$$Me+Si = MeSi(2MeH+2Si = 2MeSi+H_2)$$

既可在 1 000 ~ 1 400℃还原气氛或惰性气氛下合成,也可用热压法把它们的混合料直接热压。

(2)硅还原法

用硅在真空下还原金属氧化物,可获得纯的硅化物,即

$$2MeO+3Si = 2MeSi+SiO_2$$

也可以加碳来还原

$$MeO+Si+C \longrightarrow MeSi+CO$$

（3）铜硅化物法

使金属同硅在熔融铜中相互作用（铜硅化物法）

$$(Cu-Si)+Me \longrightarrow MeSi+(Cu)$$

$$(Cu-Si)+MeO \longrightarrow MeSi+(Cu+CuO-SiO_2)$$

（4）气相沉积法

在有氢条件下，使硅的卤化物蒸气从高温的金属粉末上流过，亦可沉积在相应金属制成的白热丝上。

$$Me+SiCl_4+2H_2 = MeSi+4HCl$$

（5）熔融电解法

电解由碱性氟硅酸盐和相应的金属氧化物或氟化物组成的融盐时，阴极上便能制得金属硅化物的结晶。

$$K_2SiF_6+MeO \longrightarrow MeSi+2KF+\frac{1}{2}O_2$$

此外尚有铝（镁）热法，金属还原 SiO_2 等方法。

3. 硅化物的性质与用途

硼化物的熔点比相应的金属要高得多，而硅化物的熔点，通常要低于与其相应金属的熔点或者相等，这就是硅化物具有熔点低、硬度低（其显微硬度一般不超过 10 000 ~ 12 000 MPa）、机械强度低，并在不太高的温度下容易蠕变的原因。但硅化物的抗氧化性较好，这是由于在其表面上形成了一薄层熔融状的氧化硅或形成了一层由耐氧化和难熔硅酸盐组成的表面薄膜的缘故。

硅化物在常温下硬而脆，导热率较高，因而有良好的热稳定性。

硅化钼（$MoSi_2$）在这方面具有优良的性质，可以在空气中温度达 1 700 ℃时继续使用数千小时，因此在超音速飞机、火箭、导弹、原子能工业中都有广泛的应用。

第6章 有机化合物合成实例

染料、医药和表面活性剂等三大类有机化合物无论在工农业生产还是人们的日常生活中均占重要地位,但限于篇幅,本章就前两类有机化合物中的一些典型实例的合成方法作一简要介绍。

6.1 合成染料

染料(尤其是国外染料)商品牌号繁多复杂,按照其应用方式大致包括如下11类:直接染料(direct dyes)、酸性染料(acid dyes)、冰染染料(azoic dyes)、活性染料(reactive dyes)、阳离子染料(cationic dyes)、分散染料(disperse dyes)、还原染料(vat dyes)、硫化染料(suiphur dyes)、金属络合染料(pre-metallised dyes)、缩聚染料(polycondensation dyes)、功能染料(functional dyes)和高分子交联染料(polymer crossing dyes)等。这些染料所涉及的发色母体主要有如下几种。

- 偶氮结构为发色母体的染料
- 蒽醌结构为发色母体的染料
- 三苯二嗪结构为发色母体的染料
- 酞菁结构为发色母体的染料
- 靛蓝结构为发色母体的染料
- 三苯二𫫇嗪结构为发色母体的染料
- 以季铵、多甲川和三芳甲烷等阳离子结构为发色母体的染料(即阳离子染料)
- 以香豆素、苝四羧酸、1,8-萘二羧酸、吡啶酮和方酸等结构为发色母体的染料(功能染料)

限于篇幅,本节仅讨论以偶氮、蒽醌、三苯二𫫇嗪等结构为发色母体的染料的合成方法。

6.1.1 偶氮染料

偶氮染料由重氮组分与偶合组分构成,其合成方法的关键在于如何合成出重氮组分与偶合组分中间体。

例1 试合成下面偶氮染料(1)和(2)

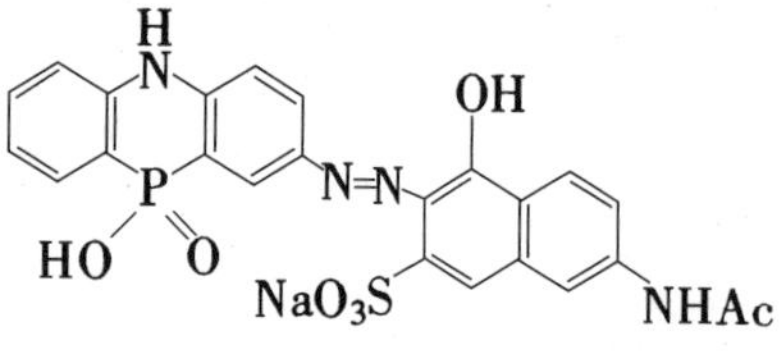

（1） 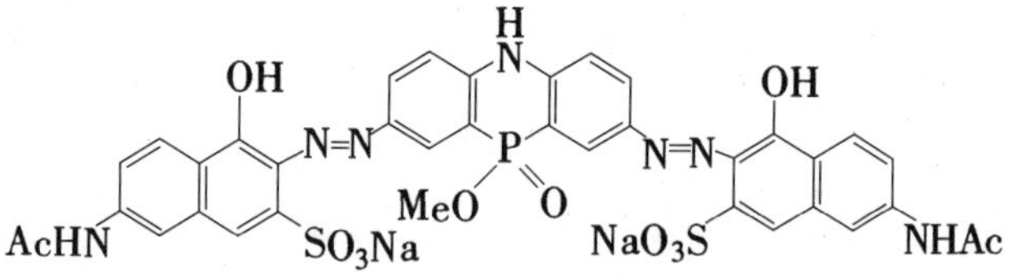　　　　　　　　　　　（2）

这是作者最近新合成的两支染色性能优良的弱酸性染料,其中染料(2)在2%色度下即可将羊毛染成黑色,其耐光牢度6级以上,耐洗和耐摩擦牢度均达到5级。由于构成两支染料的中间体具有非诱变性,使该染料成为环境友好染料。

分析:这两支染料的共同特征是他们都具有相同的偶合组分—乙酰J-酸,不同点仅在于重氮组分不同。因此合成的关键在于怎样合成出重氮组分。

合成

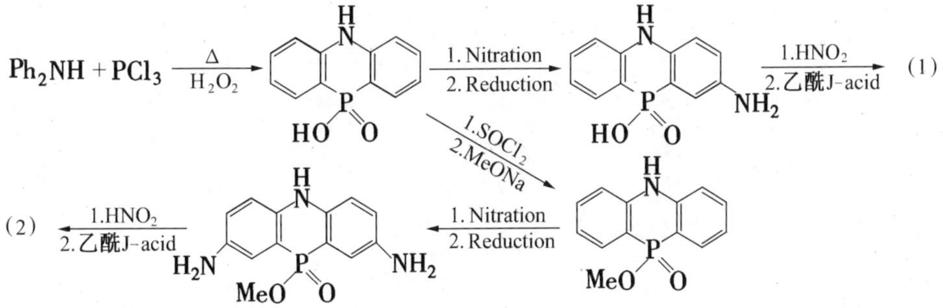

例2　试合成活性艳红X-7B(3)。

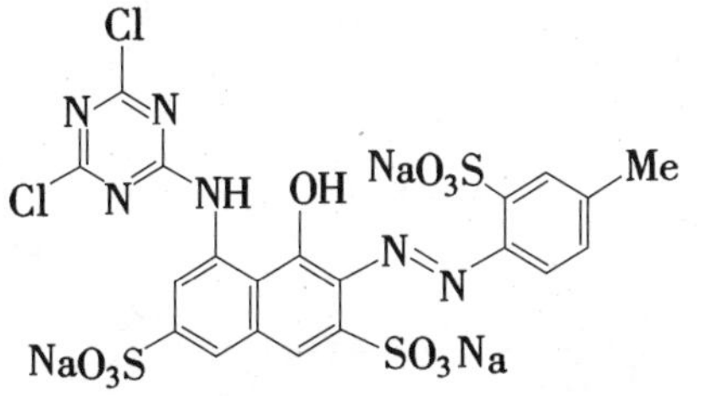

(3)

分析:活性艳红X-7B(3)为偶氮活性染料,它是由5-甲基-2氨基苯磺酸的重氮盐与H-酸(与三聚氯氰)的缩合物发生偶合作用而得到;或者将5-甲基-2氨基苯磺酸的重氮盐与H-酸先发生偶合作用,得到的染料再与三聚氯氰发生缩合。但是,使用后一方法往往无法避免5-甲基-2氨基苯磺酸的重氮盐与H-酸在氨基邻位偶合而形成的杂染料,因此,实际中常常采用第一种方法来合成活性艳红X-7B(3)。

合成

① 5-甲基-2氨基苯磺酸的合成

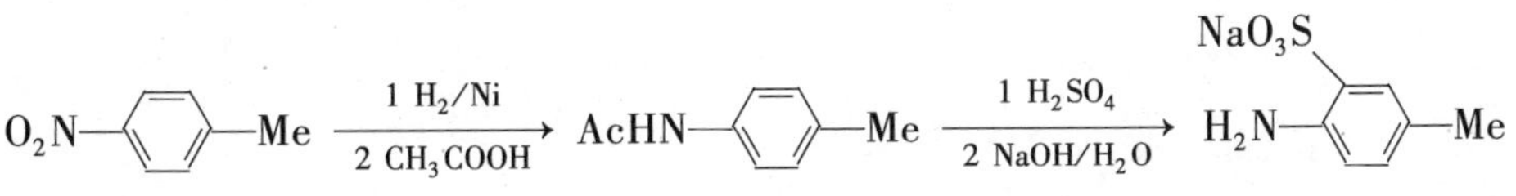

② 偶合组分的合成

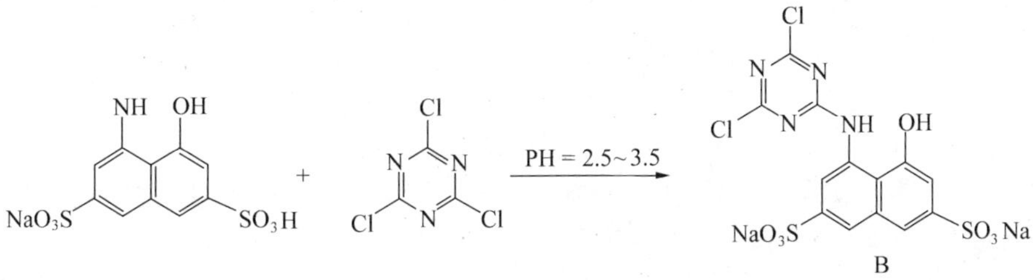

③活性艳红 X-7B 合成

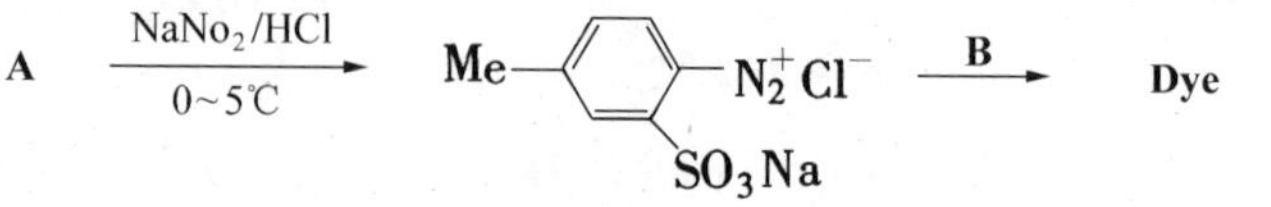
A
NaNo2/HCl
0~5℃
Me
N2+Cl−
SO3Na
B
Dye

(3)

例 3　合成冰染染料的色酚 AS 与橙色基 GC

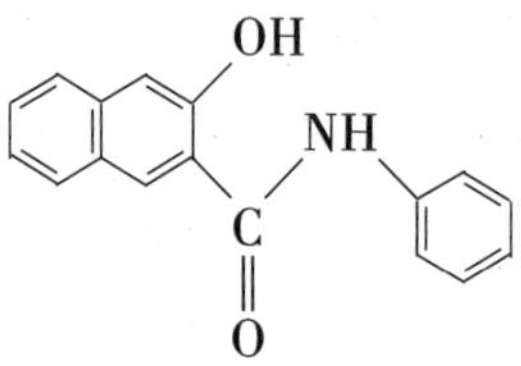
OH
NH
C
O

色酚 AS

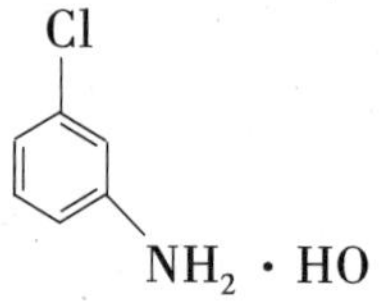
Cl
NH2 · HO

橙色基 GC

① 色酚 AS 的合成

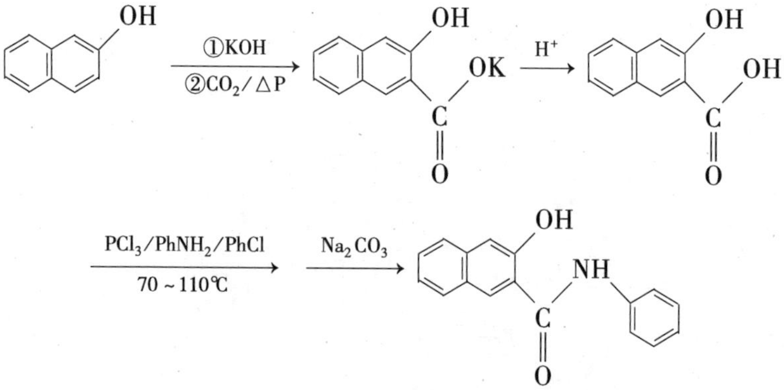
OH
①KOH
②CO2/△P
OK
H+
OH
C
O
PCl3/PhNH2/PhCl
70~110℃
Na2CO3
NH

色酚 AS

② 橙色基 GC 的合成

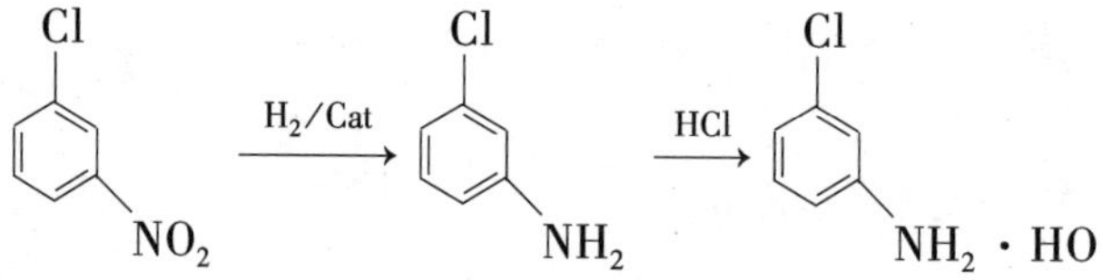
Cl
NO2
H2/Cat
NH2
HCl
NH2 · HO

橙色基 GC

例 4　合成分散深蓝 H2GL

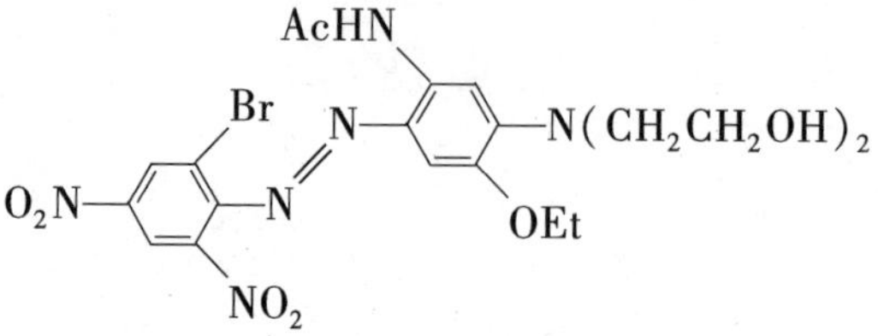
AcHN
Br
N
N
N(CH2CH2OH)2
O2N
OEt
NO2

分散深蓝 H_2GL

分析:尽管分散深蓝 H_2GL 的结构比较复杂,但是从偶氮键断开后则简化为两个中间体的合成。

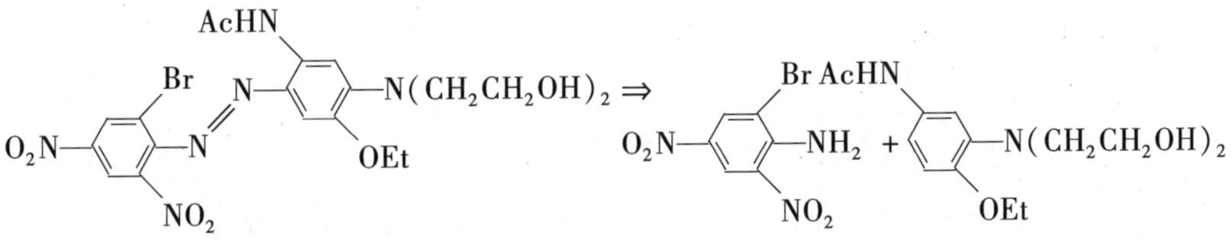

分散深蓝 H₂GL

合成

① 偶合组分的合成

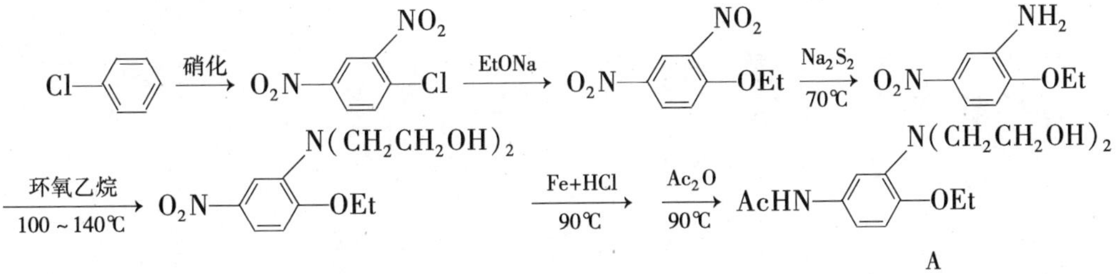

② 重氮组分及染料的合成

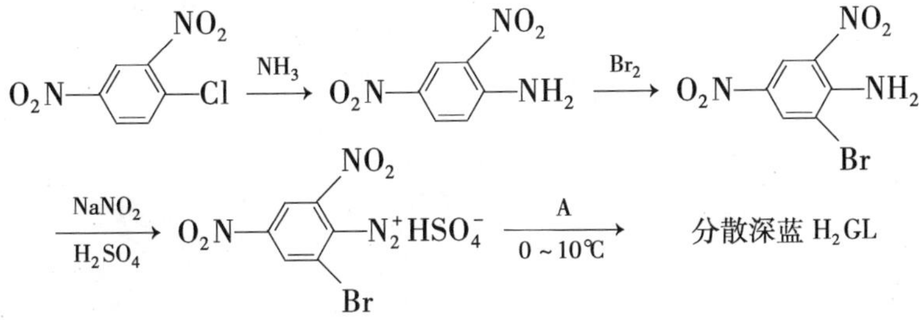

6.1.2 蒽醌染料

蒽醌染料具有色光鲜艳、化学结构稳定、日晒牢度优异等优点。蒽醌染料的合成一般是在蒽醌衍生物母体上进行诸如硝化、磺化、还原之类的单元操作来完成,个别情况下也有合成母体环的情况。

例1　合成酸性蓝 B

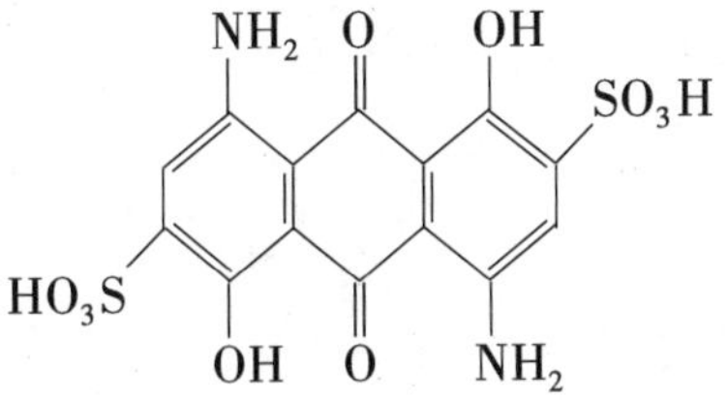

酸性蓝 B

合成

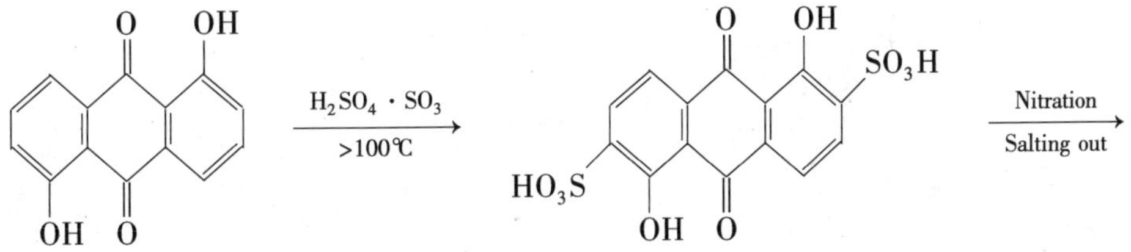

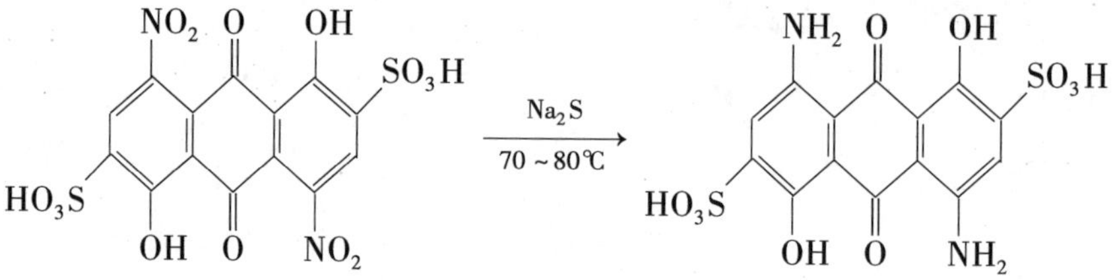

例 2　合成活性艳蓝 X-BR 和活性艳蓝 K-GR

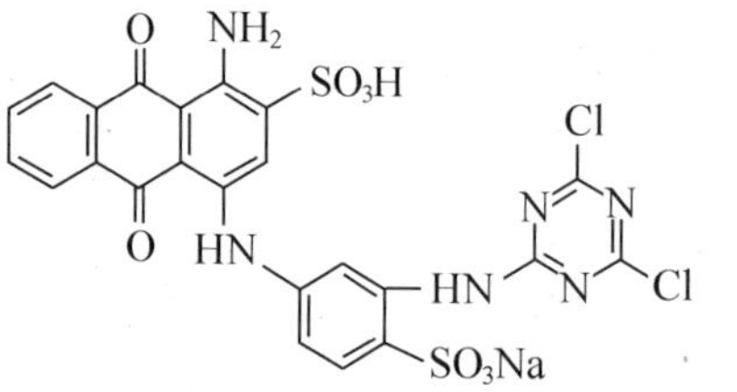

活性艳蓝 X-RB

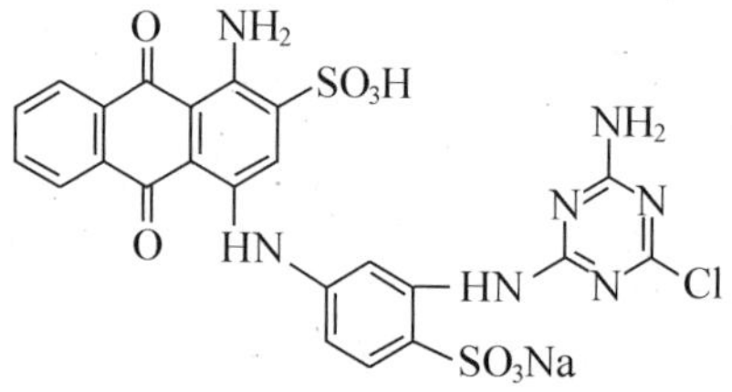

活性艳蓝 K-GR

合成

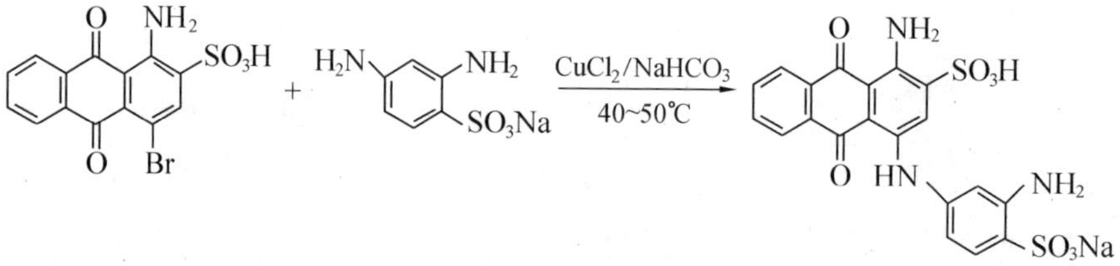

$\xrightarrow[5\sim10℃]{\text{三聚氯氰}}$ 活性艳蓝 X-RB $\xrightarrow[40\sim50℃]{NH_3\cdot H_2O}$ 活性艳蓝 K-GR

例 3　合成还原蓝 RSN

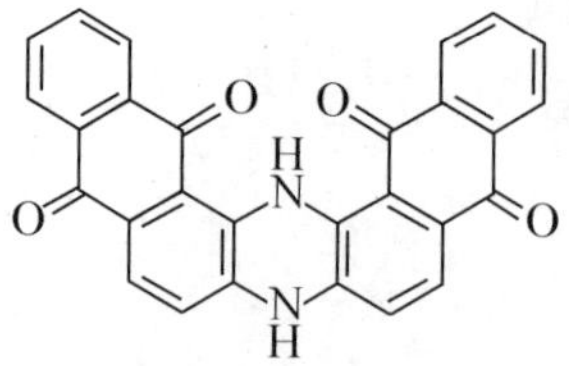

还原蓝 RSN

合成

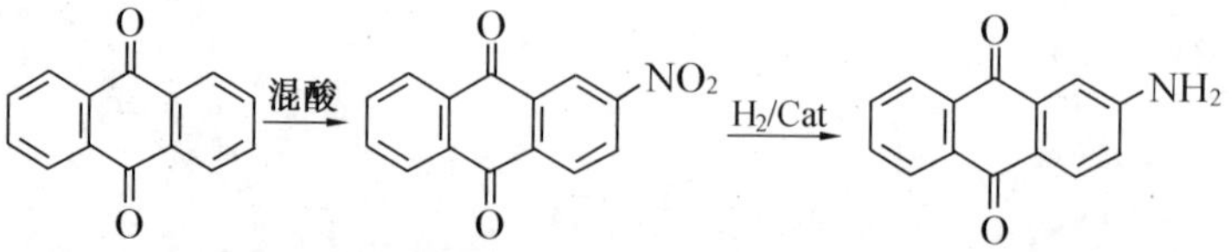

$\xrightarrow{NaNO_2/KOH,NaOAc}$ 还原蓝 RSN

例 4　合成下面蒽醌分散染料

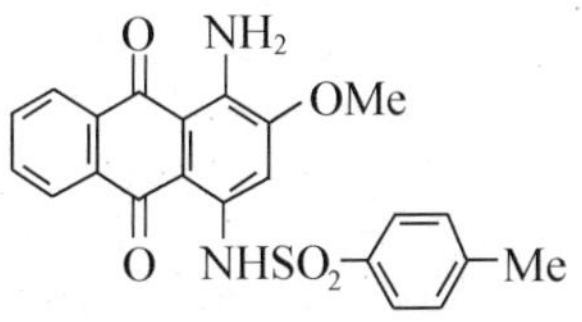

①　　　　　　　②

合成　分散染料①的合成

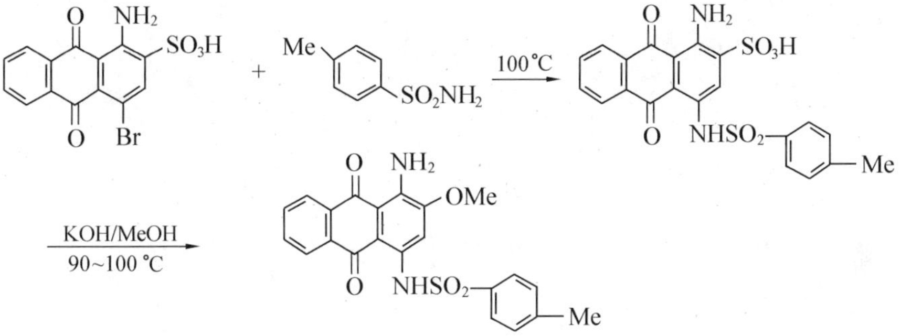

分散染料②的合成

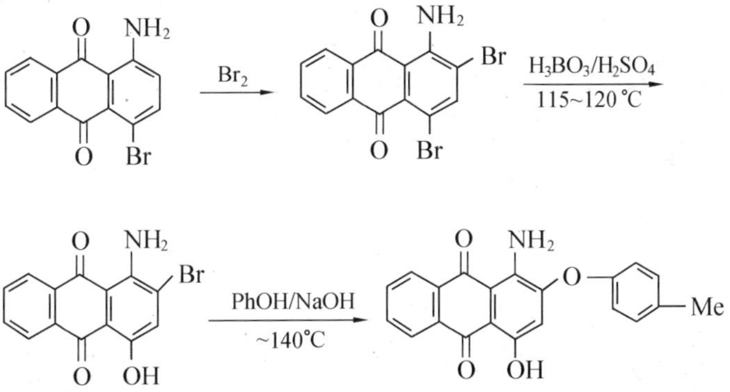

6.1.3　三苯二𫫇嗪染料

　　三苯二𫫇嗪(双氧氮蒽)母体结构的染料是一个已经有 60 多年历史的染料品种,20 世纪 30 年代,IG 发本公司首先推出具有三苯二𫫇嗪母体结构的 Sirius 系列直接蓝染料。近 30 年来以三苯二𫫇嗪为母体结构的染料发展迅速,由于三苯二𫫇嗪母体结构发色强度高于蒽醌与偶氮型染料,而且色光鲜艳、牢度优异,所以倍受染料界的青睐。在三苯二𫫇嗪母体结构上引入磺酸基就可以得到棉用直截染料;引入活性基则可以得到活性染料;不含水溶性基团的三苯二𫫇嗪母体可以用作颜料。此外,由三苯二𫫇嗪母体结构还可以衍生出酸性、硫化和分散染料,但是研究最多而且最成熟的为活性染料。根据活性基的不同可将其分为四种类型。

✚ 均三嗪型

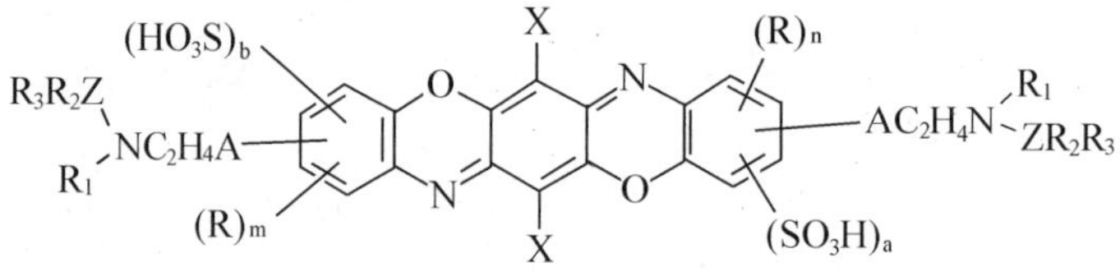

式中:X=H,Cl,OMe etc.；R=卤素,COOR,OMe etc.；Z=均三嗪活性基；R_1=H,Me,C_6H_5 etc.；R_2,R_3=Cl,F；A=O,S,NH。

✚ β-羟乙基砜硫酸酯型

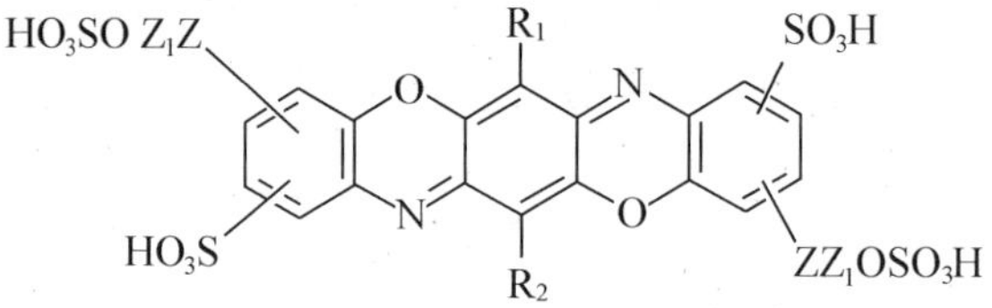

式中:R_1,R_2=Cl,；Z=O,S,NHNR(R=C_1~C_4 烷基)；Z_1= C_2~C_6 烷烃链。

✚ 磷酸酯型

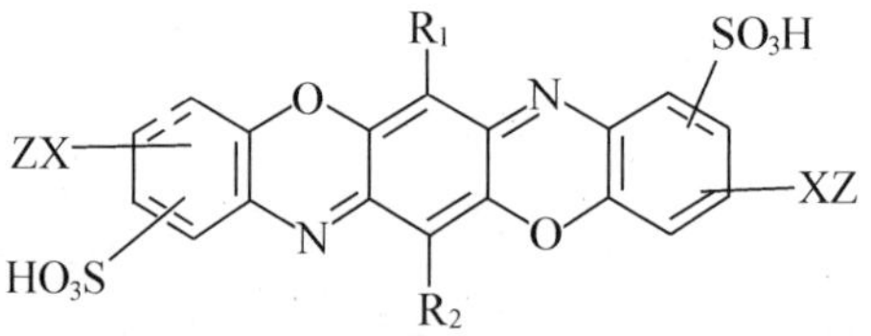

式中:R_1,R_2=Cl,；Z=-PO_3H_2；X=C_2H_4NH,C_6H_4NH 等。

✚ 复合型

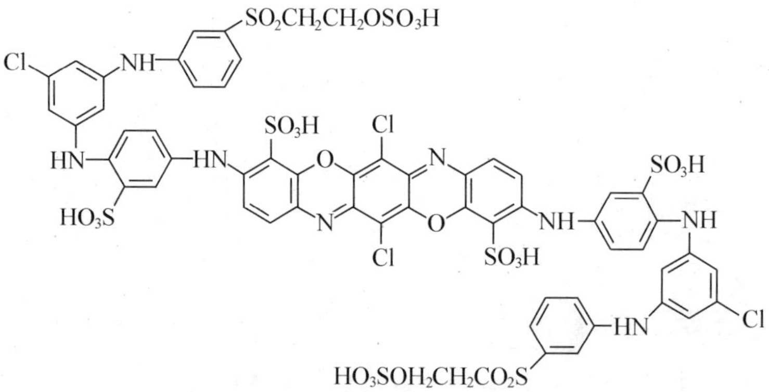

　　上述三苯二噁嗪恶嗪染料合成的关键在于母体结构的合成与活性基的引入,究竟是先合成母体还是先引入活性基要看染料的具体结构。

　　例 1　合成活性艳蓝 KN-FB

　　活性艳蓝 KN-FB 是作者协助大连理工大学精细化工国家重点实验室赵德丰教授新开发的一种高固色率红光蓝色活性染料,其固色率高达:染棉 90%,染丝绸 85%,而且其筛网印花效果极佳。

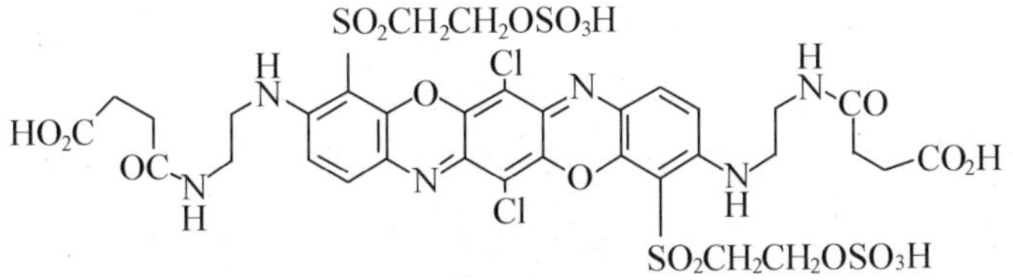

活性艳蓝 KN-FB

分析　该分子表面看来十分复杂,但是经过仔细观察就会发现它是一个对称的分子。因此,可以直接将它拆分为四氯苯醌和 β-羟乙基砜衍生物。

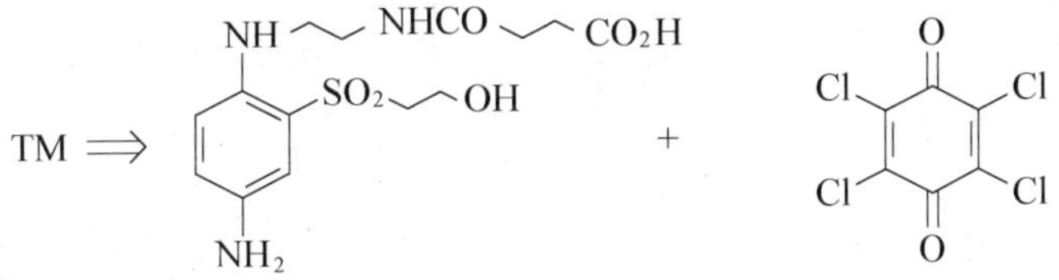

从而使该化合物的合成简化为 β-羟乙基砜衍生物的合成。这样可以很快设计出它的合成路线并成功地制备出活性艳蓝 KN-FB。

合成

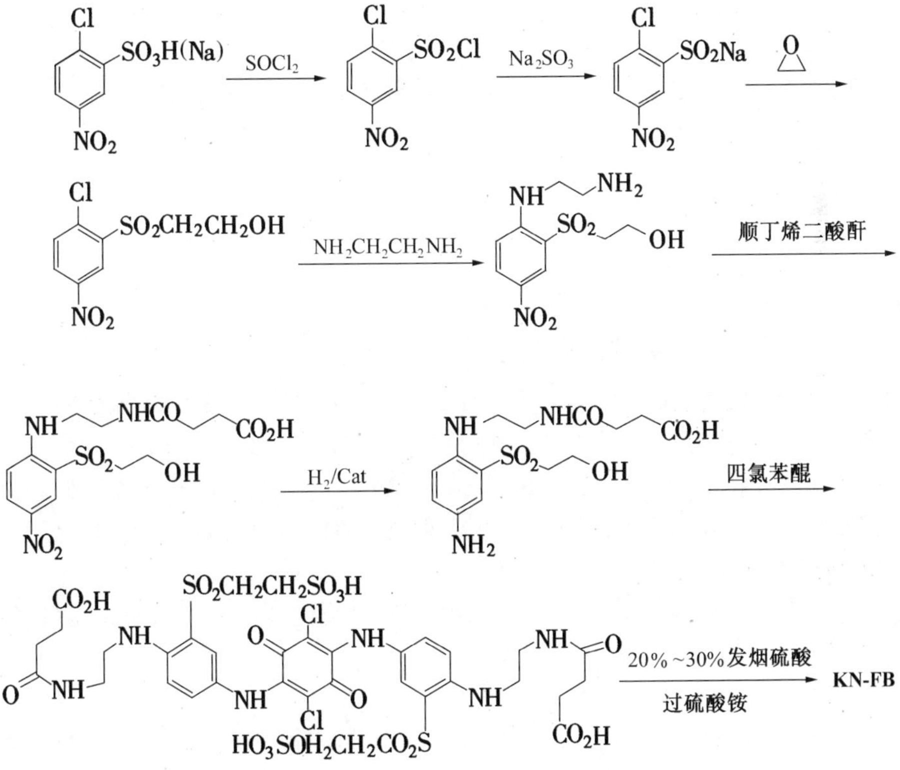

例 2　合成下面含有三苯二噁嗪母体结构的分散染料

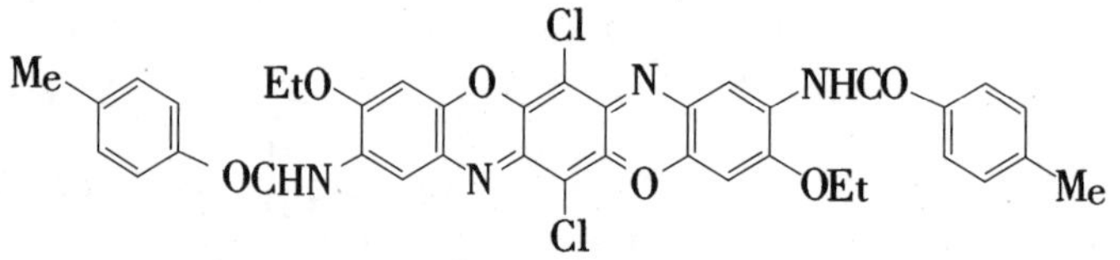

分析　与上述活性艳蓝 KN-FB 类似,该分子也可以简化为下面中间体的合成,这样以来,整个合成工作显得十分简单。

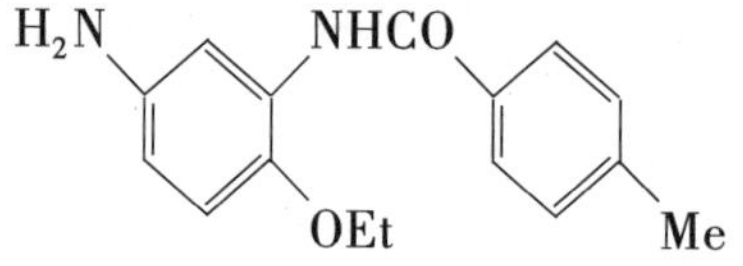

合成

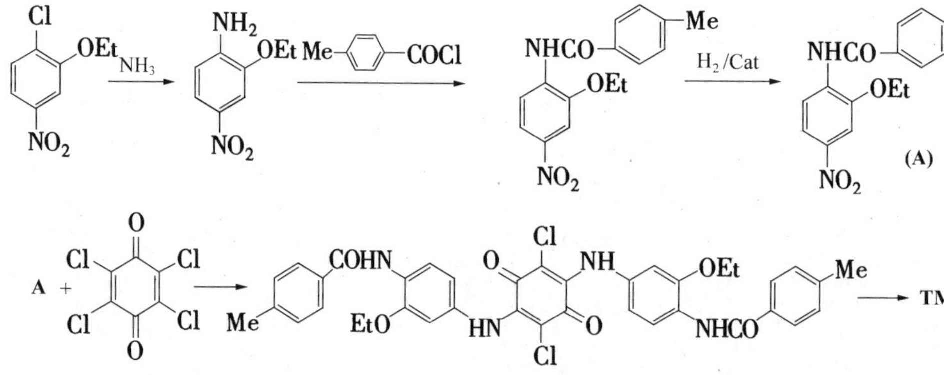

6.2　物理功能高分子

6.2.1　感光性高分子

某些高聚物在光的作用下,由于能迅速发生光化学反应,引起了物理或化学性质的变化,这类高聚物统称为感光性高分子。感光性高分子材料已广泛应用于印刷、电子、涂料等工业,并使之在技术方面产生重大的革新。例如在印刷工业,感光树脂印刷版可以代替铅字排版,实现了全自动操作;应用于大规模集成电路的各种光刻胶、电子束胶,在电子计算机上用作记忆因子、开闭讯号的记录材料。

光化学反应主要有光交联、光分解、光致变色、光裂构等,下面简要介绍各种类型的感光性高分子。

1. 光交联型

由聚乙烯醇与肉桂酰氯反应,可得聚乙烯醇肉桂酸酯,它是典型的交联型感光树脂,由于肉桂酰基在紫外光作用下发生二聚反应,生成不溶性的交联产物,即

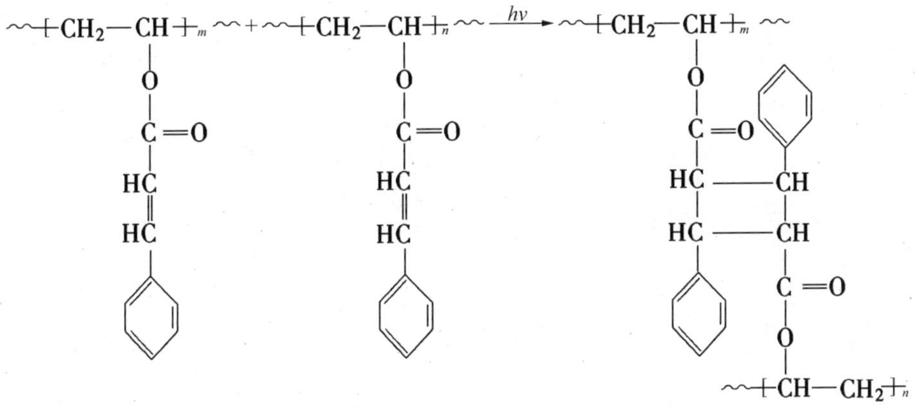

这种感光性高分子在国内外已广泛用于光致抗蚀剂（光刻胶）。

通常适用于可见光源,使聚乙烯醇肉桂酸酯的特征吸收由 230 ~ 340 nm 移至450 nm 左右,就必须添加适当增感剂,常用的增感剂有蒽醌、硝基苊、硝基芴等,其中最有效的增感剂是

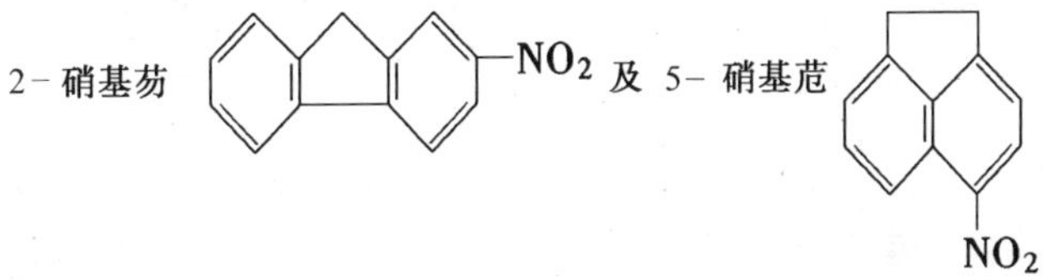

感光树脂的感光度＊与树脂的结构有很大关系,特别与感光性官能团的种类有关,如聚乙烯醇肉桂酸酯的苯环上引入不同取代基,对感光度有明显的影响,见表6.1。树脂的感光度与所含感光性官能团的数量成正比,因此同一种感光树脂的感光度与合成方法有关。例如,聚乙烯醇肉桂酸酯一般通过聚乙烯醇与肉桂酰氯反应而合成。

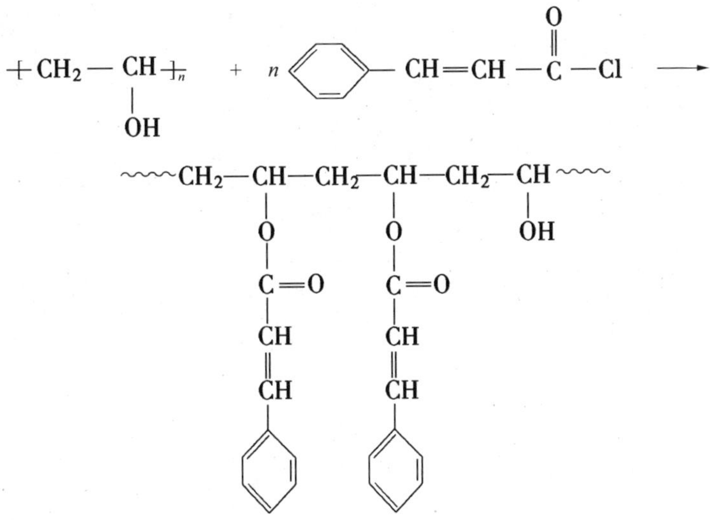

表 6.1　感光性官能团对感光度的影响

感光树脂	感光性官能团	感光度
聚乙烯醇肉桂酸酯	$-O-\overset{\displaystyle O}{\underset{\displaystyle \|}{C}}-CH=CH-\bigcirc$	2.2
聚乙烯醇–氯代肉桂酸酯	$-O-\overset{\displaystyle O}{\underset{\displaystyle \|}{C}}-CH=CH-\bigcirc Cl$	2.2
聚乙烯醇–硝基肉桂酸酯	$-O-\overset{\displaystyle O}{\underset{\displaystyle \|}{C}}-CH=CH-\bigcirc NO_2$	350
聚乙烯醇–叠氮苯甲酸酯	$-O-\overset{\displaystyle O}{\underset{\displaystyle \|}{C}}-\bigcirc-N_3$	4400

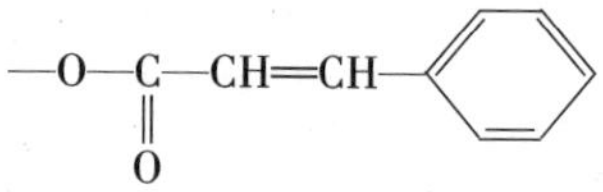

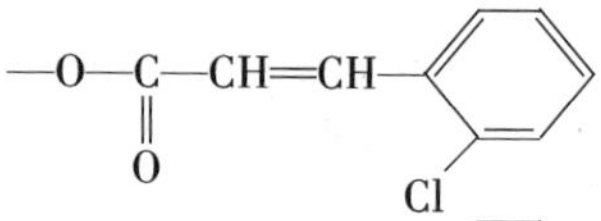

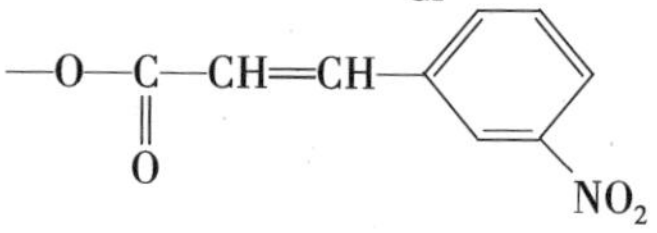

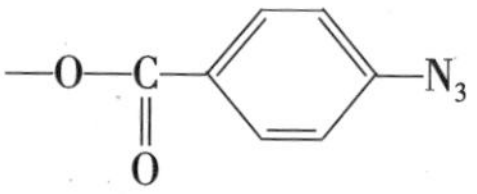

＊感光度(S)反比于感光树脂的曝光能量,感光度的定义是使感光树脂在标准条件下,经光化学反应转变为不溶性物质所需要的曝光能量(E),即 $S=K/E$,式中 K 为常数。

由于大分子官能团反应不能 100% 完成,因此感光活性受到限制,如果直接用肉桂酸乙烯酯 $CH_2=CH$ 为单体进行聚合,则反应中易产生环化产物,反

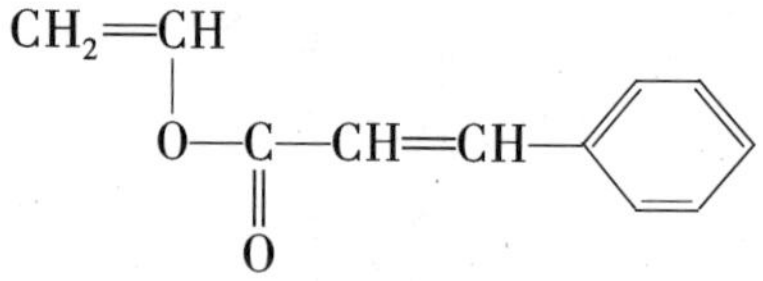

$$\begin{array}{c} CH_2=CH \\ | \\ O \\ | \\ \overset{\displaystyle O}{\underset{\displaystyle \|}{C}}-CH=CH-\bigcirc \end{array}$$

使感光性基团——肉桂酰基含量太少,因而感光活性很低。后来有人由氯乙基乙烯醚与肉桂酸钠反应,制得肉桂酸乙烯氧基乙酯单体,再经正离子催化聚合反应,得到聚肉桂酸乙烯氧基乙酯

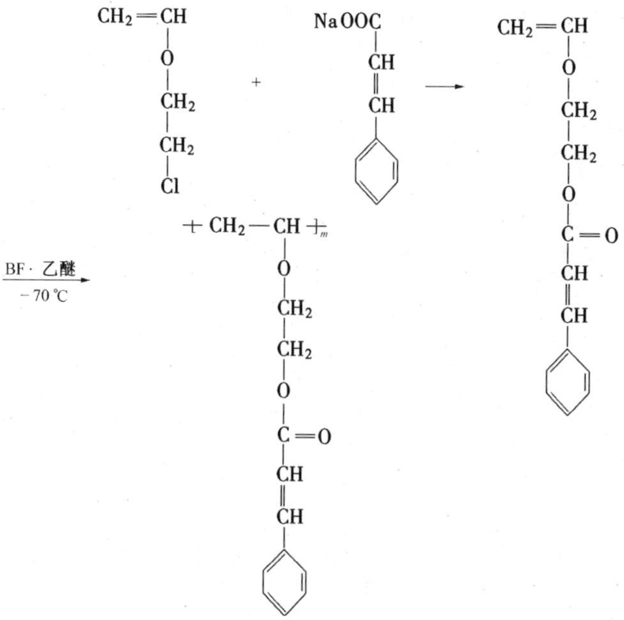

这种感光性树脂由于含有较多感光性基团,其感光度较前述聚乙烯醇肉桂酸酯要大 2~6 倍,作为光刻胶其分辨率可达 1 nm。

此外感光性高分子的感光度还与高分子的分子量及分子量分布有关。

光交联型的感光性高分子除了上述直接二聚光交联者外,还有在高聚物系统中加入交联剂进行光敏交联的。例如国内外广泛应用于印刷工业的液体版感光树脂就是在不饱和聚酯中加入交联剂及少量增感剂等配制而成的。近年来为改进操作条件,有采用水溶性感光树脂的倾向,也就是曝光后不用有机溶剂而用水或稀酸、稀碱水溶液进行显影,为此而利用水溶性高聚物作为感光性树脂的骨架,如聚乙烯醇、水溶性尼龙、纤维素的衍生物等。

2. 光分解型

邻重氮醌化合物吸收光能引起光化学分解反应,邻重氮醌化合物光照后分解,放出氮气,同时经过分子重排,形成相应的五员环烯酮化合物,再水解生成可溶于弱碱液的茚基羧酸衍生物,其光化学反应如下

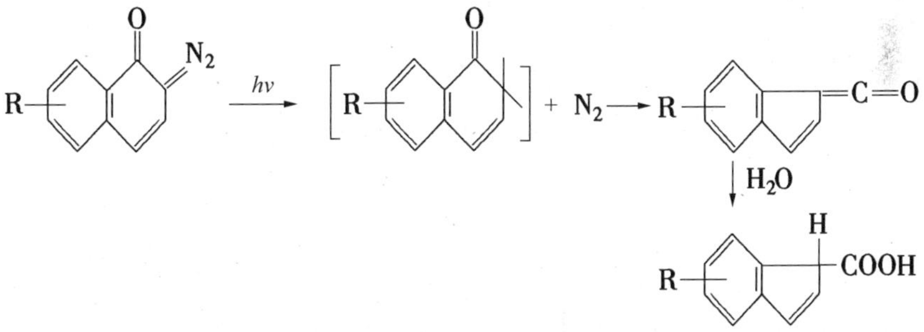

将高分子化合物与邻重氮醌化合物相混,或在高分子链上通过化学键连接邻重氮醌基团就可得到感光性树脂,由于它在光化学反应后生成可溶于碱液的酸衍生物,因此与上述光交联型感光树脂相反,属于正性感光树脂,通常研究的正性光刻胶多属此类。邻重氮醌类化合物很多,如

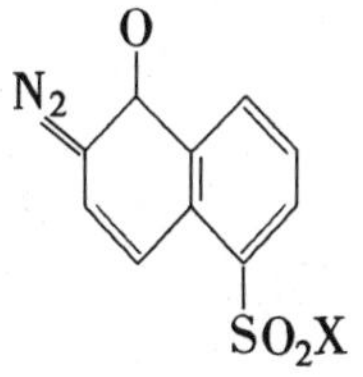

（ X＝Cl、F、RO、ArO、NH$_2$ 等 ）

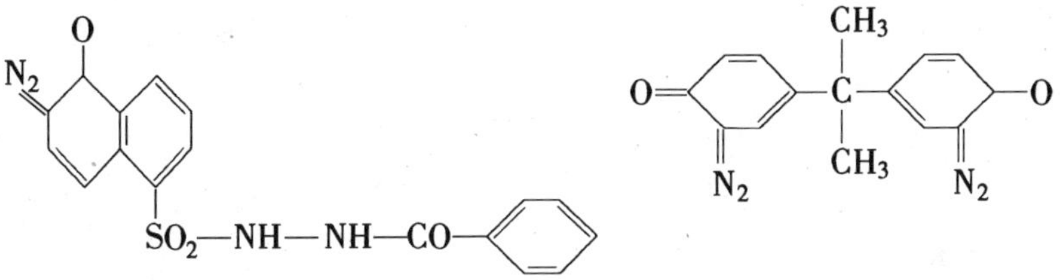

这些邻重氮醌化合物可以掺入线型酚醛树脂,聚碳酸酯中,或是将邻重氮醌与磺酰氯和带

有羟基的树脂进行缩合,在高分子链上引入感光性基团,以线型酚醛树脂为例,即

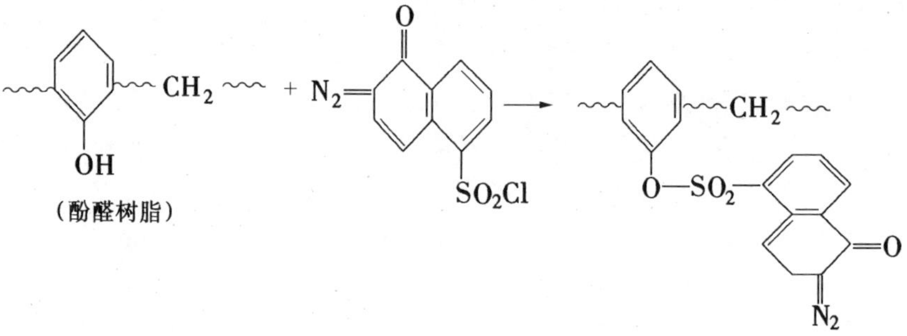

（酚醛树脂）

国内生产的 701 正性光刻胶就是这种类型的,它又可用电子束曝光,使分辨率大为提高（达 10～50 nm）。

除重氮醌类化合物外,重氮盐类遇光能分解,如将水溶性的重氮盐在水中进行光解反应,能生成非水溶性的酚类化合物,即

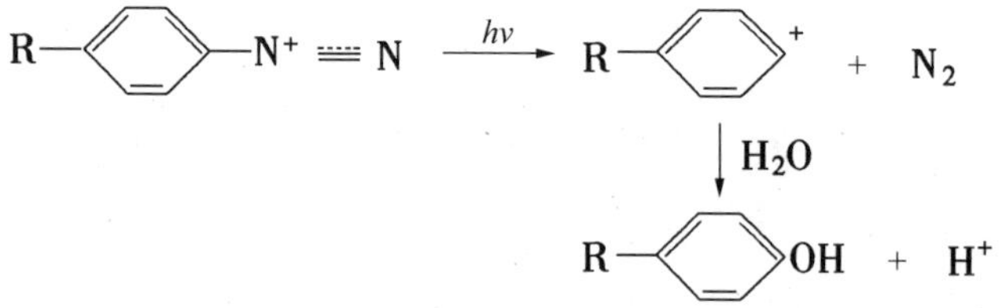

用对重氮二苯胺氯化物的 $ZnCl_2$ 复盐与甲醛缩合,可制得对重氮二苯胺的多聚甲醛缩合物,即

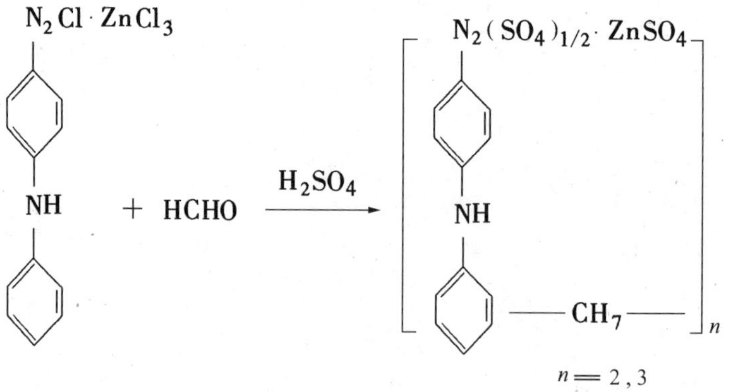

$$n = 2,3$$

这种感光树脂可作为平版感光层,受光照射后,重氮盐便光解而失去水溶性,如用水显影则可将图象留下来,目前这种感光树脂作为预涂感光版（即 PS 版）使用。

3. 光致变色高分子

近年来在高分子侧链上引入可逆变色基团很受重视,这种光致变色材料是由于光照时化学结构产生变化,使其对可见光吸收波长不同,因而产生颜色变化,在停止光照后又

能回复原来颜色,或者用不同波长的光照射能呈现不同颜色等。光致变色材料用途极广,可制成各种光色护目镜以防止阳光、电焊闪光、激光等对眼睛的损害,作为窗玻璃或窗帘的涂层,可以调节室内光线,在军事上可作为伪装隐蔽色,密写信息材料,以及在国防动态图形显示新技术中贮存信息。目前国内外都正大力研制这种信息记录材料。

如硫代缩氨基脲　　（—N＝N—C—C—NH—NH—）
　　　　　　　　　　　　　　　　‖
　　　　　　　　　　　　　　　　S

衍生物与 Hg^{2+} 能生成有色配合物,是化学分析上应用的灵敏显色剂,在聚丙烯酸类高分子侧链上引入这种硫代缩氨基脲汞的基团,则在光照时由于发生了氢原子转移的互变异构变化,使颜色由黄红色变为蓝色。

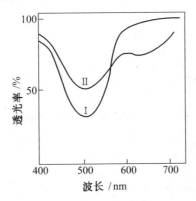

当 $R_2 =$ ——〈 〉——OCH_3 时,其光谱变化如图 6.1。光照后使其吸收峰由 500 nm（紫红色）移至 630 nm（蓝色）,因而呈现光致变色现象。

图 6.1　硫代缩氨基脲汞聚合物的光谱变化
Ⅰ—黑暗时;Ⅱ—光照时(照射时间 10s)

4. 光收缩型高分子

螺苯并吡喃类衍生物是一种光致变色材料,它在紫外光照射下,由于 C—O 键断裂,生成开环的部花青化合物,后者因有顺反异构而呈现深色,加热时,深色的部花青化合物又

会可逆地变回原来螺环结构,以 N(苯甲基)6-硝基 DIPS*为例,过程如下

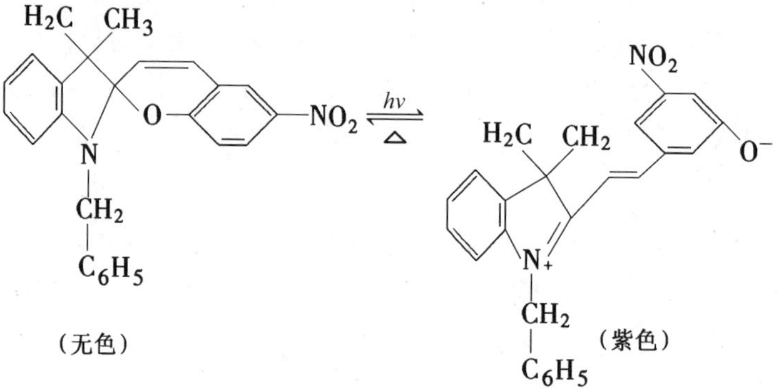

（无色）　　　　　　　　　　　　　　　　　（紫色）

＊DIPS 是指 3,3′-二甲基螺-(2H-1 苯并吡喃-2,2′吲哚)

将这类化合物与高聚物掺合,发现高聚物模板的种类、聚态结构(玻璃态或橡胶态)、结晶度等对光致变色速率有很大影响。

5. 光裂构高分子

由于世界上高分子材料产量的激增,为了解决高分子垃圾的销毁问题,研究那些公害少、废物能用阳光裂构处理的高聚物已开始受到重视。

光裂构高分子多属光氧化分解型高分子,在阳光照射下,它能迅速氧化裂解,如乙烯与一氧化碳的共聚物,苯乙烯与丙烯醛的共聚物等。又如含少量烷基乙烯酮的甲基或丙烯酸甲酯共聚物,经紫外线照射一定时间,便能裂构成粉,其光裂构机理为

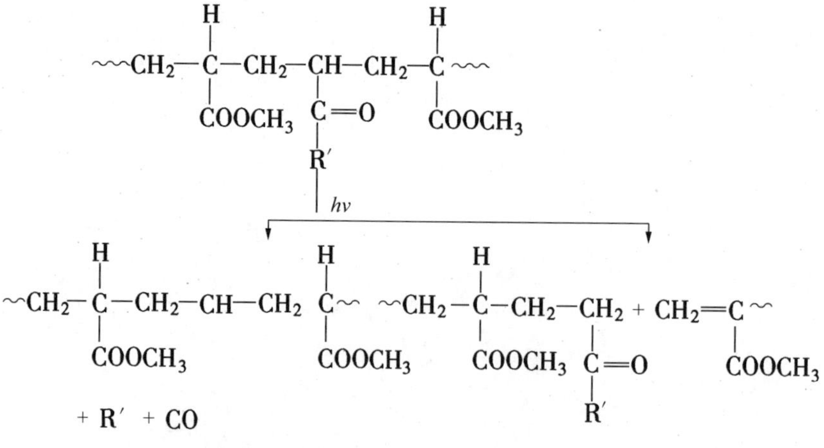

但是要有实用价值必须使其裂构速度可以人为地控制,也就是使用时要稳定而废弃时能迅速分解。为此可将某些抗氧剂加入其主链中,由于能形成稳定的游离基而抑制氧化反应。例如可合成下面含有位阻酚链节的三元共聚物,即

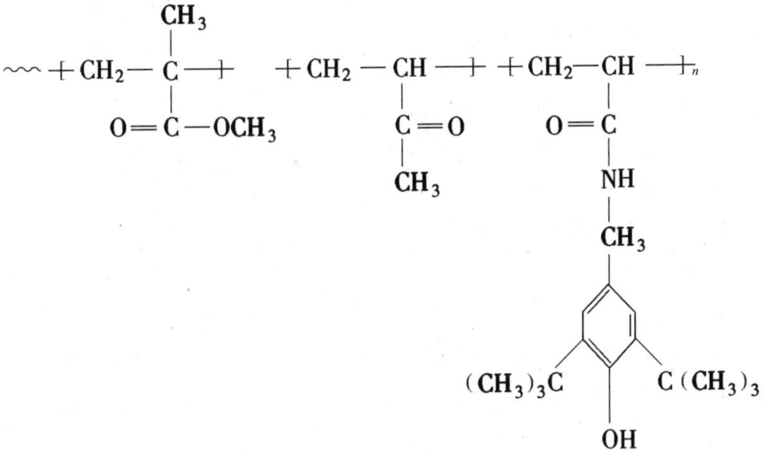

$$\sim\!\!-\!\!\left[\!CH_2\!-\!\underset{\underset{O=C-OCH_3}{|}}{\overset{\overset{CH_3}{|}}{C}}\!\right]\!-\!\left[\!CH_2\!-\!\underset{\underset{CH_3}{|}}{\overset{|}{CH}}\!\right]\!-\!\left[\!CH_2\!-\!CH\!\right]_n$$

这类共聚物由于所含位阻酚的量不同,对光分解反应的速度也不同。

6.2.2　高分子半导体与光致导电高分子

1. 高分子半导体

作为半导体材料,要求电阻(室温)约在 $10^8 \sim 10^0$ 欧姆厘米的范围内,而一般高聚物作为绝缘体使用,其电阻为 $10^{20} \sim 10^{10}$ 欧姆厘米,见表6.2。

表6.2　各种材料的电阻数值

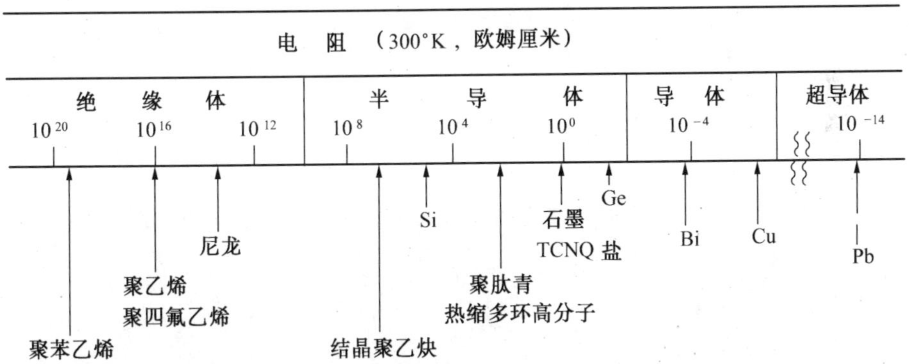

电　阻　（300°K，欧姆厘米）			
绝　缘　体	半　导　体	导　体	超导体

$$
\begin{array}{llllllll}
10^{20} & 10^{16} & 10^{12} & 10^8 & 10^4 & 10^0 & 10^{-4} & 10^{-14}
\end{array}
$$

尼龙

聚乙烯
聚四氟乙烯

聚苯乙烯

Si　　石墨　Ge
　　　TCNQ 盐
聚肽青
热缩多环高分子

Bi　　Cu

Pb

结晶聚乙炔

研究得最广泛的高分子半导体是共轭高分子和聚合物配合物,下面分类叙述。

（1）共轭高分子

共轭高分子是指高分子链中具有大共轭体系结构,其所以有半导体特性,一般认为是由于共轭体系中 π 电子的公有化。

典型化合物有:

①聚苯乙炔。苯乙炔能在 150 ℃,氩气下不用引发剂进行热聚合,得到黑色可溶性高聚物 $\underset{\overset{|}{C_6H_5}}{-\!\!\left(CH\!=\!C\right)\!_n}$ 分子量为 1 100 ~ 1 500,未经进一步热处理的聚苯乙炔其 π 电子是非

活性的,若将之在不同温度下热处理 6 h(在减压至 $(4 \sim 5) \times 10^{-2}$ mm 汞柱下进行),则发现温度愈高,电阻愈低,在 700 ℃ 热处理后,电阻降至 1.8×10 欧姆厘米,产物由红外光谱分析及元素分析,证明经 700 ℃ 热处理,发生了裂解与交联反应,产生了许多取代芳香环,并有低分子碳氢化合物析出,从而推测在高温热处理时发生如下反应

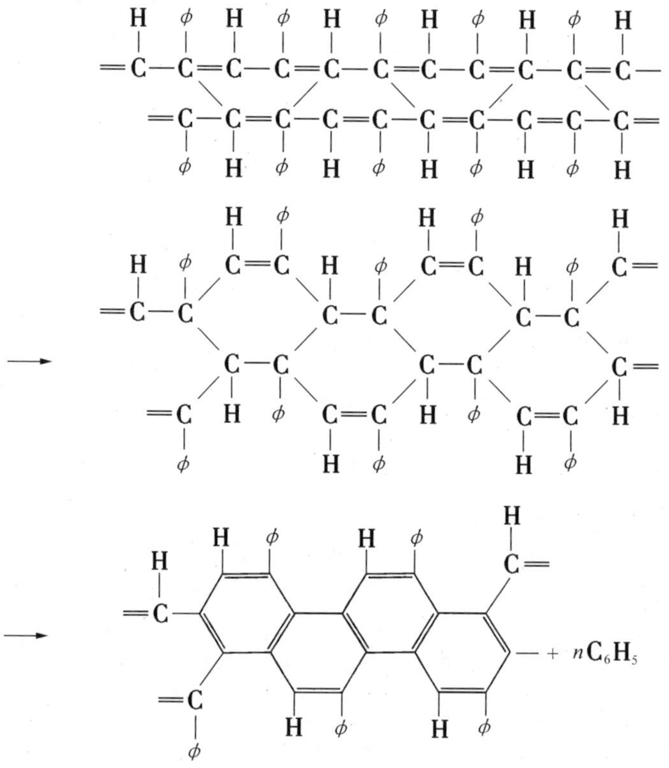

除了主链共轭高分子外,下列化合物也有半导体特性,属于分子间电子跃迁型的半导体材料

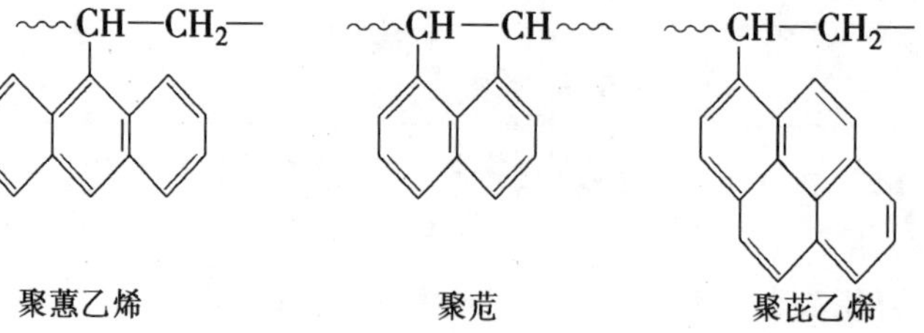

聚蒽乙烯　　　　　　聚苊　　　　　　聚芘乙烯

②热缩多环高聚物。聚丙烯腈在 400 ~ 600 ℃ 热处理时发生如下反应,形成高分子多环共轭体系,并具有半导体性质:

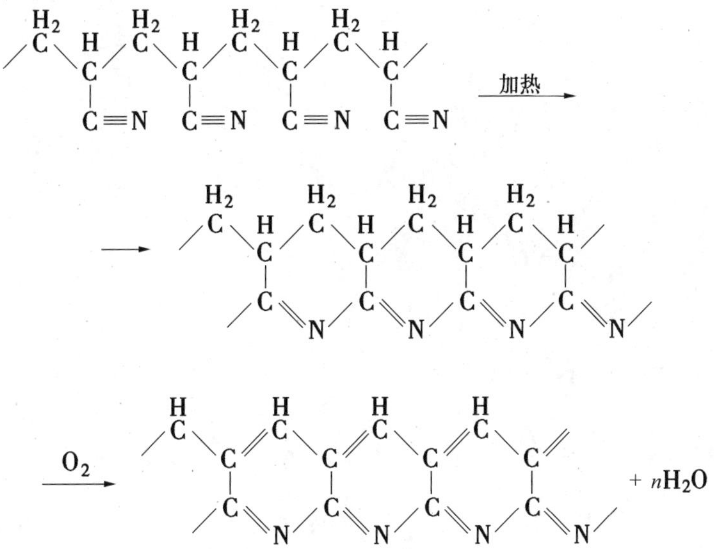

③聚肽青化合物。由均苯四腈与 CuCl₂ 反应可得聚肽青化合物,这是一种螯合型共轭高分子

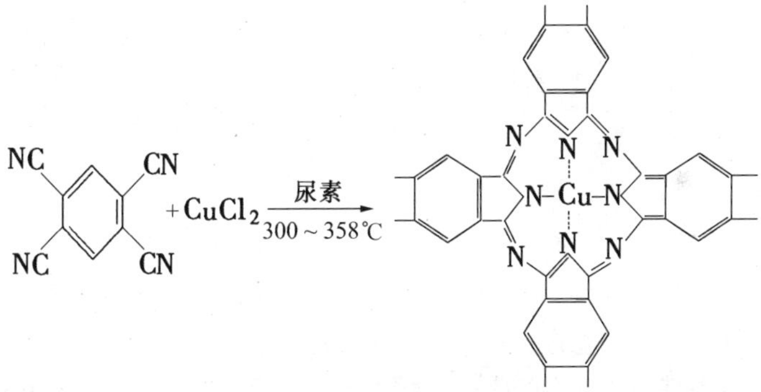

其他金属 Be,Mg 也可与之螯合。以上共轭高分子的电性质列于表6.3。

表6.3　共轭高分子的电性质

共轭高分子		E(电子伏特)	电阻 ρ(欧姆厘米,室温)
聚乙炔	结晶	$0.45 \sim 0.67$	$10^7 \sim 10^8$
	无定形	—	$10^9 \sim 10^{12}$
聚苯乙烯		$1.4 \sim 2.2$	$10^{15} \sim 10^{16}$
热缩多环高聚物(热处理聚丙烯腈)		$0.01 \sim 0.3$	$1.05 \sim 10^2$
聚肽青		0.26	$40 \sim 10^2$

(2)聚合物配合物

这些配合物多是形成电子供受配合物(donor-acceptor complexes),低分子物有芘与

四腈基乙烯(TCNE)或四腈基醌二甲烷(TCNQ),它们的电阻为 10^{12} 欧姆厘米:

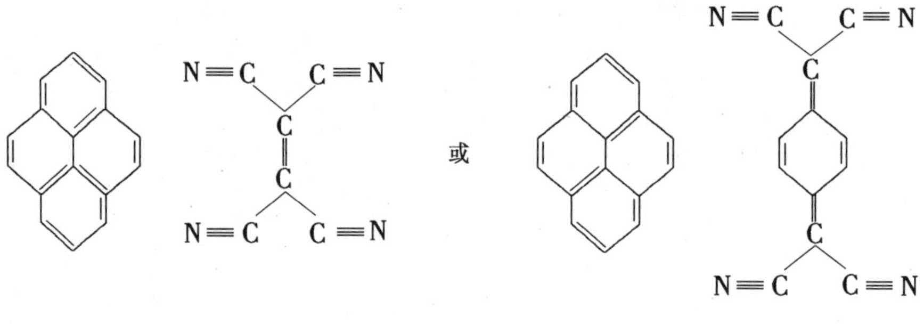

芘（供体）　TCNE　（受体）　　　或　　　芘（供体）　TCNQ　（受体）

由 LiI 与 TCNQ 作用,会使 TCNQ 具有一未成对电子而带负电

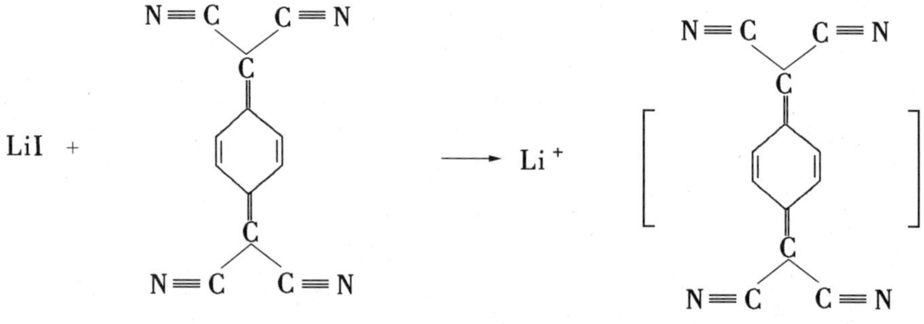

TCNQ

　　而低分子的季铵盐或主链带季铵正离子的聚电解质(ionene),可与 TCNQ-形成层状分子配合物,具有半导体特性,见表6.4。此表说明有过量的 TCNQ 中性分子或称 CQ 时,可使电阻大为下降。一般地说,当不存在 TCNQ 中性分子时,形成的是简单的类盐配合物,而存在 TCNQ 中性分子时,形成复合类盐配合物,后者电阻值大为下降,这是由于复合后 TCNQ 分子距离缩短,使导电活化能下降。

表 6.4　某些聚合物结合物的电性质

聚电解质链节	TCNQ 克分子	电阻(欧姆厘米,室温)
	2n	2.1×10^6
	3n	1.2×10^2
	2n	2.9×10^6
	3n	2.0×10^2

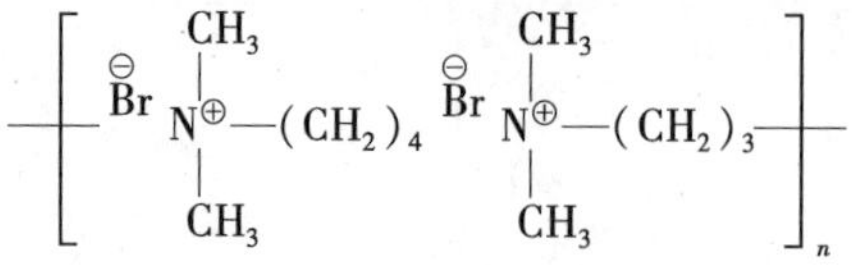

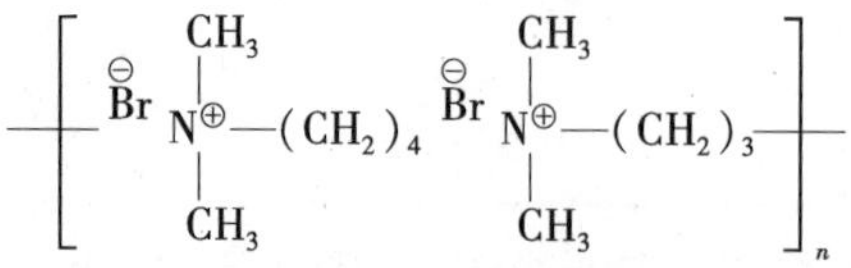

这类配合物是目前所知电阻最低的高分子半导体。

　　高分子半导体的电阻、电导率受温度和压力的影响,且同一种高聚物也因合成方法及后处理方法的不同,聚合度的差异,结晶性的不同,混入不规则结构,或掺杂了单体、催化剂、空气、水等杂质而影响其导电性,这就使实际应用受到一定的限制。当性能稳定性得到解决时,高分子半导体将有宽广的发展前景。

2. 光致导电高分子

　　某些高聚物在黑暗时是绝缘体,而在紫外光照射下导电性增加,典型聚合物如聚乙烯咔唑(PVCz)

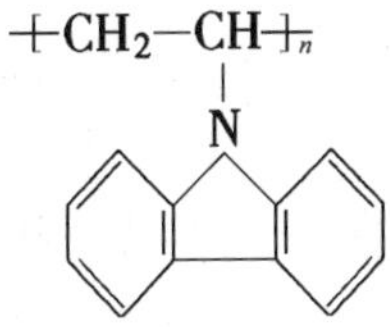

电导率: $\begin{cases} 黑暗 =5\times10^{-16} 欧姆^{-1} 厘米^{-1} \\ 紫外光 (360nm) =5\times10^{-13} 欧姆^{-1} 厘米^{-1} \\ 可见光 (550nm) =10^{-16} 欧姆^{-1} 厘米^{-1} \end{cases}$

　　这一高聚物已应用于电子照像或静电复制。

　　通常为了使之具有可见光的光域感光度,可添加光学增感剂,如 2,4,7-三硝基芴酮

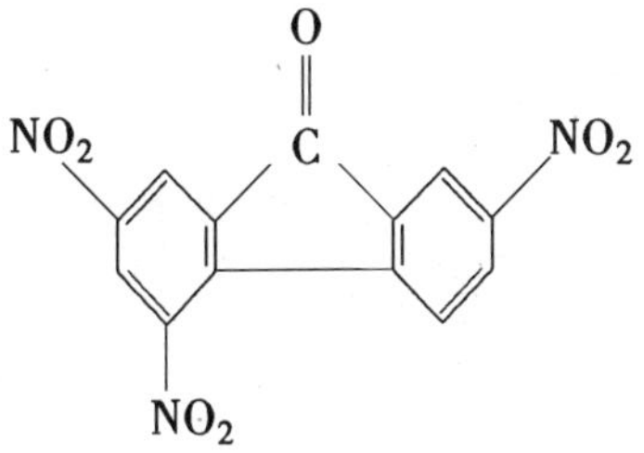

　　关于聚乙烯咔唑的光致电机理可表示如下

$$PVCz \xrightarrow{h\nu} [PVCz^+ + e^-]$$

　　PVCz 吸收紫外光后处于激发态,在电场中离子化,产生游离基——正离子 $PVCz^+$ 和电子 e^-,$PVCz^+$ 的作用相当于电荷载流子,而电子则跳到空穴中

$$[PVCz^+ + e^-] + 空穴 \longrightarrow PVCz^+ + 空穴^-$$

　　聚乙烯咔唑不但大量应用于光导静电复制,若将它与热塑性薄膜复合,还可制得光导热塑全息记录材料,即在充电曝光后再经一次充电,然后加热显影。由于热塑性树脂加热时软化,受带电区放电的压力,产生凹降而成型,如用激光曝光则制得光导热塑全息记录材料。

　　其他聚乙烯咔唑衍生物同样是光致导电体,如 3,6-二溴代聚乙烯咔唑、聚 2-乙烯-N-乙基咔唑等。

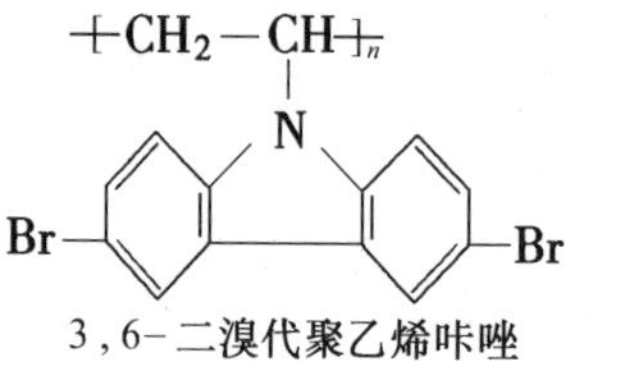

$$+CH_2-CH+_n$$

3,6-二溴代聚乙烯咔唑

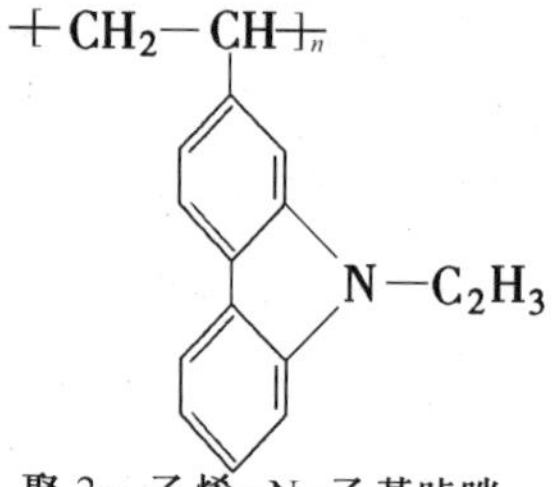

$$+CH_2-CH+_n$$

聚 2-乙烯-N-乙基咔唑

6.2.3　本征型导电高分子的典型合成方法

1. 聚乙炔

1958 年,Natta 采用普通烯烃聚合的方法,通过烷基铝-四丁氧基钛催化剂合成了具有长链共轭结构的不溶不熔的聚乙炔粉末。1974 年,日本的白川英树偶然发现在 195 K 下,通过提高催化剂浓度至烯烃聚合用量的 1 000 倍,并使聚合发生在玻璃容器壁上的方法可制备力学强度高且具有金属光泽的聚乙炔自支撑薄膜,白川英树法所得的聚乙炔 98% 为顺式结构,这种结构在 150 ~ 200 ℃下处理半小时可完全转化为更稳定的反式结构,经 AsF_5 掺杂后电导率可达 10^3 S·cm^{-1}。

$$nCH \equiv CH \xrightarrow[\text{toluene},78℃]{Ti(OBu)_4-AlEt_3} cis\text{-Polyacetylene}(98\%) + trans\text{-Polyacetylene}(2\%)$$

1987 年,Naarmann 采用催化剂陈化技术获得了更高电导率的聚乙炔膜,拉伸 5 ~ 6 倍,经 I_2 掺杂后电导率高达 10^5 S·cm^{-1},Tsukamoto 采用改进的 Shirakawa 路线也获得了类似电导率的自支撑膜。

2. 聚吡咯

吡咯可在有机溶剂如乙腈/LiClO$_4$ 中通过电化学氧化的方法聚合生成聚吡咯。

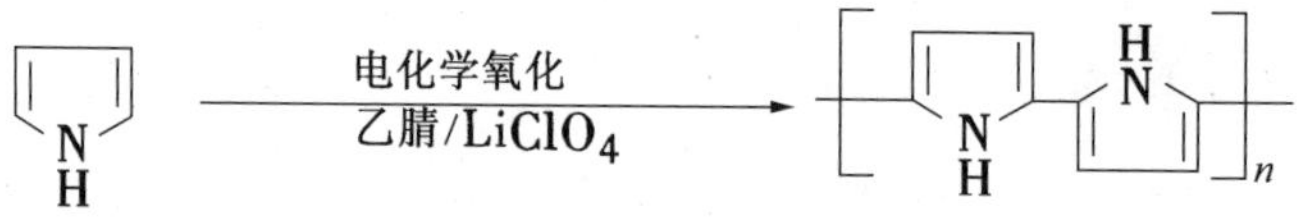

$$\xrightarrow[\text{乙腈/LiClO}_4]{\text{电化学氧化}}$$

通过电化学法可制成聚吡咯自支撑膜,电导率在 10^0 S·cm^{-1}左右。但电化学方法所得的聚吡咯量较少,且聚合物中经常存在不规整偶联(非 2,5 偶联)和支化,加上聚合物本身的刚性导致聚合物很难溶解在现有的溶剂中进行溶液加工。

大批量的聚吡咯通过化学氧化聚合得到,如在水中采用化学氧化聚合法可得到电导率在 10^0 S·cm^{-1}左右的聚吡咯,但同样也存在不规整偶联,影响了聚合物的溶解性。

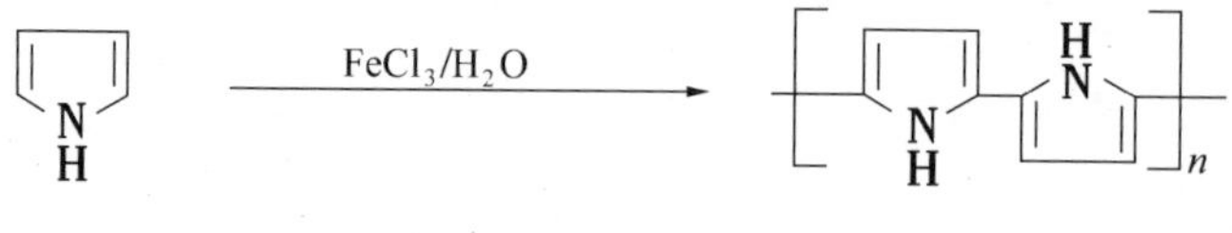

$$\xrightarrow{FeCl_3/H_2O}$$

3. 聚苯胺

苯胺可在酸性水溶液(HCl/H$_2$O)或有机溶液(乙腈/LiClO$_4$)中在铂、金等金属或石墨及其他半导体电极上采用恒电位或恒电流方法(扫描电压法)进行电化学聚合,其电导率在 10^0 S·cm^{-1} 左右。恒电流法所得的聚苯胺薄膜比恒电压法更均匀,品质更佳,由于电化学方法在规模上的限制,目前更多采用如下所示的化学法获得聚苯胺,通过控制化学聚合的条件,如单体/氧化剂比例、单体浓度、酸度、反应温度及加料方式等,可获得结构较为规整、分子量及分布可控的聚苯胺,室温电导率在 10^0 S·cm^{-1} 左右,本征态聚苯胺则可简单地采用 NH_4OH 反掺杂的方法得到,化学氧化法是目前合成导电聚苯胺最主要的方法。

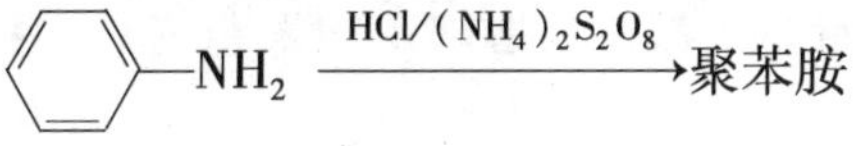

$$\text{苯}-NH_2 \xrightarrow{HCl/(NH_4)_2S_2O_8} \text{聚苯胺}$$

4. 聚噻吩

同吡咯一样,噻吩及其衍生物也可通过在乙腈/$LiClO_4$ 溶液中采用电化学氧化的方法得到聚噻吩

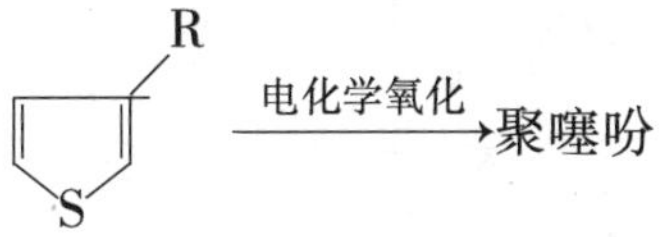

$$\xrightarrow{\text{电化学氧化}} \text{聚噻吩}$$

电化学法可得到电导率为 10^0 S·cm^{-1} 的自支撑聚噻吩薄膜,但其分子链内存在不规整的非 2,5 偶联和部分因支化引起的缺陷。

采用无水 $FeCl_3$ 为氧化剂,噻吩及其衍生物可在氯仿中聚合,通过控制氧化剂/单体比例、聚合温度及水的含量,可获得分子量较高的聚噻吩,即

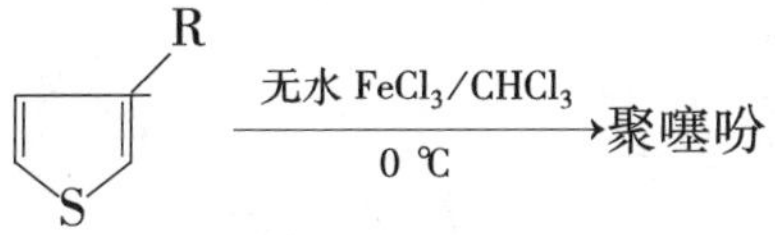

$$\xrightarrow[0\ ℃]{\text{无水 } FeCl_3/CHCl_3} \text{聚噻吩}$$

高分子合成的一个重要推动力是合成结构明确、规整的高分子,具体到聚噻吩上,即合成具有规整的 2,5-偶联的聚噻吩,由此发展了如下镍催化剂偶联法

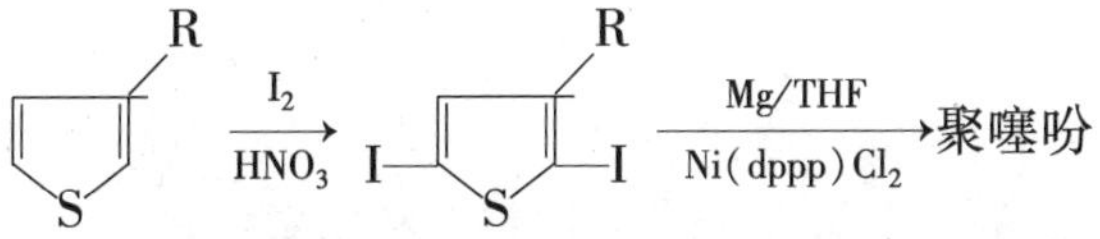

$$\xrightarrow[HNO_3]{I_2} \xrightarrow[Ni(dppp)Cl_2]{Mg/THF} \text{聚噻吩}$$

由此得到的聚噻吩中 2,5-偶联结构占 98% 以上,电导率达到 1000 S·cm^{-1}。

5. 聚对苯撑

苯的氧化电位很高,在强酸性介质如 CF_3SO_3H,SbF_5-SO_2 或 N-丁基吡啶盐/$AlCl_3$ 中可通过电化学氧化法获得不溶不熔的聚对苯撑,但产物中成分较复杂,不能确保规整的 1,4-偶联,电化学聚合路线如下

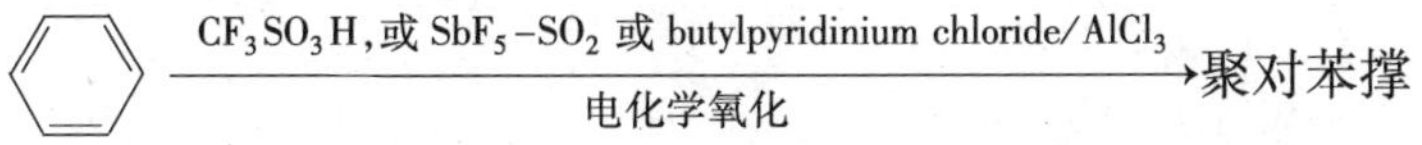

$$\xrightarrow[\text{电化学氧化}]{CF_3SO_3H, \text{或 } SbF_5\text{-}SO_2 \text{ 或 butylpyridinium chloride}/AlCl_3} \text{聚对苯撑}$$

聚对苯撑也可通过 AlCl3/CuCl2 催化偶联的路线来合成,如

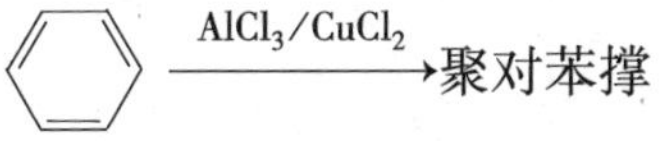

$$\xrightarrow{AlCl_3/CuCl_2} \text{聚对苯撑}$$

但所得产物是不溶不熔的,主要原因是反应过程中存在支化和交联现象。

为克服 $AlCl_3/CuCl_2$ 催化偶联路线的结构规整性低的缺陷,可采用如下合成路线

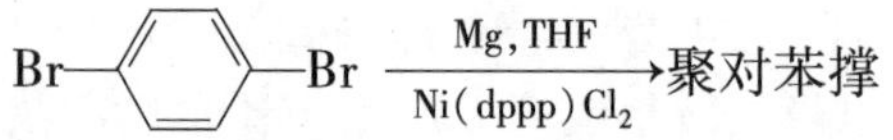

$$Br—\!\!\bigcirc\!\!—Br \xrightarrow[\text{Ni(dppp)Cl}_2]{\text{Mg,THF}} 聚对苯撑$$

以 1,4-对二溴苯为原料,在镍催化剂作用下获得规整的 1,4-偶联的聚对苯,但所得聚合物的聚合度较低,一般低于 30。

6. 聚对苯撑乙烯撑——预聚体路线

在有机高分子的合成中,预聚体路线是很重要的,尤其是对无法通过直接聚合得到的聚合物,或最终产物不能进行溶液或熔融加工的聚合物,只能先做成可加工的预聚体,再做成最终聚合物。

在导电高分子中,最典型的预聚体合成路线是聚对苯撑乙烯撑的合成,以下便是从苯开始的最终产物为不溶聚对苯撑乙烯撑的路线图。

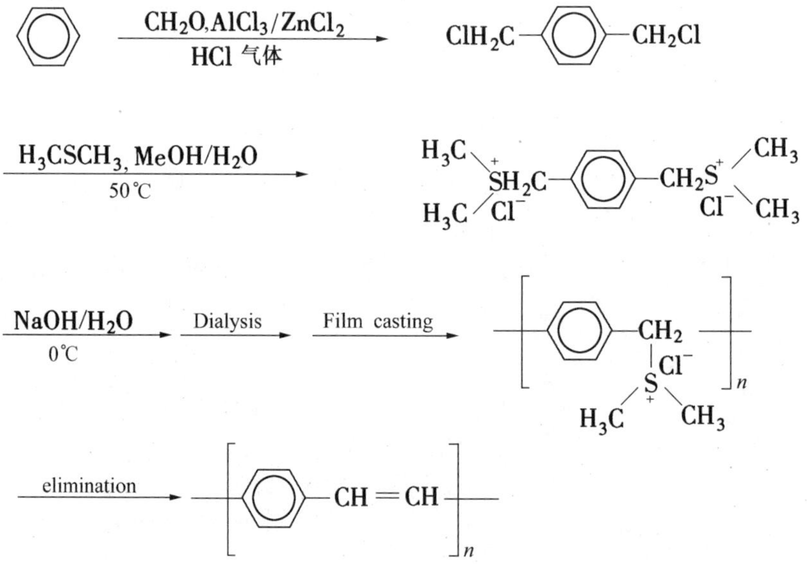

$$\bigcirc \xrightarrow[\text{HCl 气体}]{\text{CH}_2\text{O,AlCl}_3/\text{ZnCl}_2} \text{ClH}_2\text{C}—\!\!\bigcirc\!\!—\text{CH}_2\text{Cl}$$

$$\xrightarrow[50\,^{\circ}\text{C}]{\text{H}_3\text{CSCH}_3, \text{MeOH/H}_2\text{O}} \quad \underset{\text{H}_3\text{C}}{\overset{\text{H}_3\text{C}}{>}}\overset{+}{\underset{\text{Cl}^-}{\text{S}}}\text{H}_2\text{C}—\!\!\bigcirc\!\!—\text{CH}_2\overset{+}{\underset{\text{Cl}^-}{\text{S}}}\underset{\text{CH}_3}{\overset{\text{CH}_3}{<}}$$

$$\xrightarrow[0\,^{\circ}\text{C}]{\text{NaOH/H}_2\text{O}} \xrightarrow{\text{Dialysis}} \xrightarrow{\text{Film casting}} \left[\!\!\left[—\!\!\bigcirc\!\!—\underset{\underset{\text{H}_3\text{C}}{\overset{+}{\underset{\text{CH}_3}{\text{S}}}}}{\overset{\text{CH}_2}{\underset{\text{Cl}^-}{|}}}—\right]\!\!\right]_n$$

$$\xrightarrow{\text{elimination}} \left[\!\!\left[—\!\!\bigcirc\!\!—\text{CH}=\text{CH}—\right]\!\!\right]_n$$

另外从合成规整结构的聚合物出发,也发现了一些导电高分子可通过预聚体路线来合成,如图 6.2(a)所示的聚对苯撑合成就是首先利用微生物发酵使苯转化为 3,5-二烯-1,2-环己二醇,后者经酯化后采用自由基方法在有机酸催化下聚合成可溶的结构规整的中间体,最后通过加热消除酯基形成结构规整的聚对苯撑。

由于合成聚乙炔所用的乙炔气体在运输和具体操作中均存在许多不便,因此人们采用三氟甲基取代的乙炔三聚体为反应单体,即如图 6.2(b)所示的 Durham 合成路线制备聚乙炔,第一步先通过开环易位聚合形成可溶性聚乙炔衍生物,最后通过消除 1,2-双三氟甲基苯形成聚乙炔薄膜。

聚杂环乙炔(聚噻吩乙炔和聚呋喃乙炔)的合成也是通过如图 6.2(c)所示的预聚体路线合成的,在合成可溶的硫鎓盐后通过加热消除 CH_3OH 而形成最终的聚合物。

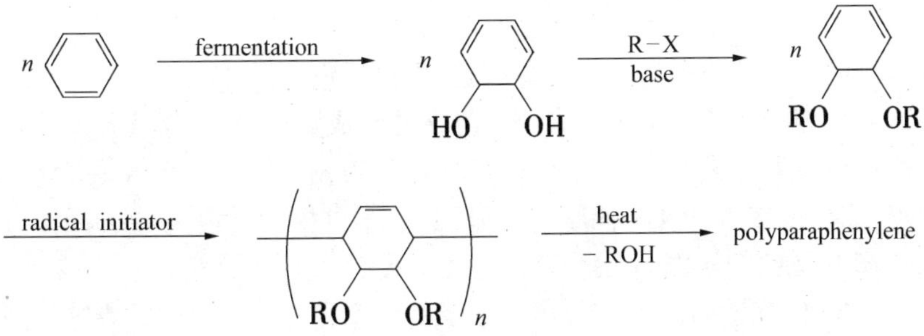

(a)　生物发酵路线合成聚对苯撑

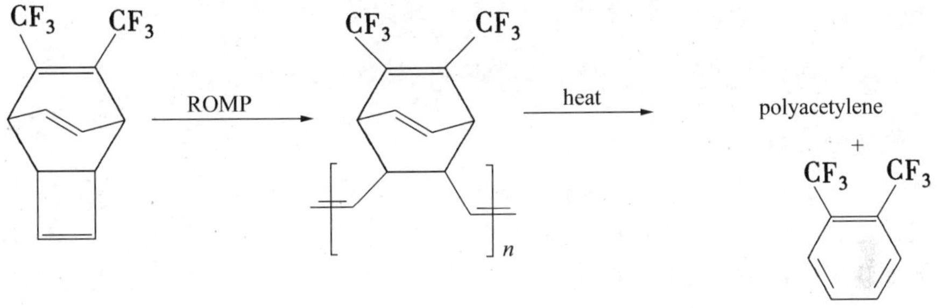

(b)　Durham 路线制备聚乙炔

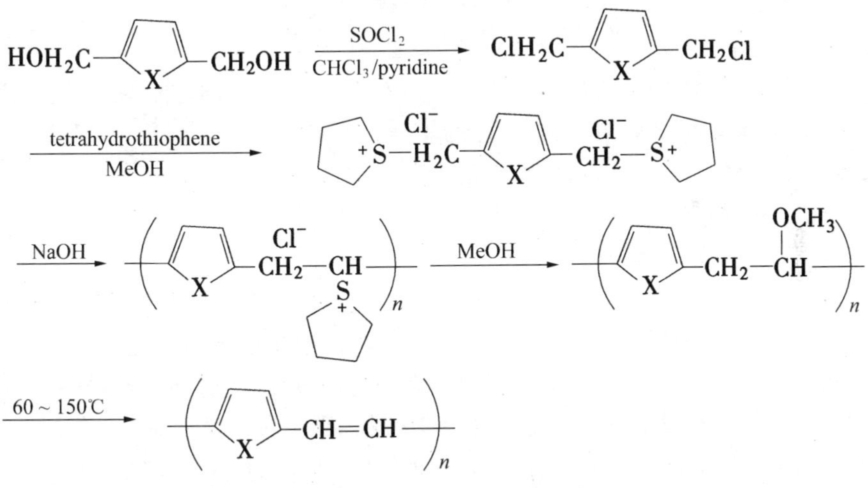

(c)　聚杂环乙炔的预聚体合成路线

图 6.2　预聚体合成路线图

7. 其他导电高分子

聚苯硫醚是共轭高分子中比较特殊的一种,荷兰 Phillips 公司大批量生产的商品"Ry-ton"主要采用如下所示的对二氯苯和硫化钠在 N-甲基吡烷酮中缩聚的方法得到的[7]。

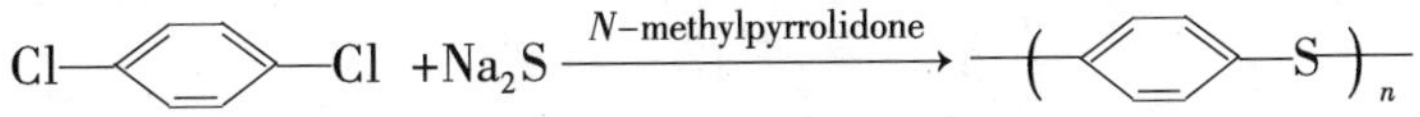

此外,典型的共轭高分子还有梯形高分子,它们一般通过 Diels-Alder 加成反应或高温成环反应获得。

8. 导电高分子合成化学的问题及发展趋势

上面仅以母体导电高分子为主线简要叙述了导电高分子的典型的合成方法,相关的导电高分子的衍生物的合成基本上可参照其母体的合成路线,在此需要强调的是,尽管目前已采取了多种措施来合成结构规整的导电高分子,但由于导电高分子在合成过程中存在多个活性点,往往很难得到规整偶联、分子量及分布可控的导电高分子,因此获得精确结构(长度、构型、构象)的导电高分子仍将是导电高分子合成化学的一大难点,此外,由于共轭高分子本身的老化、掺杂剂与导电高分子的作用受环境及时间的影响等问题,获得高稳定性电高分子具有十分重要的价值。目前导电高分子合成化学的研究方向为合成精确结构、环境稳定性好且具有高电导率的导电高分子。

6.2.4　导电高分子的掺杂反掺杂性能及应用

1. 气体分离膜

现代气体分离技术中,膜分离技术由于能耗和成本比其他分离方法低、环境友好而十分引人注目,导电高分子如聚苯胺、聚吡咯可以通过溶液浇铸成膜,膜的电导率可以通过改变其掺杂率来控制,并具有可逆的掺杂反掺杂性能,因而可通过掺杂、反掺杂、再掺杂循环的方法简单地控制聚苯胺膜的形态结构,从而改变聚苯胺膜对不同气体的透过率。研究发现,尺寸较小的 H_2,O_2,CO_2 气体对掺杂反掺杂处理条件不太敏感,透过率经多次的掺杂反掺杂只提高 15%,而尺寸较大的 N_2,CH_4 气体的透过率经多次掺杂反掺杂可减少 45%,同一类气体之间的相对透过率基本保持不变,不同类气体之间的相对透过率则变化较大,如聚苯胺膜对 O_2/N_2 和 CO_2/CH_4 的相对透过率未经掺杂反掺杂处理前仅为 6.4 和 36.6,经过两次掺杂反掺杂处理后可分别提高到 14.2 和 78.1。

2. 导电高分子传感器

导电高分子的掺杂反掺杂性能还可应用在传感器上,如在吡咯的电化学聚合的同时将葡萄糖氧化酶固定在聚吡咯上,葡萄糖氧化酶使葡萄糖氧化分解时产生过氧化氢,后者可掺杂聚吡咯,从而提高聚吡咯膜的电导率,因此可通过检测聚吡咯膜的电导率的变化而测定血液或其他溶液中的葡萄糖浓度,也可将葡萄糖氧化酶固定在聚苯胺上制成聚苯胺葡萄糖氧化酶电极来测定血糖浓度。由于该方法简单且灵敏度较高,成本较低,医学上可用于制备葡萄糖检测器。另外,通过建立各种气体与聚苯胺膜或聚吡咯膜的作用引起的电导率的变化规律,可将聚苯胺膜用于检测空气中 NH_3,H_2S,SO_2 等有害气体以及战场上的毒气和战车尾气,但目前检测灵敏度仍有待提高。

3. 其他应用

除了上述应用外,导电高分子还有可能在离子控制释放、红外偏振器、三阶非线性光学、人工肌肉等领域获得应用。

6.3　生物降解高分子

化学方法合成的生物降解高分子,由于其结构的多样性和性能的可调性,能够充分满足实际应用对其性能多方位的要求,因而在医药、农业及环境保护方面有广泛的应用前景,引起了研究者的极大兴趣,过去几十年开发研究的生物降解高分子,主链上一般都含有可水解的酯基、酰氨基或脲基等,其中脂肪族的聚酯,由于主链上的酯基很容易受到微生物分泌的酶的攻击,而具有很好的生物相容性。

1. 聚羟基乙酸(PGA)、聚乳酸(PLA)及其共聚物(PGLA)

聚羟基乙酸(PGA)和聚乳酸(PLA)是最简单的羟基羧酸聚合物,其化学结构和基本物化性质见表 6.5。

表 6.5　聚乳酸(PLA)和聚羟基乙酸(PGA)的化学结构和基本性质

	PGA	PLA	
		PLLA	PDLLA
化学结构	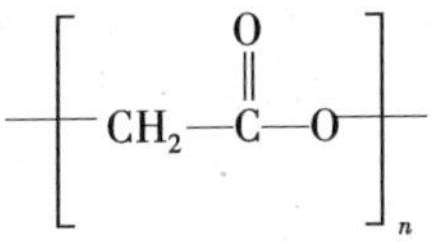 $\left[\!\begin{array}{c} O \\ \| \\ CH_2\!-\!C\!-\!O \end{array}\!\right]_n$	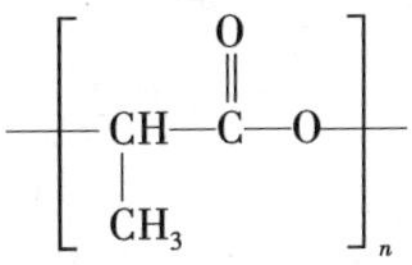 $\left[\!\begin{array}{c} O \\ \| \\ CH\!-\!C\!-\!O \\ \| \\ CH_3 \end{array}\!\right]_n$	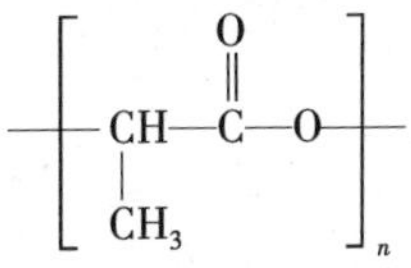 $\left[\!\begin{array}{c} O \\ \| \\ CH\!-\!C\!-\!O \\ \| \\ CH_3 \end{array}\!\right]_n$
熔点/℃	~225	~175	/
玻璃化温度/℃	~35	~65	~57
熔融热(100%结晶度)/$J \cdot g^{-1}$	191.0	93.7	
密度/$g \cdot cm^{-3}$	1.5~1.7	1.2~1.3	1.2~1.3
抗张强度/Psi	10 000~20 000	10 000~15 000	~5 000
弹性模量/Psi	~1 000 000	~500 000	~250 000

脂肪族聚酯既可由羟基羧酸通过缩聚来制备,亦可由相应内酯通过开环聚合来制备,但高分子量的聚酯,只能通过开环聚合来合成,因为缩聚反应受反应程度和反应过程中产生的水的影响,很难得到高分子量的产物。

高分子量的 PGA 和 PLA 一般是以辛酸亚锡(stannous octoate)为催化剂,从其相应的环状二聚体开环聚合来制备,之所以选择辛酸亚锡为催化剂,一是因为其非常低的毒性(已通过美国食品和药物管理局 FDA 批准),使合成的 PGA 和 PLA 可以安全地在医药领域中应用;另一原因是辛酸亚锡引发的聚合反应,具有较快的反应速度。其他一些化合物,如 Lewis 酸、金属有机化合物、稀土配位化合物等,也可用做 GA 和 LA 开环聚合的催化剂。

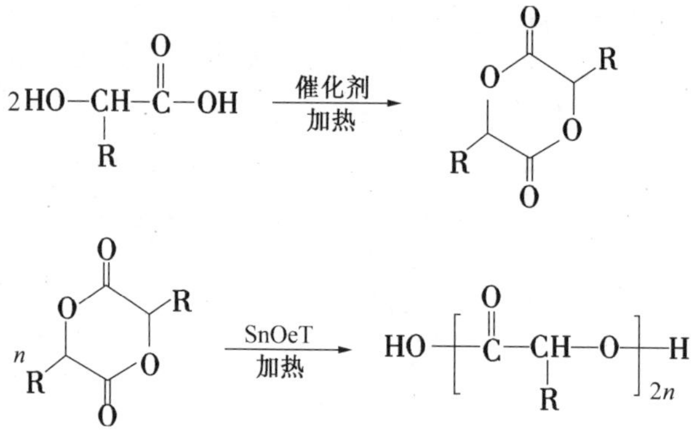

与其他生物降解高分子相比,PGA 是结晶度很高的聚酯,分子链能够进行紧密的堆积和排列,因而它有许多独特的性能,如 PGA 的密度可高达 $1.5 \sim 1.7 \ \mathrm{g \cdot cm^{-3}}$,这在聚合物中是很高的。PGA 不溶于大部分有机溶剂,只溶于极少数溶剂如六氟异丙醇。在较高的结晶状态下,PGA 具有很高的抗张强度和弹性模量,因而具有很高的力学强度。

PLA 尽管与 PGA 具有相类似的化学结构,但由乳酸在 α 位上有一个甲基,使得它与 PGA 在化学、物理和力学性能上都有很大的不同,同时由于 α 位上甲基的存在,使得乳酸是一个具有光学活性的化合物,存在着左旋(L)、右旋(D)和消旋(DL)三种光学异构体。

由左旋丙交酯(L-lactide)制备的聚乳酸 PLLA,右旋丙交酯(D-lactide)制备的聚乳酸 PDLA 及消旋丙交酯(内消旋和外消旋)制备的聚乳酸 PDLLA,在性能上存在很大的差异。如左旋的 PLLA 是结晶性聚合物,而消旋的 PDLLA 则是完全非晶聚合物,力学性能较差。

与 PGA 相比,PLLA 的结晶度要低许多,而且能够溶解在氯仿等大多数有机溶剂中,尽管弹性模量较低(~500 000 Psi),但仍有较高的抗弯强度(10 000 ~15 000 Psi),因而仍具有较好的力学性能。

由于 PGA 和 PLA 在降解速率和力学性能上的差异,通共聚反应,制备不同化学组成的 GA/LA 共聚物 PGLA,可以在很宽的范围内来调节共聚酯的性能,与相应的均聚物相比,共聚物 PGLA 的降解速率更快。

2. 聚(ε-己内酯) (PCL)

聚(ε-己内酯)(PCL)是一个半晶聚合物,熔点约为 60 ℃,玻璃化转变温度约为 -60 ℃,其结构重复单元上有五个非极性的亚甲基 $-CH_2-$ 和一个极性的酯基 $-COO-$,这样的结构使得 PCL 具有很好的柔性和加工性,其力学性能与聚烯烃相似,而且与许多聚合物有很好的相容性。酯基的存在同样使 PCL 具有生物相容性,特别是在许多微生物的作用下,能完全生物降解。

高分子量的 PCL 是通过 ε-己内酯的开环聚合制备的,所用的催化剂主要有锡化合物,如辛酸亚锡,还有其他一些化合物,如 Lewis 酸、烷基金属化合物和有机酸等。使用这些化合物作催化剂,通过加入链转移剂(如醇、水、胺和一些羟基化合物等)可调控 PCL 的分子量。另外,采用稀土配合物做催化剂,通过调节催化剂的浓度,来调节 PCL 的分子量。

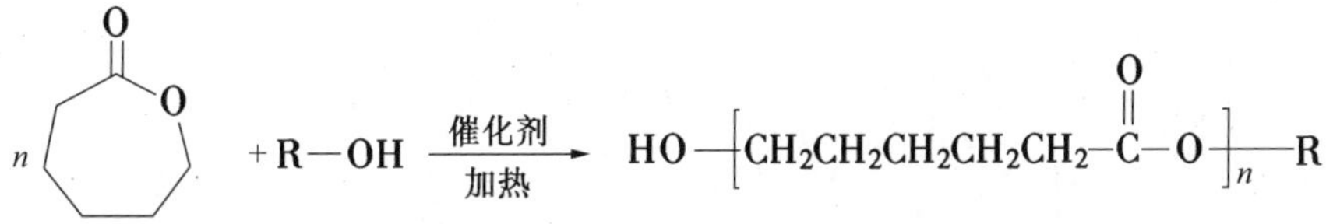

PCL 降解速率与其他生物降解高分子相比较慢主要原因有两个:一是由于五个亚甲基的存在,使得 PCL 的亲水性较差,不利于主链上酯基水解反应的发生;另一个原因是 PCL 具有较高的结晶度。因此,将 ε-己内酯与其他生物降解高分子进行共聚,如 α-羟基酸内酯、其他脂肪族内酯,可改善 PCL 的亲水性并降低结晶度,提高降解速率。

3. 聚原酸酯[Poly(ortho ester)]和聚羧酸酐[Poly(anhydride)]

控制药物释放是生物降解高分子的一个重要应用领域,与本体降解的生物降解高分子如 PLA、PGA 和 PCL 相比,降解从表面开始的生物降解高分子是更为理想的控制药物释放的载体,因为对这种聚合物来说,通过控制水解动力学,就能控制药物的释放速率。但要达到这一目的,聚合物链上除了有易水解的化学键外,还要有适当的疏水基团,从而使材料表面的水解速率大于扩散到材料内部的速率。聚原酸酯和聚羧酸酐是表面降解高分子的两个代表。

(1)聚原酸酯

聚原酸酯的研究始于 1970 年,主要有 4 种类型,分别为聚原酸酯Ⅰ、聚原酸酯Ⅱ、聚原酸酯Ⅲ和聚原酸酯Ⅳ。

①聚原酸酯Ⅰ。聚原酸酯Ⅰ的制备过程如下所示

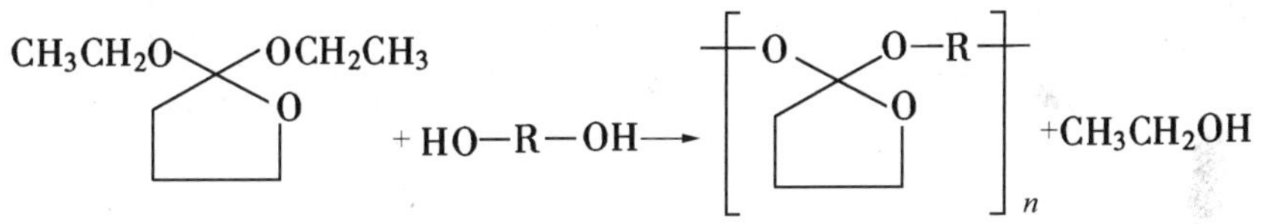

当聚原酸酯Ⅰ放入水溶液中时,首先水解成 γ-丁内酯和二醇,γ-丁内酯再进一步水解成 γ-羟基丁酸,水解过程如下

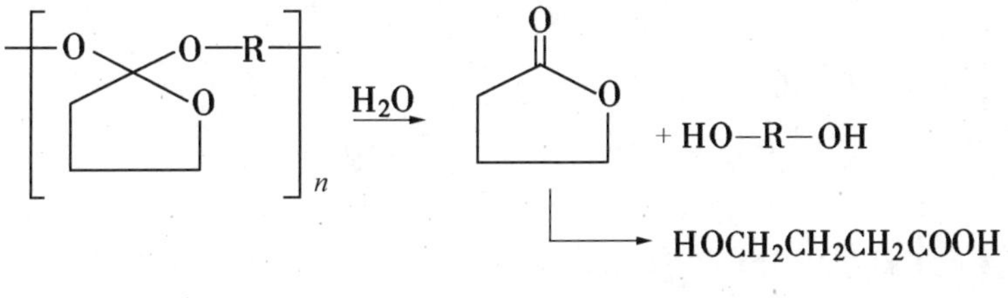

该水解过程是一个自催化过程,水解产物 γ-羟基丁酸能加速对酸敏感的原酸酯键的水解反应,加入适当的碱如碳酸钙,则能克服自催化过程。

②聚原酸酯Ⅱ。聚原酸酯Ⅱ是在室温下由二醇和二烯酮缩醛加成反应,然后缩聚来制备,即

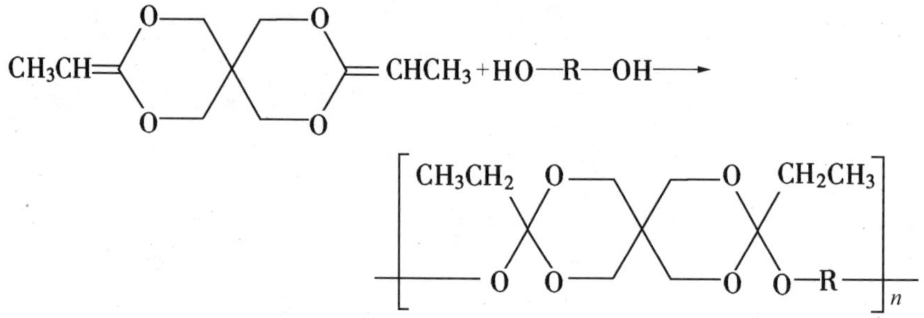

$$CH_3CH=\underset{\underset{O}{|}}{\overset{\overset{O}{|}}{\diagdown}}C=CHCH_3 + HO-R-OH \longrightarrow$$

$$\begin{bmatrix} \overset{CH_3CH_2}{\diagup} & O & O & \overset{CH_2CH_3}{\diagup} \\ \diagdown & & & \diagdown \\ O & O & O & O-R \end{bmatrix}_n$$

通过二醇的选择,可很好地控制聚合物的力学性能。如,使用刚性的反式环己烷二甲醇,可制备玻璃化转变温度 T_g 约为 120 ℃ 的聚酯;而柔性的 1,6–己二醇,则聚合物的 T_g 约为 20 ℃,而若使用这两种醇的混合物,通过改变组成比,则能在 20 ℃ 和 120 ℃ 间调节聚原酸酯的 T_g。

聚原酸酯Ⅱ的水解如下所示

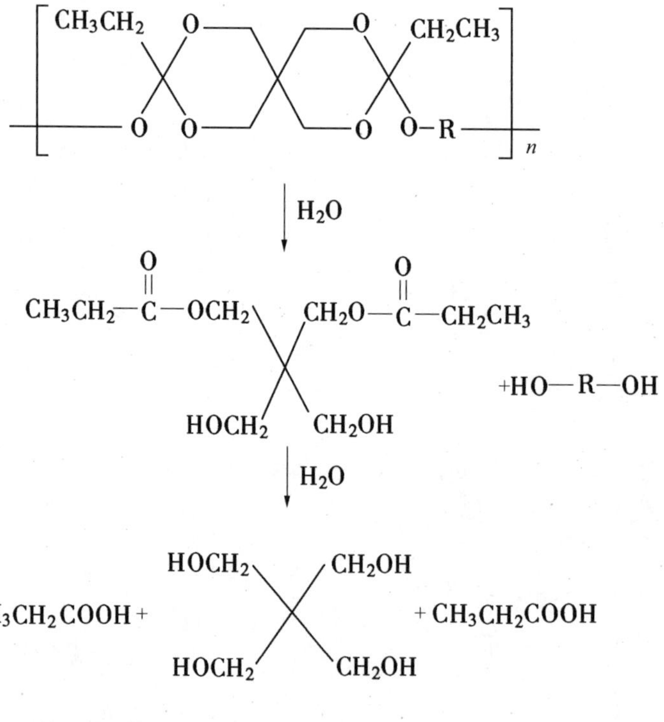

$$\begin{bmatrix} \overset{CH_3CH_2}{\diagup} & O & O & \overset{CH_2CH_3}{\diagup} \\ \diagdown & & & \diagdown \\ O & O & O & O-R \end{bmatrix}_n$$

$$\downarrow H_2O$$

$$CH_3CH_2-\overset{\overset{O}{\|}}{C}-OCH_2\diagdown\quad\diagup CH_2O-\overset{\overset{O}{\|}}{C}-CH_2CH_3$$

$$\underset{HOCH_2\diagup\quad\diagdown CH_2OH}{} \qquad +HO-R-OH$$

$$\downarrow H_2O$$

$$CH_3CH_2COOH+\underset{HOCH_2\diagup\quad\diagdown CH_2OH}{\overset{HOCH_2\diagdown\quad\diagup CH_2OH}{}}+CH_3CH_2COOH$$

聚合物的水解速率由原酸酯的酯键来控制。

③聚原酸酯Ⅲ。这类聚合物是由三元醇与烷基原酸乙酯反应制得,即

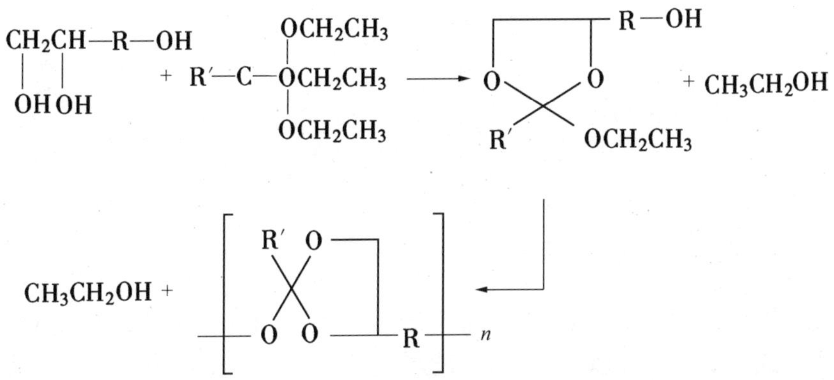

采用柔性的三元醇原料如 1,2,6-己三醇所制备的聚原酸酯,具有很好的柔性,即使分子量很高,其形状仍象软膏一样,通过改变聚合物的分子量及烷基取代基 R′ 的大小,则可以完全调控聚合物的黏度和疏水性。

聚原酸酯Ⅲ的水解如下所示(以 1,2,6-己三醇制备的聚原酸酯为例)

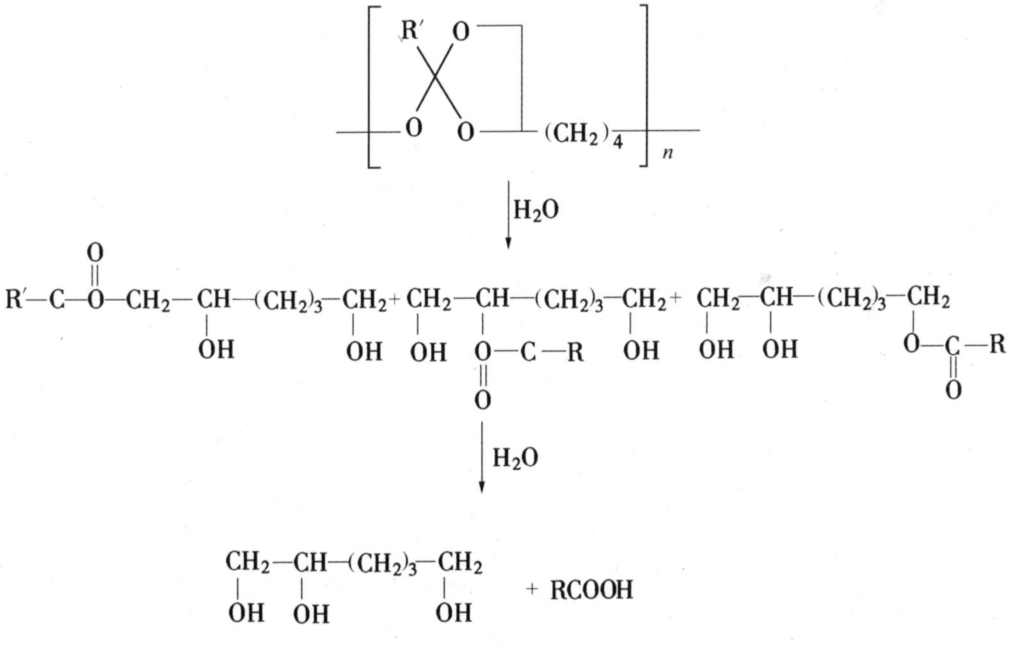

初始水解主要发生在原酸酯的酯键,产生一个或多个三元醇的单酯同分异构体。随后是很慢的单酯的水解反应,生成羟酸和三元醇。

④聚原酸酯Ⅳ。与聚原酸酯Ⅲ的制备反应相似,若采用刚性的三元醇,如 1,1,4-环乙烷三甲醇取代柔性的三元醇,就能制备聚原酸酯Ⅳ,如

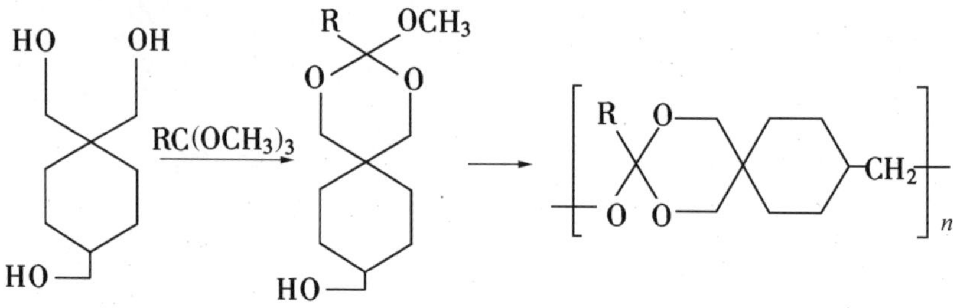

与聚原酸酯Ⅲ的软膏状不同，聚原酸酯Ⅳ则为固态聚合物，当 $R=CH_3$ 时，聚合物为结晶状，这也是聚原酸酯中仅有的一例结晶聚合物，但当 $R=CH_2CH_3$ 时，结晶就消失了。

聚原酸酯Ⅳ的水解过程如下所示

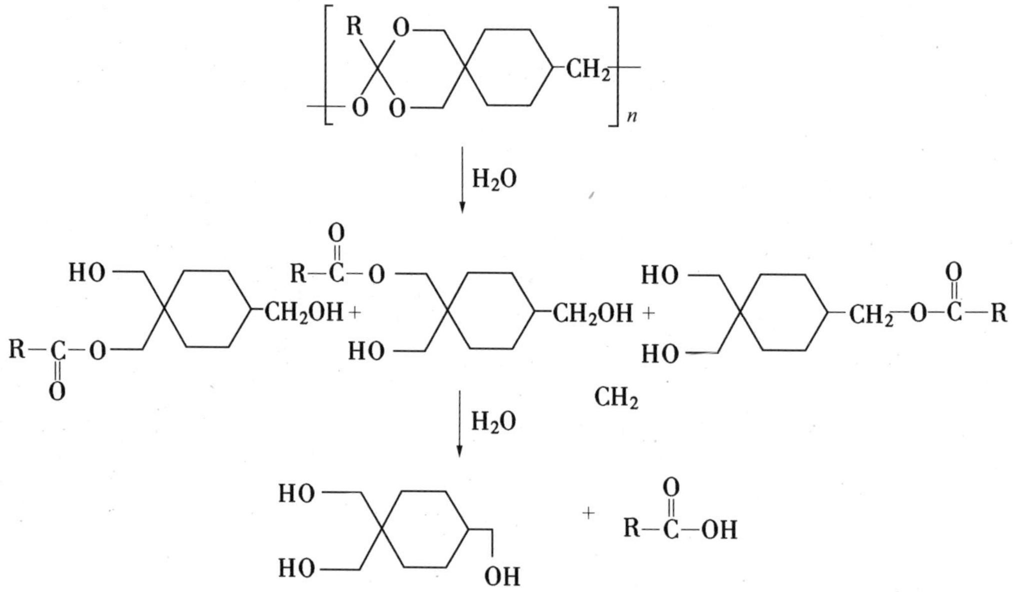

(2)聚羟酸酐

聚羧酸酐的合成主要有四种方法：a 二酸的本位熔融缩聚；b 开环聚合；c 二元酸和二价盐氯化物的反应；d 界面聚合。熔融缩聚是最广泛采用的方法，用来制备脂肪族和芳香族的聚羧酸酐。

$$HOOC-R-COOH+(CH_3-CO)_2O \xrightarrow{\text{回流加热}} CH_3-CO\left[OCO-R-CO\right]_m O-CO-CH_3$$

$$\xrightarrow{180\ ^\circ C / 0.1\,mmHg} CH_3-CO\left[OCO-R-CO\right]_n O-CO-CH_3$$

$$m=1\sim 20,\ n=100\sim 1\,000$$

缩聚反应分两步，首先是二元羧酸与过量的乙酸酐反应，生成乙酰端基的预聚物，然后在高温和真空条件下进行缩聚，反应条件如单体的纯度、反应温度和时间、真空度等，对最终聚合物的分子量有很大的影响。

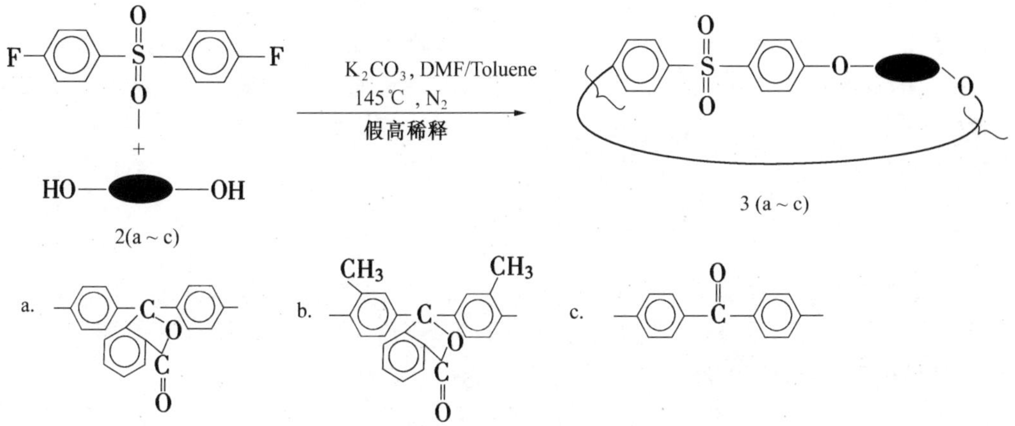

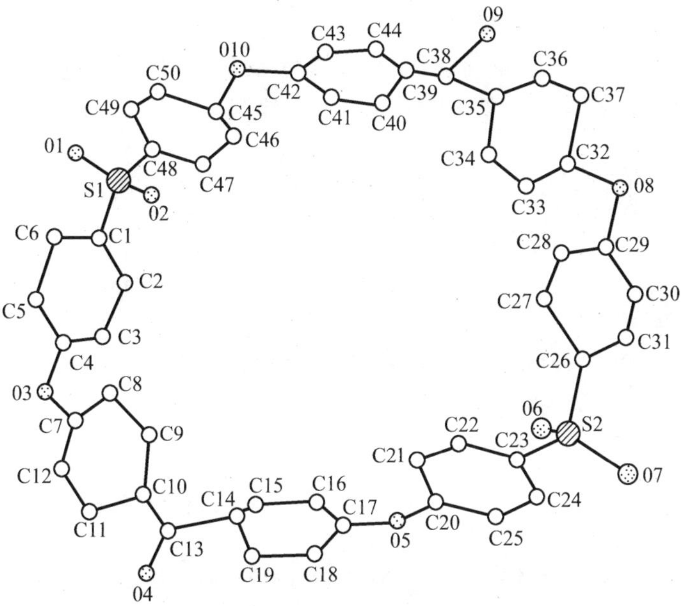

图 6.3　环状二聚体的单晶 X 射线结构

上述三类生物降解高分子只是众多生物降解高分子中具有代表性的几个例子,随着实际应用的更多要求,近年来化学方法合成的具有不同结构和性能的生物降解高分子、多种方法改性的天然高分子以及各种结构组成的微生物聚酯也越来越多地见诸报道,但由于价格的原因,生物降解高分子材料要想完全取代通用塑料在农业和日常生活方面的应用,如农膜、包装袋和容器等,还难以实现。但在医学应用领域,则不存在此问题。化学方法合成的聚合物,由于其化学结构的可调性,可以很好地控制其降解速率、亲水性、表面性能、力学性能和加工性能等,能满足医学应用的多项要求。如,在组织工程方面,调节生物降解高分子的表面性能,可改善细胞与它的相互作用;在控制药物释放方面,将生物降解高分子加工成纳米微球,则是理想的定位释放载体,采用一般的皮下注射和口服方式,可使载有药物的纳米微球穿过组织和肠胃,扩散到指定位置释放药物。目前看来,脂肪族聚酯如聚羟基乙酸、聚乳酸和聚己内酯,由于其良好的生物相容性及体内的完全降解性,在医学领域中的应用研究尤为活跃。

生物降解高分子的最终应用,取决于人们对其物化性能的认识和调控以及加工性能的掌握,随着人们对提高生活质量和保护环境意识的增强,这一领域的研究必将愈来愈受到重视。

6.4　支化和交联高分子

通常条件下合成的高分子多为线性长链状高分子,但是,如果在加聚过程中存在自由基的链转移反应或双烯单体中第二双键的活化,或在缩聚过程中存在三个或三个以上官能度的单体,皆可生成支化或交联的高分子。

支化高分子含有连接三个以上子链的支化点,这些子链可以是侧链或是主链的一部分。

按照支链长度的不同可将支化高分子分为短链支化和长链支化,从主链上分出的齐聚物分支称做短链支化,高分子的分支叫做长链支化,例如,在乙烯自由基聚合期间的反应生成支化物。

$$\sim\sim CH_2-CH-(CH_2)_x-CH-(CH_2)_y\sim\sim \qquad \sim\sim CH_2-CH-(CH_2)_x-CH-(CH_2)_y\sim\sim$$
$$\quad\ |\qquad\qquad\quad |\qquad\qquad\qquad\qquad\quad\ |\qquad\qquad\quad\ |$$
$$\quad CH_2CH_3\quad (CH_2)_3CH_3\qquad\qquad\qquad (CH_2)_mCH_3\quad (CH_2)_nCH_3$$

短链支化　　　　　　　　　　　　　　　　长链支化
$(x,y\gg1)$　　　　　　　　　　　　　　　$(x,y,m,n\gg1)$

由具有链状取代基的单体聚合生成的高分子不叫做支化高分子,例如,聚丙烯酰胺(PAM)及线性低密度聚乙烯(LLDPE)。

$$\sim\sim CH_2-CH-CH_2-CH-CH_2-CH\sim\sim$$
$$\qquad\ |\qquad\qquad\ |\qquad\qquad\ |$$
$$\quad CONH_2\qquad CONH_2\qquad CONH_2$$

PAM,非支化的均聚物

$$\sim\sim CH_2-CH-(CH_2)_x-CH-(CH_2)_y$$
$$\qquad\ |\qquad\qquad\qquad |$$
$$\quad (CH_2)_5CH_3\quad (CH_2)_5CH_3$$

LLDPE,乙烯和约 8% 1-辛烯的非支化的共聚物

按照支链连接方式的不同可将支化高分子分为无规(树状)、梳型和星型支化的高分子。

如果不同长度的侧链沿着(假想的)主链和沿着侧链是无规分布的,属无规支化高分子,由于它们类似于树木,故也叫树状高分子(tree polymer)。

一些线性链通过三官能的支化点沿一条主链以较短的间隔排列生成的高分子为梳型高分子(comb polymer)。它们可以通过大单体聚合或者通过从主链上进行接枝来合成。

若从一个公共的核伸出三个或多个臂(支链)则称为星型高分子(star polymer)。从不同的单体已经合成了每个核具有 128 个臂的星型高分子,假如所有的臂都是等长的,这样的星型高分子称做是规整的。在臂的末端带有多官能度的星型高分子还可以再加其他的单体,生成的高分子作为二级支化的星型高分子,如果所有支化点上有同样的官能度和

支化点间链段是等长的,则叫做树枝链(dendrimer)。例如,以 NH_3 作为官能度的核,进行丙烯酸甲酯的 Michael 反应,生成中间体 $N(CH_2CH_2COOCH_3)_3$,大量过剩的 $H_2NCH_2CH_2NH_2$ 将其转化成 $N(CH_2CH_2CONHCH_2CH_2NH_2)_3$ 作为扩展的核胞(第零代),丙烯酸甲酯的进一步 Michael 加成和接着用过剩的 $H_2CH_2CH_2NH_2$ 反应给出具有 6 个氨基的第一代氨基胺树枝链。

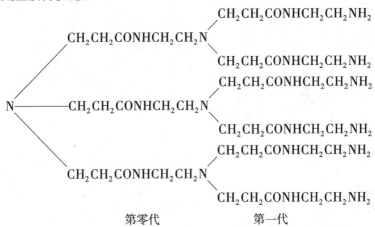

第零代　　　　　　　　第一代

用这种从里到外的两分枝方法已合成到第九代树枝链,只要小心地实验,这样的树枝链的分子量分布很窄,从每个分子的聚合度而言它们是分子上均一的。

又如聚丙烯亚胺树枝链(DAB-dendr-(NH2)x)。从 1,4-二氨基丁烷开始与 4 个丙烯亚胺单体加成,得到具有 4 个氨基端基($x=4$)的第一代聚丙烯亚胺树枝链,丙烯亚胺单体逐步加成可得到最多第五代树枝链($x=8,16,32,64$),如图 6.4,由于树枝链最外壳中的空间限制,不可能很好地合成更高代的产物。

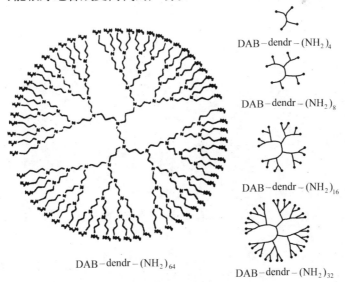

图 6.4　1,4-二氨基丁烷聚丙烯亚胺树枝链 DAB-dendr-$(NH_2)_x$ 的分子结构和较低代树枝链($x=4,8,16,32$)

还可以用官能化的树枝链链段制备杂化结构高聚物,如用四甲基-1-氧化哌啶官能

化的树枝链制备树枝链–聚苯乙烯杂化结构,如下式:

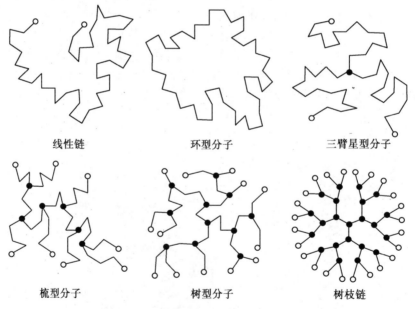

树枝链是一类新的超支化分子,高度支化的结构使得它们的物理化学性质有时与线性分子大相径庭,比如其溶液的黏度随分子量增加出现极大,许多不寻常的性质使其无论在有机合成上,还是在药物科学方面都有许多潜在的用途。

线性链　　　　　　　　环型分子　　　　　　　三臂星型分子

梳型分子　　　　　　　　树型分子　　　　　　　　树枝链

图 6.5　每个有 45 个单体单元的各种聚合物分子二联结示意图
●:三官能度支化点;○:末端基团

当体系中所有高分子链通过许多链互相联结成一个由"无限大"的分子组成的网,即为交联高分子,它们既不溶解也不熔融,只有在交联度不太高时能在某些溶剂中溶胀。如以亚甲基双丙烯酰胺为交联剂、丙烯酸及酯类经自由基聚合制备交联度不高的凝胶,在水中吸水溶胀,吸水率可达 $400 \sim 1\,500\ \mathrm{g \cdot g^{-1}}$,是很好的高吸水材料。

附　　录

表 I　某些物质的标准摩尔生成焓($\Delta_f H_m^\ominus$)、标准摩尔生成吉布斯函数($\Delta_f G_m^\ominus$)和标准摩尔熵($S_m^\ominus$)(298.15K)

物　　质	$\Delta_f H_m^\ominus$ /(kJ · mol^{-1})	$\Delta_f G_m^\ominus$ /(kJ · mol^{-1})	$S_m^\ominus$ /(J · mol^{-1} · K^{-1})
Ag(s)	0	0	42.55
AgCl(s)	−127.07	−109.80	96.2
AgBr(s)	−100.4	−96.9	107.1
AgI(s)	−61.84	−66.19	115.5
Al(s)	0	0	28.33
AlCl$_3$(s)	−704.2	−628.9	110.66
α-Al$_2$O$_3$(s)	−1 675.7	−1 582.4	50.92
Ba(s)	0	0	62.8
BaCl$_2$(s)	−858.6	−810.4	123.7
BaCO$_3$(s)	−1 216.0	−1 138.0	112.0
BaSO$_4$(s)	−1 473.0	1 362.0	132.0
Br$_2$(1)	0	0	152.23
Br$_2$(g)	30.91	3.14	245.35
C(s,石墨)	0	0	5.74
C(s,金刚石)	1.897	2.899	2.38
C(g)	716.68	671.21	157.99
CCl$_4$(1)	−135.4	−65.2	216.4
CO(g)	−110.5	−137.15	197.56
CO$_2$(g)	−393.5	−394.4	213.64
Ca(s)	0	0	41.42
CaCO$_3$(s,方解石)	−1 206.92	−1 128.84	92.9
CaO(s)	−635.09	−604.06	39.75
CaSO$_4$(s)	−1 434.11	−1 321.85	106.7
Cr(s)	0	0	23.77

续表 I

物　　质	$\Delta_f H_m^{\ominus}$ /(kJ·mol^{-1})	$\Delta_f G_m^{\ominus}$ /(kJ·mol^{-1})	$S_m^{\ominus}$ /(J·mol^{-1}·K^{-1})
Cr$_2$O$_3$(s)	−1 139.7	−1 058.1	81.2
Cu(s)	0	0	33.15
CuO(s)	−157.3	−129.7	42.63
Cu$_2$O(s)	−168.6	−146.0	93.14
CuS(s)	−53.1	−53.6	66.5
CH$_4$(g)	−74.85	−50.6	186.27
C$_2$H$_6$(g)	−83.68	−31.80	229.12
C$_3$H$_8$(g)	−103.85	−23.49	269.9
C$_2$H$_4$(g)	52.30	68.24	219.20
C$_2$H$_2$(g)	226.73	209.20	200.83
C$_6$H$_6$(g)	82.93	129.66	269.20
C$_6$H$_6$(1)	48.99	124.5	173.26
CH$_3$OH(1)	−239.03	−166.82	127.24
CH$_3$OH(g)	−201.2	−161.9	237.6
C$_2$H$_5$OH(1)	−277.98	−174.18	161.04
CH$_3$COOH(1)	−484.5	−390.0	160.6
CH$_3$COOH(aq 非电离)	−485.76	−390.6	179.0
Cl$_2$(g)	0	0	222.96
F$_2$(g)	0	0	202.67
Fe(s,a)	0	0	27.28
FeO(s)	72.0	−251.46	60.75
Fe$_2$O$_3$(s,赤铁矿)	−824.2	−742.2	87.4
Fe$_3$O$_4$(s,磁铁矿)	−1118.4	−1 015.5	146.4
H$_2$(g)	0	0	130.6
HF(g)	−271.1	−273.2	173.67
HCl(g)	−92.31	−95.30	186.80
HBr(g)	−36.4	−53.43	198.6
HI(g)	25.9	1.30	206.48
HCN(g)	130.54	120.08	201.79

续表 I

物　　质	$\Delta_f H_m^{\ominus}$ /(kJ·mol^{-1})	$\Delta_f G_m^{\ominus}$ /(kJ·mol^{-1})	$S_m^{\ominus}$ /(J·mol^{-1}·K^{-1})
$H_2O(g)$	−241.82	−228.59	188.72
$H_2O(l)$	−285.83	−237.18	69.91
$H_2S(g)$	20.63	33.56	205.69
$Hg(g)$	61.31	31.85	174.85
$Hg(l)$	0	0	76.02
$HgO(s)$	−90.83	−58.56	70.29
$I_2(g)$	62.44	19.36	260.58
$I_2(s)$	0	0	116.14
$K(s)$	0	0	64.18
$KCl(s)$	−436.45	−409.15	82.59
$Mg(s)$	0	0	32.68
$MgO(s)$	−601.70	−569.44	26.94
$MgCl_2(s)$	−641.32	−591.83	89.62
$Mg(OH)_2(s)$	−924.54	−835.58	63.18
$Mn(s,a)$	0	0	32.01
$MnO(s)$	−385.22	−362.92	59.71
$MnO_2(s)$	−520.0	−465.2	53.05
$N_2(g)$	0	0	191.50
$NH_3(g)$	−46.11	−16.48	192.3
$NH_3(aq)$	−80.29	−26.57	111.3
$NH_4Cl(s)$	−314.43	−202.97	94.6
$NH_4NO_3(s)$	−365.60	−184.0	151.1
$N_2H_4(l)$	50.63	149.24	121.21
$N_2H_4(g)$	95.40	159.30	238.40
$NO(g)$	90.25	86.57	210.65
$N_2O_4(g)$	33.18	51.30	239.95
$N_2O_4(l)$	9.16	97.82	304.2
$N_2O_5(g)$	−19.50	97.45	209.2
$N_2O_5(s)$	11.30	115.1	355.6
$N_2O(g)$	−43.10	113.8	178.2

续表 I

物　　　质	$\Delta_f H_m^{\ominus}$ /(kJ · mol^{-1})	$\Delta_f G_m^{\ominus}$ /(kJ · mol^{-1})	$S_m^{\ominus}$ /(J · mol^{-1} · K^{-1})
$NO_2(g)$	82.05	104.2	219.7
$Na(s)$	0	0	51.21
$NaCl(s)$	−411.2	−384.2	72.13
$Na_2O(s)$	−414.22	−375.47	75.06
$NaOH(s)$	−425.61	−379.53	64.56
$Na_2CO_3(s)$	−1 130.7	−1 044.5	135.0
$NaHCO_3(s)$	−947.7	−851.8	102.1
$Ni(s)$	0	0	29.87
$NiO(s)$	−239.7	−211.7	37.99
$O_2(g)$	0	0	205.03
$O_3(g)$	142.7	163.2	238.82
$P(s,白)$	0	0	41.09
$S(s,斜方)$	0	0	31.80
$SO_2(g)$	−296.83	−300.19	248.11
$SO_3(g)$	−395.72	−371.08	256.65
$Si(s)$	0	0	18.83
$SiO_2(s,石英)$	−910.94	−856.67	41.84
$SiF_4(g)$	−1 614.9	−1 572.7	282.4
$SiCl_4(g)$	−640.4	−617.0	330.6
$SiH_4(g)$	34.0	56.9	204.5
$Zn(s)$	0	0	41.63
$ZnO(s)$	−348.28	−318.32	43.64
$ZnS(s)$	−206.0	−201.3	57.7

表 Ⅱ　某些有机化合物的标准燃烧焓(298.15 K)

物　质	$\Delta_c H_m^{\ominus}$ /(kJ·mol^{-1})	物　质	$\Delta_c H_m^{\ominus}$ /(kJ·mol^{-1})
$CH_4(g)$　甲烷	890.31	$C_5H_{10}(l)$　环戊烷	3 290.9
$C_2H_6(g)$　乙烷	1 559.8	$C_6H_{12}(l)$　环己烷	3 919.9
$C_3H_8(g)$　丙烷	2 219.9	$C_6H_6(l)$　苯	3 267.5
$C_5H_{12}(g)$　正戊烷	3 536.1	$C_{10}H_8(s)$　萘	5 153.9
$C_6H_{14}(l)$　正己烷	4 163.1	$CH_3OH(l)$　甲醇	726.51
$C_2H_4(g)$　乙烯	1 411.0	$C_2H_5OH(l)$　乙醇	1 366.81
$C_2H_2(g)$　乙炔	1 299.6	$C_3H_7OH(l)$　正丙醇	2 019.8
$C_3H_6(g)$　环丙烷	2 091.5	$C_4H_9OH(l)$　正丁醇	2 675.8
$C_4H_8(g)$　环丁烷	2 720.5	$(C_2H_5)O(l)$　二乙醚	2 751.1
$HCHO(g)$　甲醛	570.78	$C_6H_5OH(s)$　苯酚	3 653.5
$CH_3CHO(l)$　乙醛	1 166.4	$C_6H_5CHO(l)$　苯甲醛	3 528
$C_2H_5CHO(l)$　丙醛	1 816	$C_6H_5COCH_3(l)$　苯乙酮	4 148.9
$(CH_3)_2CO(l)$　丙酮	1 790.4	$C_6H_5COOH(s)$　苯甲酸	3 226.9
$HCOOH(l)$　甲酸	254.6	$C_6H_4(COOH)_2(s)$　邻苯二甲酸	3 223.5
$CH_3COOH(l)$　乙酸	874.54	$C_6H_5COOCH_3(s)$苯甲酸甲酯	3 958
$C_2H_5COOH(l)$　丙酸	1 527.3	$C_{12}H_{22}O_{11}(s)$　蔗糖	5 640.9
$CH_2CHCOOH(l)$　丙烯酸	1 368	$CH_3NH_2(l)$　甲胺	1 061
$C_3H_7COOH(l)$　正丁酸	2 183.5	$C_2H_5NH_2(l)$　乙胺	1 713
$(CH_3CO)_2O(l)$　乙酸酐	1 806.2	$(NH_2)_2CO(s)$　尿素	631.66
$HCOOCH_3(l)$　甲酸甲酯	979.5	$C_5H_5N(l)$　吡啶	2 782

数据摘自《Handbook of Chemistry and Physics》,55th ed. 并按 1 cal=4.187 J 加以换算

表Ⅲ　某些气体的恒压热容与温度的关系

$$C_p = a + bT + cT^2 + dT^3$$

物　　质		a /(J·mol⁻¹·K⁻¹)	$b \times 10^3$ /(J·mol⁻¹·K⁻²)	$c \times 10^6$ /(J·mol⁻¹·K⁻³)	$c \times 10^9$ /(J·mol⁻¹·K⁻⁴)	温度范围 /K
H_2	氢	26.88	4.347	−0.326 5		273 ~ 3 800
F_2	氟	24.433	29.701	−23.759	6.655 9	273 ~ 1 500
Cl_2	氯	31.696	10.144	−4.038		300 ~ 1 500
Br_2	溴	35.241	4.075	−1.487		300 ~ 1 500
O_2	氧	28.17	6.297	−0.749 4		273 ~ 3 800
N_2	氮	27.32	6.226	−0.950 2		273 ~ 3 800
HCl	氯化氢	28.17	1.810	1.547		300 ~ 1 500
H_2O	水	29.16	14.49	−2.022		273 ~ 3 800
H_2S	硫化氢	26.71	23.87	−5.063		298 ~ 1 500
NH_3	氨	27.550	25.627	9.900 6	−6.6865	273 ~ 1 500
SO_2	二氧化硫	25.76	57.91	−38.09	8.606	273 ~ 1 800
CO	一氧化碳	26.537	7.683 1	−1.172		300 ~ 1 500
CO_2	二氧化碳	26.75	42.258	−14.25		300 ~ 1 500
CS_2	二硫化碳	30.92	62.30	−45.86	11.55	273 ~ 1 800
CCl_4	四氯化碳	38.86	213.3	−239.7	94.43	273 ~ 1 100
CH_4	甲烷	14.15	75.496	−17.99		298 ~ 1 500
C_2H_6	乙烷	9.401	159.83	−46.229		298 ~ 1 500
C_3H_4	丙烷	10.08	239.30	−73.358		298 ~ 1 500
C_4H_{10}	正丁烷	18.63	302.38	−92.943		298 ~ 1 500
C_5H_{12}	正戊烷	24.72	370.07	−114.59		298 ~ 1 500
C_2H_4	乙烯	11.84	119.67	−36.51		298 ~ 1 500

续表 Ⅲ

物　　质		a /(J·mol^{-1}·K^{-1})	$b×10^3$ /(J·mol^{-1}·K^{-2})	$c×10^6$ /(J·mol^{-1}·K^{-3})	$c×10^9$ /(J·mol^{-1}·K^{-4})	温度范围 /K
C_3H_6	丙烯	9.427	188.77	−57.488		298~1 500
C_4H_8	1-丁烯	21.47	258.40	−80.843		298~1 500
C_4H_8	顺-2-丁烯	6.799	271.27	−83.877		298~1 500
C_4H_8	反-2-丁烯	20.78	250.88	−75.927		298~1 500
C_2H_2	乙炔	30.67	52.810	−16.27		298~1 500
C_3H_4	丙炔	26.50	120.66	−39.57		298~1 500
C_4H_6	1-丁炔	12.541	274.170	−154.394	34.478 6	298~1 500
C_4H_6	2-丁炔	23.85	201.70	−60.580		298~1 500
C_6H_6	苯	−1.71	324.77	−110.58		298~1 500
$C_6H_5CH_3$	甲苯	2.41	391.17	−130.65		298~1 500
CH_3OH	甲醇	18.40	101.56	−28.68		273~1 000
C_2H_5OH	乙醇	29.25	166.28	−48.898		298~1 500
C_3H_7OH	正丙醇	16.714	270.52	−87.384 1	−5.932 32	273~1 000
C_4H_9OH	正丁醇	14.673 9	360.174	−132.970	1.476 81	273~1 000
$(C_2H_5)_2O$	二乙醚	−103.9	1 417	−248		300~400
$HCHO$	甲醛	18.82	58.379	−15.61		291~1 500
CH_3HO	乙醛	31.05	121.46	−36.58		298~1 500
$(CH_3)_2CO$	丙酮	22.47	205.97	−63.521		298~1 500
$HCOOH$	甲酸	30.7	89.20	−34.54		300~700
CH_3COOH	乙酸	8.540 4	234.573	−142.624	33.557	300~1 500
$CHCl_3$	氯仿	29.51	148.94	−90.734		273~773

数据摘自天津大学编:《基本有机化学工程》(上册)(1976)附录Ⅲ,并按 lcal=4.184 J 加以换算

表Ⅳ　一些反应的标准吉布斯函数与温度的关系

$\Delta G^{\ominus} = (A + BT) \text{kJ}$（$T$ 的单位为 K）

反　　应	A	B	误差/±kJ	温度范围/℃
$AgBr(1) = Ag(1) + \frac{1}{2}Br_2(g)$	990 77	27.8	12	961 ~ 1 560
$AgCl(1) = Ag(1) + \frac{1}{2}Cl_2(g)$	104 474	23	4	961 ~ 1 564
$Ag_2O(s) = 2Ag(s) + \frac{1}{2}O_2(g)$	30 543	66.1	0.8	25
$Ag_2S(s) = 2Ag(s) + \frac{1}{2}S_2(s)$	161	168.6	8	25 ~ 830
$AlCl_3(g) = Al(1) + \frac{3}{2}Cl_2(1)$	601 976	−67.9	8	660 ~ 2 000
$AlF_3(g) = Al(1) + \frac{3}{2}F_2(g)$	1 229 258	−74.4	4	660 − 2 000
$AlI_3(g) = Al(1) + \frac{3}{2}I_2(g)$	314 310	−73.4	12.5	660 ~ 2 000
$Al_2O_3(s) = 2Al(1) + \frac{3}{2}O_2(g)$	1 686 836	−326.7	2	660 ~ 2 054
$BBr_3(g) = B(s) + \frac{3}{2}Br_2(g)$	250 687	−48.8	1	25 ~ 2 030
$BCl_3(g) = B(s) + \frac{3}{2}Cl_2(g)$	403 911	−51.7	1	25 ~ 2 030
$BF_3(g) = B(s) + \frac{3}{2}F_2(g)$	1 140 728	−65.1	1	25 ~ 2 030
$B_4C(s) = 4B(s) + C(s)$	41 495	−5.6	10	25 ~ 2 030
$BN(s) = B(s) + \frac{1}{2}N_2(g)$	250 562	−87.6	2	25 ~ 2 030
$BeCl_2(s) = Be(1) + Cl_2(g)$	379 482	5.9	16.5	1 287 ~ 2 000
$CH_4(g) = C(s) + 2H_2(g)$	713 285	−155.4	4	1750 ~ 2 000
$CCl_4(g) = C(s) + 2Cl_2(g)$	91 022	−110.7	0.4	500 ~ 2 000
$CO(g) = C(s) + \frac{1}{2}O_2(g)$	114 363	85.8	0.4	500 ~ 2 000
$CO_2(g) = C(s) + O_2(g)$	395 259	0.54	0.08	500 ~ 2 000
$CoCl_2(s) = Co(s) + Cl_2(g)$	44 758	−44.2	8	25 ~ 740
$CrBr_2(s) = Cr(s) + Br_2(g)$	330 457	−123	42	25 ~ 842
$CrCl_2(s) = Cr(s) + Cl_2(g)$	389 019	−119.6	16.5	25 ~ 815

续表Ⅳ

反　　　应	A	B	误差/±kJ	温度范围/℃
$CrF_2(s) = Cr(s) + F_2(g)$	773 855	−134.3	21.7	25 ~ 1 100
$CrI_2(s) = Cr(s) + I_2(g)$	217 576	−103.3	21.7	25 ~ 793
$FeCl_2(g) = Fe(s) + Cl_2(g)$	167 110	−25.1	4	1 074 ~ 2 000
$HBr(g) = \frac{1}{2}H_2(g) + \frac{1}{2}Br_2(g)$	53 626	−6.9	0.8	25 ~ 2 000
$HCl(g) = \frac{1}{2}H_2(g) + \frac{1}{2}Cl_2(g)$	94 076	−6.4	0.8	25 ~ 2 000
$HF(g) = \frac{1}{2}H_2(g) + \frac{1}{2}F_2(g)$	274 405	−3.5	1.6	25 ~ 2 000
$HI(g) = \frac{1}{2}H_2(g) + \frac{1}{2}I_2(g)$	4 183	−8.82	1.6	25 ~ 2 000
$2H_2O(g) = 2H_2(g) + O_2(g)$	494 849	−111.4	1	25 ~ 2 000
$KCl(1) = K(g) + \frac{1}{2}Cl_2(g)$	473 934	−131.8	0.4	771 ~ 1 437
$LaF_3(s) = La(1) + \frac{3}{2}F_2(g)$	1 782 384	241.4	21	25 ~ 920
$LaN(s) = La(s) + \frac{1}{2}N_2(g)$	744 752	215.9	−	25 ~ 778
$MgCl_2(1) = Mg(1) + Cl_2(g)$	649 034	−157.7	2	714 ~ 1 437
$MnCl_2(s) = Mn(s) + Cl_2(g)$	478 117	−127.7	12.5	25 ~ 650
$NaCl(1) = Na(g) + \frac{1}{2}Cl_2(g)$	464 313	−133.9	8.3	801 ~ 1 465
$NiCl_2(s) = Ni(s) + Cl_2(g)$	305 359	−146.4	20.5	25 ~ 987
$Ni_3Ti(s) = 3Ni(s) + Ti(g)$	146 440	26.4	21	25 ~ 1 378
$NiTi(s) = Ni(s) + Ti(s)$	66 944	11.7	21	25 ~ 1 240
$Ni_3S_2(s) = 3Ni(s) + S_2(g)$	331 540	163.2	8	25 ~ 790
$NiS(s) = Ni(s) + \frac{1}{2}S_2(g)$	146 356	72.0	6.3	25 ~ 500
$NiSO_4(s) = NiO(s) + SO_2(g) + \frac{1}{2}O_2(g)$	347 439	293.2	0.8	600 ~ 860
$P(s)(白) = P(g)$	656.9	2.1	0	44
$P(s)(红) = \frac{1}{4}P_4(g)$	321 133	45.6	1.3	25 ~ 431
$P_4(g) = 2P_2(g)$	217 150	139.0	2.1	25 ~ 1 700
$PCl_3(g) = \frac{1}{2}P_2(g) + \frac{3}{2}Cl_2(g)$	474 466	209.2	13	25 ~ 1 300

续表 Ⅳ

反　　应	A	B	误差/±kJ	温度范围/℃
$SiCl_4(g) = Si(s) + 2Cl_2(g)$	6 600 077	−128.9	4	61 ~ 1 412
$(Si_3N_4)\alpha(s) = 3Si(s) + 2N_2(g)$	723 659	−315	4	25 ~ 1 412
$(SiC)\beta(s) = Si(s) + C(s)$	73 035	−7.65	8.2	25 ~ 1 412
$SiO_2(s) = Si(s) + O_2(g)$	906 874	−175.7	12.3	25 ~ 1 412
$TaCl_5(g) = Ta(s) + \dfrac{5}{2}Cl_2(g)$	753 777	−127.9	8.2	234 ~ 2 000
$TiBr_4(g) = Ti(s) + 2Br_2(g)$	614 482	−123.3	12.3	25 ~ 1 670
$TiCl_4(g) = Ti(s) + 2Cl_2(g)$	763 816	−121.4	12.3	25 ~ 1 670
$TiF_4(g) = Ti(s) + 2F_2(g)$	1 553 566	−124.1	12.3	286 ~ 1 670
$TiI_4(g) = Ti(s) + 2I_2(g)$	401 568	−117.5	20.5	380 ~ 1 670
$TiB_2(s) = Ti(s) + 2B(s)$	284 444	−20.5	20.5	25 ~ 1 670
$TiC(s) = Ti(s) + C(s)$	184 721	−12.3	6	25 ~ 1 670
$TiN(s) = Ti(s) + \dfrac{1}{2}N_2(g)$	336 230	−93.2	6	25 ~ 1 670
$ZrBr_4(g) = Zr(s) + 2Br_2(g)$	704 429	−114.3	8.2	357 ~ 1 700
$ZrCl_4(g) = Zr(s) + 2Cl_2(g)$	870 859	−116.3	2.1	336 ~ 2 000
$ZrF_4(g) = Zr(s) + 2F_2(g)$	1 677 843	−128.3	4.2	903 ~ 2 000
$ZrI_4(g) = Zr(s) + 2I_2(g)$	488 282	−112.8	2.1	433 ~ 2 000
$ZrC(s) = Zr(s) + C(s)$	19 665	9.2	—	25 ~ 1 850
$ZrN(s) = Zr(s) + \dfrac{1}{2}N_2(g)$	353 590	92.0	16	25 ~ 1 850
$ZrO_2(s) = Zr(s) + O_2(g)$	1 092 024	183.7	16	25 ~ 1 850

参考文献

[1] 韩万书.中国固体无机化学十年进展[M].北京:高等教育出版社,1998.

[2] 徐甲强,矫彩山,王玲.材料合成化学[M].哈尔滨:哈尔滨工业大学出版社,2003.

[3] 刘祖武.现代无机合成[M].北京:化学工业出版社,1999.

[4] 张启昆,卢峰.现代无机合成化学[M].汕头:汕头大学出版社,1995.

[5] 忻新泉,周益明,牛云垠.低热固相化学反应[M].北京:高等教育出版社,2010.

[6] 高胜利,陈三平.无机合成化学简明教程[M].北京:科学出版社,2010.

[7] 孟广耀,彭定坤.材料化学[M].合肥:中国科学技术大学出版社,2012.

[8] 吴庆银.现代无机合成与制备化学[M].北京:化学工业出版社,2010.

[9] 黄传真,艾兴,侯志刚.溶胶-凝胶法的研究和应用现状[J].材料导报,1997,(3):8-10.

[10] 国家自然科学基金委.无机化学[M].北京:科学出版社,1994.

[11] 金格瑞·W·D.陶瓷导论[M].清华大学无机非金属材料教研组,译.北京:中国建筑工业出版社,1987.

[12] 赵化侨.等离子体化学与工艺[M].合肥:中国科技大学出版社,1995.

[13] 孟广耀.化学气相淀积与无机新材料[M].北京:科学出版社,1986.

[14] 袁公昱.人造金刚石合成与金刚石工具制造[M].长沙:中南工业大学出版社,1992.

[15] 曹茂盛.超微颗粒制造科学与技术[M].哈尔滨:哈尔滨工业大学出版社,1995.

[16] 金钦汉.微波化学[M].北京:科学出版社,1999.

[17] 钦征骑.新型陶瓷材料手册[M].南京:江苏科学技术出版社,1996.